高校土木工程专业规划教材

建筑钢结构设计

崔　佳　主　编
龙莉萍　副主编

中国建筑工业出版社

图书在版编目（CIP）数据

建筑钢结构设计/崔佳主编. —北京：中国建筑工业出版社，2009
高校土木工程专业规划教材
ISBN 978-7-112-11604-1

Ⅰ. 建… Ⅱ. 崔… Ⅲ. 建筑结构：钢结构-结构设计-高等学校-教材 Ⅳ. TU391.04

中国版本图书馆 CIP 数据核字（2009）第 210940 号

本书以高等学校土木工程专业指导委员会编制的《高等学校土木工程专业本科教育培养目标和培养方案及课程教学大纲》为依据，结合《钢结构设计规范》GB 50017 等新规范，系统介绍了建筑钢结构设计的基本理论知识、设计方法、结构体系及构造特点。

本书共分 6 章，主要内容包括：第 1 章绪论、第 2 章多层钢框架结构、第 3 章单层工业厂房钢结构、第 4 章轻型门式刚架结构、第 5 章大跨度房屋钢结构、第 6 章高层房屋钢结构。第 5、6 章在学时允许时可作为授课内容，也可以作为学生毕业设计时的参考。

本书既可作为土木工程专业大学本科的教材，也可供有关工程技术人员参考。

* * *

责任编辑：王 跃 吉万旺
责任设计：赵明霞
责任校对：袁艳玲 赵 颖

高校土木工程专业规划教材
建筑钢结构设计
崔 佳 主 编
龙莉萍 副主编
*
中国建筑工业出版社出版、发行（北京西郊百万庄）
各地新华书店、建筑书店经销
霸州市顺浩图文科技发展有限公司制版
廊坊市海涛印刷有限公司印刷
*
开本：787×1092毫米 1/16 印张：18¾ 插页：2 字数：451千字
2010年3月第一版 2018年11月第七次印刷
定价：**33.00**元
ISBN 978-7-112-11604-1
（18863）

前　言

按照高等学校土木工程专业指导委员会的意见，原土木工程专业钢结构课程已被拆分为《钢结构基本原理》和《建筑钢结构设计》两门课，为了适应培养方案的变化，在过去已有钢结构教材的基础上编写了本书。

《建筑钢结构设计》是土木工程专业的主要专业课之一，是研究建筑钢结构基本工作性能的一门工程技术型课程。本课程是建筑工程专业方向的必修课，课程教学的目的，是使学生系统地学习建筑钢结构设计的基本理论知识、设计方法、结构体系及构造特点。

本书主要依据高等学校土木工程专业指导委员会编制的《高等学校土木工程专业本科教育培养目标和培养方案及课程教学大纲》，同时结合作者多年从事钢结构教学工作的经验编写而成。

本书共分 6 章。第 1 章绪论，阐述了建筑钢结构的设计方法，着重讲解了用于钢结构设计的概率极限状态设计方法和疲劳强度设计采用的容许应力设计法，本章还介绍了荷载作用效应、材料选用及设计指标。第 2 章主要讲解多层钢框架的结构体系、受力分析方法及框架柱计算长度的确定，同时讨论了梁柱构件的截面设计、连接节点设计以及柱脚设计等。第 3 章介绍了单层厂房钢结构的结构体系、屋盖结构、支撑布置，还重点讨论了吊车梁的计算特点及设计方法。第 4 章是针对目前在我国应用较多的门式刚架结构编写的内容，重点是对门式刚架结构体系以及梁柱构件、檩条等基本构件受力特点及计算方法的介绍。第 5 章介绍了平面及空间承重的大跨度钢结构的结构体系，如大跨度桁架结构、框架结构、拱结构等，重点讨论了平板网架结构的工作性能及计算方法。大跨度结构中的网壳结构、悬索结构和膜结构等也有简单的介绍，目的是开阔学生的眼界。第 6 章是高层钢结构，重点讨论了高层建筑钢结构的结构体系以及结构和构件的抗震设计思路。第 5、6 章在学时允许时可作为授课内容，也可以作为学生毕业设计时的参考。

本书既可作为土木工程专业大学本科的教材，也可供有关工程技术人员参考。

参加本书编写的有崔佳（第 1、2、5、6 章）、龙莉萍（第 3 章）、郭莹（第 4 章）。全书由崔佳主编，龙莉萍副主编，负责本书大纲的制定、全书内容的统一、审校、修改和定稿。

对书中的一些疏漏和不当之处，还望读者批评指正。

目　录

1 绪 论

钢结构在中国的发展已有几十年的历史。最初主要应用于厂房、屋盖、平台等工业结构中，直到20世纪80年代初期才开始大规模地应用于民用建筑。特别是最近20多年，我国建筑钢结构经历了历史上最快速发展的时期，钢结构在建筑工程中得到广泛的应用，各种结构形式如大跨度钢结构、多层钢框架结构、轻型门式刚架结构以及高层钢结构等多种结构体系已越来越多地应用于工业、民用以及公共建筑等各个领域。这些建筑之所以采用钢材作为主要承重结构材料，一是因为钢材具有强度高、塑性韧性好的特点，可以减轻结构自重，因而更适合于大荷载及大空间的结构；另外，钢材的延性好、抗震性能优、便于实现工厂化生产及材料可以回收利用等特点也使建筑钢结构具有更大的后续发展空间。

1.1 建筑钢结构的设计原则

1.1.1 概率极限状态设计法

承载能力极限状态和正常使用极限状态是结构或构件设计及计算的依据，建筑钢结构设计一般采用概率极限状态设计方法。

（1）承载能力极限状态

承载能力极限状态可理解为结构或构件发挥允许的最大承载功能的状态。结构或构件由于塑性变形而使其几何形状发生显著改变，虽未到达最大承载能力，但已彻底不能使用，也属于达到这种极限状态。

钢结构或构件承载能力的计算一般采用应力表达式。根据《建筑结构荷载规范》，当按承载能力极限状态设计钢结构时，对于基本组合，内力设计值应从由可变荷载效应控制的组合（式1-28）和由永久荷载效应控制的组合（式1-29）中取最不利值考虑。钢结构自重较小，一般大跨度结构、门式刚架结构等由可变荷载效应控制设计；采用钢筋混凝土楼面（或屋面）的多层、高层建筑或有积灰的屋盖结构有可能由永久荷载效应控制设计。

（2）钢结构的安全等级

按照现行国家标准《建筑结构可靠度设计统一标准》的规定，建筑结构依其破坏可能产生的后果（危及人的生命、造成经济损失、产生社会影响等）的程度分为严重的、一般的和次要的。对破坏后果很严重的重要的房屋，安全等级为一级；对破坏后果严重的一般的房屋，安全等级为二级。根据对我国已建成的建筑物采用概率统计方法分析的结果，一般工业与民用建筑钢结构，按照《建筑结构可靠度设计统一标准》的分级标准，安全等级多为二级，故《钢结构设计规范》规定可取为二级。对于其他特殊的建筑钢结构，如跨度等于或大于60m的大跨度结构（大会堂、体育馆、飞机库等的屋盖主要承重结构）则宜取为一级。

当按抗震要求设计时，不再分安全等级，而应按现行国家标准《建筑抗震设防分类标准》GB 50223的规定来确定建筑物的抗震设防类别。

(3) 正常使用极限状态

正常使用极限状态可理解为结构或构件达到使用功能上允许的某个限值的状态。例如，某些结构必须控制变形和裂缝才能满足使用要求，因为过大的变形会造成房屋内部粉刷层剥落，填充墙和隔断墙开裂，以及屋面积水等后果，过大的裂缝会影响结构的耐久性，同时，过大的变形或裂缝也会使人们在心理上产生不安全感。

《钢结构设计规范》对结构或构件正常使用的计算亦采用应力表达式（式 1-31）。

1.1.2 容许应力法——疲劳计算

在连续反复荷载作用下，应力远低于抗拉强度时构件发生的突然破坏现象称为钢材的疲劳，其特点表现为破坏前没有明显的塑性变形。

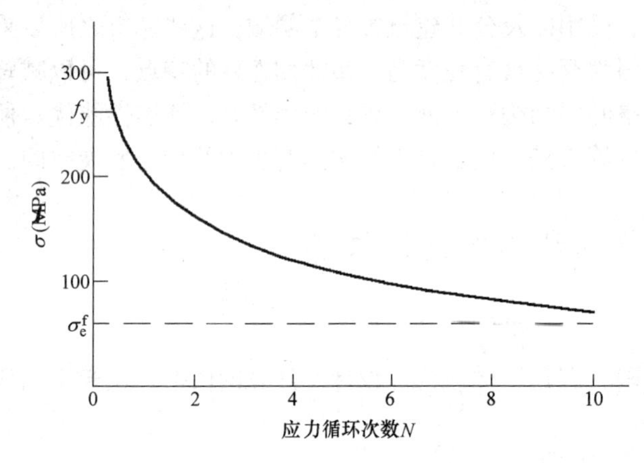

图 1-1 疲劳强度与应力循环次数的关系

疲劳强度的大小与应力循环的次数有关，详见图 1-1。我国规范规定，对直接承受动力荷载重复作用的钢结构构件及其连接，当应力变化的循环次数 N 等于或大于 5×10^4 次（约 50 年）时，应进行疲劳强度计算。

由于现阶段对疲劳计算的可靠度理论问题尚未解决，所以钢结构的疲劳强度计算只能沿用传统的按弹性状态计算的“容许应力幅”的设计方法。应力幅 $\Delta\sigma$ 为应力谱（如图 1-2 中的实线所示）中最大应力 σ_{max} 与最小应力 σ_{min} 之差，即 $\Delta\sigma=\sigma_{max}-\sigma_{min}$，$\sigma_{max}$ 为每次应力循环中的最大拉应力（取正值），σ_{min} 为每次应力循环中的最小拉应力（取正值）或压应力（取负值）。

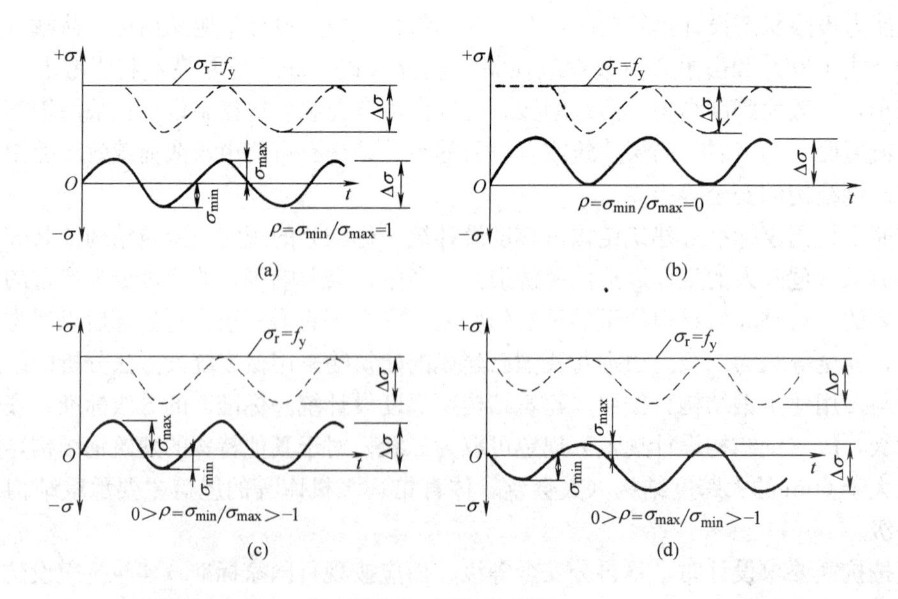

图 1-2 循环应力谱

钢材的疲劳断裂是微观裂纹在连续重复荷载作用下不断扩展直至断裂的脆性破坏。钢材的疲劳强度取决于应力集中（或缺口效应）和应力循环次数。截面几何形状突然改变处的应力集中，对疲劳很为不利。在高峰应力处形成双向或三向同号拉应力场，在反复应力作用下，首先在应力高峰出现微观裂纹，然后逐渐开展形成宏观裂缝。在反复荷载的继续作用下，裂缝不断开展，有效截面面积相应减小，应力集中现象越来越严重，这就促使裂缝的继续开展。同时，由于是双向或三向同号拉应力场，材料的塑性变形受到限制。因此，当反复循环荷载达到一定的循环次数时，裂缝的开展使截面削弱过多经受不住外力作用，就会发生脆性断裂，出现钢材的疲劳破坏。如果钢材中存在着残余应力，在交变荷载作用下将更加剧疲劳破坏的倾向。

观察表明，钢材疲劳破坏后的截面断口，一般具有光滑的和粗糙的两个区域，光滑部分表现出裂缝的扩张和闭合过程是由裂缝逐渐发展引起的，说明疲劳破坏也经历一个缓慢的转变过程，而粗糙部分表明钢材最终断裂一瞬间的脆性破坏性质，与拉伸试验的断口颇为相似，破坏是突然的，几乎以 2000m/s 的速度断裂，因而比较危险。

通常钢结构的疲劳破坏属高周低应变疲劳，即总应变幅小，破坏前荷载循环次数多。

（1）常幅疲劳

如果重复作用的荷载值不随时间变化，则在所有应力循环内的应力幅将保持常量，这谓之常幅疲劳。

应力循环特征有时用应力比 ρ 来表示，其含义为绝对值最小与最大应力之比（拉应力取正值，压应力取负值）。图 1-2（a）的 $\rho=-1$，称为完全对称循环；图 1-2（b）的 $\rho=0$ 称为脉冲循环；图 1-2（c）、（d）的 ρ 在 0 与 -1 之间，称为不完全对称循环，但图 1-2（c）以拉应力为主，而图 1-2（d）则以压应力为主。

对轧制钢材或非焊接结构，在循环次数 N 一定的情况下，根据试验资料可绘出 N 次循环的疲劳图，即 σ_{max} 和 σ_{min} 的关系曲线。由于此曲线的曲率不大，可近似用直线来代替，所以只要求得两个试验点便可决定疲劳图。

图 1-3 为 $N=2\times10^6$ 次的疲劳图。当 $\rho=0$ 和 $\rho=-1$ 时的疲劳强度分别为 σ_0 和 σ_{-1}，由此便可决定 B（$-\sigma_{-1}$，σ_{-1}）和 C（0，σ_0）两点，并通过 B、C 两点得直线 $ABCD$。D 点的水平线代表钢材的屈服强度，即使 σ_{max} 不超过 f_y。当坐标为 σ_{max} 和 σ_{min} 的点落在直线 $ABCD$ 上或其上方，则这组应力循环达到 N 次时，将发生疲劳破坏，线段 BCD 以受拉为主，线段 AB 以受压为主，$ABCD$ 直线的方程为：

$$\sigma_{max}-k\sigma_{min}=\sigma_0 \tag{1-1}$$

或

$$\sigma_{max}(1-k\rho)=\sigma_0 \tag{1-2}$$

式中，$k=(\sigma_0-\sigma_{-1})/\sigma_{-1}$ 为直线 $ABCD$ 的斜率。

从上面的推导可知，对轧制钢材或非焊接结构，疲劳强度与最大应力、应力比、循环次数和缺口效应（构造类型的应力集中情况）有关。

对焊接结构并不是这样，由于焊接加热及随后的冷却，将在截面上产生垂直于截面的残余应力。在焊缝及其附近主体金属残余拉应力通常达到钢材的屈服点 f_y，而此部位正是形成和发展疲劳裂纹最为敏感的区域。在重复荷载作用下，循环内应力开始处于增大阶段时，焊缝附近的高峰应力将不再增加（只是塑性范围加大），即 $\sigma_{max}=f_y$ 之后，循环应力下降到 σ_{min}，再升至 $\sigma_{max}=f_y$，即不论应力比 ρ 值如何，焊缝附近的实际应力循环情况

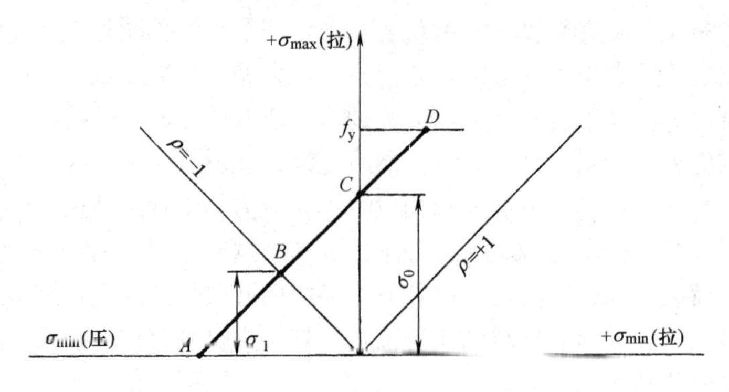

图 1-3 非焊接结构的疲劳图

均形成在拉应力范围内的 $\Delta\sigma=f_y-\sigma_{min}$ 的循环（图 1-2 中的虚线所示）。所以疲劳强度与名义最大应力和应力比无关，而与应力幅 $\Delta\sigma$ 有关。此观点已为国内外的大量疲劳试验所证实。图 1-2 中的实线为名义应力循环应力谱，虚线为实际应力谱。

根据试验数据可以画出构件或连接的应力幅 $\Delta\sigma$ 与相应的致损循环次数 N 的关系曲线（图 1-4a），按试验数据回归的 $\Delta\sigma$-N 曲线为平均值曲线。目前国内外都常用双对数坐标轴的方法使曲线改为直线以便于简化（图 1-4b）。在双对数坐标图中，疲劳直线方程为：

$$\lg N=b_1-\beta\lg(\Delta\sigma) \tag{1-3}$$

或

$$N(\Delta\sigma)^{\beta}=10^{b_1}=C \tag{1-4}$$

式中 β——疲劳直线对纵坐标的斜率；

b_1——疲劳直线在横坐标轴上的截距；

N——循环次数。

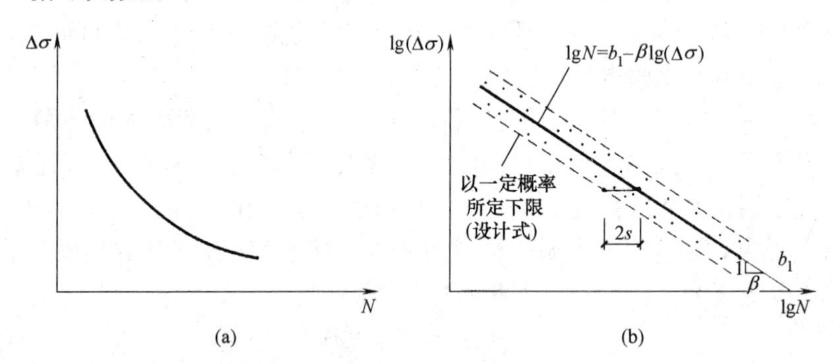

图 1-4 $\Delta\sigma$-N 曲线

考虑到试验数据的离散性，取平均值减去 2 倍 $\lg N$ 的标准差（$2s$）作为疲劳强度下限值（图 1-4b 实线下方之虚线），如果 lg（$\Delta\sigma$）为正态封闭，从构件或连接抗力方面来讲，保证率为 97.7%。下限值的直线方程为：

$$\lg N=b_1-\beta\lg(\Delta\sigma)-2s=b_2-\beta\lg(\Delta\sigma)$$

或

$$N(\Delta\sigma)^{\beta}=10^{b_2}=C \tag{1-5}$$

取此 $\Delta\sigma$ 作为容许应力幅

$$[\Delta\sigma]=\left(\frac{C}{N}\right)^{1/\beta} \tag{1-6}$$

对于不同焊接构件和连接形式，按试验数据回归的直线方程其斜率不尽相同。为了设计的方便，我国《钢结构设计规范》按连接方式、受力特点和疲劳强度，再适当照顾 $[\Delta\sigma]$-N 曲线簇的等间距布置、归纳分类，划分为 8 类（图 1-5），它们的 β 和 C 值见表 1-1。构件和连接分类的构造图见附录 10。

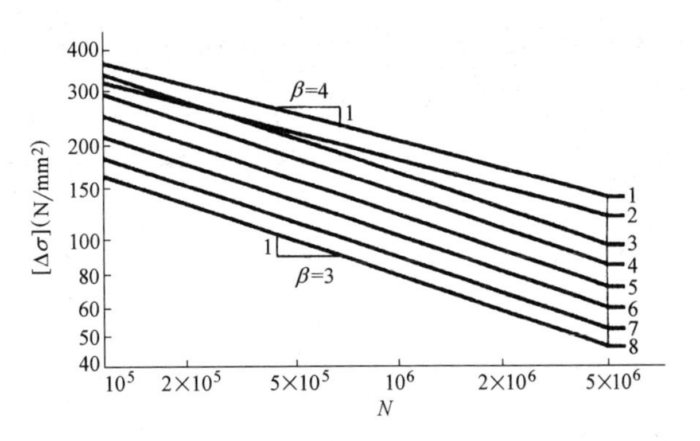

图 1-5　各类结构和连接类别的 $[\Delta\sigma]$-N 曲线

所以，对焊接结构的焊接部位的常幅疲劳，应按下式计算：

$$\Delta\sigma=\sigma_{\max}-\sigma_{\min}=[\Delta\sigma] \tag{1-7}$$

对于非焊接部位，最大应力或应力比对疲劳强度有着直接的影响，其疲劳强度应由式（1-2）确定。为了与焊接部位的计算方式一致，将式（1-1）等号左侧定名为“计算应力幅”，而以应力比 $\rho=0$ 的疲劳强度 σ_0 的下限值作为连接分类依据，即取 σ_0 的下限值为 $[\Delta\sigma]$，得：

$$\Delta\sigma=\sigma_{\max}-k\sigma_{\min}=[\Delta\sigma] \tag{1-8}$$

式（1-8）中的系数 $k=0.7$，是由试验数据统计而确定的。

参数 C、β 值　　**表 1-1**

构件和连接类别	1	2	3	4	5	6	7	8
C	1940×10^{12}	861×10^{12}	3.26×10^{12}	2.18×10^{12}	1.47×10^{12}	0.96×10^{12}	0.65×10^{12}	0.41×10^{12}
β	4	4	3	3	3	3	3	3

（2）变幅疲劳和吊车梁的欠载效应系数

上面的分析皆属于常幅疲劳的情况，实际结构（如厂房吊车梁）所受荷载其值常小于计算荷载，即性质为变幅的，或称随机荷载。变幅疲劳的应力谱如图 1-6 所示。

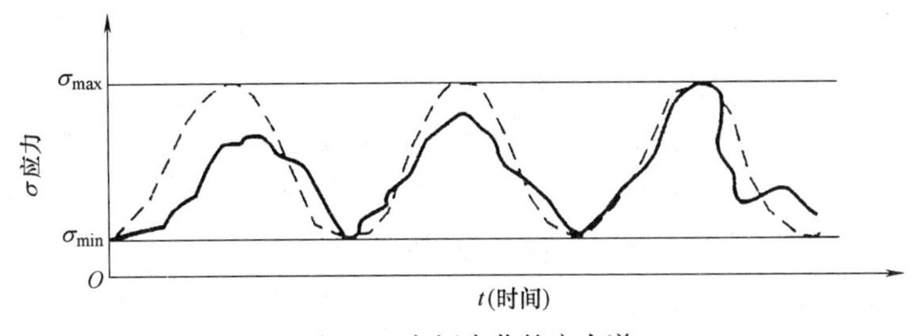

图 1-6　变幅疲劳的应力谱

常幅疲劳的研究结果可推广到变幅疲劳，但须引入累积损伤法则。当前通用的是 Palmgren-Miner 方法，简称 Miner 方法。

从设计应力谱可知应力幅水平 $\Delta\sigma_1$，$\Delta\sigma_2\cdots$，$\cdots\Delta\sigma_i\cdots$和对应的循环次数 n_1，n_2，$\cdots n_i\cdots$，再假设 $\Delta\sigma_1$，$\Delta\sigma_2\cdots$，$\cdots\Delta\sigma_i\cdots$为常幅时相对应的疲劳寿命分别是 N_1，N_2，$\cdots N_i\cdots$，N_i 表示在常幅疲劳中 $\Delta\sigma_i$ 循环作用 N_i 次后，构件或连接即产生破损。则在应力幅 $\Delta\sigma_i$ 作用下的一

次循环所引起的损伤为 $1/N_i$，n_i 次循环为 n_i/N_i。按累积损伤法则，将总的损伤按线性叠加计算，则得发生疲劳破坏的条件为：

$$\frac{n_1}{N_1}+\frac{n_2}{N_2}+\cdots+\frac{n_i}{N_i}+\cdots=\sum\frac{n_i}{N_i}=1 \tag{1-9}$$

或写成

$$\sum\frac{n_i}{\sum n_i}\cdot\frac{\sum n_i}{N_i}=1 \tag{1-10}$$

若认为变幅疲劳与同类常幅疲劳有相同的曲线，则根据式（1-5），任一级应力幅水平均有：

$$N_i(\Delta\sigma_i)^\beta=C \quad 或 \quad N_i=\frac{C}{(\Delta\sigma_i)^\beta} \tag{1-11}$$

设想有常幅 $\Delta\sigma_e$ 作用$\sum n_i$ 次使同一结构也产生疲劳破坏，则有：

$$(\Delta\sigma_e)^\beta\cdot\sum n_i=C \quad 或 \quad \sum n_i=\frac{C}{(\Delta\sigma_e)^\beta} \tag{1-12}$$

式中　$\Delta\sigma_e$——等效应力幅。

将式（1-11）和式（1-12）的 N_i 和$\sum n_i$ 值代入式（1-10），得：

$$\Delta\sigma_e=\left[\sum\frac{n_i(\Delta\sigma_i)^\beta}{\sum n_i}\right]^{1/\beta} \tag{1-13}$$

令 $\Delta\sigma_e=\alpha_f\Delta\sigma_{max}$，由此：

$$\alpha_f=\frac{\Delta\sigma_e}{\Delta\sigma_{max}}=\frac{1}{\Delta\sigma_{max}}\left[\sum\frac{n_i(\Delta\sigma_i)^\beta}{\sum n_i}\right]^{1/\beta} \tag{1-14}$$

式中　$\Delta\sigma_{max}$——变幅疲劳中的最大应力幅；

α_f——变幅荷载的欠载效应系数。

钢结构设计规范给出了以 $N=2\times10^6$ 次为基准的 α_f 值，并规定：重级工作制吊车梁和重级、中级工作制吊车桁架的疲劳，可作为常幅疲劳按下式计算：

$$\alpha_f\Delta\sigma\leqslant[\Delta\sigma]_{N=2\times10^6} \tag{1-15}$$

式中　$[\Delta\sigma]_{N=2\times10^6}$——循环次数 $N=2\times10^6$ 的容许应力幅，应按式（1-6）计算；

α_f——欠载效应系数，对重级工作制硬钩吊车 $\alpha_f=1.0$；重级工作制软钩吊车 $\alpha_f=0.8$；中级工作制吊车 $\alpha_f=0.5$。

进行疲劳强度计算时，有下列问题应予注意：

（1）目前，按概率极限状态方法进行疲劳强度计算尚处于研究阶段，因此，疲劳强度计算用容许应力幅法，容许应力幅［$\Delta\sigma$］是根据试验结果得到，故应采用荷载标准值进行计算。另外，疲劳计算中采用的计算数据大部分是根据实测应力或疲劳试验所得，已包含了荷载的动力影响，因此，不应再乘动力系数。

（2）根据应力幅概念，不论应力循环是拉应力还是压应力，只要应力幅超过容许值就会产生疲劳裂纹。但由于裂纹形成的同时，残余应力自行释放，在完全压应力（不出现拉应力）循环中，裂纹不会继续发展，故规范规定此种情况可不予验算。

(3) 根据试验，不同钢种的不同静力强度对焊接部位的疲劳强度无显著影响。只是轧制钢材（因其残余应力较小）、经焰切的钢材和经过加工的对接焊缝（因其残余应力因加工而大为改善），疲劳强度有随钢材强度提高而稍有增加的趋势，但这些连接和主体金属一般不在构件疲劳计算中起控制作用，故可认为疲劳容许应力幅与钢种无关。

1.2 荷载及作用

1.2.1 永久荷载

永久荷载包括结构自重、楼面及屋面材料重、墙面材料重以及工业建筑中的悬挂荷载等，按实际情况计算。

1.2.2 楼面及屋面均布活荷载

根据建筑不同的使用功能，楼面均布活荷载标准值可按《建筑结构荷载规范》（以下简称《荷载规范》）查得。

屋面均布活荷载分为上人和不上人的。对不上人的屋面均布活荷载，《荷载规范》不区分屋面材料，统一规定其标准值为 $0.5kN/m^2$，但《钢结构设计规范》规定：对支承轻屋面的构件或结构（檩条、屋架、框架等），当仅有一个可变荷载且受荷投影面积超过 $60m^2$ 时，屋面均布活荷载标准值应取为 $0.3kN/m^2$。这个取值仅适用于只有一个可变荷载的情况，当有两个以上可变荷载参与组合时，屋面均布活荷载标准值仍应取 $0.5kN/m^2$。

1.2.3 风荷载

作用在钢结构建筑表面的单位面积上的风荷载标准值 w_k 按下式计算：

$$w_k = \beta_z \mu_s \mu_z w_0 \tag{1-16}$$

式中 w_0——基本风压；

μ_z——风荷载高度变化系数；

μ_s——风荷载体型系数；

β_z——z 高度处的风振系数。

以上各项系数的取值均按《荷载规范》采用。

1.2.4 雪荷载

按照《荷载规范》的规定，作用在屋面水平投影面上的雪荷载标准值 s_k 应按下式计算：

$$s_k = \mu_r s_0 \tag{1-17}$$

式中 s_0——基本雪压；

μ_r——屋面积雪分布系数。

1.2.5 吊车荷载

吊车荷载包括吊车竖向力、吊车横向水平力和卡轨力，吊车荷载的计算可参照第 3 章单层工业厂房钢结构。

1.2.6 地震作用

目前地震作用的计算方法主要采用弹性反应谱理论，即用反应谱法得到结构的等效地震作用后，按静力方法计算内力和位移。

(1) 水平地震作用计算

建筑钢结构的设计反应谱，采用图 1-7 的地震影响系数曲线表示。

地震影响系数应根据烈度、场地类别、设计地震分组、结构自振周期以及阻尼比确定。

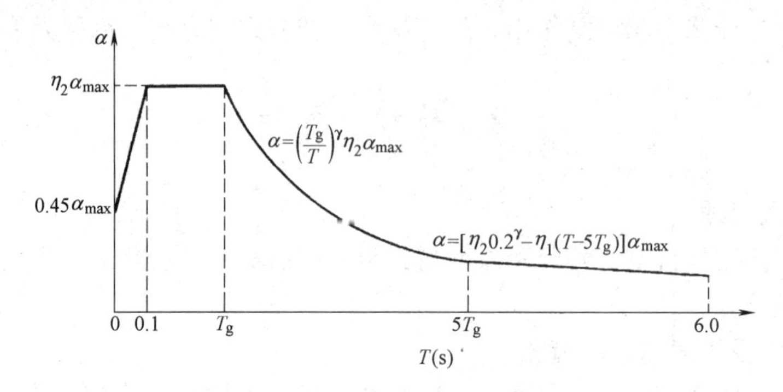

图 1-7 地震影响系数曲线

α—地震影响系数；α_{max}—地震影响系数最大值；η_1—直线下降段的下降斜率调整系数；γ—衰减指数；T_g—特征周期；η_2—阻尼调整系数；T—结构自振周期

钢结构在多遇地震下的阻尼比，对不超过 12 层的钢结构可采用 0.035，对超过 12 层的钢结构可采用 0.02；在罕遇地震下的分析，阻尼比可采用 0.05。

计算水平地震作用标准值时，阻尼比为 0.05 的水平地震影响系数最大值 α_{max} 应按表 1-2 采用；特征周期 T_g 应根据场地类别和设计地震分组按表 1-3 采用，计算 8、9 度罕遇地震作用时，特征周期应增加 0.05s。

水平地震影响系数最大值 **表 1-2**

地震影响	6 度	7 度	8 度	9 度
多遇地震	0.04	0.08(0.12)	0.16(0.24)	0.32
罕遇地震	—	0.50(0.72)	0.90(1.20)	1.40

注：括号内数值分别用于设计基本地震加速度为 0.15g 和 0.30g 的地区。

特征周期值 (s) **表 1-3**

设计地震分组	场地类别			
	Ⅰ	Ⅱ	Ⅲ	Ⅳ
第一组	0.25	0.35	0.45	0.65
第二组	0.30	0.40	0.55	0.75
第三组	0.35	0.45	0.65	0.90

地震作用计算方法有：底部剪力法、振型分解反应谱法和时程分析法。建筑钢结构应根据不同情况，分别采用不同的地震作用计算方法。

① 底部剪力法

底部剪力法适用于高度不大于 40m、以剪切变形为主且平面和竖向较规则的建筑。底部剪力法的基本思路是：结构底部的总剪力等于其总水平地震作用（可根据建筑物的总重力荷载代表值由反应谱得到），而地震作用沿高度的分布则根据近似的结构侧移假定按比例分配到各楼层。得到各楼层的水平地震作用后，即可按静力方法计算结构的内力，使用较方便。

采用底部剪力法计算水平地震作用时，各楼层可仅按一个自由度计算（图1-8），与结构的总水平地震作用等效的底部剪力标准值由下式计算：

$$F_{Ek}=\alpha_1 G_{eq} \tag{1-18}$$

在质量沿高度分布基本均匀、刚度沿高度分布基本均匀或向上均匀减小的结构中，各层水平地震作用标准值按下式比例分配：

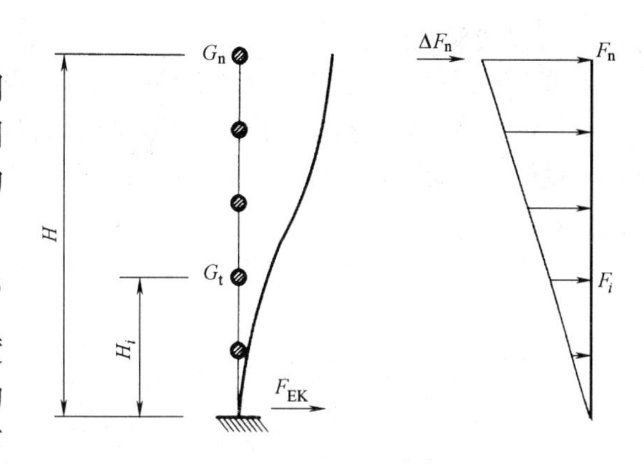

图 1-8　底部剪力法计算图形

$$F_i=\frac{G_iH_i}{\sum_{j=1}^{n}G_jH_j}F_{Ek}(1-\delta_n)\quad(i=1,2\cdots n) \tag{1-19}$$

顶部附加水平地震作用标准值为：

$$\Delta F_n=\delta_n F_{Ek} \tag{1-20}$$

式中　α_1——相应于结构基本自振周期的水平地震影响系数，按图 1-7 确定；

G_{eq}——结构等效总重力荷载，单质点应取总重力荷载代表值，多质点可取总重力荷载代表值的 85%；

G_i、G_j——分别为第 i、j 层的重力荷载代表值；抗震计算中重力荷载代表值为恒载和活载组合值之和，但雪荷载取标准值的 50%，楼面活荷载按《荷载规范》规定的标准值乘组合值系数取值，一般民用建筑应取 0.5，书库、档案库建筑应取 0.8；

H_i、H_j——分别为第 i、j 层楼盖距底部固定端的高度；

F_i——第 i 层的水平地震作用标准值；

δ_n——顶部附加地震作用系数，钢结构房屋可按表 1-4 采用。

顶部附加地震作用系数　　**表 1-4**

T_g(s)	$T_1>1.4T_g$(s)	$T_1\leqslant 1.4T_g$(s)
≤0.35	$0.08T_1+0.07$	0.0
>0.35～0.55	$0.08T_1+0.01$	
>0.55	$0.08T_1-0.02$	

表中 T_1 为结构的基本自振周期，建筑结构基本自振周期的分析方法主要有矩阵位移法、能量法和经验公式。前两种方法与所取的结构计算简图有关，其计算可由计算机程序完成。后一种方法比较粗略，可以用于初步设计时的估算，如对高层钢结构，即可按经验公式 $T_1=(0.08\sim0.12)N$ 估算，式中 N 为结构总层数。

采用底部剪力法时，凸出屋面的电梯间、水箱等小塔楼的质量、刚度与相邻结构层的质量、刚度相差很大，已不满足采用底部剪力法计算水平地震作用时，要求结构质量、刚度沿高度分布均匀的条件，因此，凸出屋面的小建筑的地震作用效应宜乘以增大系数 3，此增大部分属于效应增大，不应再往下传递。

② 振型分解反应谱法

不符合底部剪力法适用条件的其他建筑钢结构，宜采用振型分解反应谱法。

对体型比较规则、简单，可不计扭转影响的结构，振型分解反应谱法仅考虑平动作用下的地震效应组合，沿主轴方向，结构第 j 振型第 i 质点的水平地震作用标准值，按下列公式计算：

$$F_{ji}=\alpha_j\gamma_j X_{ji}G_i \quad (i=1,2,\cdots,n,j=1,2,\cdots,m) \tag{1-21}$$

$$\gamma_j=\frac{\sum_{i=1}^{n}X_{ji}G_i}{\sum_{i=1}^{n}X_{ji}^2G_i} \tag{1-22}$$

式中 α_j——相应于 j 振型自振周期的地震影响系数；

γ_j——j 振型的参与系数；

X_{ji}——j 振型 i 质点的水平相对位移。

根据各振型的水平地震作用标准值 F_{ji}，即可按下式计算水平地震作用效应（弯矩、剪力、轴力和变形）：

$$S_{Ek}=\sqrt{\sum S_j^2} \tag{1-23}$$

式中 S_{Ek}——水平地震作用标准值的效应；

S_j——j 振型水平地震作用标准值的效应，可只取前 2～3 个振型，当基本自振周期大于 1.5s 或房屋高宽比大于 5 时，振型个数可适当增加。

在复杂体型或不能按平面结构假定进行计算时，应按空间协同工作或空间结构计算空间振型。

③ 时程分析法

竖向特别不规则的建筑及高度较大的建筑，宜采用时程分析法进行补充验算。采用时程分析法计算结构的地震反应时，应输入典型的地震波进行计算。不同的地震波会使相同结构出现不同的反应，这与地震波的频谱、幅值及时间长短有关。采用的能反映当地场地特征的地震加速度波不能少与 4 条，其中宜包括一条本地区历史上发生地震时的实测记录波。地震波的持续时间不宜过短，宜取 10～20s 或更长。

(2) 竖向地震作用计算

建筑钢结构中要求考虑竖向地震作用的主要结构或构件有：①长悬臂结构；②大跨度结构；③高耸结构和较高的高层建筑。

计算结构竖向地震作用的方法主要有静力法、水平地震作用折减法和竖向地震反应谱法。其中静力法最简单，不必计算结构或构件的竖向自振周期和振型，直接取结构或构件重力的某个百分数作为其竖向地震作用。水平地震作用折减法认为结构的竖向地震反应与水平地震反应直接相关，取结构或构件水平地震作用的某个百分比。由于竖向地面运动与水平地面运动的频率成分不同，结构竖向振动特性也不同，所以竖向地震作用与水平地震作用并无直接关系，因此此法不甚合理。竖向地震作用反应谱法与水平地震反应谱法相同，先计算结构的竖向自振周期和振型，再由竖向振型周期从竖向反应谱求得等效竖向力。求出各振型的竖向地震作用和内力后，用平方和开方法进行振型的内力组合。此法较合理，然而要计算结构的竖向自振特性，并需要建立相应的竖向地震反应谱。

此外，结构的竖向地震反应谱也可采用时程分析法求解，但计算量较大。我国《建筑抗震设计规范》根据竖向地震反应谱和时程分析法的结果进行统计分析，得到了高耸结构和大跨度结构竖向地震作用的实用简化分析法——拟静力法。

① 高耸结构和高层建筑竖向地震作用的简化计算

竖向和水平地震反应谱形状相差不大，故可以近似采用水平地震反应谱曲线来计算竖向地震作用。考虑到竖向地震加速度峰值平均约为水平地震加速度峰值的1/3～1/2，抗震规范规定竖向地震影响系数α_v取水平地震影响系数的65%。

通过对高耸结构、高层建筑的时程分析和竖向反应谱分析，发现有以下规律：

a. 高耸结构、高层建筑的竖向地震内力与竖向构件所受重力之比λ_v沿结构的高度由下往上逐渐增大，而不是一个常数。

b. 高耸结构顶部在强烈地震中可能出现拉力，这说明，竖向地震作用的影响是不可忽略的。

c. 高耸结构和高层建筑竖向第一振型的地震内力与竖向前5个振型按平方和开方组合的地震内力相比较，误差仅在5%～15%。同时，竖向第一振型不仅竖向自振周期小于场地特征周期，而且其振型接近于倒三角形。

基于竖向地震作用的上述规律，高耸结构和高层建筑竖向地震作用的简化计算为类似于水平地震作用的底部剪力法，其计算公式（图1-9）为：

$$F_{\mathrm{Evk}}=\alpha_{\mathrm{vmax}}G_{\mathrm{eq}} \tag{1-24}$$

$$F_{\mathrm{v}i}=\frac{G_iH_i}{\sum_{j=1}^{n}G_jH_j}F_{\mathrm{Evk}} \tag{1-25}$$

$$\alpha_{\mathrm{vmax}}=0.65\alpha_{\mathrm{Hmax}} \tag{1-26}$$

$$G_{\mathrm{eq}}=0.75\sum G_i \tag{1-27}$$

式中 F_{Evk}——结构总竖向地震作用标准值；

$F_{\mathrm{v}i}$——质点i的竖向地震作用标准值；

α_{vmax}、α_{Hmax}——分别为竖向、水平地震影响系数最大值。

各楼层的竖向地震作用效应按各构件承受的重力荷载代表值的比例进行分配。

② 平板型网架屋盖与跨度大于24m屋架的竖向地震作用计算

我国《建筑抗震设计规范》针对不同类型平板型网架屋盖和跨度大于24m的屋架，用反应谱法计算了竖向地震作用下的内力，得到了其规律。为了简化，可略去跨度的影响，将竖向地震作用标准值取为其重力荷载代表值和竖向地震作用系数的乘积。竖向地震作用系数如表1-5所示。

③ 长悬臂结构和其他大跨度结构

对于长悬臂和其他大跨度结构的竖向地震作用标准值，8度和9度可分别取该结构构件重力荷载代表值的10%和20%，设计基本地震加速度为0.30g时，可取该结构构件重力荷载代表值的15%。

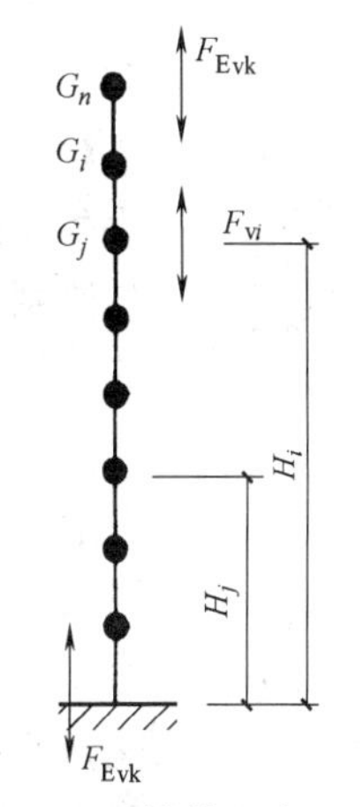

图1-9 结构竖向地震作用计算简图

竖向地震作用系数　　表 1-5

结构类型	烈度	场地类别		
		Ⅰ	Ⅱ	Ⅲ、Ⅳ
平板型网架	8	不考虑(0.10)	0.08(0.12)	0.10(0.15)
钢屋架	9	0.15	0.15	0.20

注：括号中数值分别用于设计基本地震加速度为 0.30g 的地区。

1.2.7　温度作用

对于大跨度结构和温度区段长度超过规范规定值的其他结构，应计算结构或构件的温度作用，温度差可根据建筑所在的地区取为 25～60℃。

1.2.8　其他

其他如积灰荷载、悬挂荷载以及施工荷载等，具体取值详《荷载规范》。

1.3　荷载作用效应组合

在进行钢结构设计时，由多种荷载作用引起的内力及位移要进行荷载效应组合。荷载效应组合分别按承载能力极限状态和正常使用极限状态进行。

1.3.1　承载能力极限状态设计表达式

(1) 无地震作用组合

在非抗震设防区或不考虑地震作用时，按照《建筑结构可靠度设计统一标准》GB 50068 和《建筑结构荷载规范》GB 50009 的规定，对于承载能力极限状态，荷载效应组合 S 可采用下列基本表达式：

$$S = \gamma_0 \left(\gamma_G \sigma_{Gk} + \gamma_{Q1} \sigma_{Q1k} + \sum_{i=2}^{n} \gamma_{Qi} \psi_{ci} \sigma_{Qik} \right) \tag{1-28}$$

或

$$S = \gamma_0 \left(\gamma_G \sigma_{Gk} + \sum_{i=1}^{n} \gamma_{Qi} \psi_{ci} \sigma_{Qik} \right) \tag{1-29}$$

式中　γ_0——结构重要性系数，按照《建筑结构可靠度设计统一标准》的规定：①对安全等级为一级或设计使用年限为 100 年及以上的结构构件，不应小于 1.1；②对安全等级为二级或设计使用年限为 50 年的结构构件，不应小于 1.0；③对安全等级为三级或设计使用年限为 5 年的结构构件，不应小于 0.9；

σ_{Gk}——永久荷载标准值在结构构件截面或连接中产生的应力；

σ_{Q1k}——起控制作用的第一个可变荷载标准值在结构构件截面或连接中产生的应力；

σ_{Qik}——其他第 i 个可变荷载标准值在结构构件截面或连接中产生的应力；

γ_G——永久荷载分项系数，当永久荷载效应对结构构件的承载能力不利时取 1.2，当永久荷载效应对结构构件的承载能力有利时，取为 1.0，但对公式 (1-29) 则取 1.35；

γ_{Q1}、γ_{Qi}——第 1 个和其他第 i 个可变荷载分项系数，当可变荷载效应对结构构件的承载能力不利时取 1.4，有利时取 0；当楼面活荷载大于 4.0kN/m^2 时，取 1.3；

ψ_{ci}——第 i 个可变荷载的组合值系数，按《建筑结构荷载规范》GB 50009 的规定采用。

式（1-28）为由可变荷载效应控制的组合，对于一般排架、框架结构，可采用下列简化式：

$$S=\gamma_0\left(\gamma_G\sigma_{Gk}+\psi\sum_{i=1}^{n}\gamma_{Qi}\sigma_{Qik}\right) \tag{1-30}$$

式中，ψ 为简化式中采用的荷载组合系数，一般情况下可采用 0.9，当只有 1 个可变荷载时，取 $\psi=1.0$。

式（1-29）为由永久荷载效应控制的组合，实际工程中，荷载效应组合按式（1-28）和式（1-29）中的最不利组合值控制。

（2）有地震作用组合

结构构件的地震作用效应和其他荷载效应的基本组合按下式计算：

$$S=\gamma_G S_{GE}+\gamma_{Eh}S_{Ehk}+\gamma_{Ev}S_{Evk}+\psi_W\gamma_W S_{Wk} \tag{1-31}$$

式中 γ_G——重力荷载分项系数，一般情况取 1.2，当重力荷载效应对构件承载能力有利时，不应大于 1.0；

γ_{Eh}、γ_{Ev}——分别为水平、竖向地震作用分项系数，当仅计算水平地震作用或竖向地震作用时，分别取 1.3；同时计算水平与竖向地震作用时 $\gamma_{Eh}=1.3$、$\gamma_{Ev}=0.5$；

S_{GE}——重力荷载代表值的效应，有吊车时，尚应包括悬吊物重力标准值的效应；

S_{Ehk}、S_{Evk}——分别为水平、竖向地震作用标准值的效应，当有规定时尚应乘以相应的效应调整系数 η（如凸出屋面的小建筑、天窗架、高低跨厂房交接处的柱子、框架柱等）；

ψ_W——风荷载组合值系数，一般结构取 0.0，风荷载起控制作用的高层建筑取 0.2；

γ_W——风荷载分项系数，应采用 1.4；

S_{Wk}——风荷载标准值的效应。

1.3.2 正常使用极限状态设计表达式

对于正常使用极限状态，按《建筑结构可靠度设计统一标准》的规定要求，应分别采用荷载的标准组合、频遇组合和准永久组合。钢结构只考虑荷载的标准组合，其设计式为：

$$S=S_{Gk}+S_{Q1k}+\sum_{i=2}^{n}\psi_{ci}S_{Qik} \tag{1-32}$$

式中 S_{Gk}——永久荷载的标准值在结构或结构构件中产生的变形值；

S_{Q1k}——起控制作用的第一个可变荷载的标准值在结构或结构构件中产生的变形值；

S_{Qik}——其他第 i 个可变荷载标准值在结构或结构构件中产生的变形值。

荷载效应的组合既应考虑最不利情况，同时又必须是可能同时发生的，一般应遵循下列组合原则：

（1）永久荷载在任一种内力组合下都存在；

（2）屋面均布活荷载不与雪荷载同时考虑，应取两者中的较大值；

（3）积灰荷载应与雪荷载或屋面均布活荷载中的较大值同时考虑；

(4) 风荷载与吊车横向水平荷载有两个作用方向，只能选择其中一种参与内力组合；

(5) 施工或检修集中荷载不与楼、屋面材料自重以外的其他荷载同时考虑；

(6) 当需要考虑地震作用时，风荷载不与地震作用同时考虑。

1.4 材料选用

1.4.1 钢结构主材的选用

建筑结构用钢的钢种主要是碳素结构钢和低合金结构钢两种。在碳素结构钢中，建筑钢材只使用低碳钢（碳含量 C≤0.25%）。低合金结构钢是在冶炼碳素结构钢时增添一些合金元素炼成的钢，目的是提高钢材强度、冲击韧性、耐腐蚀性等而又不太降低其塑性。低合金结构钢的碳含量和低碳钢相近同时又增加了合金元素，因而对焊接有更高要求。

建筑结构钢和桥梁用结构钢的牌号统一由代表屈服点的汉语拼音字母 Q、厚度 $t\leqslant$ 16mm 时钢材的屈服点值（N/mm^2）和质量等级符号（A、B、C、D、E）等三个部分按顺序组成，其中碳素结构钢在质量等级符号后面还要加上脱氧方法符号。桥梁用钢为与建筑用钢相区别，在屈服点值后面另加汉语拼音符号 q（桥）。质量等级符号 A、B、C、D、E 分别表示不要求冲击韧性试验、冲击韧性试验温度为+20℃、0℃、−20℃、−40℃。如 Q345-A 表示屈服强度为 $345N/mm^2$ 且不要求做冲击韧性试验的钢材，Q420q-C 表示屈服强度为 $420N/mm^2$ 且要求具有 0℃冲击韧性的桥架钢。

建筑钢结构中可供使用的钢材主要有下列各种。

(1) 规范推荐使用的钢材牌号

①《碳素结构钢》(GB/T 700) 中的 Q235 钢，相当于过去的 3 号钢。

Q235 钢共分 A、B、C、、D 四个质量等级，A、B 级钢按脱氧方法可为沸腾钢（符号 F)、半镇静钢（符号 b）或镇静钢（符号 Z)，C 级钢为镇静钢，D 级钢为特殊镇静钢（符号 TZ)；脱氧方法符号中的 Z 和 TZ 在牌号中可省略不用。现在各钢厂基本上已不生产半镇静钢，故设计中不宜采用。

A 级 Q235 钢能保证力学性能，在化学成分中不保证碳、锰的含量（不作为交货条件)，故不宜用于焊接承重结构，必要时仅当对每批来料钢材进行补充化验证明其含碳量均不大于 0.22%时，或对每批钢材进行焊接试验证明其可焊性合格后，方可用于次要的焊接结构。必要时，A 级钢可附加保证冷弯性能，但不附加保证冲击韧性值。除 A 级以外的其他等级的 Q235 钢，其化学成分和力学性能均能保证（生产厂有试验数据作为交货条件)，故不需要再提出附加保证条件。

②《低合金高强度结构钢》(GB/T 1591) 中的 Q345、Q390 和 Q420 钢。

其中使用最多亦比较成熟的是 Q345 钢，它相当于过去的 16Mn 钢。Q390 钢相当于过去的 15MnV 钢，Q420 钢是新增加的高强度钢。

(2)《建筑结构用钢板》(GB/T 19879)

这是最近为高层钢结构或其他重要建（构）筑物用钢板制订的国家标准，与一般钢材相比，其主要特点是：

① 降低了硫、磷含量和焊接碳当量；

② 提高了屈服强度下限值并缩小其波动范围；

③ 提高了冲击功、增加了弯曲试验；

④ 厚度方向性能可以保证到 Z35 级别，Z 字后面的数字 35 表示钢板厚度方向截面收缩率为 35%。

《建筑结构用钢板》的牌号是在屈服点数值后面加上代表建筑结构用钢板的字母“GJ”，接着是质量等级符号 B、C、D、E，如 Q345 的 C 级钢，其牌号表示为 Q345GJC。

(3) 其他可供选用或代用的钢材

① 优质碳素结构钢（GB 699）：

优质碳素结构钢价格较贵，仅在特殊情况下使用，其中 20 号钢可代替 Q235 钢。

② 桥梁用结构钢（GB/T 714）：

桥梁用结构钢的质量等级有 C、D、E 三级，性能优于相应的碳素结构钢和低合金高强度结构钢，主要是对碳、硫、磷的含量控制更严。低合金钢厚板的屈服强度较高，负温冲击功高，可用于工作条件恶劣的构件，如特重级工作制吊车的吊车梁或类似结构。为与建筑结构钢相区别，桥梁用结构钢在牌号中的屈服点数值后面加上汉语拼音符号“桥(q)”，如 Q235qC、Q420qE 等。

③《锅炉用碳素钢和低合金钢板》(GB 713)。

④《船体用结构钢》(GB 712)。

⑤《压力容器用钢板》(GB 6654)。

这些专用结构钢大多是在碳素结构钢或低合金结构钢的基础上冶炼而成，质量要求更高，检验也更严格。其特点是有害元素含量低、晶粒细、组织致密，但价格也较贵。这些钢材的牌号表示方法与低合金结构钢的旧标准相同，即自左向右依次列出其平均碳含量的万分数和各合金元素的符号及其含量的百分整数。每种合金元素的平均含量小于 1.5%时不标注其含量，≥1.5%、2.5%等时则在该元素后标注 2、3 等数字。如 16Mn 钢，其平均碳含量为 0.16%（0.12%～0.2%），而平均锰含量 1.4%（1.2%～1.6%）<1.5%，故 Mn 后面未标注数字。为与一般的碳素结构钢和低合金结构钢相区别，专用钢需在牌号后加上专业用途的汉语拼音字母，如 C（船）、R（容）、g（锅）等，如，16MnR 即表示 16Mn 压力容器钢。在必要时，可用这些专用钢来代替力学性能相当的建筑结构钢。

⑥ 生产厂自行开发的钢材新品种或国外进口钢材

生产厂自行开发的钢材新品种或国外进口钢材，经鉴定合格后，若各种性能指标均能符合我国钢材标准亦可使用，但应对这种钢材进行足够数量的检验和统计分析来确定其抗力分项系数 γ_R 的取值。

(4) 当工作条件需要时应采用的钢材

① 耐候钢

对处于外露环境，且对大气腐蚀有特殊要求的或在腐蚀性气态和固态介质作用下的承重结构，宜采用耐候钢。我国现有国家标准《高耐候性结构钢》(GB/T 4171) 和《焊接结构用耐候钢》(GB/T 4172)。

耐候钢的强度级别与常用的建筑结构钢基本一致，技术指标也相近，但其抗腐蚀能力却高出 2～4 倍。现在正研究有同等抗腐蚀能力的焊缝金属和焊接工艺，使耐候钢能逐步推广应用到钢结构中去。

② 厚度方向性能钢板（GB/T 5313）

钢板在三个方向的机械性能是有差别的，沿轧制方向性能最好，垂直于轧制方向的性能稍差，沿厚度方向性能则又次之。用一般质量的钢轧成的钢材，尤其是厚钢板，局部性的分层现象往往难于避免。分层主要来源于钢中的硫、磷偏析和非金属夹杂等缺陷。对于重要的结构，一要对钢材进行探伤检查，限制局部分层部位和面积；二是避免在分层处焊接，以免垂直于板面的焊缝收缩应力使钢板开裂；三是设计时要避免垂直于板面受拉，如图 1-10 所示的框架节点，柱的翼缘板受有厚度方向的拉力，还要加上内外焊缝（主要是加劲肋焊缝）的收缩应力，就有可能造成层间撕裂。如果此刚架节点是高层或超高层结构的节点，柱的翼缘板较厚，层间撕裂的可能性和危险性就比较大。

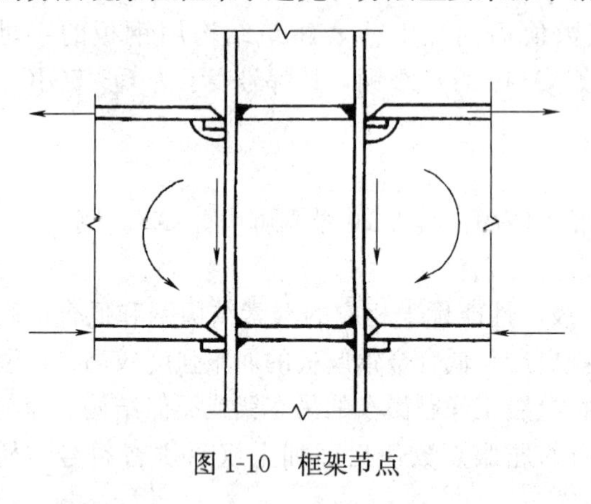

图 1-10　框架节点

为避免焊接时产生层状撕裂，最好采用抗层状撕裂的钢材，称为“Z 向钢”。“Z 向钢”是在某一级结构钢（称为母级钢）的基础上，经过特殊冶炼、处理的钢材，其含硫量为一般钢材的 1/5 以下，截面收缩率在 15%以上。我国生产的 Z 向钢板的标志是在母级钢钢号后面加上 Z 向钢板等级标志 Z15、Z25、Z35。

高层和超高层建筑钢框架柱的翼缘板往往需用 Z15 或 Z25 钢，若从经济条件考虑，也可在柱与梁刚性连接范围内用 Z 向钢，柱的其他部位采用一般钢材。对于受动力荷载作用和大气环境恶劣的重要结构，如海上采油平台的关键构件和重要构件，在承受较大板厚方向拉力部位，有可能需要采用 Z35 钢。

当在厚度方向受拉的重要构件选用一般钢材时，应逐张进行超声波探伤，检查其是否有分层和非金属夹杂等缺陷。探伤范围主要为焊缝区域以及钢板周边 100mm 宽度的区域。

③ 钢铸件用钢

在建筑结构中，钢铸件主要用于大型结构的支座，如大跨桁架、平板网架的弧形支座板和滚轴支座的枢轴及上下托座，或某些复杂的柱脚节点等，钢铸件应采用现行国家标准《一般工程用铸造碳钢件》（GB 11352）中规定的 ZG-200-400、ZG-230-450、ZG-270-500 和 ZG-310-570 牌号钢。牌号中 ZG 是铸钢的符号，前一位数字表示屈服点，后面的数字表示抗拉强度，单位均为牛顿/平方毫米（N/mm^2）。

1.4.2　钢材选用的基本原则和考虑因素

（1）结构的重要性

钢材的选用应视建筑结构的重要性而定，结构的重要性一般以安全等级体现，安全等级高者（如重型工业建筑结构或构筑物、大跨度结构、高层民用建筑等）应选用较好的钢材，对一般工业与民用建筑结构，可按工作性质选用普通质量的钢材。同时，构件破坏造成对整个结构的后果也是考虑的因素之一。当构件破坏导致整个结构不能正常使用时，则后果严重；如果构件破坏只造成局部性损害而不致危及整个结构的正常使用，则后果就不十分严重。两者对材质要求也应有所区别。

(2) 荷载情况

结构所受的荷载可分为静态或动态的；经常作用、有时作用或偶然出现（如地震）的；经常满载或不经常满载的等。钢材的选用应考虑荷载的上述特点，如对直接承受动力荷载的构件，应选用综合性能（主要指塑性和韧性）较好的钢材。其中，需要验算疲劳的结构或构件对钢材的综合性能要求更高，对承受静力荷载或间接承受动力荷载的结构构件则可采用一般质量的钢材。

(3) 应力特征

因为拉应力容易使构件产生断裂破坏，危险性较大，所以对受拉和受弯的构件应选用质量较好的钢材，而对受压或受压弯的构件就可选用一般质量的钢材。

(4) 连接方法

钢结构连接可采用焊接或非焊接（螺栓或铆钉连接）。对于焊接结构，焊接时的不均匀加热和冷却常使构件内产生很高的焊接残余应力；同时，由于焊接构造和焊接缺陷常使结构存在裂纹性损伤，而焊接结构的整体连续性和刚性较好又易使缺陷或裂纹互相贯穿扩展；此外，碳和硫的含量过高会严重影响钢材的可焊性。因此，焊接结构用钢材的质量要求应高于同样情况的非焊接结构，钢材中碳、硫、磷等有害元素的含量应较低，塑性和韧性应较好。

(5) 结构的工作温度

钢材的塑性和韧性会随温度的下降而降低，在低温尤其是脆性转变温度区时韧性急剧降低，容易发生脆性断裂。因此，对经常处于或可能处于较低负温下工作的钢结构、尤其是焊接结构，应选用化学成分和力学性能质量较好、脆性转变温度低于结构工作温度的钢材。

(6) 钢材厚度

薄钢材辊轧次数多，轧制的压缩比大，钢的内部组织致密。而厚度大的钢材压缩比小，组织欠佳，所以厚度大的钢材不但强度较低，塑性、冲击韧性和焊接性能也较差，且容易产生三向残余应力。因此，厚度大的焊接结构应采用材质较好的钢材。

(7) 环境条件

露天工作的结构钢材容易产生时效，在有害介质作用下的钢材容易腐蚀。若有一定大小的拉应力（包括残余拉应力）存在，将产生应力腐蚀现象，经过一定时期后会发生脆断，即延迟断裂。延迟断裂现象主要发生于高强度钢（如高强度螺栓），钢材的碳含量愈高，塑性和韧性越差，愈容易发生延迟断裂。

钢结构的工作性能是受上述多种因素影响的，例如钢结构的脆性破坏就与结构的工作温度、钢材厚度、应力特征、加荷速率和环境条件等因素有关。所以，在具体选用钢材时，对上述各项原则和需考虑的因素要根据具体情况进行综合分析，分清主次，除重要性原则是基本出发点以外，不同的工作条件各有不同的主要矛盾，但总的来说，连接方式和应力特征始终是选用钢材时要考虑的主要因素。

对钢材强度级别的选用主要与受力大小与受力性质有关。一般内力较大由强度控制设计的受拉和受弯构件、内力很大的粗短柱，采用强度高的钢材较为经济。相反，细长压杆以及由整体稳定或刚度控制设计的构件，采用高强度钢不一定有利，以采用 Q235 或 Q345 钢为合适。需要验算疲劳的结构和构件（如重级工作制吊车梁，中、重级工作制吊车桁架以及类似结构)，由于疲劳强度与钢种无关，因此，由疲劳强度控制设计的结构或构件宜采用低强度钢。

以上是从设计角度来考虑的，由于高强度钢的塑性、韧性性能相对较差，随之而来的加工制作、焊接性能、低温冷脆等一系列难题可能会相继出现。所以，一般的建筑钢结构宜采用低强度的Q235钢和中等强度的Q345钢和Q390钢。更高强度的钢可考虑用于大跨度结构和超高层建筑中的下部柱子。不过，即使是这类建筑，如为了节约钢材而片面强调强度而忽视塑性性能，对预防地震灾害也是不利的。

1.4.3 钢结构的连接材料

(1) 手工焊接的焊条

手工焊接用焊条应符合国家标准《碳钢焊条》(GB/T 5117) 和《低合金钢焊条》(GB/T 5118) 中的规定。焊条型号根据熔敷金属的抗拉强度、药皮类型、焊接位置和电流种类来划分。

碳钢焊条型号有E43××、E50××两种系列，字母“E”表示焊条；后面的两位数字表示熔敷金属抗拉强度的最小值，单位为“kgf/mm^2”；第三位数字表示焊条的焊接位置，其中“0"和“1”表示适用于全位置焊接(平焊、横焊、立焊、仰焊)，“2”表示适用于平焊及平角焊，‘4’表示适用于向下立焊；第三位和第四位数组合时表示焊接电源种类及药皮类型。在第四位数字后附加“R”表示耐吸潮焊条，附加“M”表示耐吸潮和力学性能有特殊规定的焊条，附加“-1”表示冲击性能有特殊规定的焊条。

低合金钢焊条型号有E50××、E55××、E60××、E70××、E80××、E85××、E90××和E100××等系列，建筑钢结构仅用E50××和E55××两种系列。前面的字母和数字与碳钢焊条的含义相同。不过低合金钢焊条可加后缀字母以表示熔敷金属的化学成分分类代号，并以短划线与前面数字分开，若还具有附加化学成分时，附加化学成分直接用元素符号表示，并以短划“-”与前面后缀字母分开。当E50××-×，E55××-×型低氢焊条的熔敷金属化学成分分类后缀字母或附加化学成分后面加字母“R”时，表示耐吸潮焊条。

为了经济合理，选择焊条型号应与构件钢材的强度相适应。焊接Q235钢构件时，应选用E43系列焊条；焊接Q390钢和Q420钢构件时，应选用低合金钢E55系列焊条。而焊接Q345钢构件时，可选用碳钢的E50或低合金钢的E50两种系列的焊条。一般来说，焊接Q345钢构件常采用碳钢焊条的E50系列，重要结构宜采用低氢型E5015、E5016和铁粉低氢型E5018、E5028焊条。焊接Q235钢的重要结构，如重级工作制吊车的吊车梁、吊车桁架或类似结构以及处于低温工作的结构，宜采用低氢型E4315、E4316或铁粉低氢型E4318、E4328焊条，对厚板、拘束度大及冷裂倾向大的焊接结构亦应采用低氢型或高韧性超低氢型焊条。

(2) 自动埋弧焊的焊丝和焊剂

现行国家标准有《熔化焊用钢丝》(GB/T 14957)、《气体保护焊用钢丝》(GB/T 14958)、《埋弧焊用碳钢焊丝和焊剂》(GB/T 5293) 和《低合金钢埋弧焊用焊剂》(GB/T 12470)。其中《熔化焊用钢丝》适用于电弧焊、埋弧焊和电渣焊等，《气体保护焊用钢丝》适用于低碳钢和低合金钢气体保护焊(CO_2、$Ar+O_2$、CO_2+Ar)。

埋弧自动焊的钢丝一般只保证化学成分不保证力学性能，其力学性能主要靠焊缝中的母材熔合比和焊丝金属的合金成分来保证。对气体保护焊，则可根据需方要求，经供需双方协议，进行熔敷金属力学性能试验。

我国目前生产供应的焊剂，按焊剂碱度的大小，又可分为酸性和碱性焊剂。一般来说，酸性焊剂的焊接工艺性能较好，但焊缝金属的韧性较差。当用碱性或高碱度焊剂焊接时，可获得高韧性焊缝，但焊接工艺性能较差。

埋弧焊用碳钢焊丝和焊剂的型号分类根据焊丝-焊剂组合的熔敷金属力学性能、热处理状态进行划分。焊丝-焊剂组合的型号表示方法为：字母“F”表示焊剂；第一位数字表示焊丝-焊剂组合的熔敷金属抗拉强度最小值的百分位；第二位字母表示试件的热处理状态，“A’表示焊态，“P”表示焊后热处理状态；第三位数字表示熔敷金属冲击吸收功不小于27J时的最低试验温度；“-”后面表示焊丝的牌号，如型号F4A2-H08A表示焊丝-焊剂组合的熔敷金属抗拉强度最小值为415MPa，试件为焊态，最低试验温度－20℃，焊丝的牌号是H08A。

焊剂与焊丝的不同组合，可获得不同力学性能的熔敷金属，所以应该根据所焊构件的技术要求选择合适的焊剂和焊丝组合。常用结构钢埋弧焊焊接材料的选配，可按《建筑钢结构焊接技术规程》（JGJ 81）的规定。对于重要结构焊接材料的选配，可由施工单位通过焊接工艺评定试验来确定。

焊丝和焊剂的选用原则总的要求是焊缝金属的力学性能不能低于母材。但若焊缝金属强度过高，将导致焊缝韧性、塑性以及抗裂性能下降，影响结构安全。选择焊接材料时还要考虑工艺条件，如坡口和接头形式的影响、焊后加工工艺的影响以及板厚的影响等。

（3）普通螺栓

普通螺栓有国家标准《六角头螺栓C级》（GB/T 5780）和《六角头螺栓》（A级和B级）（GB/T 5782）两种。

C级螺栓（粗制螺栓）的规格为M5～M64，螺栓长度l＝25～500mm，性能等级有3.6、4.6和4.8级三种，在建筑钢结构中一般仅采用4.6级和4.8级。螺栓材料均为碳素钢。

A、B级螺栓（精制螺栓）的规格为M1.6～M64，其中M1.6～M10的长度l＝12～120mm，M12～M64的长度l＝50～500mm。其性能等级有5.6、8.8、10.9等11种，在建筑钢结构中一般仅采用5.6级和8.8级两种。5.6级的螺栓材料为碳素钢，8.8级为低合金钢或中碳钢，淬火并回火。其中A级用于d＝1.6～24mm和$l \leqslant 10d$或$l \leqslant$150mm（按较小值），B级用于d＞24mm和$l > 10d$或l＞150mm（按较小值）的螺栓。

A、B级螺栓可代替螺钉或高强度螺栓用于摩擦型连接。

（4）高强度螺栓

高强度螺栓有扭剪型螺栓和大六角头螺栓两种，其性能等级的表示方法与普通螺栓类同，不过，小数点前面的数字代表螺栓抗拉强度的最小值而不是公称强度。

扭剪型螺栓的现行国家标准为《钢结构用扭剪型高强度螺栓连接副》（GB/T 3632～3633），螺栓规格有M16、M20、M22和M24四种，性能等级只有10.9级一种，螺栓材料为20MnTiB，公称长度l＝40～180mm。

大六角头螺栓的现行国家标准为《钢结构用高强度大六角头螺栓、大六角螺母、垫圈与技术条件》（GB/T 1228～1231），螺栓规格有M12、M16、M20、M22、M24、M27和

M30 七种，性能等级有 8.8 级和 10.9 级两种，10.9 级的螺栓材料有 20MnTiB（≤M24）和 35VB 钢（≤M30），8.8 级的螺栓材料有 35 号钢（≤M20）、45 号钢（≤M22）和 40B 钢（≤M24）。螺栓的公称长度 l=35～260mm。

高强度螺栓因长期承受高额拉应力，在腐蚀介质作用下容易发生延迟断裂现象。延迟断裂是材料上的锈坑或原来存在的小裂纹在拉应力作用下随着时间增长由于腐蚀而逐渐扩展最终出现脆性断裂的现象，所以亦叫做应力腐蚀断裂。延迟断裂与拉应力的大小、环境条件、钢材的化学成分和热处理质量等因素有关。45 号钢和 40B 钢含碳量较高（分别为 0.45%和 0.4%），抵抗应力腐蚀的性能较差。清华大学曾对强度级别相同的 20MnTiB 和 40B 螺栓进行过试验，测得含碳量较低的 20MnTiB 比 40B 钢抵抗延迟断裂的能力要高出一倍以上，而直径较大的螺栓（d≥24mm）由于热处理透性较差，亦容易发生延迟断裂。据 1974 年的调查结果，我国铁路桥梁的高强度螺栓十余年间大约有 1/5000 发生了延迟断裂，20 世纪 80 年代初，M24 的扭剪型螺栓亦有发生延迟断裂的现象，后经过研究改进，修订了国家标准，使高强度螺栓的推荐材料与螺栓的强度级别及直径大小有关。

我国高强度螺栓的钢号和力学性能见表 1-6。

高强度螺栓采用的钢号和力学性能 **表 1-6**

螺栓种类	性能等级	采用钢号	屈服强度 f_y (N/mm²)	抗拉强度 f_u (N/mm²)
大六角头	8.8 级	40B 钢、35 号钢、45 号钢	660	830～1030
	10.9 级	20MnTiB、35VB	940	1040～1240
扭剪型	10.9 级	20MnTiB	940	1040～1240

（5）锚栓

锚栓材料一般采用 Q235 钢，当受力较大时，可采用 Q345 钢。锚栓由钢结构加工厂用棒钢直接加工制作。

1.5 设计指标

1.5.1 钢材的强度设计值

（1）钢材抗拉、抗压、抗弯时的强度设计值取为材料的屈服强度除以抗力分项系数 γ_R，即强度设计值 $f=f_y/\gamma_R$。抗力分项系数 γ_R 是通过对我国各大钢厂出厂材料性能的统计分析得出的，其中普通碳素钢 Q235 的抗力分项系数 $\gamma_R=1.087$，低合金钢 Q345、Q390 和 Q420 的抗力分项系数 $\gamma_R=1.111$。

由于钢材的屈服强度与厚度有关，钢材越薄，辊轧的次数越多，强度越高，因此，钢材的强度设计值按板厚分为 4 组。

（2）钢材的抗剪强度设计值

钢材的抗剪强度设计值 f_v 按能量强度理论计算，取：$f_v=f/\sqrt{3}=0.58f$，式中，f 为钢材抗拉、压、弯时的强度设计值。

（3）端面承压强度设计值

由于端面承压强度是验算构件极小区域的压应力，其强度设计值允许超过材料的屈服点而接近其最低极限强度，因此钢材的端面承压强度远远高于一般抗压强度。因为现行国家标准规定的钢材的最低极限强度不随钢材厚度而变，所以端面承压强度设计值与厚度无关。

《钢结构设计规范》推荐的钢材的强度设计值见附录 1 附表 1-1。

1.5.2 连接的强度设计值

连接的强度设计值主要根据试验数据并参考国外规定确定，经可靠度分析，所有连接的可靠度均大致等于或略高于构件的可靠度。

（1）焊缝的强度设计值中，对接焊缝只有抗拉和抗压的取值，抗弯强度分别按抗弯中的受压部分取抗压强度设计值，受拉部分取抗拉强度设计值采用。焊缝金属为焊条熔敷金属与钢材金属的混合体，其强度一般高于钢材的强度，但焊缝质量对强度有很大影响，因此规范规定：焊缝质量为一、二级时，对接焊缝的抗拉强度设计值与母材相等，三级时取为母材抗拉强度的 0.85 倍。角焊缝由于探伤不准，其强度设计值也只能按三级焊缝采用。

（2）普通螺栓中的 A、B 级和 C 级螺栓的抗拉和抗剪强度设计值是参照前苏联 81 规范取用的，可用于一个或多个螺栓。

（3）高强度螺栓连接有承压型和摩擦型之分，由于采用的设计准则不同，其承载力计算亦不相同。

（4）8.8 级的 A、B 级普通螺栓与 8.8 级承压型高强度螺栓的性能等级相同，其区别在于：

① 承压型高强度螺栓要求施加预拉力，而普通螺栓一般不需要施加预拉力；

② 承压型高强度螺栓的孔径要求低于 A、B 级普通螺栓，因此，其抗剪强度低于 A、B 级普通螺栓，但抗拉强度相同（见附录 1 附表 1-3 中的强度设计值）。

《钢结构设计规范》推荐的连接强度设计值见附录 1 附表 1-2 和附表 1-3。

1.5.3 强度设计值的折减系数

规范所规定的强度设计值是结构处于正常工作情况下求得的，对一些工作情况处于不利的结构构件或连接，例如施工条件较差的高空安装焊缝、单面连接的单角钢等，其强度设计值应有所降低。所以规范补充规定，在某些特殊情况下钢材的强度设计值应乘以相应的折减系数。

钢结构构件或连接的强度设计值折减系数见附录 1 附表 1-4。

2 多层钢框架结构

2.1 钢框架的结构体系

钢框架是办公楼、商场、住宅、公共建筑及超市等建筑的常用结构形式之一。框架结构的主要承重构件为钢梁和钢柱，见图2-1，框架中的钢梁柱既承受竖向荷载，同时又抵抗水平荷载。

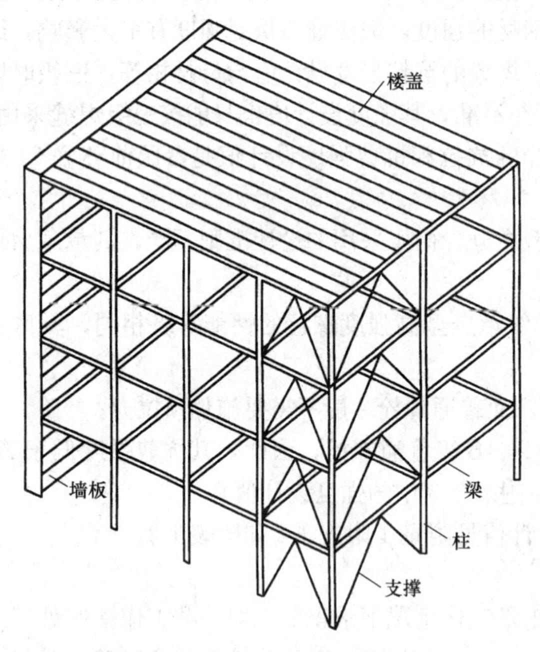

图2-1 多层钢框架结构

纯钢框架结构体系早在19世纪末就已出现，它是多层及高层建筑中最早出现的结构体系。框架结构整体刚度均匀，构造简单，制作安装方便。同时，在大震作用下，结构具有较大的延性和一定的耗能能力（其耗能能力主要是通过梁端塑性弯曲铰的非弹性变形来实现）。

框架结构的另一个优点是梁和柱的布置灵活，可以用于需要较大空间的建筑，也可以通过设置轻质隔墙将房间分隔为一些小的开间。但纯框架结构侧向刚度较差，在水平荷载作用下纯框架结构的抗侧移能力主要取决于框架柱和梁的抗弯能力，结构侧移较大。当层数较多时要提高结构的侧向刚度只有加大梁和柱的截面。截面过大，就会使框架失去经济合理性，因此建造高度不宜太高，一般不超过40m或12层。为了保证整体结构的侧向刚度，多层钢框架结构中的梁柱连接节点及柱脚一般做成刚接。

由于纯框架结构是靠梁柱的抗弯刚度来抵抗水平力，因而不能有效的利用构件材料的强度，当层数较大时很不经济。为了提高框架结构的侧向刚度，可以将建筑中的电梯、楼梯间等设计成抗侧移构件，这样就组成了框架-剪力墙结构（图2-2b）。也可以在局部框架柱之间设置支撑系统，构成框架-支撑结构体系（图2-2c）。其中支撑桁架部分起着类似于框架-剪力墙结构中剪力墙的作用，在水平力作用下，支撑桁架中的支撑构件只承受拉、压轴向力，这种结构形式无论是从强度或变形的角度看，都是十分有效的。与纯框架结构相比，大大提高了结构的侧向刚度。

框架结构的柱网布置应尽量规则，当柱采用H型钢截面且建筑平面为矩形时，由于建筑的横向受风面积大，且刚度也低于纵向，一般应将钢柱的强轴方向垂直于横向框架

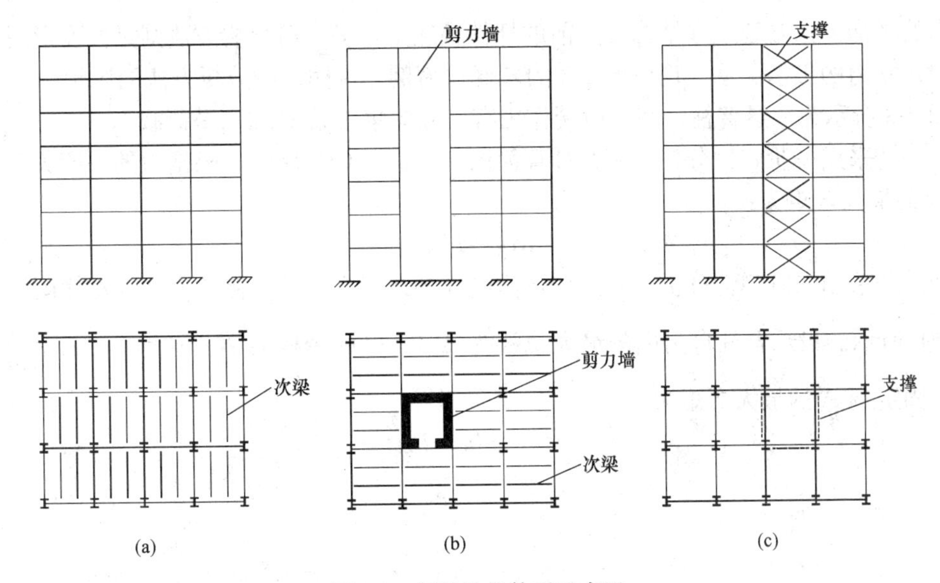

图 2-2 框架结构体系及布置

(a) 纯框架结构；(b) 框架-剪力墙结构；(c) 框架-支撑结构

(即建筑平面的短向）放置，见图 2-2。次梁则既可以平行于横向框架（图 2-2a），也可以平行于纵向框架（图 2-2b）布置。就承受竖向荷载而言，前者相当于将横向框架作为主要承重框架，而纵向框架为次要承重框架；后一种布置方法则是将纵向框架作为主要承重框架，横向框架为次要承重框架。

2.2 框架结构的受力分析

2.2.1 钢框架的计算模型

一般情况下，框架结构处于空间受力状态，即水平荷载可能以任意方向作用在结构上，因此框架的计算简图应尽量采用空间结构模型。目前，用有限元方法编制的、能够用于钢框架受力分析的专业设计软件很多，可以用于空间模型的内力及变形分析。

当结构平面布置比较规则时，由于纵、横向框架的刚度及荷载分布都比较均匀，也可以近似采用平面框架模型进行内力及位移分析，其计算模型的简化作了两点假定：

(1) 整个框架结构可以划分成若干个平面框架，单榀框架除承受所负荷的垂直荷载外，还可以抵抗自身平面内的水平荷载，但在平面外的刚度很小，可以忽略。

(2) 各平面框架之间通过楼板连接，楼板在自身平面内的刚度可视为无穷大，因此各平面框架在每一楼层处有相同的侧移。

2.2.2 框架结构的内力分析

在进行框架的内力分析时，假定结构在弹性阶段工作，因此可以采用弹性分析法，即结构力学方法。对于平面框架，由于竖向荷载作用下侧移很小，可采用分层法近似计算杆件的内力。在水平荷载作用下，框架有侧移，可利用柱的侧向刚度求出柱的剪力分配，并确定柱反弯点的位置，即用 D 值法进行框架的内力计算。

框架的弹性分析有一阶分析方法和二阶分析方法之分。所谓一阶分析方法，是指荷载和内力的平衡关系是建立在结构变形前的杆件轴线上；而二阶分析方法则是按变形后的结构轴线建立力的平衡关系。现以图 2-3 的悬臂柱为例，说明两种分析方法的区别。

图 2-3 所示为一悬臂柱，在自由端作用有一竖向集中力 P 和水平荷载 H。

（1）若采用一阶弹性分析，则其计算简图如图 2-3（a）所示，根据力的平衡关系，固定端 A 的最大弯矩为：

$$M_A = Hh \tag{2-1}$$

（2）若采用二阶弹性分析，应按变形后的柱轴线建立力的平衡关系，计算简图将如图 2-3（b）所示。设悬臂柱自由端的最大位移为 Δ（Δ 可由结构力学公式计算：$\Delta=\dfrac{Hh^3}{3EI}$），此时，固定端 A 的最大弯矩为：

$$M_A = Hh + P\Delta \tag{2-2}$$

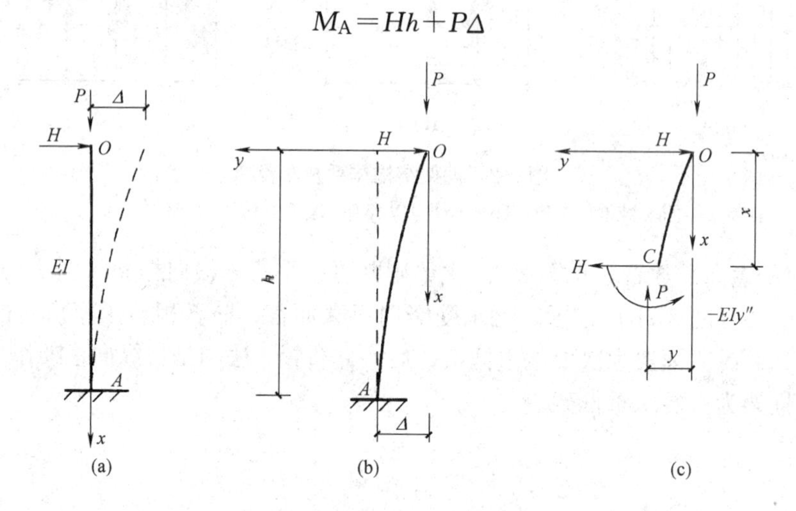

图 2-3　悬臂柱分析方法的比较

（a）一阶分析；（b）二阶分析；（c）二阶分析隔离体图

显然，采用二阶弹性分析考虑柱的侧向变形后，得到的柱固端弯矩较一阶分析增大了 $P\Delta$，这种效应即结构的二阶效应，又称为 P-Δ 效应。

当框架结构刚度较大、侧向位移较小时，由于二阶效应不明显，因此可采用一阶弹性分析；反之，则宜采用二阶弹性分析。我国现行国家标准《钢结构设计规范》规定，若框架的侧移值符合公式（2-3）时，则宜采用二阶弹性分析方法。

$$\frac{\sum N \cdot \Delta u}{\sum H \cdot h} > 0.1 \tag{2-3}$$

式中　$\sum N$——所计算楼层各柱轴心压力设计值之和；

$\sum H$——产生层间侧移 Δu 的所计算楼层及以上各层的水平力设计值之和；

Δu——按一阶弹性分析求得的所计算楼层的层间侧移，Δu 可近似采用层间相对位移的容许值［Δu］，见附录 6，附 6.2.1；

h——所计算楼层的高度。

2.2.3　框架结构二阶弹性分析的近似计算方法

（1）框架的一阶弹性分析

框架的一阶弹性分析常采用图 2-4 的计算模型，整个计算过程分两步走。第一步，首先假定在框架各层的梁柱节点有一约束其侧向位移的支承连杆，使其在荷载作用下不产生侧移，如图 2-4（b）所示。分析此框架可得到各杆的杆端弯矩 M_{1b}及各假想约束处的约束力 H_i'；第二步，将约束反力反向作用在原框架的各节点处，求得在约束反力作用下各杆的杆端弯矩 M_{1s}，如图 2-4（c）所示。最后，将按图 2-4（b）与图 2-4（c）求得的解叠加，即可得框架一阶分析的杆端弯矩：

$$M_1 = M_{1b} + M_{1s} \tag{2-4}$$

式中 M_{1b}——假定框架无侧移时（即图 2-4b 的计算模型）按一阶弹性分析求得的各杆件端弯矩；

M_{1s}——框架各节点侧移时（即图 2-4c 的计算模型）按一阶弹性分析求得的杆件端弯矩。

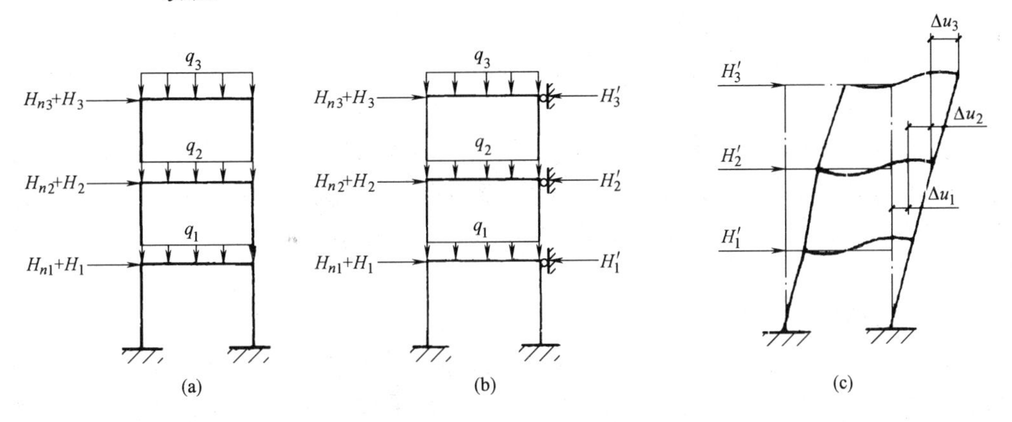

图 2-4 框架一阶弹性分析

（2）框架的二阶弹性分析

对于规则的平面框架，二阶弹性分析仍可采用与一阶分析类似的方法，只是对第二步计算求得的有侧移弯矩项 M_{1s}，应乘以增大系数 α_{2i}。即当采用二阶弹性分析时，各杆件杆端的弯矩 M_2 可用下列近似公式计算：

$$M_2 = M_{1b} + \alpha_{2i} M_{1s} \tag{2-5}$$

式中 α_{2i}——考虑二阶效应第 i 层杆件的侧移弯矩增大系数，按下式计算：

$$\alpha_{2i} = \frac{1}{1 - \dfrac{\sum N \cdot \Delta u}{\sum H \cdot h}} \tag{2-6}$$

公式（2-5）为二阶弯矩的近似计算公式，当计算得到的侧移弯矩增大系数 $\alpha_{2i} \leqslant 1.33$ 时，该近似法精确度较高；但当计算的 α_{2i} 大于 1.33 时，误差较大，应增加框架结构的侧向刚度。

（3）二阶分析的假想水平力

在进行二阶分析的过程中，通常结构构件被假定为无初始缺陷的理想状态，所以，为了求得真实的结构内力，还需要考虑结构中各种初始缺陷的影响，初始缺陷包括结构的安装误差、构件的初始弯曲以及残余应力等。这些缺陷可以综合起来用一个附加在框架各层柱顶的假想水平力（亦称概念荷载）统一体现。假想水平力 H_{ni} 可由公式（2-7）计算：

$$H_{ni}=\frac{\alpha_y Q_i}{250}\sqrt{0.2+\frac{1}{n_s}} \tag{2-7}$$

式中 Q_i——第 i 楼层的总重力荷载设计值；

n_s——框架总层数；

α_y——钢材强度影响系数，其值为：对 Q235 钢，1.0；Q345 钢，1.1；Q390 钢，1.2；Q420 钢，1.25。

假想水平力作用于框架的每层柱顶，因此，当进行框架结构的二阶分析时，对如图 2-4（c）所示的计算模型，各假想约束处的约束力 H_i' 还应加上假想水平力 H_{ni} 后再求解各杆的杆端弯矩 M_{1b}。

2.3 框架柱的计算长度

框架中的钢柱主要承受轴力、弯矩和剪力，按其受力性能来讲属于压弯构件，因此，除了应计算强度、刚度以外，其承载能力主要受整体稳定控制。我国规范对框架柱整体稳定的设计采用计算长度法，即将本应是求解框架柱整体稳定临界力的问题转化为求解柱的计算长度，以简化计算。

2.3.1 计算长度的定义

两端铰接的理想轴心受压柱在弹性阶段失稳时，其临界力可用欧拉临界力表达。在实际结构中，压杆端部不一定都是理想的铰支，为了设计应用上的方便，可以把任意支承情况下压杆的欧拉临界力 N_{cr}，等效换算为两端铰接轴心受压构件屈曲荷载的形式。其方法是把两端任意支撑的受压构件用等效长度 l_0 的两端铰接构件来代替，此时，其临界力为：

$$N_{cr}=\frac{\pi^2 EI}{l_0^2}=\frac{\pi^2 EI}{(\mu l)^2} \tag{2-8}$$

式中 l_0——计算长度，$l_0=\mu l$；

μ——计算长度系数。

对于端部约束条件比较理想化（如铰接、固定、自由等）的单根压弯构件，其计算长度可根据构件端部的约束条件按弹性稳定理论确定。表 2-1 列出了几种理想端部条件下压杆计算长度系数 μ 的取值，对于无转动的端部条件，实际工程中往往很难完全实现，所以 μ 的设计取值有所增加。从各约束条件下杆件屈曲时的变形曲线来看，l_0 的实质为杆件失稳时弯矩为零的点（即曲率为零的反弯点）之间的距离，即相当于相邻两反弯点处切出的脱离体的长度，此脱离体的变形曲线也类似一长度为 l_0 的两端铰接轴心受力柱屈曲失稳时的正弦曲线。

表 2-1 仅是简单支撑情况下压杆的计算长度系数，由于框架柱是框架结构中的一个单元，失稳时不可避免地会受到与其两端相连的其他构件（如横梁或基础）的约束，同时还受到相邻构件刚度及受力的影响，计算其整体稳定承载力，必须对框架结构进行整体分析。

压杆的计算长度系数 μ 值 　　　　　　　　**表 2-1**

项次	1	2	3	4	5	6
支承条件	两端铰接	两端固定	上端铰接，下端固定	上端平移但不转动，下端固定	上端自由，下端固定	上端平移但不转动，下端铰接
变形曲线 $l_0=\mu l$	l　l_0	l_0	l_0	$0.5l_0$	$0.5l_0$	$0.5l_0$
应用实例						
理论 μ 值	1.0	0.5	0.7	1.0	2.0	2.0
设计 μ 值	1.0	0.65	0.8	1.2	2.1	2.0

2.3.2 单层等截面框架柱在框架平面内的计算长度

在进行框架的整体稳定分析时，一般取平面框架作为计算模型，不考虑空间作用。框架的可能失稳形式有两种，一种是有较强支撑的框架，其失稳形式一般为对称失稳（图 2-5a、b），亦称为无侧移失稳。另一种是无支撑的纯框架，其失稳形式为反对称失稳（图

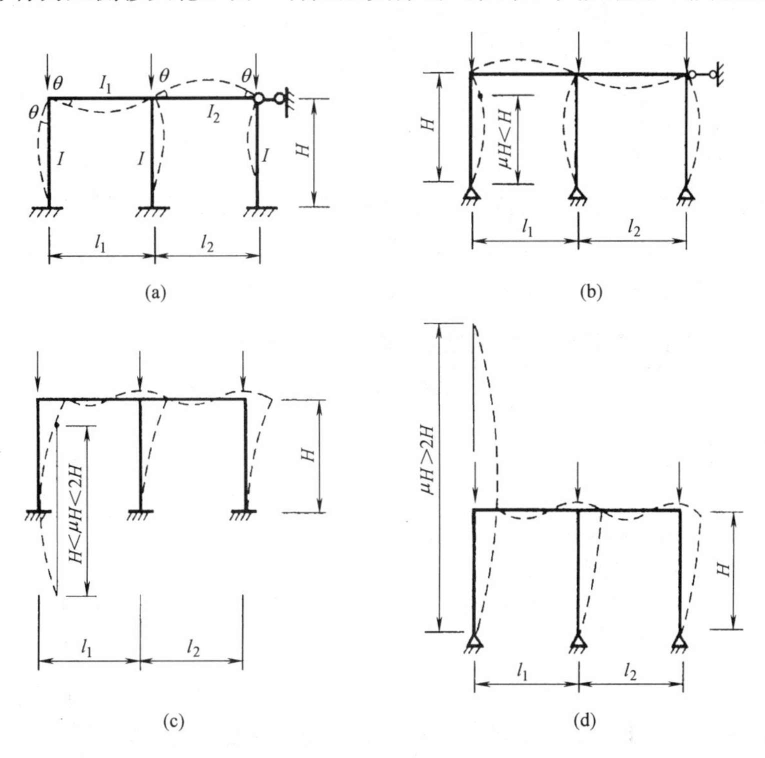

图 2-5　单层框架的失稳形式

2-5c、d)，亦称为有侧移失稳。当框架以有侧移的形式丧失整体稳定时，其临界力比无侧移失稳形式的框架低得多。因此，除非采用框架-支撑（或框架-剪力墙）结构体系，且支撑的抗侧刚度足够大，使得框架能够以无侧移的模式失稳，框架的承载能力一般以有侧移失稳时的临界力确定。

确定框架柱的计算长度通常根据弹性稳定理论，并作了如下近似假定：

(1) 材料是完全弹性的；

(2) 框架只承受作用于节点的竖向荷载，忽略横梁荷载和水平荷载产生梁端弯矩的影响；分析比较表明，在弹性工作范围，此种假定带来的误差不大，可以满足设计工作的要求；但需注意，此假定只能用于确定计算长度，在计算柱的截面尺寸时必须同时考虑弯矩和轴心力；

(3) 所有框架柱同时丧失稳定，即所有框架柱同时达到临界荷载；

(4) 失稳时横梁两端的转角相等，当框架柱开始失稳时，相交于同一节点的横梁对柱子提供的约束弯矩，按柱的线刚度之比进行分配。

单层单跨框架柱的上端与横梁刚性连接，若只考虑与柱相连的横梁对其有约束作用，则横梁对柱的约束作用取决于横梁的线刚度 I_1/l 与柱的线刚度 I/H 的比值 K_1，即：

$$K_1=\frac{I_1/l}{I/H}$$

对于单层多跨框架，K_1 值为与柱相邻的两根横梁的线刚度之和 $I_1/l_1+I_2/l_2$ 与柱线刚度 I/H 之比：

$$K_1=\frac{I_1/l_1+I_2/l_2}{I/H} \tag{2-9}$$

框架柱在框架平面内的计算长度 H_0 可用下式表达：

$$H_0=\mu H \tag{2-10}$$

式中　H——柱的几何长度；

　　　μ——计算长度系数。

显然，计算长度系数 μ 值与框架柱柱脚与基础的连接形式及 K_1 值有关。当采用一阶弹性分析方法计算内力时，单层等截面无支撑纯框架柱有侧移失稳时的计算长度系数 μ 值可按表 2-2 确定，它是在上述近似假定的基础上用弹性稳定理论求得的。

单层等截面无支撑纯框架柱（有侧移失稳）的计算长度系数 μ　　　　**表 2-2**

柱与基础的连接	相交与上端的横梁线刚度之和与柱线刚度之比 K_1										
	0	0.05	0.1	0.2	0.3	0.4	0.5	1.0	2.0	5.0	≥10
铰接	—	6.02	4.46	3.42	3.01	2.78	2.64	2.33	2.17	2.07	2.03
刚性固定	2.03	1.83	1.70	1.52	1.42	1.35	1.30	1.17	1.10	1.05	1.03

注：1. 线刚度为截面惯性矩与构件长度之比；

2. 与柱铰接的横梁取其线刚度为零；

3. 计算框架的等截面格构式柱和桁架式横梁的线刚度时，应考虑缀件（或腹杆）变形的影响，将其惯性矩乘以 0.9。当桁架式横梁高度有变化时，其惯性矩宜按平均高度计算。

从表 2-2 可以看出，当无支撑纯框架柱按有侧移失稳模式进行一阶弹性分析时，框架柱的计算长度系数都大于 1.0。柱脚刚接的无支撑纯框架柱，μ 值约在 1.0～2.0 之间（如图 2-5c)。柱脚铰接的无支撑纯框架柱，μ 值总是大于 2.0，其实际意义可通过图 2-5 (d)

虚线所示的变形情况来理解。

因为框架有侧移失稳是二阶效应中的竖向荷载效应造成的，当采用二阶弹性分析时，此效应已在内力分析中计入，故取框架柱的计算长度系数 $\mu=1.0$。

对于有支撑框架柱无侧移失稳模式，柱子的计算长度系数 μ 将小于 1.0（图 2-5a、b）。

2.3.3 多层等截面框架柱在框架平面内的计算长度

多层多跨框架的失稳形式也分为无侧移失稳（图 2-6a）和有侧移失稳（图 2-6b）两种情况，计算时的基本假定与单层框架相同。对于未设置支撑结构（支撑架、剪力墙、抗剪筒体等）的纯框架结构，属于有侧移反对称失稳。对于有支撑框架，根据抗侧移刚度的大小，又可分为强支撑框架和弱支撑框架。

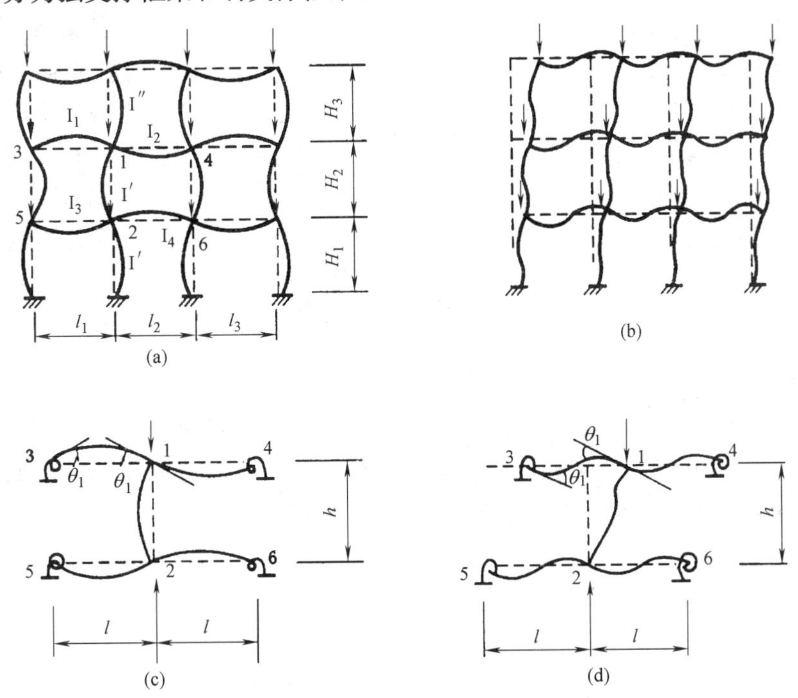

图 2-6 多层框架的失稳形式

(1) 强支撑框架

在框架－支撑结构体系中，当支撑结构的抗侧移刚度足够大，可以使框架结构以无侧移模式（挠度曲线对称）丧失稳定时，为强支撑框架。强支撑框架的判定条件为，支撑结构的侧移刚度（产生单位侧倾角的水平力）S_b 满足公式（2-11）的要求时：

$$S_b \geqslant 3(1.2\sum N_{bi}-\sum N_{0i}) \tag{2-11}$$

式中 $\sum N_{bi}$、$\sum N_{0i}$——第 i 层层间所有框架柱用无侧移框架和有侧移框架柱计算长度系数算得的轴压杆稳定承载力之和。

强支撑框架按照无侧移失稳的框架柱计算柱子的计算长度系数。

(2) 弱支撑框架

在框架-支撑结构中，当支撑结构的抗侧刚度不足以使框架发生无侧移失稳时，为弱支撑框架。对弱支撑框架的判定，同样采用公式（2-11），即当支撑结构的侧移刚度 S_b 不满足公式（2-11）的要求时，即为弱支撑框架。

因此，框架结构的整体失稳可分为三类：

① 无支撑纯框架，以有侧移模式失稳，按有侧移失稳的框架柱计算柱子的计算长度系数；

② 强支撑框架，以无侧移模式失稳，按无侧移失稳的框架柱计算柱子的计算长度系数；

③ 弱支撑框架，失稳模式介于有侧移和无侧移失稳之间。

多层框架无论在哪一类形式下失稳，每一根柱都要受到柱端构件以及远端构件的影响。因多层多跨框架的未知节点位移数较多，需要展开高阶行列式和求解复杂的超越方程，计算工作量大且很困难。故在实用工程设计中，引入了简化杆端约束条件的假定，即将框架简化为图 2-6（c）和（d）所示的计算单元，只考虑与柱端直接相连构件的约束作用。在确定柱的计算长度时，假设柱子开始失稳时相交于上下两端节点的横梁对于柱子提供的约束弯矩，按其与上下两端节点柱的线刚度之和的比值 K_1 和 K_2 分配给柱子。这里，K_1 为相交于柱上端节点的横梁线刚度之和与柱线刚度之和的比值；K_2 为相交于柱下端节点的横梁线刚度之和与柱线刚度之和的比值。以图 2-6（a）中的 1-2 杆为例：

$$K_1=\frac{I_1/l_1+I_2/l_2}{I'''/H_3+I''/H_2}$$

$$K_2=\frac{I_3/l_1+I_4/l_2}{I''/H_2+I'/H_1}$$

多层框架的计算长度系数 μ 见附录 9 附表 9-1（有侧移框架）和附表 9-2（无侧移框架）。实际上表 2-2 中单层框架柱的 μ 值已包括在附表 9-1 中，令附表 9-1 中的 $K_2=0$，即表 2-2 中与基础铰接的 μ 值。柱与基础刚接时，从理论上来说 $K_2=\infty$，但考虑到实际工程情况，取 $K_2\geqslant10$ 时的 μ 值。

μ 值亦可采用下列近似公式计算：

(1) 无侧移失稳：

$$\mu=\frac{3+1.4(K_1+K_2)+0.64K_1K_2}{3+2(K_1+K_2)+1.28K_1K_2}$$

对无侧移失稳单层框架柱或多层框架的底层柱则上式成为：

柱脚刚性嵌固时，$K_2=10$： $\mu=\frac{0.74+0.34K_1}{1+0.643K_1}$

柱脚铰支时：$K_2=0$： $\mu=\frac{3+1.4K_1}{3+2K_1}$

(2) 有侧移失稳：

$$\mu=\sqrt{\frac{7.5K_1K_2+4(K_1+K_2)+1.6}{7.5K_1K_2+K_1+K_2}}$$

单层有侧移失稳框架柱或多层框架的底层柱则上式成为：

柱脚刚性嵌固时，$K_2=10$：$\mu=\sqrt{\frac{7.9K_1+4.16}{7.6K_1+1}}$

柱脚铰支时，$K_2=0$：$\mu=\sqrt{4+\frac{1.6}{K_1}}$

如将理论式和近似式的计算结果进行比较，可以看出误差很小。

(3) 对于支撑结构的侧移刚度 S_b 不满足公式（2-11）的弱支撑框架，框架柱的轴压杆稳定系数 φ 按公式（2-12）计算。

$$\varphi=\varphi_0+(\varphi_1-\varphi_0)\frac{S_b}{3(1.2\sum N_{bi}-\sum N_{0i})} \tag{2-12}$$

式中 φ_1——框架柱按无侧移框架柱计算长度系数算得的轴心压杆稳定系数；

φ_0——框架柱按有侧移框架柱计算长度系数算得的轴心压杆稳定系数。

2.3.4 附有摇摆柱的框架柱的计算长度

框架柱分为提供抗侧刚度的柱——框架柱和不提供抗侧刚度的柱——摇摆柱。摇摆柱指两端均铰接在框架梁上，或一端铰接在框架梁而另一端铰接在基础上的柱，摇摆柱的抗侧刚度为零，因此依靠框架柱保证稳定性。由于摇摆柱对整体结构的抗侧刚度没有贡献，且处于轴心受力状态，因此，摇摆柱本身的计算长度取为其几何长度，即 $\mu=1.0$。但是，有摇摆柱时其他柱子的负担加重了，即稳定承载力有所降低。根据计算长度系数法，为了能够反映摇摆柱对其他框架柱稳定承载力的降低作用，需将框架柱的计算长度系数进行放大，此时，无支撑纯框架柱和弱支撑框架柱的计算长度系数 μ 值应乘以增大系数 η 予以修正：

$$\eta=\sqrt{1+\frac{\sum(N_l/h_l)}{\sum(N_f/h_f)}} \tag{2-13}$$

式中 $\sum(N_f/h_f)$——各框架柱轴心压力设计值与柱子高度比值之和；

$\sum(N_l/h_l)$——各摇摆柱轴心压力设计值与柱子高度比值之和。

2.3.5 框架柱在框架平面外的计算长度

空间框架结构在框架平面外的计算长度同平面内，平面框架柱在框架平面外的计算长度取决于侧向支承点间的距离，一般由支撑构件的布置情况确定。支撑体系提供柱在平面外的支承点，这些支撑点应能阻止框架柱沿房屋的纵向发生侧移。如框架柱下段的支撑点常常是基础的表面，柱上段的支撑点是纵向支撑与连系梁的连接节点。

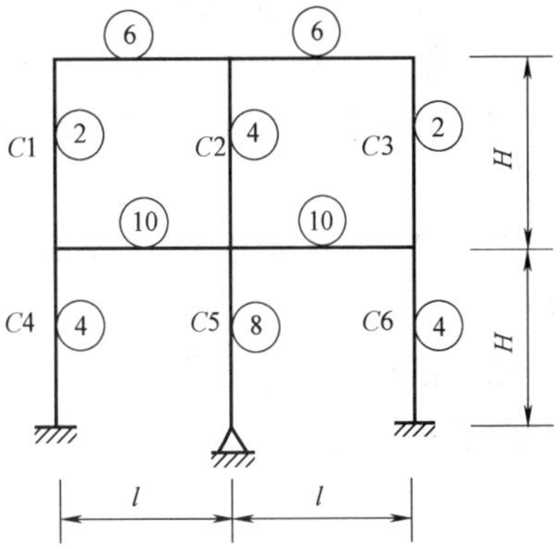

【例 2-1】 图 2-7 为一有侧移双层框架，图中圆圈内数字为横梁或柱子的线刚度。试求出各柱在框架平面内的计算长度系数 μ 值。

图 2-7 例 2-1 附图

【解】 根据附表 9-1，得各柱的计算长度系数如下：

柱 $C1$，$C2$：

$$K_1=\frac{6}{2}=3, K_2=\frac{10}{2+4}=1.67，得 \mu=1.16$$

柱 $C2$：

$$K_1=\frac{6+6}{4}=3, K_2=\frac{10+10}{4+8}=1.67，得 \mu=1.16$$

柱 $C4$，$C6$：

$$K_1=\frac{10}{2+4}=1.67,\ K_2=10,\ 得\ \mu=1.13$$

柱 $C5$：

$$K_1=\frac{10+10}{4+8}=1.67,\ K_2=0,\ 得\ \mu=2.22$$

2.4 框架结构的荷载效应组合与截面设计

2.4.1 荷载效应组合

框架结构的荷载效应组合应分别考虑两种情况：

(1) 承载能力极限状态

对非抗震设防区的一般框架结构，按照《建筑结构可靠度设计统一标准》GB 50068 和《建筑结构荷载规范》GB 50009 的规定，可变荷载效应控制的组合可采用下列简化组合式：

$$S=\gamma_0\left(\gamma_{\mathrm{G}}\sigma_{\mathrm{Gk}}+\psi\sum_{i=1}^{n}\gamma_{\mathrm{Q}i}\sigma_{\mathrm{Q}i\mathrm{k}}\right) \tag{2-14}$$

另外，还需要考虑由永久荷载效应控制的组合：

$$S=\gamma_0\left(\gamma_{\mathrm{G}}\sigma_{\mathrm{Gk}}+\sum_{i=1}^{n}\gamma_{\mathrm{Q}i}\psi_{\mathrm{c}i}\sigma_{\mathrm{Q}i\mathrm{k}}\right) \tag{2-15}$$

一般需进行下列荷载效应组合：

① 1.2×永久荷载+1.4×活载；

② 1.2×永久荷载+1.4×风载；

③ 1.2×永久荷载+0.9×1.4×(活载+雪载+风载)；

④ 1.35×永久荷载+1.4×0.7×(活载+雪载)+1.4×0.6×风载。

对于抗震设计的框架结构，按多遇地震计算的组合为：

① 1.2 (永久荷载+0.5 活载)+1.3×x 向水平地震作用+1.3×0.85×y 向水平地震作用；

② 1.2 (永久荷载+0.5 活载)+1.3×0.85×x 向水平地震作用+1.3×y 向水平地震作用。

(2) 正常使用极限状态

对于非抗震设计，采用下列基本组合：

$$v=v_{\mathrm{Gk}}+v_{\mathrm{Q1k}}+\sum_{i=2}^{n}\psi_{\mathrm{c}i}v_{\mathrm{Q}i\mathrm{k}} \tag{2-16}$$

一般需进行下列组合：

① 1.0×永久荷载+1.0×活载；

② 1.0×永久荷载+1.0×风载；

③ 1.0×永久荷载+1.0×风载+1.0×0.7×(活载+雪载)；

④ 1.0×永久荷载+1.0×(活载+雪载)+1.0×0.6×风载。

对于抗震设计，进行罕遇地震作用下结构的弹塑性变形计算时，采用下列基本组合：

① 1.0×永久荷载+0.5×活载+1.0×x 向水平地震作用+0.85×y 向水平地震作用；

② 1.0×永久荷载+0.5×活载+0.85×x向水平地震作用+1.0×y向水平地震作用。

上列所有组合中，对顶层框架，雪荷载与屋面活荷载不同时考虑。

2.4.2 构件承载力验算

建筑钢结构构件承载力应满足下式的要求：

非抗震设计时： $$\gamma_0 S \leqslant R \tag{2-17}$$

抗震设计时： $$S \leqslant R/\gamma_{RE} \tag{2-18}$$

式中 γ_0——结构重要性系数，按结构构件安全等级及设计使用年限确定；

S——荷载或作用效应组合设计值；

R——结构构件承载力设计值；

γ_{RE}——结构构件承载力的抗震调整系数，按表 2-3 的规定选用。当仅考虑竖向效应组合时，各类构件承载力抗震调整系数均取 1.0。

构件承载力的抗震调整系数 **表 2-3**

构件名称	梁、柱	支撑	节点板件、连接螺栓	连接焊缝
γ_{RE}	0.75	0.80	0.85	0.90

本章框架梁柱构件的截面设计以及连接节点的设计方法均为非抗震设计的情况，有关抗震设计的要求详见第 6 章。

2.4.3 框架柱的截面设计

2.4.3.1 轴心受力柱的截面设计

框架柱按其受力性能一般属于压弯构件，但框架结构中的摇摆柱应按轴心受压柱设计，轴心受压柱一般采用双轴对称截面，以避免弯扭失稳。常用截面形式有轧制普通工字钢、H 型钢、焊接工字形截面、型钢和钢板的组合截面、圆管和方管截面等，见图 2-8。

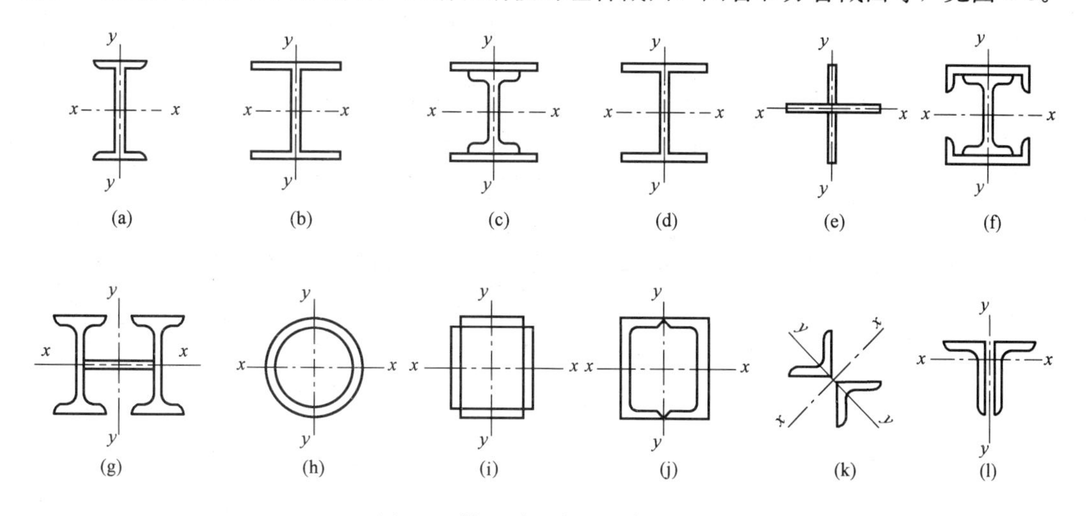

图 2-8 轴心受压实腹柱常用截面

选择轴心受压实腹柱的截面时，应考虑以下几个原则：①面积的分布应尽量开展，以增加截面的惯性矩和回转半径，提高柱的整体稳定性和刚度；②使两个主轴方向等稳定性，即使 $\varphi_x=\varphi_y$，以达到经济的效果；③便于与其他构件进行连接；④尽可能构造简单，制造省工，取材方便。

进行柱的截面选择时一般应根据内力大小，两主轴方向的计算长度值以及制造加工量、材料供应等情况综合进行考虑。单根轧制普通工字钢（图 2-8a）由于对 y 轴的回转半径比对 x 轴的回转半径小得多，因而只适用于计算长度 $l_{0x} \geqslant 3l_{0y}$ 的情况。热轧宽翼缘 H 型钢（图 2-8b）的最大优点是制造省工，腹板较薄，翼缘较宽，可以做到与截面的高度相同（HW 型），因而具有很好的截面特性。用三块板焊成的工字钢（图 2-8d）及十字形截面（图 2-8e）组合灵活，容易使截面分布合理，制造并不复杂。用型钢组成的截面（图 2-8c、f、g）适用于压力很大的柱。管形截面（图 2-8h、i、j）从受力性能来看，由于两个方向的回转半径相近，因而最适合于两方向计算长度相等的轴心受压柱。这类构件为封闭式，内部不易生锈。但与其他构件的连接和构造稍嫌麻烦。

截面设计时，首先按上述原则选定合适的截面形式，再初步选择截面尺寸，然后进行强度、整体稳定、局部稳定、刚度等的验算。具体步骤如下：

（1）假定柱的长细比 λ，求出需要的截面积 A。一般假定 $\lambda=50\sim100$，当压力大而计算长度小时取较小值，反之取较大值。根据 λ、截面分类和钢种可查得稳定系数 φ，则需要的截面面积为：

$$A=\frac{N}{\varphi f}$$

（2）求两个主轴所需要的回转半径：

$$i_{\mathrm{x}}=\frac{l_{0\mathrm{x}}}{\lambda}; \qquad i_{\mathrm{y}}=\frac{l_{0\mathrm{y}}}{\lambda}$$

（3）由已知截面面积 A，两个主轴的回转半径 i_x、i_y，优先选用轧制型钢，如普通工字钢、H 型钢等。当现有型钢规格不满足所需截面尺寸时，可以采用焊接组合截面，这时需先初步定出截面的轮廓尺寸，一般是根据回转半径确定所需截面的高度 h 和宽度 b。

$$h\approx\frac{i_{\mathrm{x}}}{\alpha_1}; \qquad b\approx\frac{i_{\mathrm{y}}}{\alpha_2}$$

α_1、α_2 为系数，表示 h、b 和回转半径 i_{x}、i_{y} 之间的近似数值关系，常用截面可由表 2-4 查得。例如由三块钢板组成的工字形截面，$\alpha_1=0.43$，$\alpha_2=0.24$。

各种截面回转半径的近似值 **表 2-4**

截面	工字形（b，h）	两槽钢（肢尖向内）（b，h）	两槽钢（肢尖向外）（b，h）	箱形（$b=h$）	T形（b，h）	T形（b，h）	T形（b，h）
$i_{\mathrm{x}}=a_1h$	$0.43h$	$0.38h$	$0.38h$	$0.40h$	$0.30h$	$0.28h$	$0.32h$
$i_{\mathrm{y}}=a_2b$	$0.24b$	$0.44b$	$0.60b$	$0.40b$	$0.215b$	$0.24b$	$0.20b$

（4）由所需要的 A、h、b 等，再考虑构造要求、局部稳定以及钢材规格等，确定截面的初选尺寸。

（5）构件强度、稳定和刚度验算。

① 当截面有削弱时，需进行强度验算：

$$\sigma=\frac{N}{A_{\mathrm{n}}}\leqslant f$$

式中　A_{n}——构件的净截面面积。

② 整体稳定验算：

$$\sigma=\frac{N}{\varphi A}\leqslant f$$

③ 局部稳定验算。

轴心受压构件的局部稳定是以限制其组成板件的宽厚比来保证的。对于热轧型钢截面，由于其板件的宽厚比较小，一般能满足要求，可不验算。对于焊接组合截面，则应根据《钢结构设计规范》的规定（详见附录 4 附表 4-1）对板件的宽厚比进行验算。

④ 刚度验算。

轴心受压实腹柱的长细比应符合规范所规定的容许长细比（详见附录 2 附表 2-2）要求。事实上，在进行整体稳定验算时，构件的长细比已预先求出，以确定整体稳定系数 φ，因而刚度验算可与整体稳定验算同时进行。

当实腹柱的腹板高厚比 $h_0/t_w>80$ 时，为防止腹板在施工和运输过程中发生变形，提高柱的抗扭刚度，应设置横向加劲肋。横向加劲肋的间距不得大于 $3h_0$，其截面尺寸要求为：双侧加劲肋的外伸宽度 b_s 应不小于 $h_0/30+40$mm，厚度 t_s 应大于外伸宽度的 1/15。

轴心受压实腹柱的纵向焊缝（翼缘与腹板的连接焊缝）受力很小，不必计算，可按构造要求确定焊缝尺寸。

2.4.3.2　框架柱的截面设计

框架柱要承受弯矩作用，应按压弯构件设计。当框架柱承受的弯矩较小时其截面形式与一般的轴心受压构件相同（图 2-8）。当弯矩较大时，宜采用在弯矩作用平面内截面高度较大的双轴对称截面或单轴对称截面（图 2-9），图中的双箭头为用矢量表示的绕 x 轴的弯矩 M_x（右手法则）。

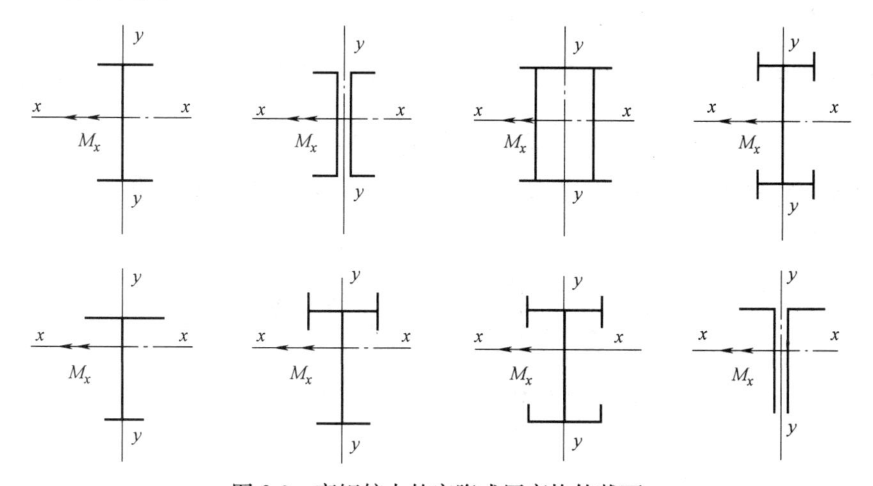

图 2-9　弯矩较大的实腹式压弯构件截面

（1）截面选择及验算

设计时需首先选定截面的形式，再根据构件所承受的轴力 N、弯矩 M 和构件的计算长度 l_{0x}、l_{0y} 初步确定截面的尺寸，然后进行强度、整体稳定、局部稳定和刚度的验算。由于压弯构件的验算式中所牵涉的未知量较多，根据估计所初选出来的截面尺寸不一定合适，因而初选的截面尺寸往往需要进行多次调整。

① 强度验算

承受单向弯矩的压弯构件其强度验算公式为：

$$\frac{N}{A_n}+\frac{M_x}{\gamma_x W_{nx}}\leqslant f \tag{2-19}$$

承受双向弯矩的压弯构件，其强度验算公式为：

$$\frac{N}{A_n}+\frac{M_x}{\gamma_x W_{nx}}+\frac{M_y}{\gamma_y W_{ny}}\leqslant f \tag{2-20}$$

当截面无削弱且 N、M_x、M_y 的取值与整体稳定验算的取值相同而等效弯矩系数为1.0时，不必进行强度验算。

式中 A_n——净截面面积；

W_{nx}、W_{ny}——对 x 轴和 y 轴的净截面抵抗矩；

γ_x、γ_y——截面塑性发展系数。其取值的具体规定见附录7附表7-1。

当截面无削弱且 N、M_x、M_y 的取值与整体稳定验算的取值相同而等效弯矩系数为1.0时，不必进行强度验算。

② 整体稳定验算

单向弯曲实腹式压弯构件弯矩作用平面内的稳定计算采用下式，即

$$\frac{N}{\varphi_x A}+\frac{\beta_{mx}M_x}{\gamma_x W_{1x}\left(1-0.8\frac{N}{N_{Ex}}\right)}=f \tag{2-21}$$

对T形等单轴对称截面，还应按下式验算弯矩受拉一侧的稳定性：

$$\left|\frac{N}{A}-\frac{\beta_{mx}M_x}{\gamma_x W_{2x}\left(1-1.25\frac{N}{N_{Ex}}\right)}\right|\leqslant 1 \tag{2-22}$$

仅在一个主轴方向有弯矩作用的框架柱，平面外的整体稳定按下式计算：

$$\frac{N}{\varphi_y A}+\eta\frac{\beta_{tx}M_x}{\varphi_b W_{1x}}\leqslant f \tag{2-23}$$

双轴对称的H形或箱形截面框架柱，当弯矩作用在两个主平面内时，采用下列公式计算其稳定性：

$$\frac{N}{\varphi_x A}+\frac{\beta_{mx}M_x}{\gamma_x W_{1x}\left(1-0.8\frac{N}{N_{Ex}}\right)}+\eta\frac{\beta_{ty}M_y}{\varphi_{by}W_{1y}}=f \tag{2-24}$$

$$\frac{N}{\varphi_y A}+\eta\frac{\beta_{tx}M_x}{\varphi_{bx}W_{1x}}+\frac{\beta_{my}M_y}{\gamma_y W_{1y}\left(1-0.8\frac{N}{N_{Ey}}\right)}=f \tag{2-25}$$

式中 M_x、M_y——对 x 轴（工字形截面和H型钢 x 轴为强轴）和 y 轴的弯矩；

φ_x、φ_y——对 x 轴和 y 轴的轴心受压构件稳定系数；

φ_{bx}、φ_{by}——梁的整体稳定系数，对双轴对称工字形截面和H型钢，φ_{bx} 按规范公式计算，而 $\varphi_{by}=1.0$；对箱形截面，$\varphi_{bx}=\varphi_{by}=1.0$。

η——调整系数：箱形截面 $\eta=0.7$，其他截面 $\eta=1.0$；

等效弯矩系数 β_{mx} 和 β_{my} 应按规范公式中有关弯矩作用平面内的规定采用；β_{tx}、β_{ty} 和 η 应按规范公式中有关弯矩作用平面外的规定采用。

③ 刚度验算

压弯构件的长细比应不超过规范规定的容许长细比限值，详见附录 2 附表 2-2。

④ 局部稳定验算

压弯构件的翼缘宽厚比必须满足局部稳定的要求，否则翼缘屈曲必然导致构件整体失稳。但当腹板屈曲时，由于存在屈曲后强度，构件不会立即失稳只会使其承载力有所降低。当工字形截面和箱形截面由于高度较大，为了保证腹板的局部稳定而需要采用较厚的板时，显得不经济。因此，设计中有时采用较薄的腹板，当腹板的高厚比不满足规范的要求时，可考虑腹板中间部分由于失稳而退出工作，计算时腹板截面面积仅考虑两侧宽度各为 $20t_w\sqrt{235/f_y}$ 的部分（计算构件的稳定系数时仍用全截面）。也可在腹板中部设置纵向加劲肋（图 2-10），此时腹板的受压较大翼缘与纵向加劲肋之间的高厚比应满足规范的要求。

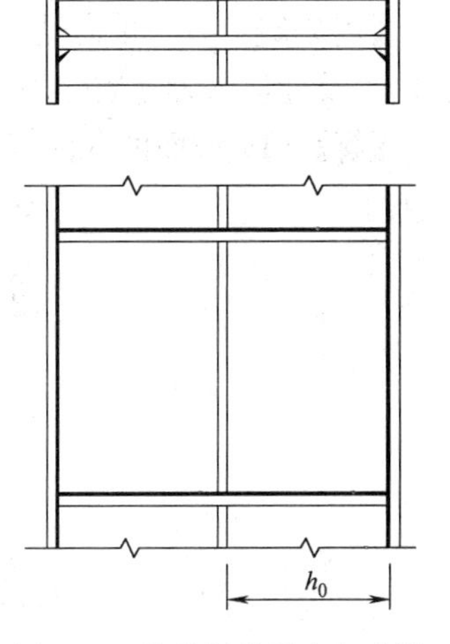

图 2-10　柱腹板的纵向加劲肋

（2）构造要求

当框架柱腹板的 $h_0/t_w>80$ 时，为防止腹板在施工和运输中发生变形，应设置间距不大于 $3h_0$ 的横向加劲肋。另外，设有纵向加劲肋的同时也应设置横向加劲肋。加劲肋的截面选择与梁中加劲肋截面的设计相同。

大型实腹式柱在受有较大水平力处和运送单元的端部应设置横隔（图 2-11），特别是格构柱，由于其横截面为中部空心的矩形，抗扭刚度较差。为了提高格构柱的抗扭刚度，保证柱子在运输和安装过程中的截面形状不变，所以应每隔一段距离设置横隔。横隔的间距不得大于柱子较大宽度的 9 倍或 8m，且每个运送单元的端部均应设置横隔。

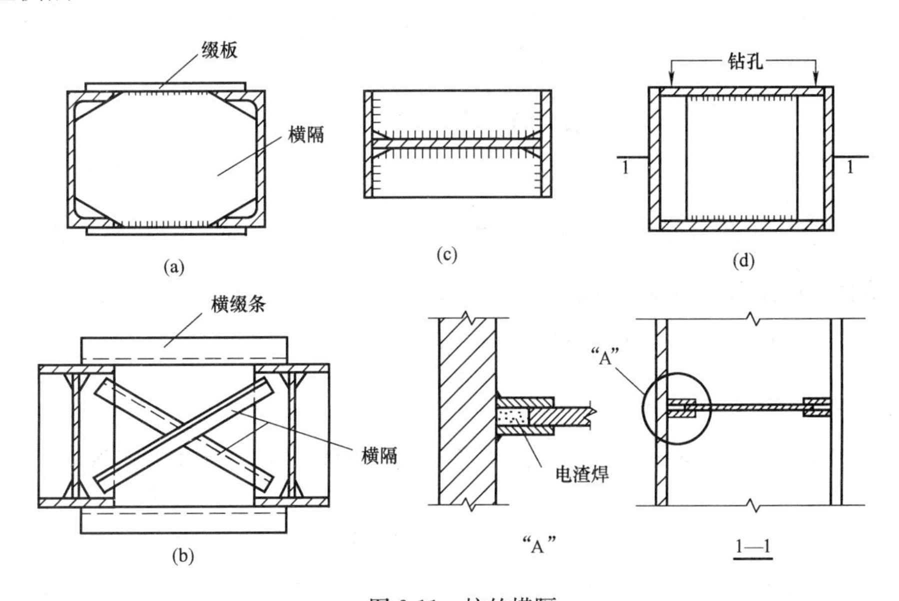

图 2-11　柱的横隔

(a)、(b)—格构柱；(c)、(d)—大型实腹柱

当柱身某一处受有较大水平集中力作用时，也应在该处设置横隔，以免柱肢局部受弯。横隔可用钢板（图 2-11a、c、d）或交叉角钢（图 2-11b）做成。工字形截面实腹柱的横隔只能用钢板，它与横向加劲肋的区别在于与翼缘同宽（图 2-11c），而横向加劲肋则通常较窄。箱形截面实腹柱的横隔，有一边或两边不能预先焊接，可先焊两边或三边，装配后再在柱壁钻孔用电渣焊焊接其他边（图 2-11d）。

【例 2-2】 有一单向受弯的箱形截面框架柱，材料为 Q235 钢，截面尺寸、计算简图和内力设计值（无地震作用）如图 2-12 所示，验算其承载力。

【解】（1）截面的几何特性：

$$A=2\times60\times1.2+2\times50\times1.4=284\text{cm}^2$$

$$I_x=\frac{1}{12}\times(50\times62.8^3-47.6\times60^3)=175200\text{cm}^4$$

$$I_y=2\times\frac{1}{12}\times1.4\times50^3+2\times60\times1.2\times19.4^2=83360\text{cm}^4$$

$$W_{1x}=\frac{175200}{31.4}=5580\text{cm}^3$$

$$i_x=\sqrt{\frac{175200}{284}}=24.8\text{cm},i_y=\sqrt{\frac{83360}{284}}=17.1\text{cm}$$

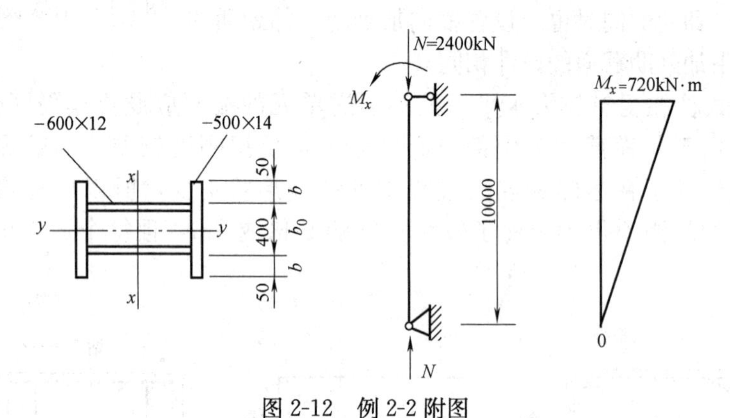

图 2-12　例 2-2 附图

（2）验算强度

$$\frac{N}{A_n}+\frac{M_x}{\gamma_x W_{nx}}=\frac{2400\times10^3}{284\times10^2}+\frac{720\times10^6}{1.05\times5580\times10^3}=207.4\text{N/mm}^2<f=215\text{N/mm}^2$$

（3）验算弯矩作用平面内的稳定

$$\lambda_x=\frac{1000}{24.8}=40.3<[\lambda]=150$$

查附录 5 附表 5-2（b 类截面），$\varphi_x=0.898$

$$N_{Ex}=\frac{\pi^2 EA}{\gamma_R\lambda_x^2}=\frac{\pi^2\times206000\times284\times10^2}{1.087\times40.3^2}=32710\times10^3\text{N}=32710\text{kN}$$

$$\beta_{mx}=0.65+0.35\frac{M_2}{M_1}=0.65$$

$$\frac{N}{\varphi_x A}+\frac{\beta_{mx}M_x}{\gamma_x W_{1x}\left(1-0.8\frac{N}{N_{Ex}}\right)}=\frac{2400\times10^3}{0.898\times284\times10^2}+\frac{0.65\times720\times10^6}{1.05\times5580\times10^3\times\left(1-0.8\times\frac{2400}{32710}\right)}$$

$$=179\text{N/mm}^2<f=215\text{N/mm}^2$$

（4）验算弯矩作用平面外的稳定

$$\lambda_y=\frac{1000}{17.1}=58.5<[\lambda]=150$$

查附录 5 附表 5-2（b 类截面），$\varphi_y=0.815$，$\varphi_b=1.0$，$\beta_{tx}=0.65$，$\eta=0.7$。

$$\frac{N}{\varphi_y A}+\eta\frac{\beta_{tx}M_x}{\varphi_b W_{1x}}=\frac{2400\times10^3}{0.815\times284\times10^2}+\frac{0.7\times0.65\times720\times10^6}{1.0\times5580\times10^3}=162.4\text{N/mm}^2<f=215\text{N/mm}^2$$

由以上计算知，此压弯构件是由支承处的强度控制设计的。

（5）局部稳定验算

腹板：

$$\sigma_{max}=\frac{N}{A}+\frac{M_x}{I_x}\cdot\frac{h_0}{2}=\frac{2400\times10^3}{284\times10^2}+\frac{720\times10^6}{175200\times10^4}\times300=207.8\text{N/mm}^2$$

$$\sigma_{min}=\frac{N}{A}-\frac{M_x}{I_x}\cdot\frac{h_0}{2}=\frac{2400\times10^3}{284\times10^2}-\frac{720\times10^6}{175200\times10^4}\times300=-38.8\text{N/mm}^2\quad（拉应力）$$

$$\alpha_0=\frac{\sigma_{max}-\sigma_{min}}{\sigma_{max}}=\frac{207.8+38.8}{207.8}=1.19<1.6$$

$$\frac{h_0}{t_w}=\frac{600}{12}=50<0.8\times(16\alpha_0+0.5\lambda_x+25)\sqrt{235/f_y}=0.8\times(16\times1.16+0.5\times40.3+25)=51.0$$

$$翼缘：\frac{b}{t}=\frac{50}{14}=3.6<13\sqrt{235/f_y}=13$$

$$\frac{b_0}{t}=\frac{400}{14}=28.6<40\sqrt{235/f_y}=40$$

满足要求。

2.4.4 梁的截面设计

框架主、次梁一般承受单向弯矩，若采用型钢梁，则设计比较简单，通常先按抗弯强度（当梁的整体稳定有保证时）或整体稳定（当需要计算整体稳定时）求出需要的截面模量：

$$W_{nx}=\frac{M_x}{\gamma_x f}\quad 或\quad W_x=\frac{M_x}{\varphi_b f}$$

式中的整体稳定系数 φ_b 可估计假定，由所需截面模量可直接选择合适的型钢，然后验算其他项目。由于一般热轧型钢的翼缘和腹板厚度较大，在非抗震设计时，通常局部稳定、剪应力和局部承压应力都可以得到保证，但对地震设防烈度大于等于 7 度地区的建筑，由于规范对框架梁板件宽厚比的要求更严格（详见第 6 章表 6-4 和表 6-5），因此均应进行验算。

当采用由 3 块钢板焊接而成的 H 形板梁（即焊接组合梁）时，首先要初步估算梁的截面高度、腹板厚度和翼缘尺寸。下面介绍焊接组合梁试选截面的方法。

（1）梁的截面高度

确定梁的截面高度应考虑建筑高度、刚度条件和经济条件。

建筑高度是指梁底到楼面之间的高度，它往往由生产工艺和使用要求决定。给定了建筑高度也就决定了梁的最大高度 h_{max}，有时还限制了梁与梁之间的连接形式。

刚度条件决定了梁的最小高度 $h_{\min}$，刚度条件是要求梁在全部荷载标准值作用下的挠度 ν 不大于容许挠度 $[\nu_T]$。现以 $M_k h/(2I_x)=\sigma_k$ 代入梁的挠度近似计算公式：

$$\frac{\nu}{l}\approx\frac{M_k l}{10EI_x}=\frac{\sigma_k l}{5Eh}\leqslant\frac{[\nu_T]}{l}$$

式中 σ_k 为全部荷载标准值产生的最大弯曲正应力。若此梁的抗弯强度基本用足，可令 $\sigma_k=f/1.3$，这里，1.3 为平均荷载分项系数。由此得出梁最小高跨比的计算式：

$$\frac{h_{\min}}{l}=\frac{\sigma_k l}{5E[\nu_T]}=\frac{f}{5\times1.3\times2.06\times10^5}\frac{l}{[\nu_T]}=\frac{f}{1.34\times10^6}\frac{l}{[\nu_T]} \tag{2-26}$$

从用料最省出发，可以定出梁的经济高度。梁的经济高度，具确切含义是在满足一切条件（强度、刚度、整体稳定和局部稳定）下梁用钢量最少的高度。但需满足的条件多了以后，应按照优化设计的方法用计算机求解，比较复杂。对于框架梁而言，由于主梁的侧向有次梁支承，次梁的侧向有楼板支承，整体稳定一般能够保证，所以，梁的截面一般由抗弯强度控制。以下推导的计算式便是满足抗弯强度的、用钢量最少的梁经济高度的近似计算式。由图 2-13 的截面：

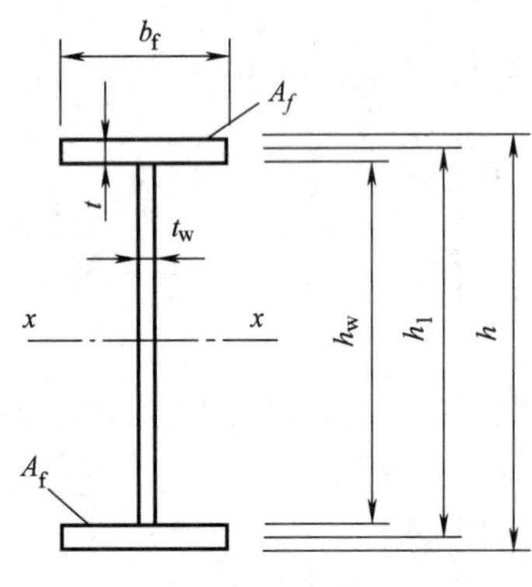

图 2-13　焊接组合梁的截面尺寸

$$I_x=\frac{1}{12}t_w h_w^3+2A_f\left(\frac{h_1}{2}\right)^2=W_x\frac{h}{2}$$

由此得每个翼缘的面积：

$$A_f=W_x\frac{h}{h_1^2}-\frac{1}{6}t_w\frac{h_w^3}{h_1^2}$$

近似取 $h\approx h_1\approx h_w$，则翼缘面积为：

$$A_f=\frac{W_x}{h_w}-\frac{1}{6}t_w h_w \tag{2-27}$$

梁截面的总面积为两个翼缘面积（$2A_f$）与腹板面积（$h_w t_w$）之和。腹板加劲肋的用钢量约为腹板用钢量的 20%。故将腹板面积乘以构造系数 1.2，由此得：

$$A=2A_f+1.2t_w h_w=2\frac{W_x}{h_w}+0.867t_w h_w$$

腹板厚度与其高度有关，根据经验可取 $t_w=\sqrt{h_w}/3.5$（h_w 和 t_w 的单位均为“mm”），代入上式得：

$$A=2\frac{W_x}{h_w}+0.248h_w^{2/3}$$

总截面积最小的条件为：

$$\frac{dA}{dh_w}=-2\frac{W_x}{h_w^2}+0.372h_w^{1/2}=0$$

由此得用钢量最少时梁的经济高度为：

$$h_s\approx h_w=(5.376W_x)^{0.4}=2W_x^{0.4} \tag{2-28}$$

式中　W_x 的单位为“mm³”；h_s（h_w）的单位为“mm”。W_x 可按下式求出：

$$W_x=\frac{M_x}{\alpha f} \tag{2-29}$$

上式中，α 为系数，对一般单向弯曲 H 型钢梁，当最大弯矩处无孔眼时，$\alpha=\gamma_x=1.05$；有孔眼时 $\alpha=0.85\sim0.9$。

实际采用的梁高，应大于由刚度条件确定的最小高度 h_{min}，而大约等于或略小于经济高度 h_s。此外，梁的高度不能影响建筑物使用要求所需的净空尺寸，即不能大于建筑物的最大允许梁高。

确定梁高时，应适当考虑腹板的规格尺寸，一般取腹板高度为 50mm 的倍数。

(2) 腹板厚度

腹板厚度应满足抗剪强度的要求。初选截面时，可近似地假定最大剪应力为腹板平均剪应力的 1.2 倍，腹板的抗剪强度计算公式简化为：

$$\tau_{max}\approx 1.2\frac{V_{max}}{h_w t_w}\leqslant f_v$$

于是

$$t_w\geqslant 1.2\frac{V_{max}}{h_w f_v} \tag{2-30}$$

由式 (2-30) 确定的 t_w 值往往偏小，这是因为没有考虑局部稳定和构造等因素。腹板厚度往往用以下经验公式进行估算：

$$t_w=\sqrt{h_w}/3.5 \tag{2-31}$$

式 (2-31) 中，t_w 和 h_w 的单位均为“mm”。实际采用的腹板厚度应考虑钢板的现有规格，一般为 2mm 的倍数。对考虑腹板屈曲后强度的梁，腹板厚度的取值可比式 (2-30) 的计算值略小，但不得小于 6mm，也不宜使高厚比超过 $250\sqrt{250/f_y}$。

(3) 翼缘尺寸

已知腹板尺寸，由式 (2-27) 即可求得需要的翼缘截面积 A_f。

翼缘板的宽度通常为 $b_f=(1/5\sim1/3)h$，厚度 $t=A_f/b_f$。翼缘板常采用单层板，当厚度过大时也可采用双层板。

确定翼缘板的尺寸时，应注意满足局部稳定要求，使受压翼缘的外伸宽度 b 与其厚度 t 之比 $b/t\leqslant 15\sqrt{235/f_y}$（弹性设计时，即取 $\gamma_x=1.0$）或 $b/t\leqslant 13\sqrt{235/f_y}$（考虑塑性发展，即取 $\gamma_x=1.05$）。

选择翼缘尺寸时，同样应符合钢板规格，宽度取 10mm 的倍数，厚度取 2mm 的倍数。

(4) 焊接组合梁的截面验算

根据试选的梁截面尺寸，求出截面的各种几何数据，如惯性矩、截面模量等，然后进行验算。梁的截面验算包括强度、刚度、整体稳定和局部稳定几个方面。其中，梁腹板的局部稳定通常是采用配置加劲肋的方法来保证的。

(5) 焊接组合梁翼缘焊缝的计算

当梁弯曲时，由于相邻截面中作用在翼缘截面的弯曲应力有差值，翼缘与腹板间将产生水平剪应力（图 2-14）。沿梁单位长度的水平剪力为：

$$v_1=\tau_1 t_w=\frac{VS_1}{I_x t_w}\cdot t_w=\frac{VS_1}{I_x}$$

式中 $\tau_1=VS_1/(I_w t_w)$——板与翼缘交界处的水平剪应力（根据剪应力互等定理，与竖向剪应力相等）；

S_1——翼缘截面对梁中和轴的面积矩。

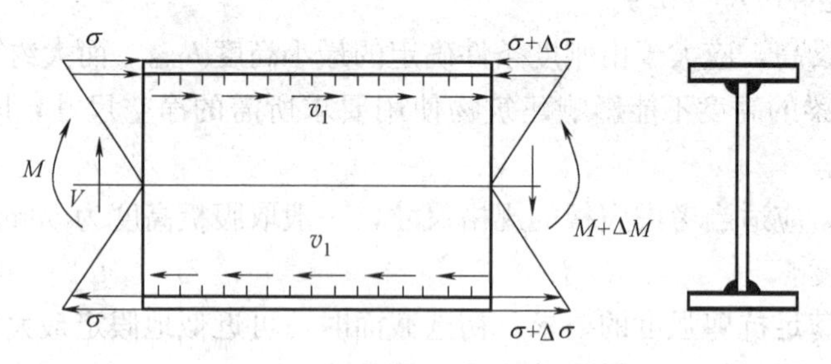

图 2-14 翼缘焊缝的水平剪应力

当翼缘板与腹板用角焊缝连接时，角焊缝有效截面上承受的剪应力 τ_1 不应超过角焊缝强度设计值 f_f^w：

$$\tau_1=\frac{v_1}{2\times0.7h_f}=\frac{VS_1}{1.4h_fI_x}\leqslant f_f^w$$

需要的焊角尺寸为：

$$h_f\geqslant\frac{VS_1}{1.4I_xf_f^w} \tag{2-32}$$

当梁的翼缘上受有固定集中荷载而未设置支承加劲肋时，或受有移动集中荷载时，上翼缘与腹板之间的连接焊缝除承受沿焊缝长度方向的剪应力 τ_1 外，还承受垂直于焊缝长度方向的局部压应力：

$$\sigma_f=\frac{\psi F}{2\times h_el_z}=\frac{\psi F}{1.4h_fl_z}$$

因此，受有局部压应力的翼缘与腹板之间的连接焊缝应按下式计算强度：

$$\frac{1}{1.4h_f}\sqrt{\left(\frac{\psi F}{\beta_fl_z}\right)^2+\left(\frac{VS_1}{I_x}\right)^2}\leqslant f_f^w$$

从而

$$h_f\geqslant\frac{1}{1.4f_f^w}\sqrt{\left(\frac{\psi F}{\beta_fl_z}\right)^2+\left(\frac{VS_1}{I_x}\right)^2} \tag{2-33}$$

式中 F——集中荷载设计值，对动态荷载应考虑动力系数；

ψ——集中荷载增大系数，用以考虑吊车轮压分配的不均：对重级工作制吊车梁，$\psi=1.35$；其他梁，$\psi=1.0$；

l_z——假定集中荷载按一定的扩散角传递至腹板计算高度边缘的分布长度；

β_f——正面角焊缝强度增大系数，对直接承受动力荷载的梁，$\beta_f=1.0$，对其他梁，$\beta_f=1.22$。

对直接承受动力荷载的梁，上翼缘与腹板之间连接焊缝常采用焊透的T形对接焊缝（图 2-15），此种焊缝与基本金属等强，不用计算。

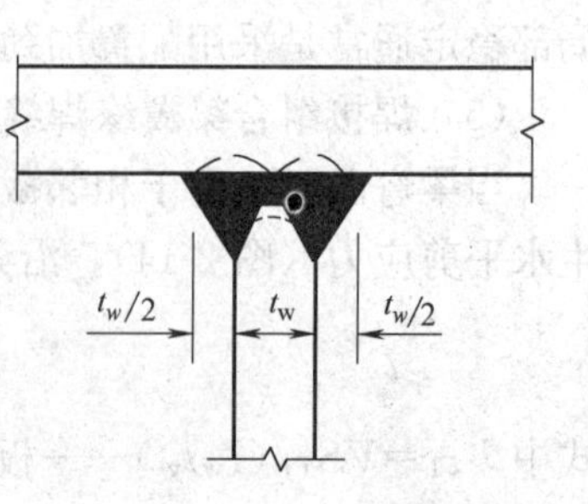

图 2-15 T形焊缝

(6) 组合梁截面沿长度的改变

梁的弯矩是沿梁的长度变化的，因此，梁的截面如能随弯矩而变化，则可节约钢材。对跨度较小的梁，截面改变经济效果不大，或者改变截面节约的钢材不能抵消构造复杂带来的加工困难时，则不宜改变截面。

单层翼缘板的焊接梁改变截面时，宜改变翼缘板的宽度（图 2-16）而不改变其厚度。因为改变厚度时，该处应力集中严重，且使梁顶部不平，有时使梁支承其他构件不便。

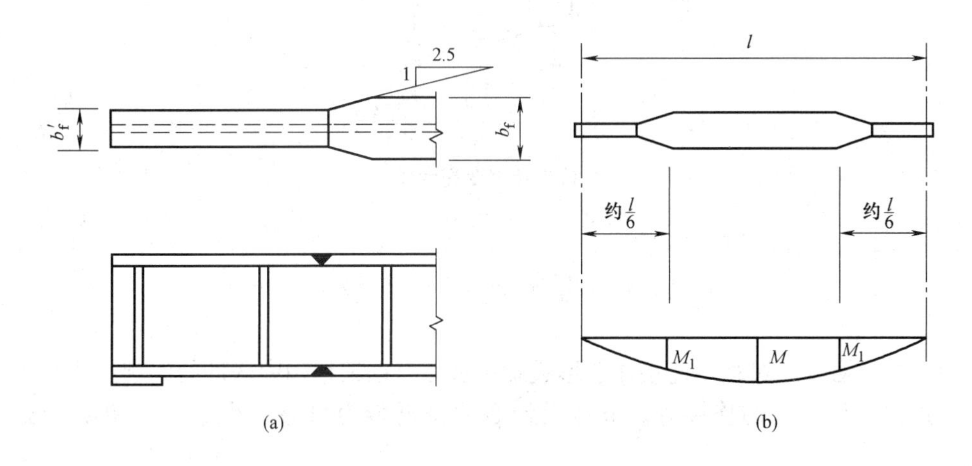

图 2-16　梁翼缘宽度的改变

梁改变一次截面约可节约钢材 10%～20%。如再多改变一次，约再多节约 3%～4%，效果不显著。为了便于制造，一般只改变一次截面。

对承受均布荷载的梁，截面改变位置在距支座 $l/6$ 处（图 2-16b）最有利。较窄翼缘板宽度 b'_f应由截面开始改变处的弯矩 M_1 确定。为了减少应力集中，宽板应从截面开始改变处向弯矩减小的一方以不大于 1∶2.5 的斜度切斜延长，然后与窄板对接。

多层翼缘板的梁，可用切断外层板的办法来改变梁的截面（图 2-17）。理论切断点的位置可由计算确定。为了保证被切断的翼缘板在理论切断处能正常参加工作，其外伸长度 l_1 应满足下列要求：

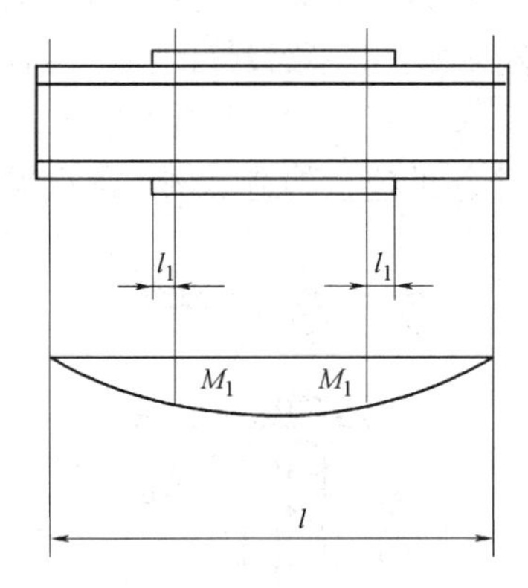

图 2-17　翼缘板的切断

端部有正面角焊缝：

当　$h_f \geqslant 0.75t_1$时，　　$l_1 \geqslant b_1$

当　$h_f < 0.75t_1$时，　　$l_1 \geqslant 1.5b_1$

端部无正面角焊缝：

$$l_1 \geqslant 2b_1$$

b_1和 t_1分别为被切断翼缘板的宽度和厚度；h_f 为侧面角焊缝和正面角焊缝的焊脚尺寸。

有时为了降低梁的建筑高度，简支梁可以在靠近支座处减小其高度，而使翼缘截面保持不变（图 2-18），其中图 2-18（a）构造简单制作方便。梁端部高度应根据抗剪强度要求确定，但不宜小于跨中高度的 1/2。

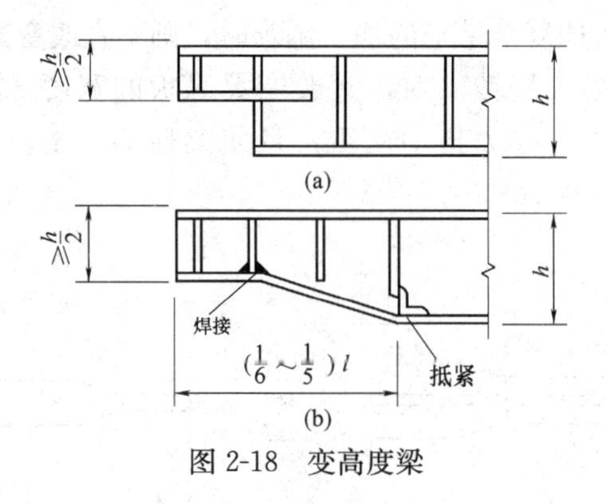

图 2-18　变高度梁

2.5　框架连接节点设计

单个构件必须通过相互连接才能形成结构整体，框架结构中构件的连接主要有主梁与次梁的连接、梁与柱的连接等。节点设计必须遵循传力可靠、构造简单和便于安装的原则。

2.5.1　框架中主梁与次梁的连接

框架结构中主梁的间距一般较大，需设置次梁以减小楼面板或屋面板的跨度，次梁与主梁的连接形式有叠接和平接两种。

（1）次梁与主梁的叠接连接

次梁与主梁的叠接是将次梁直接搁在主梁上面（图 2-19），用螺栓或焊缝连接，一般用于次梁与主梁铰接的情况。叠接构造简单，但结构占用的高度较大，使其使用常受到限制。图 2-19（a）是次梁为简支时与主梁连接的构造，而图 2-19（b）是次梁为连续梁时与主梁的连接构造示例。若次梁截面较大，应另采取构造措施防止支承处截面的扭转。

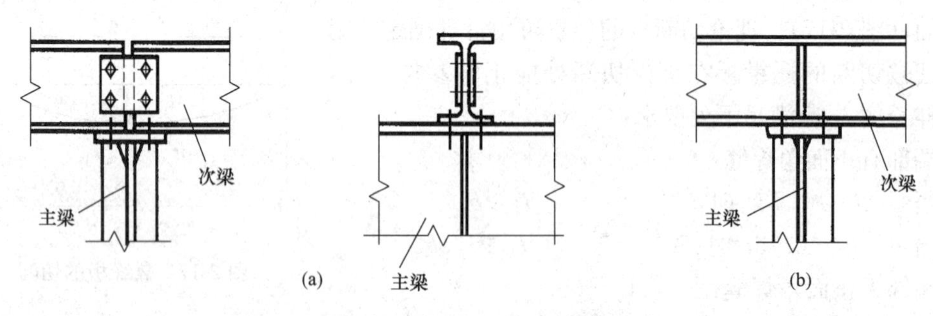

图 2-19　次梁与主梁的叠接

（2）次梁与主梁的平接连接

平接（图 2-20）是使次梁顶面与主梁相平或略高、略低于主梁顶面，从侧面与主梁的加劲肋连接（图 2-20a）；也可以在主梁腹板上专设短角钢与次梁腹板进行连接（图2-20b）；还可以设置专门的支托，将次梁放置在支托上进行连接（图 2-20c）。图 2-20（a）、（b）、（c）是次梁简支时与主梁连接的构造，图 2-20（d）是次梁为连续梁时与主梁连接的构造。平接虽构造复杂，但可降低结构高度，故在实际工程中应用较广泛。

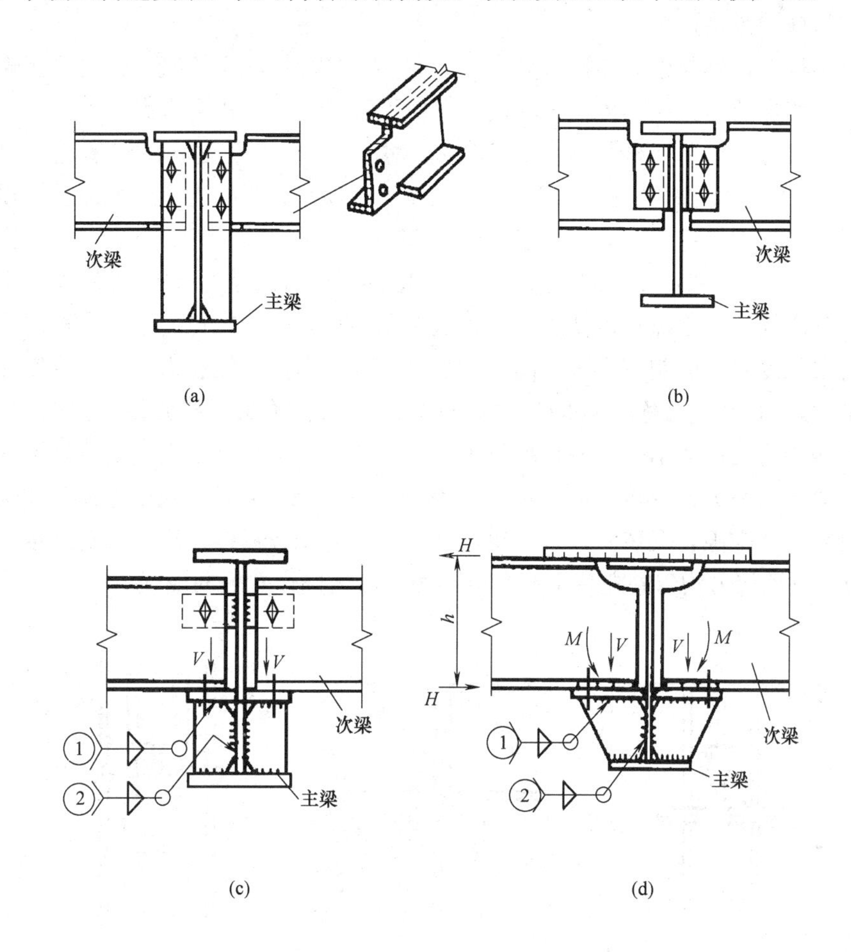

图 2-20 次梁与主梁的平接

不论是何种构造形式，次梁支座的压力都必须可靠地传递给主梁。实质上这些支座压力就是梁的剪力，而梁腹板的作用是抗剪，所以应将次梁腹板连接在主梁的腹板上，或连于与主梁腹板相连的铅垂方向抗剪刚度较大的加劲肋上或支托的竖直板上。在次梁支座压力作用下，按传力的大小计算连接焊缝或螺栓的强度。由于主、次梁翼缘及支托水平板的外伸部分在铅垂方向的抗剪刚度较小，分析受力时不考虑它们传给次梁的支座压力。在图 2-20（c）、（d）中，次梁支座压力 V 先由焊缝①传给支托竖直板，然后由焊缝②传给主梁腹板。在其他的连接构造中，支座压力的传递途径与此相似，不一一分析。具体计算时，在形式上可不考虑次梁支座压力的偏心作用，而是将次梁支座压力增大 20%～30%，以考虑实际上存在的偏心影响。

对于刚接构造，次梁与次梁之间或次梁与主梁之间还要传递支座弯矩。图 2-20（b）的次梁本身是连续的，支座弯矩可以直接传递，不必计算。图 2-20（d）主梁两侧的次梁是断开的，支座弯矩靠焊缝连接的次梁上翼缘盖板、下翼缘水平顶板传递。由于梁的翼缘承受弯矩的大部分，所以连接盖板的截面及其焊缝可按承受水平力偶 $H=M/h$ 计算（M 为次梁支座弯矩，h 为次梁高度）。支托顶板与主梁腹板的连接焊缝也按承受水平力 H 计算。

2.5.2 框架中梁与柱的连接

(1) 梁与柱的铰接连接

在框架结构中，梁与柱的连接节点一般为刚接，少数情况用铰接，铰接连接时梁端不传递弯矩，只传递剪力，在连接构造的设计上应保证满足这一传力特点。

梁与柱铰接时，对单层框架或多层框架的顶层结构，梁可支承在柱顶上（图 2-21a、b、c），亦可连于柱的侧面（图 2-21d、e）。梁支于柱顶时，梁的支座反力通过柱顶板传给柱身。顶板与柱用焊缝连接，顶板厚度一般取 16～20mm。为了便于安装定位，梁与顶板用普通螺栓连接。图 2-21（a）的构造方案，将梁的反力通过支承加劲肋直接传给柱的翼缘，两相邻梁之间留一空隙，以便于安装，最后用夹板和构造螺栓连接。这种连接方式构造简单，对梁长度尺寸的制作要求不高。缺点是当柱顶两侧梁的反力不等时将使柱偏心受压。图 2-21（b）的构造方案，梁的反力通过端部加劲肋的凸出部分传给柱的轴线附近，因此即使两相邻梁的反力不等，柱仍接近于轴心受压。梁端加劲肋的底面应刨平顶紧于柱顶板。由于梁的反力大部分传给柱的腹板，因而腹板不能太薄且必须用加劲肋加强。两相邻梁之间可留一些空隙，安装时嵌入合适尺寸的填板并用普通螺栓连接。对于格构柱（图 2-21c），为了保证传力均匀并托住顶板，应在两柱肢之间设置竖向隔板。

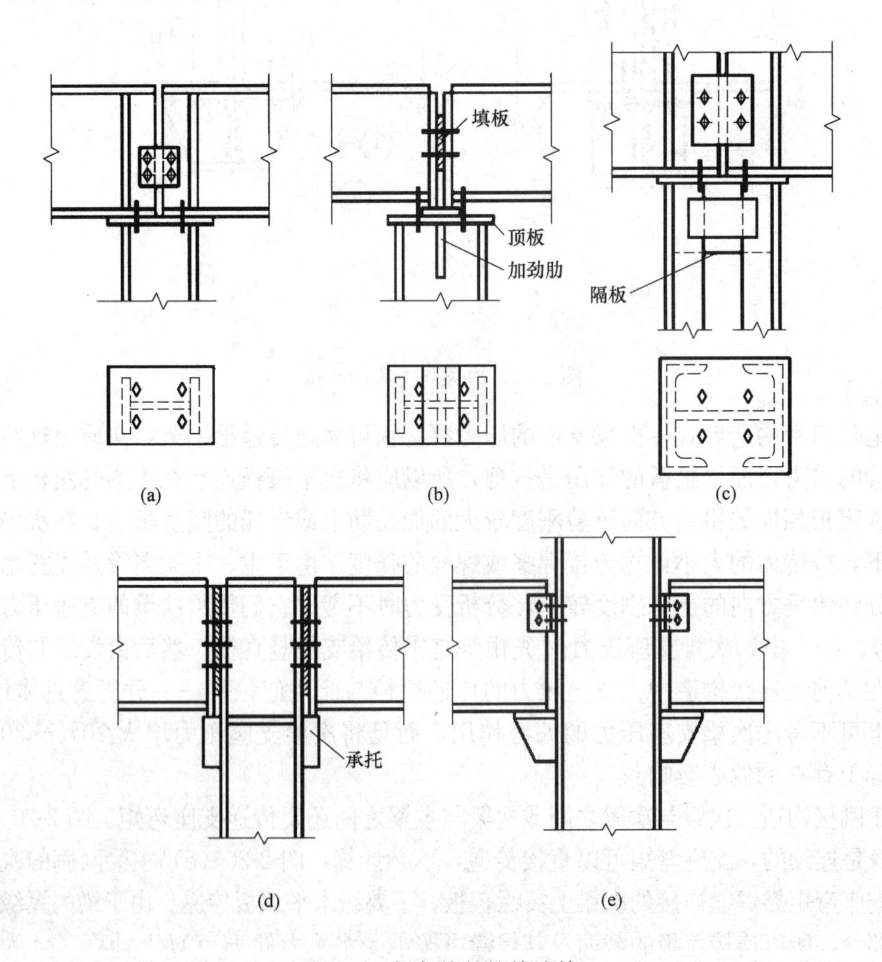

图 2-21 梁与柱的铰接连接

在多层框架的中间梁柱中，横梁只能在柱侧相连。图 2-21（d）、（e）是梁连接于柱侧面的铰接构造图。梁的反力由端加劲肋传给支托，支托可采用 T 形（图 2-21e），也可用厚钢板做成（图 2-21d），支托与柱翼缘间用角焊缝相连。用厚钢板作支托的方案适用于承受较大的压力，但制作与安装的精度要求较高。支托的端面必须刨平并与梁的端加劲肋顶紧以便直接传递压力。考虑到荷载偏心的不利影响，支托与柱的连接焊缝按梁支座反力的 1.25 倍计算。为方便安装，梁端与柱间应留空隙加填板并设置构造螺栓。当两侧梁的支座反力相差较大时，应考虑偏心按压弯构件计算。

（2）梁与柱的刚性连接

梁与柱的刚性连接不仅要求连接节点能可靠地传递剪力而且能有效地传递弯矩。图 2-22 是横梁与柱刚性连接的构造图。图 2-22（a）的构造是通过上下两块水平板将弯矩传给柱子，梁端剪力则通过支托传递。图 2-22（b）是通过翼缘连接焊缝将弯矩全部传给柱子，而剪力则全部由腹板焊缝传递。为使翼缘连接焊缝能在平焊位置施焊，要在柱侧焊上衬板，同时在梁腹板端部预先留出槽口，上槽口是为了让出衬板的位置，下槽口是为了满足施焊的要求。图 2-22（c）为梁采用高强度螺栓连于预先焊在柱上的牛腿形成的刚性连接，梁端的弯矩和剪力是通过牛腿的焊缝传递给柱子，而高强度螺栓传递梁与牛腿连接处的弯矩和剪力。

梁上翼缘的连接范围内，柱的翼缘可能在水平拉力的作用下向外弯曲致使连接焊缝受力不均；在梁下翼缘附近，柱腹板又可能因水平压力的作用而局部失稳。因此，一般需在对应于梁的上、下翼缘处设置柱的水平加劲肋或横隔。

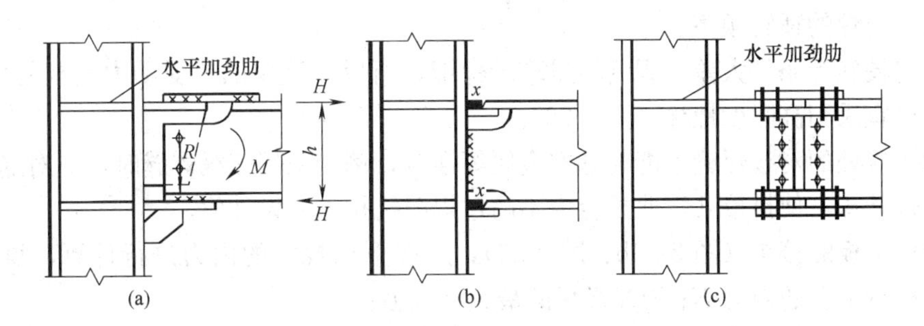

图 2-22　梁与柱的刚性连接

2.5.3　梁的拼接

梁的拼接有工厂拼接和工地拼接两种。由于钢材尺寸的限制，必须将钢材接长或拼大，这种拼接常在工厂进行，称为工厂拼接。由于运输和安装条件的限制，梁必须分段运输，然后在工地拼装连接，称为工地拼接。

型钢梁的拼接可采用对接焊缝连接（图 2-23a），但由于翼缘与腹板连接处不易焊透，故有时采用拼接板拼接（图 2-23b）。上述拼接位置均宜放在弯矩较小处。

焊接组合梁的工厂拼接，翼缘和腹板的拼接位置最好错开并用直对接焊缝相连。腹板的拼接焊缝与横向加劲肋之间至少应相距 $10t_w$（图 2-24）。对接焊缝施焊时宜加引弧板，并采用一级或二级焊缝（根据《钢结构工程施工质量验收规范》的规定分级），这样焊缝可与基本金属等强。

梁的工地拼接应使翼缘和腹板基本上在同一截面处断开，以便分段运输。高大的梁在

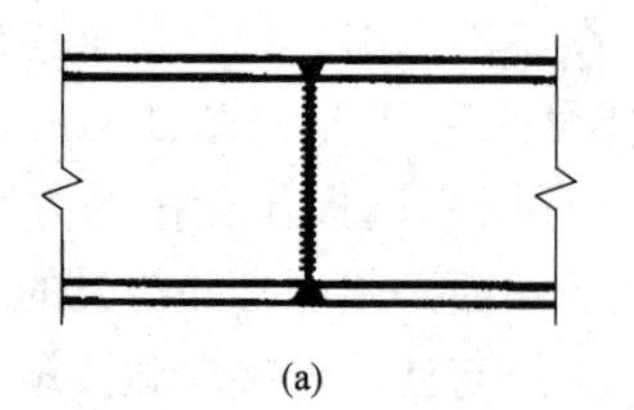
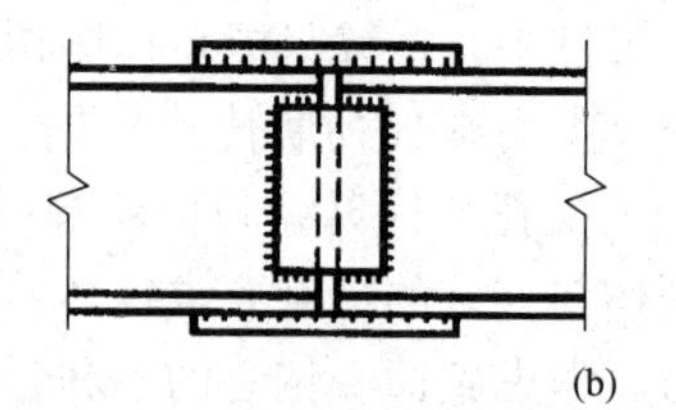

图 2-23　型钢梁的拼接

工地施焊时不便翻身，应将上、下翼缘的拼接边缘区均做成向上开口的 V 形坡口，以便俯焊（图 2-25）。有时将翼缘和腹板的接头略为错开一些（图 2-25b），这样受力情况较好，但运输单元凸出部分应特别保护，以免碰损。

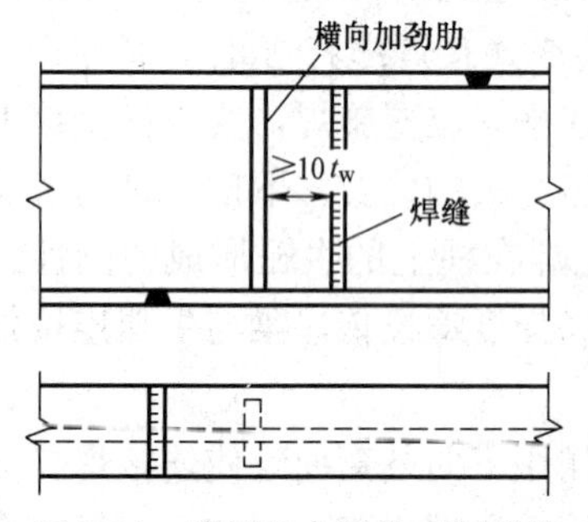

图 2-24　焊接组合梁的工厂拼接

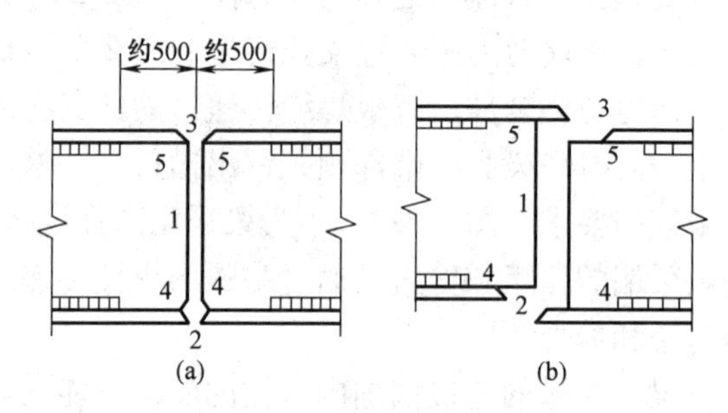

图 2-25　焊接组合梁的工地拼接

图 2-25 中，将翼缘焊缝预留一段不在工厂施焊，是为了减少焊缝收缩应力，注明的数字是工地施焊的适宜顺序。

由于现场施焊条件太差，焊缝质量难于保证，所以较重要的或受动力荷载的大型梁，其工地拼接宜采用高强度螺栓（图 2-26）。

当梁拼接处的对接焊缝不能与基本金属等强时，例如采用三级焊缝时，应对受拉区翼缘焊缝进行计算，使拼接处弯曲拉应力不超过焊缝抗拉强度设计值。

对用拼接板的接头（图 2-23b、图 2-26），应按下列规定的内力进行计算，翼缘拼接板及其连接所承受的内力 N_1 为翼缘板的最大承载力：

$$N_1 = A_{fn} \cdot f$$

式中　A_{fn}——被拼接的翼缘板截面积。

腹板拼接板及其连接主要承受梁截面上的全部剪力 V 以及按刚度分配到腹板上的弯矩 $M_w = M \cdot I_w / I$，公式中 I_w 为腹板截面惯性矩；I 为整个梁截面的惯性矩。

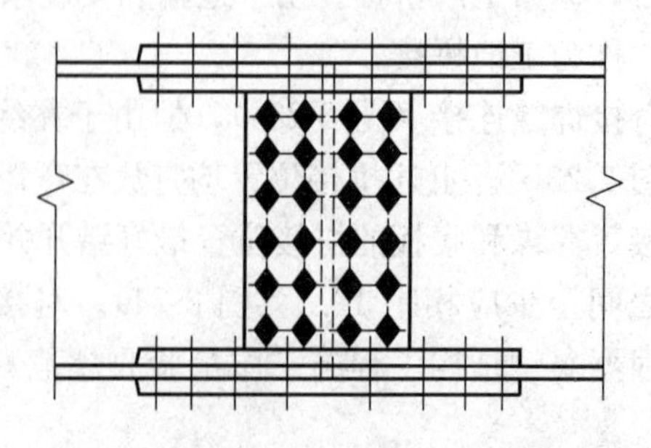

图 2-26　采用高强度螺栓的工地拼接

2.6 框架柱的柱脚

框架柱通过与主梁的连接承受上部结构传来的荷载，同时通过柱脚将柱身的内力传给基础，因此，柱脚的构造应和基础有牢固的连接，并使柱身的内力可靠地传给基础。

框架柱的柱脚可做成铰接和刚接。

2.6.1 铰接柱脚

只传递轴心压力和剪力的柱脚与基础的连接一般采用铰接，图 2-27 是几种常用的平板式铰接柱脚。由于基础混凝土强度远比钢材低，所以必须把柱的底部放大，以增加其与基础顶部的接触面积。图 2-27（a）是一种最简单的柱脚构造形式，在柱下端仅焊一块底板，柱中压力由焊缝传至底板，再传给基础。这种柱脚只能用于小型柱，如果用于大型柱，底板会太厚。一般的铰接柱脚常采用图 2-27（b）、（c）、（d）的形式，在柱端部与底板之间增设一些中间传力零件，如靴梁、隔板和肋板等，以增加柱与底板的连接焊缝长度，并且将底板分隔成几个区格，使底板的弯矩减小，厚度减薄。图 2-27（b）中，靴梁焊于柱的两侧，在靴梁之间用隔板加强，以减小底板的弯矩，并提高靴梁的稳定性。图 2-27（c）是格构柱的柱脚构造。图 2-20（d）中，在靴梁外侧设置肋板，底板做成正方形或接近正方形。

布置柱脚中的连接焊缝时，应考虑施焊的方便与可能。例如图 2-27（b）隔板的里侧，图 2-27（c）、（d）中靴梁中央部分的里侧，都不宜布置焊缝。

柱脚是利用预埋在基础中的锚栓来固定其位置的。铰接柱脚只沿着一条轴线设立两个连接于底板上的锚栓，见图 2-27。底板的抗弯刚度较小，锚栓受拉时，底板会产生弯曲变形，阻止柱端转动的抗力不大，因而此种柱脚仍视为铰接。如果用完全符合力学图形的铰，将给安装工作带来很大困难，而且构造复杂，一般情况没有此种必要。

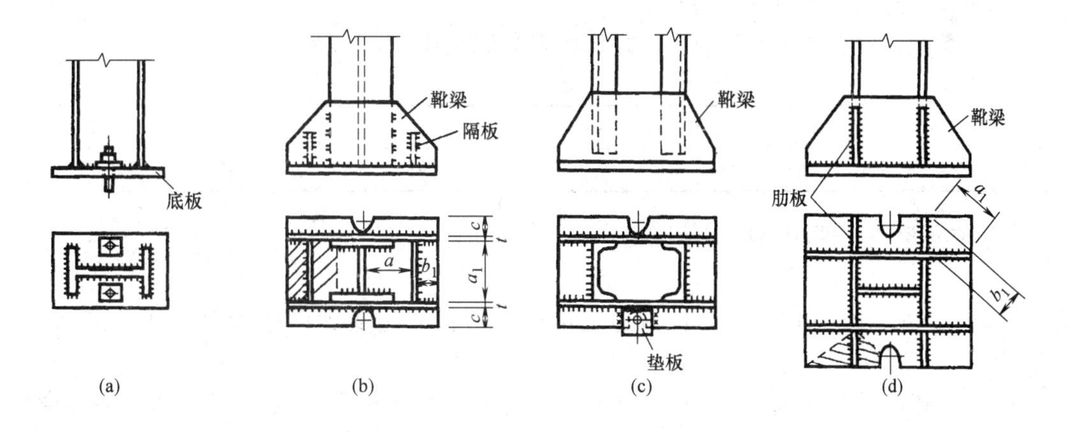

图 2-27　平板式铰接柱脚

铰接柱脚不承受弯矩，只承受轴向压力和剪力。剪力通常由底板与基础表面的摩擦力传递。当此摩擦力不足以承受水平剪力时，应在柱脚底板下设置抗剪键（图 2-28），抗剪键可用方钢、短 T 字钢或 H 型钢做成。

铰接柱脚通常仅按承受轴向压力计算，轴向压力 N 一部分由柱身传给靴梁、肋板等，再传给底板，最后传给基础；另一部分是经柱身与底板间的连接焊缝传给底板，再传给基础。然而实际工程中，柱端难以做到齐平，而且为了便于控制柱长的准确性，柱端可能比靴梁缩进一些（图 2-27c）。

铰接柱脚的设计应进行以下计算：

（1）底板的计算

① 底板的面积

底板的平面尺寸决定于基础材料的抗压能力，基础对底板的压应力可近似认为是均匀分布的，这样，所需要的底板净面积 A_n（底板宽乘长减去锚栓孔面积）应按下式确定：

$$A_n \geqslant \frac{N}{\beta_c f_{cc}} \tag{2-34}$$

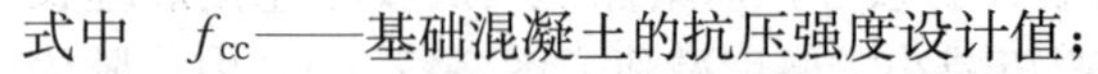

图 2-28　柱脚的抗剪键

式中　f_{cc}——基础混凝土的抗压强度设计值；

β_c——基础混凝土局部承压时的强度提高系数。

f_{cc} 和 β_c 均按混凝土结构设计规范取值。

② 底板的厚度

底板的厚度由板的抗弯强度决定。底板可视为一支承在靴梁、隔板和柱端的平板，它承受基础传来的均匀反力。靴梁、肋板、隔板和柱的端面均可视为底板的支承边，并将底板分隔成不同的区格，其中有四边支承、三边支承、两相邻边支承和一边支承等区格。在均匀分布的基础反力作用下，各区格板单位宽度上的最大弯矩为：

四边支承区格：

$$M = \alpha q a^2 \tag{2-35}$$

式中　q——作用于底板单位面积上的压应力，$q = N/A_n$；

a——四边支承区格的短边长度；

α——系数，根据长边 b 与短边 a 之比按表 2-5 取用。

α 值　　**表 2-5**

b/a	1.0	1.1	1.2	1.3	1.4	1.5	1.6	1.7	1.8	1.9	2.0	3.0	≥4.0
α	0.048	0.055	0.063	0.069	0.075	0.081	0.086	0.091	0.095	0.099	0.101	0.119	0.125

三边支承区格和两相邻边支承区格：

$$M = \beta q a_1^2 \tag{2-36}$$

式中　a_1——对三边支承区格为自由边长度；对两相邻边支承区格为对角线长度（图 2-27b、d）；

β——系数，根据 b_1/a_1 值由表 2-6 查得，对三边支承区格 b_1 为垂直于自由边的宽度，对两相邻边支承区格，b_1 为内角顶点至对角线的垂直距离（图 2-27b、d）。

β 值　　**表 2-6**

b_1/a_1	0.3	0.4	0.5	0.6	0.7	0.8	0.9	1.0	1.1	≥1.2
β	0.026	0.042	0.056	0.072	0.085	0.092	0.104	0.111	0.120	0.125

当三边支承区格的 $b_1/a_1<0.3$ 时，可按悬臂长度为 b_1 的悬臂板计算。

一边支承区格（即悬臂板）：

$$M=\frac{1}{2}qc^2 \tag{2-37}$$

式中　c——悬臂长度。

这几部分板承受的弯矩一般不相同，取各区格板中的最大弯矩 M_{max} 来确定板的厚度 t：

$$t\geqslant\sqrt{\frac{6M_{max}}{f}} \tag{2-38}$$

设计时要注意靴梁和隔板的布置应尽可能使各区格板中的弯矩相差不要太大，以免所需的底板过厚。在这种情况下，应调整底板尺寸和重新划分区格。

底板的厚度通常为 20～40mm，最薄一般不得小于 14mm，以保证底板具有必要的刚度，从而满足基础反力是均布的假设。

（2）靴梁的计算

靴梁的高度由其与柱边连接所需要的焊缝长度决定，此连接焊缝承受柱身传来的压力 N。靴梁的厚度比柱翼缘厚度略小。

靴梁按支承于柱边的双悬臂梁计算，根据所承受的最大弯矩和最大剪力值，验算靴梁的抗弯和抗剪强度。

（3）隔板与肋板的计算

为了支承底板，隔板应具有一定刚度，因此隔板的厚度不得小于其宽度 b 的 1/50，一般比靴梁略薄些，高度略小些。

隔板可视为支承于靴梁上的简支梁，荷载可按承受图 2-27（b）中阴影面积的底板反力计算，按此荷载所产生的内力验算隔板与靴梁的连接焊缝以及隔板本身的强度。注意隔板内侧的焊缝不易施焊，计算时不能考虑受力。

肋板按悬臂梁计算，承受的荷载为图 2-27（d）所示的阴影部分的底板反力。肋板与靴梁间的连接焊缝以及肋板本身的强度均应按其承受的弯矩和剪力来计算。

【例 2-3】 设计一焊接工字形截面柱的铰接柱脚。柱身传递的轴心压力设计值为 1700kN，柱脚钢材为 Q235 钢，焊条 E43 型，基础混凝土的抗压强度设计值 $f_{cc}=7.5\text{N/mm}^2$。

【解】 采用图 2-27（b）的柱脚形式。

（1）底板尺寸

需要的底板净面积：

$$A_n=\frac{N}{f_{cc}}=\frac{1700\times10^3}{7.5}=226700\text{mm}^2$$

采用宽为 450mm，长为 600mm 的底板（图 2-29），毛面积为 $450\times600=270000\text{mm}^2$，减去锚栓孔面积（约为 4000mm^2），大于所需净面积。

基础对底板的压应力为：

$$\sigma=\frac{N}{A_n}=\frac{1700\times10^3}{270000-4000}=6.4\text{N/mm}^2$$

底板的区格有三种，现分别计算其单位宽度的弯矩。

区格①为四边支承板，$b/a=278/200=1.39$，查表 2-4，$\alpha=0.0744$。

$$M_1=\alpha\sigma a^2=0.0744\times6.4\times200^2=19050\text{N}\cdot\text{mm}$$

区格②为三边支承板，$b_1/a_1=100/278=0.36$，查表 2-5，$\beta=0.0356$。

$$M_2=\beta\sigma a_1{}^2=0.0356\times6.4\times278^2=17610\text{N}\cdot\text{mm}$$

区格③为悬臂部分：

$$M_3=\frac{1}{2}\sigma c^2=\frac{1}{2}\times6.4\times76^2=18480\text{N}\cdot\text{mm}$$

这三种区格的弯矩值相差不大，不必调整底板平面尺寸和隔板位置。最大弯矩为：

$$M_{\max}=19050\text{N}\cdot\text{mm}$$

底板厚度

$$t\geqslant\sqrt{\frac{6M_{\max}}{f}}=\sqrt{\frac{6\times19050}{205}}=23.62\text{mm},$$

取 $t=24$mm

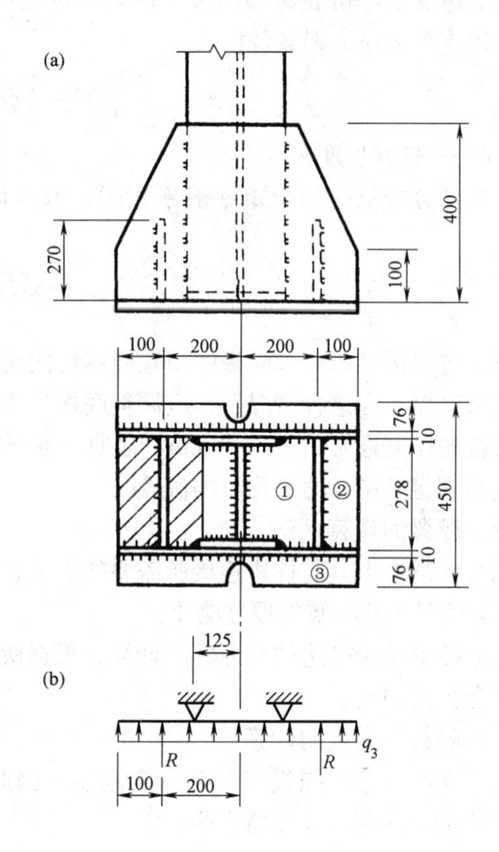

图 2-29　例 2-3 附图

(2) 隔板计算

将隔板视为两端支于靴梁的简支梁，其线荷载为：

$$\sigma_1=200\times6.4=1280\text{N/mm}^2$$

隔板与底板的连接（仅考虑外侧一条焊缝）为正面角焊缝，$\beta_f=1.22$。取 $h_f=10$mm，焊缝强度计算：

$$\sigma_f=\frac{1280}{1.22\times0.7\times10}=150\text{N/mm}^2<f_f^w=160\text{N/mm}$$

隔板与靴梁的连接（外侧一条焊缝）为侧面角焊缝，所受隔板的支座反力为：

$$R=\frac{1}{2}\times1280\times278=178000\text{N}$$

设 $h_f=8$mm，求焊缝长度（即隔板高度）：

$$l_w=\frac{R}{0.7h_f f_f^w}=\frac{178000}{0.7\times8\times160}=199\text{mm}$$

取隔板高 270mm，设隔板厚度 $t=8\text{mm}>b/50=278/50=5.6\text{mm}$。

验算隔板抗剪抗弯强度：

$$V_{\max}=R=178000\text{N}$$

$$\tau=1.5\frac{V_{\max}}{ht}=1.5\times\frac{178000}{270\times8}=124\text{N/mm}^2<f_v=125\text{N/mm}^2$$

$$M_{\max}=\frac{1}{8}\times1280\times278^2=12.37\times10^6\text{N}\cdot\text{mm}$$

$$\sigma=\frac{M_{\max}}{W}=\frac{6\times12.37\times10^{6}}{8\times270^{2}}=127\text{N/mm}^{2}<f=215\text{N/mm}^{2}$$

（3）靴梁计算

靴梁与柱身的连接（4 条焊缝），按承受柱的压力 $N=1700\text{kN}$ 计算，此焊缝为侧面角焊缝，设 $h_{\text{f}}=10\text{mm}$，求其长度：

$$l_{\text{w}}=\frac{N}{4\times0.7h_{\text{f}}f_{\text{f}}^{\text{w}}}=\frac{1700\times10^{3}}{4\times0.7\times10\times160}=379\text{mm}$$

取靴梁高 400mm。

靴梁作为支承于柱边的悬伸梁（图 2-22b），设厚度 $t=10\text{mm}$，验算其抗剪和抗弯强度。

$$V_{\max}=178000+86\times6.4\times175=274300\text{kN}$$

$$\tau=1.5\frac{V_{\max}}{ht}=1.5\times\frac{274300}{400\times10}=103\text{N/mm}^{2}<f_{\text{v}}=125\text{N/mm}^{2}$$

$$M_{\max}=178000\times75+\frac{1}{2}\times86\times6.4\times175^{2}=21.78\times10^{6}\text{N}\cdot\text{mm}$$

$$\sigma=\frac{M_{\max}}{W}=\frac{6\times21.78\times10^{6}}{10\times400^{2}}=81.7\text{N/mm}^{2}<f=215\text{N/mm}$$

靴梁与底板的连接焊缝和柱身与底板的连接焊缝传递全部柱的压力，焊缝的总长度应为，$\sum l_{w}=2\times(600-10)+4\times(100-10)+2\times(278-10)=2076\text{mm}$。

所需的焊脚尺寸应为：

$$h_{\text{f}}=\frac{N}{1.22\times0.7\sum l_{\text{w}}f_{\text{f}}^{\text{w}}}=\frac{1700\times10^{3}}{1.22\times0.7\times2076\times160}=5.99\text{mm}$$

取 $h_{\text{f}}=8\text{mm}$。

柱脚与基础的连接按构造采用两个 20mm 的锚栓。

2.6.2 刚接柱脚

框架柱的刚接柱脚除传递轴心压力和剪力外，还要传递弯矩。

图 2-30 和图 2-31 是常用的几种外露式刚接柱脚。其中，图 2-30 用于实腹柱，图 2-31 用于分肢距离较小的格构柱。

刚接柱脚在弯矩作用下产生的拉力需由锚栓来承受，所以锚栓须经过计算。为了保证柱脚与基础能形成刚性连接，锚栓不宜固定在底板上而应采用如图 2-30 所示的构造，在靴梁侧面焊接两块肋板，锚栓固定在肋板上面的水平板上。为了便于安装，锚栓不宜穿过底板。

为了安装时便于调整柱脚的位置，水平板上锚栓孔的直径应是锚栓直径的 1.5～2.0 倍，待柱子就位并调整到设计位置后，再用垫板套住锚栓并与水平板焊牢，垫板上的孔径只比锚栓直径大 1～2mm。

如前所述，刚接柱脚的受力特点是在与基础连接处同时存在弯矩、轴心压力和剪力。同铰接柱脚一样，剪力由底板与基础间的摩擦力或专门设置的抗剪键传递，柱脚按承受弯矩和轴心压力计算。

整体式刚接柱脚的设计主要包括以下内容：

（1）底板的计算

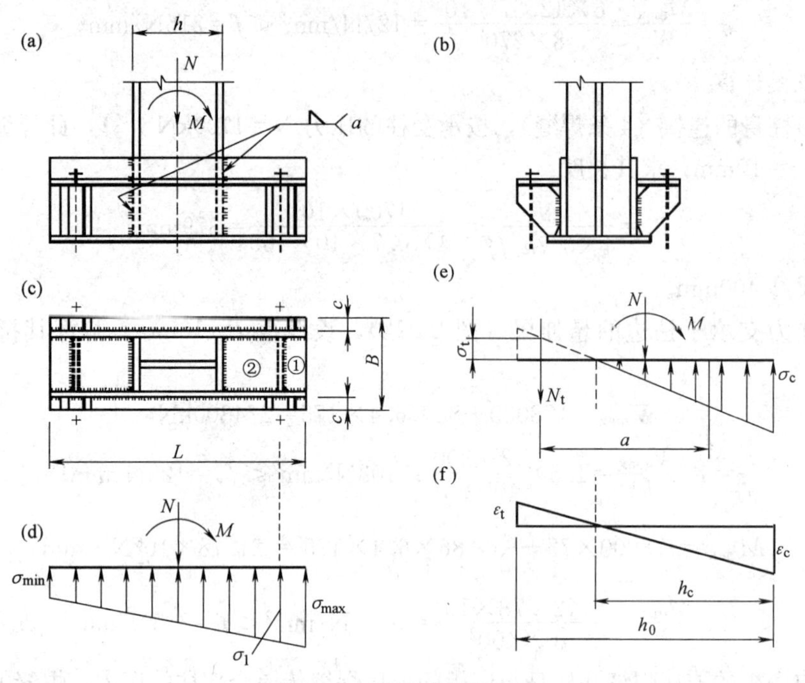

图 2-30　整体式刚接柱脚

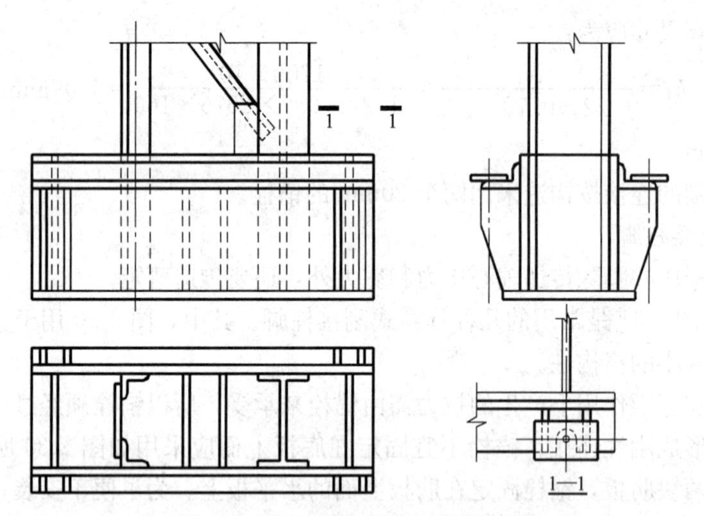

图 2-31　格构柱的整体式刚接柱脚

图 2-30 为一整体式柱脚及其受力的示例。底板的宽度 b 可根据构造要求确定，悬伸长度 c 一般取 20～30mm。在最不利弯矩与轴心压力作用下，底板下压应力的分布是不均匀的（图 2-30d）。底板在弯矩作用平面内的长度 L，应由基础混凝土的抗压强度条件确定，即

$$\sigma_{\max}=\frac{N}{bL}+\frac{6M}{bL^2}\leqslant f_{cc} \tag{2-39}$$

式中　N、M——柱脚所承受的最不利弯矩和轴心压力，取使基础一侧产生最大压应力的内力组合；

f_{cc}——混凝土的承压强度设计值。

这时另一侧的应力为：

$$\sigma_{min}=\frac{N}{bL}-\frac{6M}{bL^2} \tag{2-40}$$

由此，底板下的压应力分布图形便可确定（图 2-30d）。底板的厚度即由此压应力产生的弯矩计算。计算方法与轴心受压柱脚相同。对于偏心受压柱脚，由于底板压应力分布不均，分布压应力 q 可偏安全地取为底板各区格下的最大压应力。例如图 2-30（c）中区格①取 $q=\sigma_{max}$，区格②取 $q=\sigma_1$。要注意的是，此种方法只适用于 σ_{min} 为正（即底板全部受压）时的情况，若算得的 σ_{min} 为拉应力，则应采用下面锚栓计算中所算得的基础压应力进行底板的厚度计算。

（2）锚栓的计算

锚栓的作用是使柱脚能牢固地固定于基础并承受拉力。显然，若弯矩较大，由公式（2-40）所得的 σ_{min} 将为负，即为拉应力，此拉应力的合力假设由柱脚锚栓承受（图 2-30e）。

计算锚栓时，应采用使其产生最大拉力的组合内力 N' 和 M'（通常是 N 偏小，M 偏大的一组）。一般情况下，可不考虑锚栓和混凝土基础的弹性性质，近似地按公式（2-39）和式（2-40）求得底板两侧的应力（图 2-30e）。这时基础压应力的分布长度及最大压应力 σ_c 为已知，根据 $\sum M_c=0$ 便可求得锚栓拉力

$$N_t=\frac{M'-N'(x-a)}{x} \tag{2-41}$$

式中　a、x——锚栓至轴力 N' 和至基础受压区合力作用点的距离。

按此锚栓拉力即可计算出（或按附表 13-2 查出）一侧锚栓的个数和直径。

按式（2-41）计算锚栓拉力比较方便，缺点是理论上不严密，并且算出的 N_t 往往偏大。因此，当按式（2-41）的拉力所确定的锚栓直径大于 60mm 时，则宜考虑锚栓和混凝土基础的弹性性质，按下述方法计算锚栓的拉力。

假定变形符合平截面假定，在 N' 和 M' 的共同作用下，其应力应变图形如图 2-30（e）、（f）所示，由此图形得：

$$\frac{\sigma_t}{\sigma_c}=\frac{E\varepsilon_t}{E_c\varepsilon_c}=n_0\frac{h_0-h_c}{h_c} \tag{2-42}$$

式中　σ_t——锚栓的拉应力；

σ_c——基础混凝土的最大边缘压应力；

n_0——钢和混凝土弹性模量之比；

h_0——锚栓至混凝土受压边缘的距离；

h_c——底板受压区长度。

根据竖向力的平衡条件得：

$$N'+N_t=\frac{1}{2}\sigma_c bh_c \tag{2-43}$$

式中　b——底板宽度；

N_t——锚栓拉力。

根据绕锚栓轴线的力矩平衡条件得：

$$M'+N'a=\frac{1}{2}\sigma_c bh_c\left(h_0-\frac{h_c}{3}\right) \tag{2-44}$$

将式（2-42）和式（2-43）中的σ_c消去，并令$h_c=\alpha h_0$，得：

$$\alpha^2\left(\frac{3-\alpha}{1-\alpha}\right)=\frac{6(M'+N'a)}{bh_0^2}\cdot\frac{n_0}{\sigma_t} \tag{2-45}$$

令上式右侧为：

$$\beta=\frac{6(M'+N'a)}{bh_0^2}\cdot\frac{n_0}{\sigma_t} \tag{2-46}$$

则

$$\alpha^2\left(\frac{3-\alpha}{1-\alpha}\right)=\beta \tag{2-47}$$

再由式（2-43）和式（2-44）消去σ_c，得：

$$N_t=k\frac{M'+N'a}{h_0}-N' \tag{2-48}$$

式中系数k与α值有关

$$k=3/(3-\alpha) \tag{2-49}$$

为方便计算，将β、k系数的关系列于表 2-7。计算步骤为：①根据公式（2-46）假定σ_t等于锚栓的抗拉强度设计值f_t^a，算出β；②由表 2-7 查出最为接近的k值（不必用插入法）；③按公式（2-48）求出锚栓拉力N_t；④由附表 13-2 确定一侧锚栓的直径和个数。

系数 β、k 表 2-7

β	0.068	0.098	0.134	0.176	0.225	0.279	0.340	0.407	0.482
k	1.05	1.06	1.07	1.08	1.09	1.10	1.11	1.12	1.13
β	0.565	0.656	0.755	0.864	0.981	1.110	1.250	1.403	1.567
k	1.14	1.15	1.16	1.17	1.18	1.19	1.20	1.21	1.22
β	1.748	1.944	2.160	2.394	2.653	2.935	3.248	3.592	3.977
k	1.23	1.24	1.25	1.26	1.27	1.28	1.29	1.30	1.31
β	4.407	4.888	5.431	6.047	6.756	7.576	8.532	9.663	10.02
k	1.32	1.33	1.34	1.35	1.36	1.37	1.38	1.39	1.40

锚栓的拉应力：

$$\sigma_t'=\frac{N_t}{nA_e}\leqslant f_t^a$$

由上式算得的σ_t'与假定的$\sigma_t(=f_t^a)$不会正好相等，多少会有些误差，锚栓的实际应力在σ_t'与f_t^a之间。如果必须求出其实际应力，则可重新假定σ_t值，再计算一次，但一般无此必要。

还须指出，由于锚栓的直径一般较大，对粗大的螺栓，受拉时不能忽略螺纹处应力集中的不利影响；此外，锚栓是保证柱脚刚性连接的最主要部件，应使其弹性伸长不致过大，所以规范取了较低的抗拉强度设计值。如对 Q235 钢锚栓，取$f_t^a=140\text{N/mm}^2$；对 Q345 钢锚栓，取$f_t^a=180\text{N/mm}^2$，分别相当于受拉构件强度设计值（第二组钢材）的 0.7 倍和 0.6 倍。

锚栓不宜直接连于底板上，因底板刚度不足，不能保证锚栓受拉的可靠性。锚栓通常支承于焊于靴梁的肋板上，肋板上同时搁置水平板和垫板（图 2-30）。

肋板项部的水平焊缝以及肋板与靴梁的连接焊缝（此焊缝为偏心受力）应根据每个锚

栓的拉力来计算。锚栓支承垫板的厚度根据其抗弯强度计算。

(3) 靴梁、隔板及其连接焊缝的计算

靴梁与柱身的连接焊缝"a"(图 2-30),应按可能产生的最大内力 N_1 计算,并以此焊缝所需要的长度来确定靴梁的高度。这里

$$N_1=\frac{N}{2}+\frac{M}{h} \tag{2-50}$$

靴梁按支于柱边缘的悬伸梁来验算其截面强度。靴梁的悬伸部分与底板间的连接焊缝共有 4 条,应按整个底板宽度下的最大基础反力来计算。在柱身范围内,靴梁内侧不便施焊,只考虑外侧两条焊缝受力,可按该范围内最大基础反力计算。

隔板的计算同轴心受力柱脚,它所承受的基础反力均偏安全地取该计算段内的最大值计算。

在多层框架的刚接柱脚中,还可以采用埋入式柱脚或外包式柱脚,有关埋入式柱脚和外包式柱脚的设计方法,可以参考有关规范和设计手册。

习题

2-1 图 2-32 所示的刚接框架,柱为等截面实腹式,横梁为桁架式,截面型号如图 2-32 所示,试确定柱的计算长度。

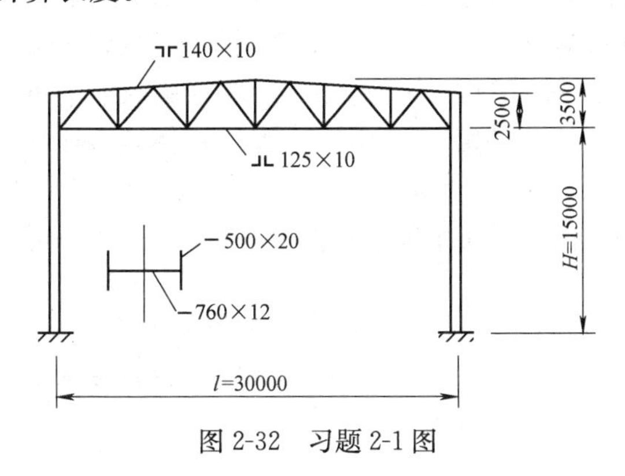

图 2-32 习题 2-1 图

2-2 图 2-33 为一 3 层 3 跨的平面框架,图中,H_1=5.1m,H_2=4.2m,H_3=3.6m;

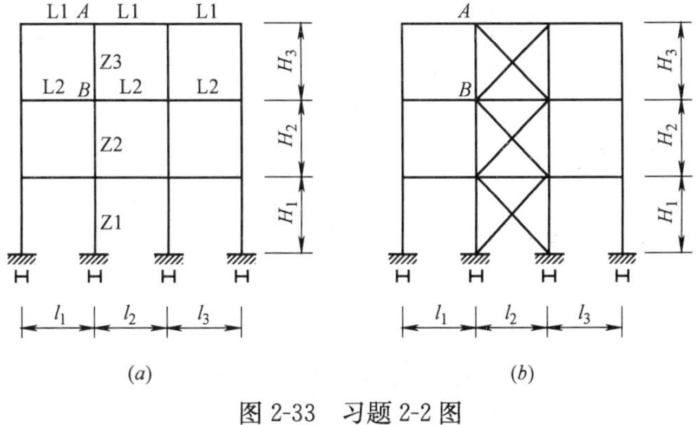

图 2-33 习题 2-2 图

(a) 无支撑框架;(b) 有支撑框架

l_1=7.5m，l_2=8.1m，l_3=7.5m。框架柱采用热轧宽翼缘 H 型钢，其中 Z1 和 Z2 采用 HW350×350×12×19，Z3 采用 HW300×300×10×15；框架梁采用窄翼缘 H 型钢，L1 截面为 HN500×200×10×16，L2 截面为 HN450×200×9×14。试分别确定在有支撑和无支撑条件下框架柱 AB 的计算长度系数，其中，图 2-32（b）的有支撑框架中，支撑结构的侧移刚度 S_b 满足公式（2-11）的要求。

2-3　图 2-34 中附有摇摆柱的框架，试确定两侧框架柱的计算长度系数。图中，H=5m，N=20kN，l_1=6m，l_2=5.4m，柱与梁的刚度相同，均为 EI。

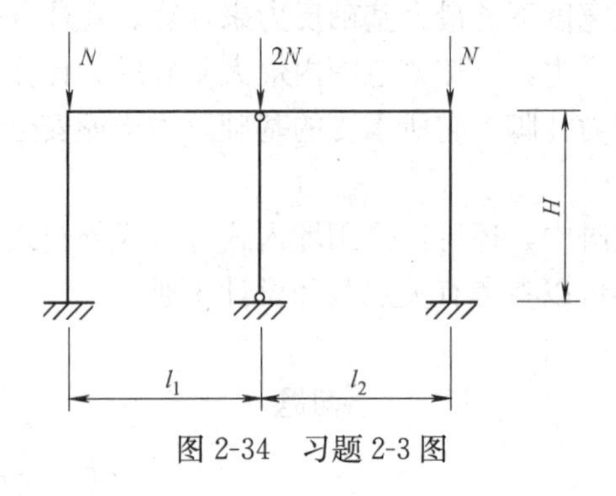

图 2-34　习题 2-3 图

2-4　某框架柱高 3.6m，柱的计算长度 $l_{0x}-29.3$m，l_{0y}=18.2m，钢材为 Q235 钢，最大设计内力为 N=2800kN，M_x=±2300kN·m，试设计此柱的截面。

2-5　如图 2-35 所示钢框架节点，柱及梁截面均采用焊接 H 型钢，其中柱截面为 H 400×400×14×22，梁截面为 H520×200×10×20，梁的上下翼缘采用对接焊缝与柱翼缘焊接连接，梁腹板与柱翼缘采用 10.9 级高强度螺栓摩擦型连接。如果钢梁所传递的弯矩（设计值）M=400kN·m，剪力 V=120kN，试设计该节点区域梁的翼缘焊缝（质量等级分别为二级和三级）以及腹板上连接板的尺寸及高强度螺栓的直径和数量。

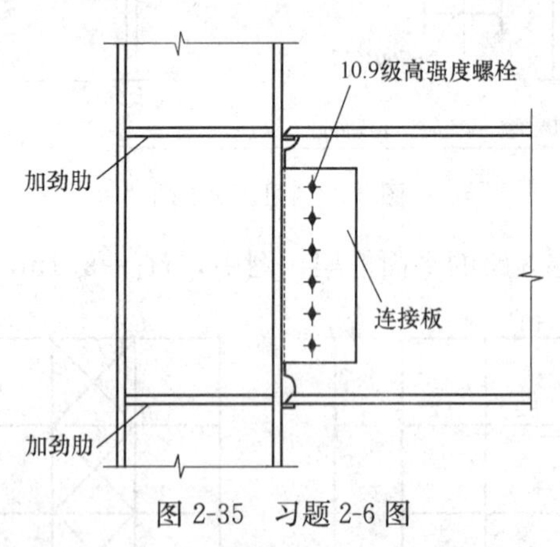

图 2-35　习题 2-6 图

2-6　根据习题 2-4 的设计数据和设计结果，设计柱的刚接柱脚及锚栓。

3　单层工业厂房钢结构

3.1　厂房结构的形式和布置

3.1.1　厂房结构的组成

厂房结构一般是由屋盖结构、柱、吊车梁、制动梁（或桁架）、各种支撑以及墙架等构件组成的空间体系（图 3-1）。这些构件按其作用可分为下面几类：

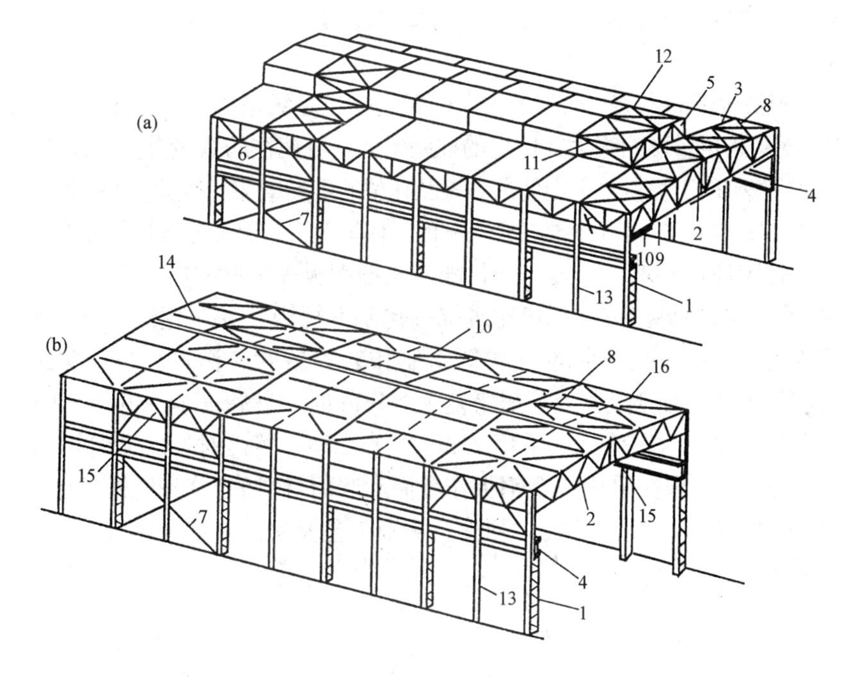

图 3-1　厂房结构的组成示例

（a）无檩屋盖；（b）有檩屋盖

1—框架柱；2—屋架（框架横梁）；3—中间屋架；4—吊车梁；5—天窗架；6—托架；7—柱间支撑；8—屋架上弦横向支撑；9—屋架下弦横向支撑；10—屋架纵向支撑；11—天窗架垂直支撑；12—天窗架横向支撑；13—墙架柱；14—檩条；15—屋架垂直支撑；16—檩条间撑杆

（1）横向框架——由柱和它所支承的屋架组成，是厂房的主要承重体系，承受结构的自重、风荷载、雪荷载和吊车的竖向与横向荷载，并把这些荷载传递到基础。

（2）屋盖结构——是承担屋盖荷载的结构体系，包括横向框架的横梁、托架、中间屋架、天窗架、檩条等。

（3）支撑体系——包括屋盖部分的支撑和柱间支撑等，它一方面与柱、吊车梁等组成厂房的纵向框架，承担纵向水平荷载；另一方面又把主要承重体系由个别的平面结构连成空间的整体结构，从而保证了厂房结构所必需的刚度和稳定。

(4) 吊车梁和制动梁(或制动桁架)——主要承受吊车竖向及水平荷载，并将这些荷载传到横向框架和纵向框架上。

(5) 墙架——承受墙体的自重和风荷载。

此外，还有一些次要的构件如梯子、走道、门窗等。在某些厂房中，由于工艺操作上的要求，还设有工作平台。

3.1.2 柱网和温度伸缩缝的布置

3.1.2.1 柱网布置

进行柱网布置时，应注意以下方面的问题:

(1) 满足生产工艺的要求——柱的位置应与地上、地下的生产设备和工艺流程相配合，还应考虑生产发展和工艺设备更新问题。

(2) 满足结构的要求——为了保证车间的正常使用，有利于吊车运行，使厂房具有必要的横向刚度，应尽可能将柱布置在同一的横向轴线上(图 3-2)，以便与屋架组成刚强的横向框架。

(3) 符合经济合理的要求——柱的纵向间距同时也是纵向构件(吊车梁、托架等)的跨度，它的大小对结构重量影响很大，厂房的柱距增大，可使柱的数量减少、总重量随之减少，同时也可减少柱基础的工程量，但会使吊车梁及托架的重量增加。最适宜的柱距与柱上的荷载及柱高有密切关系。在实际设计中要结合工程的具体情况进行综合方案比较才能确定。

(4) 符合柱距规定要求——近年来，随着压型钢板等轻型材料的采用，厂房的跨度和柱距都有逐渐增大的趋势。按《厂房建筑统一化基本规则》和《建筑模数协调统一标准》的规定:结构构件的统一化和标准化可降低制作和安装的工作量。当厂房跨度 $L\leqslant18$m 时，其跨度应采用 3m 的倍数;当厂房跨度 $L>18$m 时，其跨度应采用 6m 的倍数。只有在生产工艺有特殊要求时，跨度才采用 21m、27m、33m 等。对厂房纵向，以前基本柱距一般采用 6m 或 12m，现在采用压型钢板作屋面和墙面材料的厂房日益广泛，常以 18m 甚至 24m 作为基本柱距。多跨厂房的中列柱，常因工艺要求需要“拔柱”，其柱距为基本柱距的倍数，最大可达 48m。

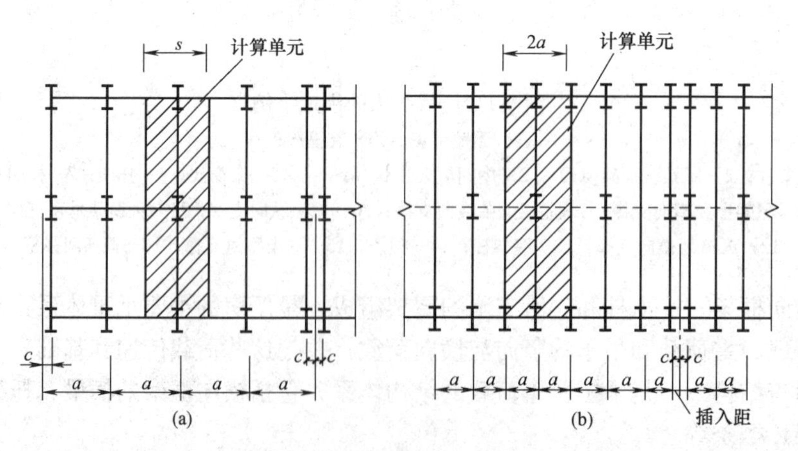

图 3-2 柱网布置和温度伸缩缝

(a) 各列柱距相等;(b) 中列柱有拔柱

a—柱距;c—双柱伸缩缝中心线到相邻柱中心线的距离;s—计算单元宽度

3.1.2.2 温度伸缩缝

温度变化将引起结构变形，使厂房结构产生温度应力。故当厂房平面尺寸较大时，为避免产生过大的温度变形和温度应力，应在厂房的横向或纵向设置温度伸缩缝。

温度伸缩缝的布置决定于厂房的纵向和横向长度。纵向很长的厂房在温度变化时，纵向构件伸缩的幅度较大，引起整个结构变形，使构件内产生较大的温度应力，并可能导致墙体和屋面的破坏。为了避免这种不利后果的产生，常采用横向温度缝将厂房分成伸缩时互不影响的温度区段。按规范规定，当温度区段长度不超过表 3-1 的数值时，可不计算温度应力。

温度区段长度值 **表 3-1**

结构情况	温度区段长度(m)		
	纵向温度区段（垂直于屋架或构架跨度方向）	横向温度区段（沿屋架或构架跨度方向）	
		柱顶为刚接	柱顶为铰接
采暖房屋和非采暖房屋	220	120	150
热车间和采暖地区的非采暖房屋	180	100	125
露天结构	120	—	—

温度伸缩缝最普遍的做法是设置双柱。即在缝的两旁布置两个无任何纵向构件连系的横向框架，使温度伸缩缝的中线和定位轴线重合（图 3-2a）；在设备布置条件不允许时，可采用插入距的方式（图 3-2b），将缝两旁的柱放在同一基础上，其轴线间距一般可采用 1m，对于重型厂房，由于柱的截面较大，可能要放大到 1.5m 或 2m，有时甚至到 3m，方能满足温度伸缩缝的构造要求。为节约钢材也可采用单柱温度伸缩缝，即在纵向构件（如托架、吊车梁等）支座处设置滑动支座，以使这些构件有伸缩的余地。不过单柱伸缩缝构造较复杂，目前主要应用在轻型结构中。

当厂房宽度较大时，也应该按规范规定布置纵向温度伸缩缝。

3.1.3 厂房结构的设计步骤

首先要对厂房的建筑和结构进行合理的规划，使其满足工艺和使用要求，并考虑将来可能发生的生产流程变化和发展，然后根据工艺设计确定车间平面及高度方向的主要尺寸，同时布置柱网和温度伸缩缝，选择主要承重框架的形式，并确定框架的主要尺寸；布置屋盖结构、吊车梁结构、支撑体系及墙架体系。

结构方案确定以后，即可按设计资料进行静力计算、构件及连接设计，最后绘制施工图，设计时应尽量采用构件及连接构造的标准图集。

3.2 厂房结构的框架形式

厂房的主要承重结构通常采用框架体系，因为框架体系的横向刚度较大，且能形成矩形的内部空间，便于桥式吊车运行，能满足使用上的要求。

厂房横向框架的柱脚一般与基础刚接，而柱顶可分为铰接和刚接两类。柱顶铰接的框架对基础不均匀沉陷及温度影响敏感性小，框架节点构造容易处理，且因屋架端部不产生弯矩，下弦杆始终受拉，可免去一些下弦支撑的设置。但柱顶铰接时下柱的弯矩较大，厂房横向刚度差，因此一般用于多跨厂房或厂房高度不大而刚度容易满足的情况。当采用钢屋架、钢筋混凝土柱的混合结构时，也常采用铰接框架形式。

反之，在厂房较高，吊车的起重量大，对厂房刚度要求较高时，钢结构的单跨厂房框架常采用柱顶刚接方案。在选择框架类型时必须根据具体条件进行分析比较。

3.2.1 横向框架主要尺寸和计算简图

3.2.1.1 主要尺寸

框架的主要尺寸见图 3-3 所示。框架的跨度，一般取为上部柱中心线间的横向距离，可由下式定出：

$$L_0=L_K+2S \tag{3-1}$$

$$S=B+D+b_1/2 \tag{3-2}$$

式中 L_K——桥式吊车的跨度；

S——由吊车梁轴线至上段柱轴线的距离（图 3-4），应满足式（3-2）的要求，S 的取值：对于中型厂房一般采用 0.75m 或 1m，重型厂房则为 1.25m 甚至达 2.0m；

B——吊车桥架悬伸长度，可由行车样本查得；

D——吊车外缘和柱内边缘之间的必要空隙：当吊车起重量不大于 500kN 时，不宜小于 80mm；吊车起重量大于或等于 750kN 时，不宜小于 100mm；当在吊车和柱之间要设置安全走道时，则 D 不得小于 400mm；

b_1——上段柱宽度。

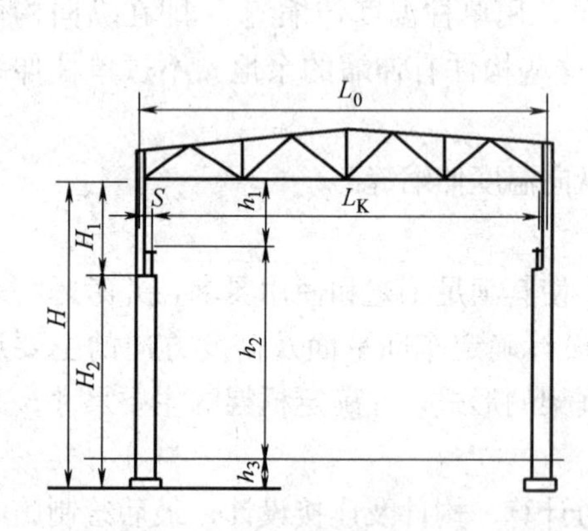

图 3-3 横向框架的主要尺寸

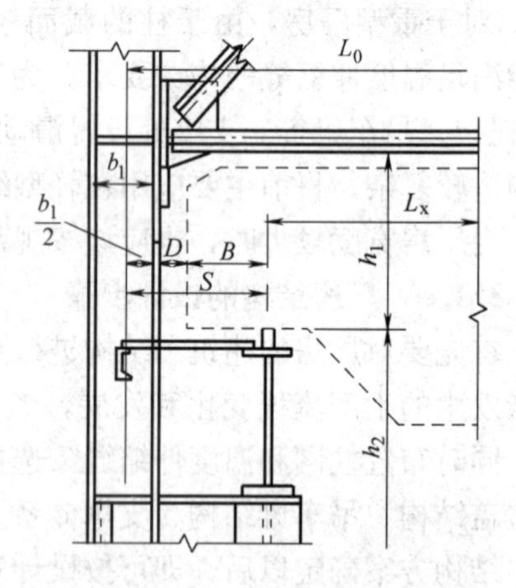

图 3-4 柱与吊车梁轴线间的净空

框架由柱脚底面到横梁下弦底部的距离：

$$H=h_1+h_2+h_3 \tag{3-3}$$

式中 h_3——地面至柱脚底面的距离，中型车间约为 0.8～1.0m，重型车间为 1.0～1.2m；

h_2——地面至吊车轨顶的高度，由工艺要求决定；

h_1——吊车轨顶至屋架下弦底面的距离：

$$h_1=A+100+(150\sim200)\ \text{(mm)} \tag{3-4}$$

公式（3-4）中 A 为吊车轨道顶面至起重小车顶面之间的距离；100mm 是为制造、安装误差留出的空隙；150～200mm 则是考虑屋架的挠度和下弦水平支撑角钢的下伸等所留的空隙。

吊车梁的高度可按（1/12～1/5）L 选用，L 为吊车梁的跨度，吊车轨道高度可根据吊车起重量决定。框架横梁一般采用梯形或人字形屋架，其形式和尺寸参见本章 3.3 节。

3.2.1.2　计算简图

单层厂房框架是由柱和屋架（横梁）所组成，各个框架之间有屋面板或檩条、托架、屋盖支撑等纵向构件互相连接在一起，故框架实际上是一种空间工作的结构，应按空间工作计算才比较合理和经济，但由于计算较繁，工作量大，所以通常均简化为单个的平面框架（图 3-5）来计算。

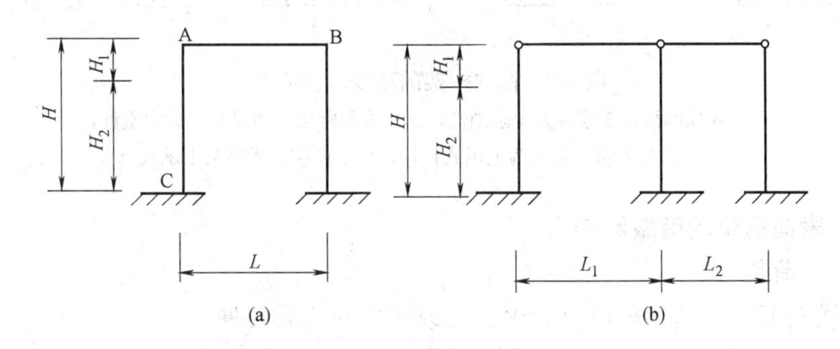

图 3-5　横向框架的计算简图

（a）柱顶刚接；（b）柱顶铰接

框架计算单元的划分应根据柱网的布置确定（图 3-2），使纵向每列柱至少有一根柱参加框架工作，同时将受力最不利的柱划入计算单元中。对于各列柱距均相等的厂房，只计算一个框架。对有拔柱的计算单元，一般以最大柱距作为划分计算单元的标准，其界限可以采用柱距的中心线，也可以采用柱的轴线，如采用后者，则对计算单元的边柱只应计入柱的一半刚度，作用于该柱的荷载也只计入一半。

对于由格构式横梁和阶形柱（下部柱为格构柱）所组成的横向框架，一般考虑桁架式横梁和格构柱的腹杆或缀条变形的影响，将惯性矩（对高度有变化的桁架式横梁按平均高度计算）乘以折减系数 0.9，简化成实腹式横梁和实腹式柱。对柱顶刚接的横向框架，当满足式（3-5）的条件时，可近似认为横梁刚度为无穷大，否则横梁按有限刚度考虑：

$$\frac{K_{AB}}{K_{AC}} \geqslant 4 \tag{3-5}$$

式中　K_{AB}——横梁在远端固定使近端 A 点转动单位角时在 A 点所需施加的力矩值；

K_{AC}——柱在 A 点转动单位角时在 A 点所需施加的力矩值。

A、B 仅指横向框架刚接时，柱和横梁相交的那一点，C 指柱脚（图 3-5a）。

框架的计算跨度 L(或 L_1、L_2）取为两上柱轴线之间的距离。

横向框架的计算高度 H：柱顶刚接时，可取为柱脚底面至框架下弦轴线的距离（横梁假定为无限刚性），或柱脚底面至横梁端部形心的距离（横梁为有限刚性）（图 3-6a、b）；柱顶铰接时，应取为柱脚底面至横梁主要支承节点间距离（图 3-6c、d）。对阶形柱应以肩梁上表面作分界线将 H 划分为上部柱高度 H_1 和下部柱高度 H_2。

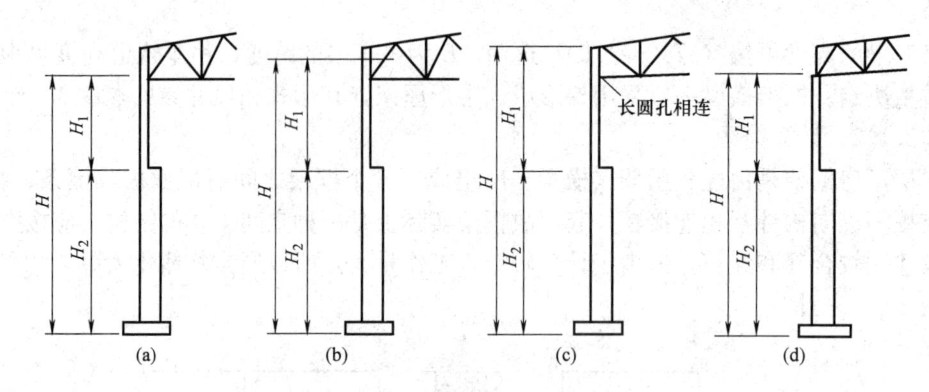

图 3-6　横向框架的高度取值方法

(a) 柱顶刚接，横梁视为无限刚性；(b) 柱顶刚接，横梁视为有限刚性；

(c) 柱顶铰接，横梁为上承式；(d) 柱顶铰接，横梁为下承式

3.2.2　横向框架的荷载和内力

3.2.2.1　荷载

作用在横向框架上的荷载可分为永久荷载和可变荷载两种。

永久荷载有：屋盖系统、柱、吊车梁系统、墙架、墙板及设备管道等的自重。这些重量可参考有关资料、表格、公式进行估计。

可变荷载有：风荷载、雪荷载、积灰荷载、屋面均布活荷载、吊车荷载、地震作用等。这些荷载可由荷载规范和吊车规格查得。

对框架横向长度超过容许的温度缝区段长度而未设置伸缩缝时，则应考虑温度变化的影响；对厂房地基土质较差、变形较大或厂房中有较重大的大面积地面荷载时，则应考虑基础不均匀沉陷对框架的影响。雪荷载一般不与屋面均布活荷载同时考虑，积灰荷载与雪荷载或屋面均布活荷载两者中的较大值同时考虑。屋面荷载化为均布的线荷载作用于框架横梁上。当无墙架时，纵墙上的风力一般作为均布荷载作用在框架柱上；有墙架时，尚应计入由墙架柱传于框架柱的集中风荷载。作用在框架横梁轴线以上的屋架及天窗上的风荷载按集中在框架横梁轴线上计算。吊车垂直轮压及横向水平力一般根据同一跨间、两台满载吊车并排运行的最不利情况考虑，对多跨厂房一般只考虑 4 台吊车作用。

3.2.2.2　内力分析和内力组合

框架内力分析可按结构力学的方法进行，也可利用现成的图表或计算机程序分析框架内力。应根据不同的框架，不同的荷载作用，采用比较简便的方法。为便于对各构件和连接进行最不利的组合，对各种荷载作用应分别进行框架内力分析。

为了计算框架构件的截面，必须将框架在各种荷载作用下所产生的内力进行最不利组合。要列出上段柱和下段柱的上下端截面中的弯矩 M、轴向力 N 和剪力 V。此外还应包括柱脚锚栓的计算内力。每个截面必须组合出 $+M_{max}$ 和相应的 N、V；$-M_{max}$ 和相应的 N、V；N_{max} 和相应的 M、V；柱脚锚栓则应组合出可能出现的最大拉力：即 M_{max} 和相应较小的 N、V；$-M_{max}$ 和相应较小的 N、V。

柱与屋架刚接时，应对横梁的端弯矩和相应的剪力进行组合。最不利组合可分为四

组：第一组组合使屋架下弦杆产生最大压力（图 3-7a）；第二组组合使屋架上弦杆产生最大压力，同时也使下弦杆产生最大拉力（图 3-7b）；第三、四组组合使腹杆产生最大拉力或最大压力（图 3-7c、d）。组合时考虑施工情况，只考虑屋面恒载所产生支座端弯矩和水平力的不利作用，不考虑它的有利作用。

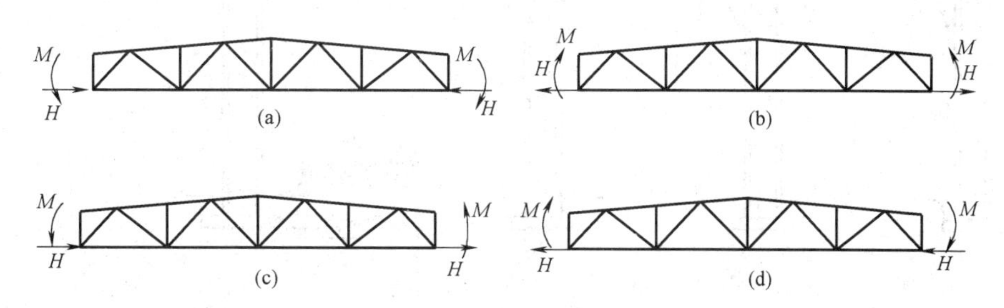

图 3-7　框架横梁端弯矩最不利组合

在内力组合中，一般采用由可变荷载效应控制的组合（式 1-28）。对单层吊车的厂房，当采用两台以及两台以上吊车的竖向和水平荷载组合时，应根据参与组合的吊车台数及其工作制，乘以相应的折减系数。比如两台吊车组合时，对轻中级工作制吊车，折减系数为 0.9；对重级工作制吊车，折减系数取 0.95。

3.2.3　框架柱的类型

框架柱按结构形式可分为等截面柱、阶形柱和分离式柱三大类。

等截面柱有实腹式和格构式两种（图 3-8a-1、a-2、b），通常采用实腹式。等截面柱将吊车梁支于牛腿上，构造简单，但吊车竖向荷载偏心大，只适用于吊车起重量 $Q<$ 150kN，或无吊车且厂房高度较小的轻型厂房中。

阶形柱也可分为实腹式和格构式两种（图 3-8c、d-1、d-2、e-1、e-2）。从经济角度考虑，阶形柱由于吊车梁或吊车桁架支承在柱截面变化的肩梁处，荷载偏心小，构造合理，其用钢量比等截面柱节省，因而在厂房中广泛应用。阶形柱还根据厂房内设单层吊车或双层吊车做成单阶柱或双阶柱。阶形柱的上段由于截面 h 不高（无人孔时 $h=$ 400～600mm；有人孔时 $h=900$～1000mm），并考虑柱与屋架、托架的连接等，一般采用工字形截面的实腹柱。下段柱，对于边列柱来说，由于吊车肢受的荷载较大，通常设计成不对称截面，中列柱两侧荷载相差不大时，可以采用对称截面。下段柱截面高度≤1m 时，采用实腹式（图 3-8a-1、a-2）。截面高度大于等于 1m 时，采用缀条柱（图 3-8d-1、d-2、e-1、e-2）。

分离式柱（图 3.8f）由支承屋盖结构的屋盖肢和支承吊车梁或吊车桁架的吊车肢所组成，两柱肢之间用水平板相连接。吊车肢在框架平面内的稳定性依靠连在屋盖肢上的水平连系板来解决。屋盖肢承受屋面荷载、风荷载及吊车水平荷载，按压弯构件设计。吊车肢仅承受吊车的竖向荷载，当吊车梁采用突缘支座时，按轴心受压构件设计；当采用平板支座时，仍按压弯构件设计。分离式柱构造简单，制作和安装比较方便，但用钢量比阶形柱多，且刚度较差，只宜用于吊车轨顶标高低于 10m、且吊车起重量 $Q\geqslant 750$kN 的情况，或者相邻两跨吊车的轨顶标高相差很悬殊，而低跨吊车的起重量 $Q\geqslant 500$kN 的情况。

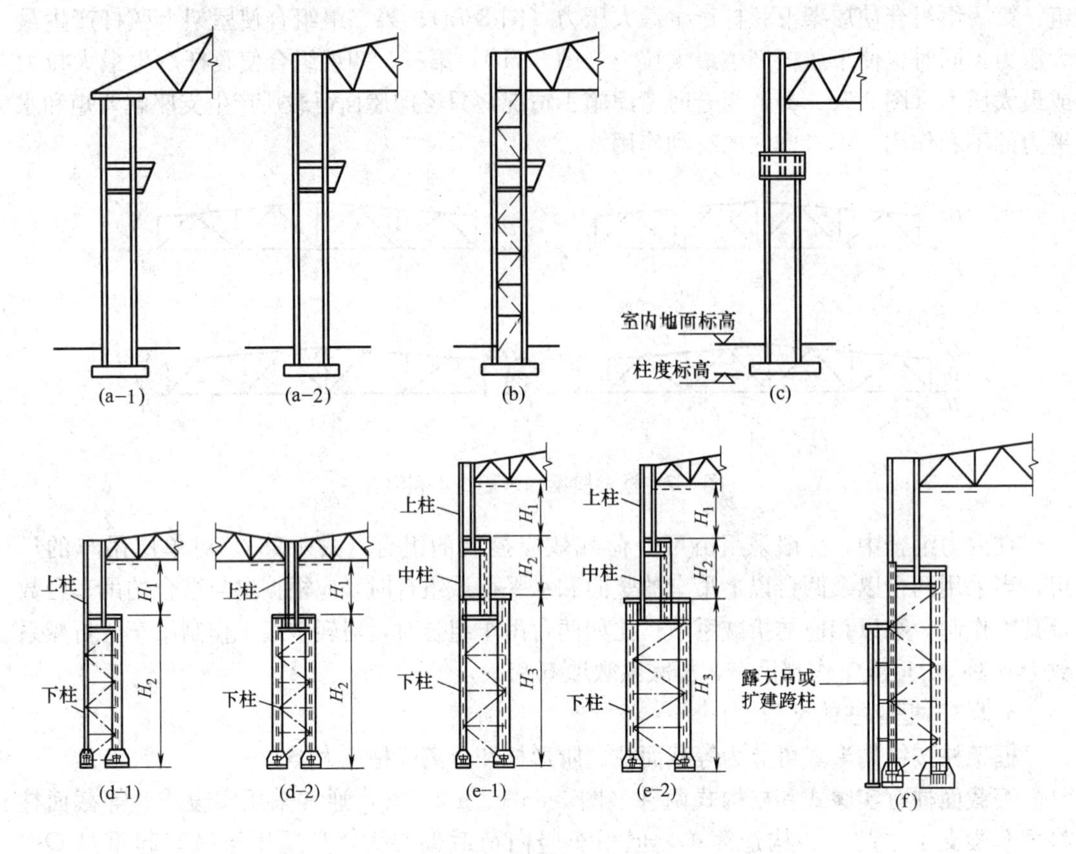

图 3-8　框架柱的类型

(a-1)、(a-2) 等截面实腹柱；(b) 等截面格构柱；(c) 阶形实腹柱；(d-1)、(d-2) 阶形格构柱；(e-1)、(e-2) 双阶柱；(f) 分离式柱

3.2.4　纵向框架的柱间支撑

3.2.4.1　柱间支撑的作用和布置

柱间支撑与厂房框架柱相连接，其作用为：

① 组成坚强的纵向构架，保证厂房的纵向刚度。

② 承受厂房端部山墙的风荷载、吊车纵向水平荷载及温度应力等，在地震区尚应承受厂房纵向的地震作用，并传至基础。

③ 作为框架柱在框架平面外的支点，减少柱在框架平面外的计算长度。

柱间支撑由两部分组成：在吊车梁以上的部分称为上层支撑，吊车梁以下部分称为下层支撑，下层柱间支撑与柱和吊车梁一起在纵向组成刚性很大的悬臂桁架。显然，将下层支撑布置在温度区段的端部，在温度变化的影响方面将是很不利的。因此，为了使纵向构件在温度发生变化时能较自由地伸缩，下层支撑应该设在温度区段中部。只有当吊车位置高而车间总长度又很短（如混铁炉车间）时，下层支撑设在两端不会产生很大的温度应力，而对厂房纵向刚度却能提高很多，这时放在两端才是合理的。

当温度区段小于 90m 时，在它的中央设置一道下层支撑（图 3-9a）；如果温度区段长度超过 90m，则在它的 1/3 点处各设一道支撑（图 3-9b），以免传力路程太长。

上层柱间支撑又分为两层，第一层在屋架端部高度范围内属于屋盖垂直支撑。显然，当屋架为三角形或虽为梯形但有托架时，并不存在此层支撑。第二层在屋架下弦至吊车梁上翼缘范围内。为了传递风荷载，上层支撑需要布置在温度区段端部，由于厂房柱在吊车梁以上部分的刚度小，不会产生过大的温度应力，从安装条件来看这样布置也是合适的。此外，在有下层支撑处也应设置上层支撑。上层柱间支撑宜在柱的两侧设置，只有在无人孔而柱截面高度不大的情况下才可沿柱中心设置一道。下层柱间支撑应在柱的两个肢的平面内成对设置，如图 3-9（b）侧视图的虚线所示；与外墙墙架有连系的边列柱可仅设在内侧，但重级工作制吊车的厂房外侧也同样设置支撑。此外，吊车梁和辅助桁架作为撑杆是柱间支撑的组成部分，承担并传递厂房纵向水平力。

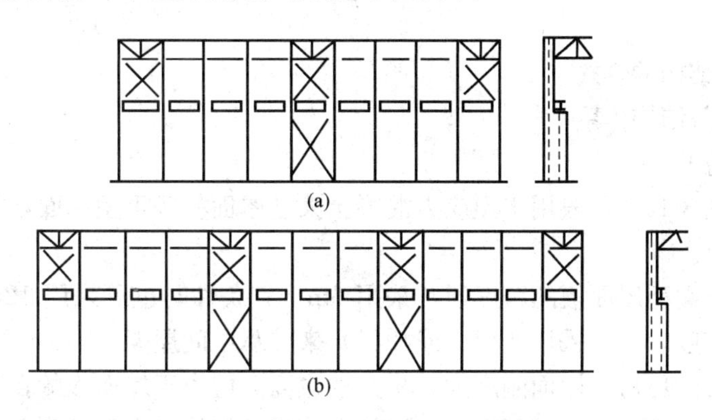

图 3-9　柱间支撑的布置

3.2.4.2　柱间支撑的形式和计算

柱间支撑按结构形式可分为十字交叉式、八字式、门架式、人字式等（图 3-10）。十字交叉支撑（图 3-10a、b、c）的构造简单、传力直接、用料节省，使用最为普遍，其斜杆倾角宜为 45°左右。上层支撑在柱间距大时可改用斜撑杆；下层支撑高而不宽者可以用两个十字形，高而刚度要求严格者可以占用两个开间（图 3-10c）。当柱间距较大或十字撑妨碍生产空间时，可采用门架式支撑（图 3-10d）。对于上柱，当柱距与柱间支撑的高度之比大于 2 时，可采用人字形支撑（图 3-10e）。图 3-10（f）的支撑形式，上层为 V 形，下层为人字形，它与吊车梁系统的连接应做成能传递水平力而竖向可自由滑动的构造。

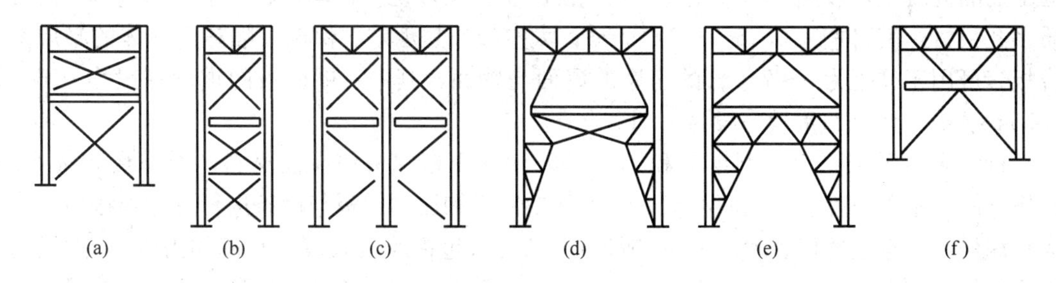

图 3-10　柱间支撑的形式

上层柱间支撑承受端墙传来的风荷载；下层柱间支撑除承受端墙传来的风荷载以外，还承受吊车的纵向水平荷载。在同一温度区段的同一柱列设有两道或两道以上的柱间支撑时，则全部纵向水平荷载（包括风力）由该柱列所有支撑共同承受。当在柱的两个肢的平面内成对设置时，在吊车肢的平面内设置的下层支撑，除承受吊车纵向水平荷载外、还承受与屋盖肢下层支撑按轴线距离分配传来的风力；靠墙的外肢平面内设置的下层支撑，只承受端墙传来的风荷载与吊车肢下层支撑按轴线距离分配的力。

柱间支撑的交叉杆和图 3-10（d）的上层斜撑杆和门形下层支撑的主要杆件一般按柔性杆件（拉杆）设计，交叉杆趋向于受压的杆件不参加工作，其他的非交叉杆以及水平横杆按压杆设计。某些重型车间，对下层柱间支撑的刚度要求较高，往往交叉杆的两杆均按压杆设计。

3.3 屋盖结构

3.3.1 屋盖结构的形式

3.3.1.1 屋盖结构体系

(1) 无檩屋盖

无檩屋盖（图 3-1a）一般用于预应力混凝土大型屋面板等重型屋面，将屋面板直接放在屋架或天窗架上。

预应力混凝土大型屋面板的跨度通常采用 6m，有条件时也可采用 12m。当柱距大于所采用的屋面板跨度时，可采用托架（或托梁）来支承中间屋架。

采用无檩屋盖的厂房，屋面刚度大，耐久性也高，但由于屋面板的自重大，从而使屋架和柱的荷载增加，且由于大型屋面板与屋架上弦杆的焊接常常得不到保证，只能有限地考虑它的空间作用，屋盖支撑不能取消。

(2) 有檩屋盖

有檩屋盖（图 3-1b）常用于轻型屋面材料的情况，如：压型钢板、压型铝合金板、膜材、阳光板（采光用）、GRC 板、加气混凝土屋面板、发泡水泥复合板（太空板）等。对于压型钢板和压型铝合金板屋面，屋架间距常大于或等于 12m；当屋架间距为 12～18m 时，宜将檩条直接支承于钢屋架上；当屋架间距大于 18m 时，以纵横方向的次桁架（或梁）来支承檩条较为合适。

GRC 板的面层是用水泥砂浆作基材、玻璃纤维作增强材料的无机复合材料，肋部仍为配筋的混凝土，多用于网架屋面；加气混凝土屋面板是一种承重、保温和构造合一的轻质多孔板材，其自重为 0.75～1.0kN/m^2；太空板亦是承重、保温、隔热为一体的轻质复合板，可用于柱距为 6～7.5m 的房屋的屋面与墙面，其中：屋面板的重量一般为 0.6～0.75kN/m^2，墙板的重量一般为 1.1kN/m^2。

近年来，采用彩色压型钢板和 1.5m×6.0m 压型铝板作屋面材料的有檩屋盖体系，制作方便，施工速度快，屋面刚度好。当压型钢板和压型铝板与檩条进行可靠连接后，形成一深梁，能有效地传递屋面纵横方向的水平力（包括风荷载及吊车制动力等），能提高屋面的整体刚度。这一现象称为应力蒙皮效应。随着我国对压型钢板受力蒙皮结构研究工作的开展，在墙面、屋面均采用压型钢板作维护材料的房屋设计中，已逐步开始考虑应力蒙皮效应对屋面刚度的贡献。

3.3.1.2 屋架的形式

屋架外形常用的有三角形、梯形、平行弦和人字形等。

屋架选形是设计的第一步、桁架的外形首先取决于建筑物的用途，其次应考虑用料经济、施工方便、与其他构件的连接以及结构的刚度等问题。对屋架来说，其外形还取决于屋面材料要求的排水坡度。在制造简单的条件下，桁架外形应尽可能与其弯矩图接近，这样能使弦杆受力均匀，腹杆受力较小。腹杆的布置应使内力分布趋于合理，尽量用长杆受拉、短杆受压，腹杆的数目宜少，总长度要短，斜腹杆的倾角一般在30°～60°之间，腹杆布置时应注意使荷载都尽量作用在桁架的节点上，避免由于节间荷载而使弦杆承受局部弯矩。节点构造要求简单合理，便于制造。上述要求往往不易同时满足，因此需要根据具体情况，全面考虑、精心设计，从而得到较满意的结果。

（1）三角形屋架

三角形桁架适用于陡坡屋面（$i>1/3$）的有檩屋盖体系，这种屋架通常与柱子只能铰接，房屋的整体横向刚度较低，对简支屋架来说，荷载作用下的弯矩图是抛物线分布，致使这种屋架弦杆受力不均，支座处内力较大，跨中内力较小，弦杆的截面不能充分发挥作用。支座处上、下弦杆夹角过小内力较大，为了改善这种情况可使下弦向上曲折，成为上折式三角形屋架（图3-11e）或将三角形屋架的两端取较小高度h_0（图3-11f）。

三角形屋架的腹杆布置常用的有芬克式（图3-11a、b）和人字式（图3-11d）。芬克式的腹杆虽然较多，但它的压杆短、拉杆长，受力相对合理。且可分为两个小桁架制作与运输，较为方便。人字式腹杆的节点较少，但受压腹杆较长，适用于跨度较小（$L\leqslant 18$m）的情况，但是，人字式屋架的抗震性能优于芬克式屋架，所以在高地震烈度地区，尽管跨度大于18m，常用人字式腹杆的屋架。单斜式腹杆的屋架（图3-11c），其腹杆和节点数目均较多，只适用于下弦需要设置天棚的屋架，一般情况较少采用。由于某些屋面材料要求檩条的间距很小，不可能将所有檩条都放置在节点上，从而使上弦产生局部弯矩，因此，三角形屋架在布置腹杆时，要同时处理好檩距和上弦节点之间的关系。

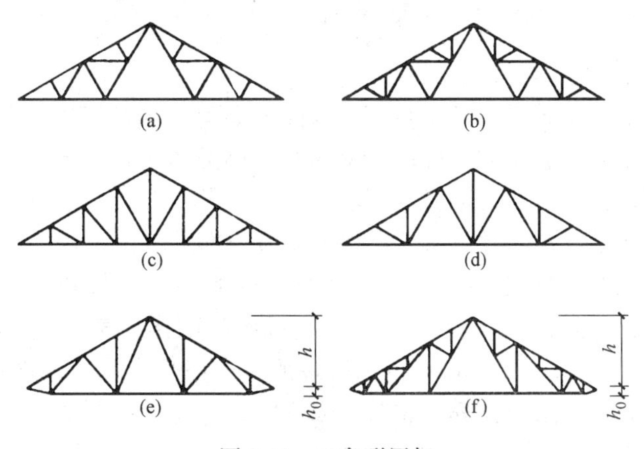

图3-11　三角形屋架

尽管从内力分配观点看三角形屋架的外形存在着明显的不合理性，但是从建筑物的整个布局和用途出发，在屋面材板为石棉瓦、瓦楞铁以及短尺压型钢板等需要上弦坡度较陡的情况下，往往还是要用三角形屋架的，除屋架外，悬臂遮棚支架、桅杆和塔架也可用三角形屋架。三角形屋架的高度，当屋面坡度为1/3～1/2时，$H=(1/6\sim 1/4)L$。

（2）梯形屋架

梯形屋架适用于屋面坡度较为平缓的无檩屋盖体系，它与简支受弯构件的弯矩图形比较接近，弦杆受力较为均匀。梯形屋架与柱的连接可以做成铰接也可以做成刚接。刚性连接可提高建筑物的横向刚度。

梯形屋架的腹杆体系可采用单斜式（图 3-12a）、人字式（图 3-12b、c）和再分式（图 3-12d）。人字式按支座斜杆与弦杆组成的支承点在下弦或在上弦分为下承式和上承式两种。一般情况下，与柱刚接的屋架宜采用下承式；与柱铰接时则下承式或上承式均可。由于下承式使排架柱计算高度减小又便于在下弦设置屋盖纵向水平支撑，故以往多采用之，但上承式使屋架重心降低，支座斜腹杆受拉，且给安装带来很大的方便，近来逐渐推广使用。当桁架下弦要做顶棚时，需设置吊杆（图 3-12b 虚线所示）或者采用单斜式腹杆（图 3-12a）。当上弦节间长度为 3m ，而大型屋面板宽度为 1.5m 时，常采用再分式腹杆（图 3-12d）将节间减小至 1.5m，有时也采用 3m 节间而使上弦承受局部弯矩，虽然构造较简单但耗钢量增多，一般很少采用。

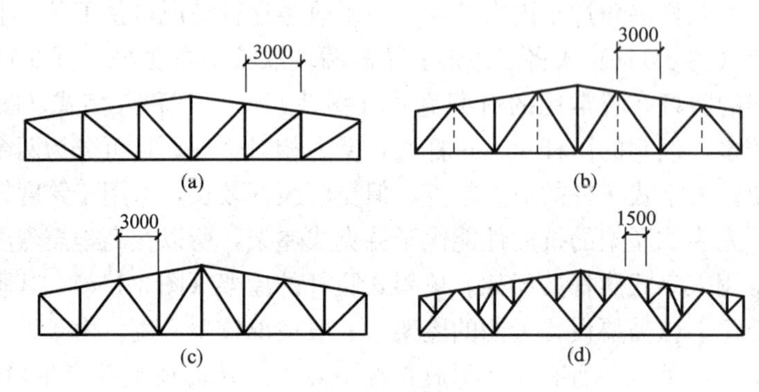

图 3-12 梯形屋架

(a)、(c) 上承式屋架；(b)、(d) 下承式屋架

（3）人字形屋架

人字形屋架的上、下弦可以是平行的。坡度为 1/20～1/10（图 3-13），节点构造较为统一，也可以上、下弦具有不同坡度或者下弦有一部分水平段（图 3-13c、d），以改善屋架受力情况。人字形屋架有较好的空间观感，制作时可不再起拱，多用于跨度较大时。人字形屋架一般宜采用上承式，这种形式不但安装方便而且可使折线拱的推力与上弦杆的弹性压缩互相抵消。在很大程度上减小了对柱的不利影响。人字形和梯形屋架的中部高度主要取决于经济要求，一般为 $(1/10 \sim 1/8)L$，与柱刚接的梯形屋架，端部高度一般为 $(1/16 \sim 1/12)L$，通常取为 2.0～2.5m。与柱铰接的梯形屋架，端部高度可按跨中经济高度和上弦坡度来决定。人字形屋架跨中高度一般为 2.0～2.5m，跨度大于 36m 时可取较大高度但不宜超过 3m；端部高度一般为跨度的 1/18～1/12，人字形屋架可适应不同的屋面坡度，但与柱刚接时，屋架轴线坡度大于 1/7，就应视为折线横梁进行框架分析；与柱铰接时，即使采用了上承式也应考虑竖向荷载作用下折线拱的推力对柱的不利影响，设计时它要求在屋面板及檩条等安装完毕后再将屋架支座焊接固定。

（4）平行弦桁架

平行弦桁架在构造方面有突出的优点，弦杆及腹杆分别等长、节点形式相同、能保证桁架的杆件重复率最大，且可使节点构造形式统一，便于制作工业化。

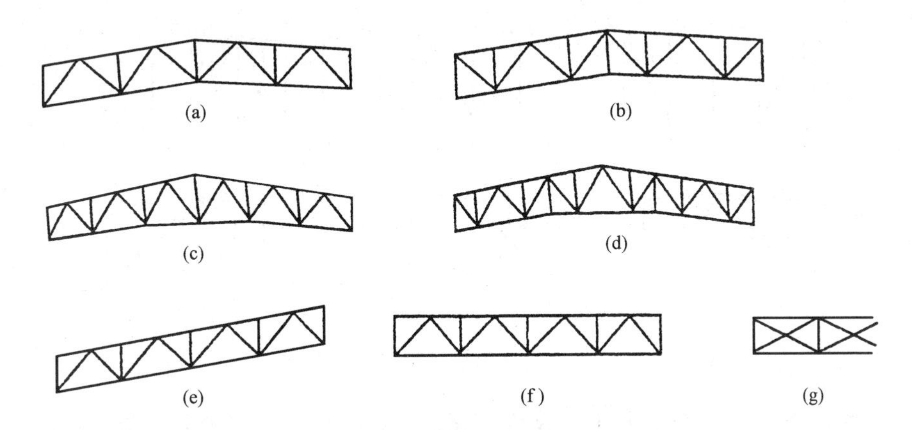

图 3-13 人字形屋架和平行弦桁架

平行弦桁架主要用于单坡屋架、托架、吊车制动桁架、栈桥和支撑构件等。腹杆布置通常采用人字式（图 3-13e、f），用作支撑桁架时腹杆常采用交叉式（图 3-13g）。

3.3.1.3 托架、天窗架形式

支承中间屋架的桁架称为托架，托架一般采用平行弦桁架，其腹杆采用带竖杆的人字形体系（图 3-14）。支于钢柱上的托架，支座斜杆常用上承式（图 3-14a）；直接支承于钢筋混凝土柱上的托架，支座斜杆常用下承式（图 3-14b）。托架高度应根据所支承的屋架端部高度、刚度要求、经济要求以及有利于节点构造的原则来决定。一般取跨度的1/10～1/5，托架的节间长度一般为 2m 或 3m。

当托架跨度大于 18m 时，可做成双壁式（图 3-14c），此时，上下弦杆采用平放的工字钢或 H 型钢，以满足平面外刚度要求。托架与柱的连接通常做成铰接。为了使托架在使用中不致过分扭转，且使屋盖具有较好的整体刚度，屋架与托架的连接应尽量采用铰支的平接。

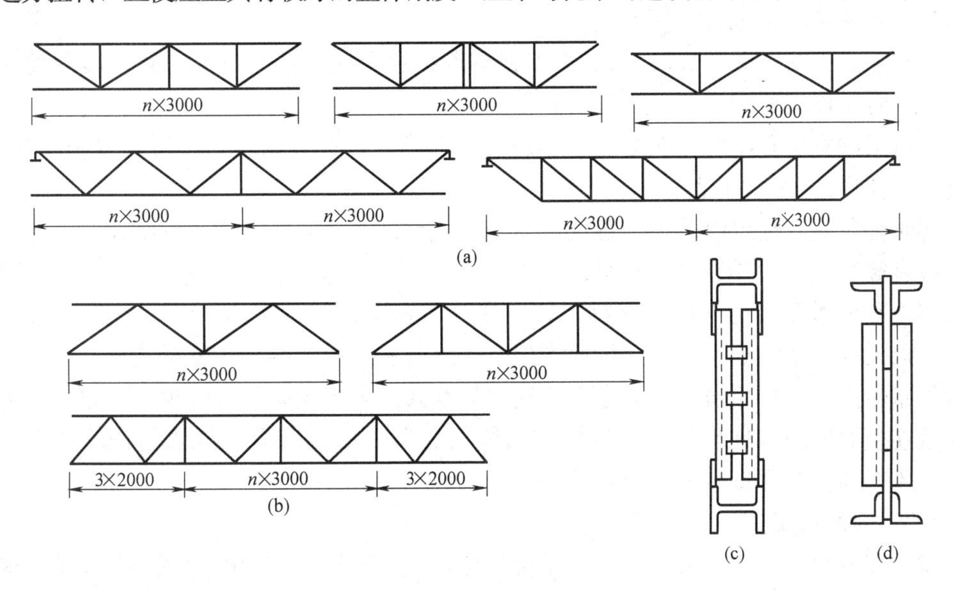

图 3-14 托架形式

(a) 上承式托架；(b) 下承式托架；(c) 双壁式桁架截面；(d) 单壁式桁架截面

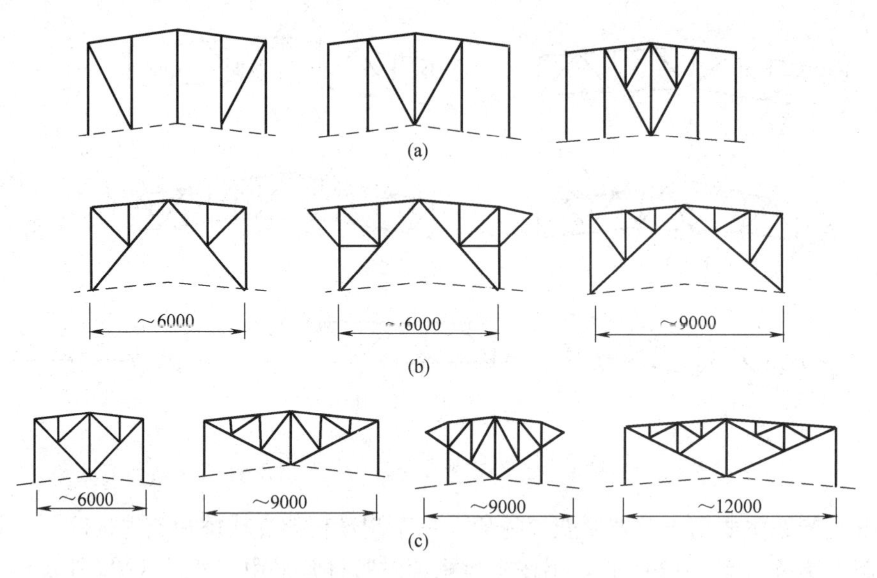

图 3-15 天窗架形式

(a) 多竖杆式；(b) 三铰拱式；(c) 三支点式

为了满足采光和通风的要求，厂房中常设置天窗。天窗的形式可分为纵向天窗、横向天窗和井式天窗等。一般采用纵向天窗，参见图 3-1（a）。

纵向天窗的天窗架形式一般有多竖杆式、三铰拱式和三支点式（图 3-15）。

多竖杆式天窗架（图 3-15a）构造简单，传给屋架的荷载较为分散，安装时通常与屋架在现场拼装后再整体吊装，可用于天窗高度和宽度不太大的情况。

三铰拱式天窗架（图 3-15b）由两个三角形桁架组成，它与屋架的连接点最少，制造简单，通常用作支于钢筋混凝土屋架的天窗架。由于顶铰的存在，安装时稳定性较差，当与屋架分别吊装时宜进行加固处理。

三支点式天窗（图 3-15c）由支于屋脊节点和两侧柱的桁架组成。它与屋架连接的节点较少，常与屋架分别吊装，施工较方便。

天窗架的宽度和高度应根据工艺和建筑要求确定，一般宽度为厂房跨度的 1/3 左右，高度为其宽度的 1/5～1/2。

有时为了更好地组织通风，避免房屋外面气流的干扰，对纵向天窗还设置有挡风板。挡风板有竖直式（图 3-16a）、侧斜式（图 3-16b）和外包式（图 3-16c）三种，通常采用金属压型板和波形石棉瓦等轻质材料，其下端与屋盖顶面应留出至少 50mm 的空隙。挡风板挂于挡风板支架的檩条上。挡风板支架有支承式和悬吊式两种。支承式的立柱下端直接支承于屋盖上，上端用横杆与天窗架相连。支承式挡风板支架的杆件少，省钢材，但立柱与屋盖连接处的防水处理复杂。悬挂式挡风板支架则由连接于天窗架侧柱的杆件体系组成。挡风板荷载全部传给天窗架侧柱。

3.3.2 屋盖支撑

屋架在其自身平面内为几何形状不可变体系并具有较大的刚度，能承受屋架平面内的各种荷载。但是，平面屋架本身在垂直于屋架平面的侧向（称为屋架平面外）刚度和稳定性则很差，不能承受水平荷载。因此，为使屋架结构有足够的空间刚度和稳定性，必须在

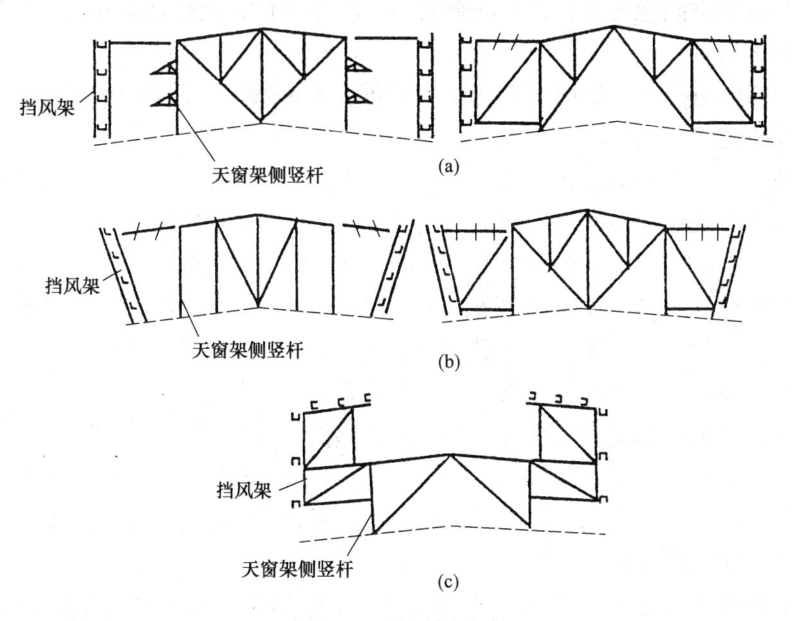

图 3-16 挡风架形式

(a) 竖直式；(b) 侧斜式；(c) 外包式

屋架间设置支撑系统（图 3-17）。

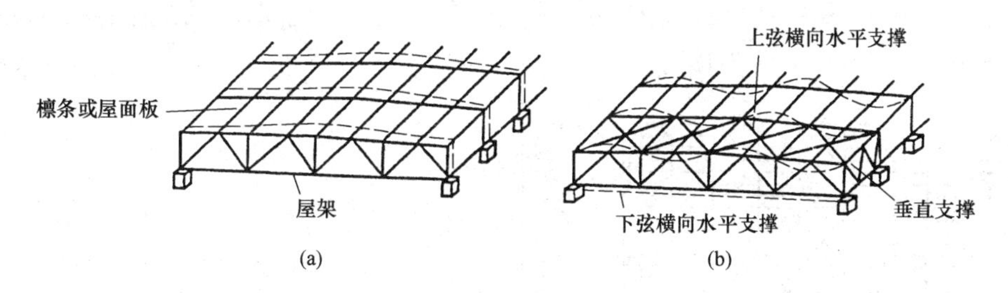

图 3-17 屋盖支撑作用示意图

（1）支撑的作用

① 保证结构的空间整体作用

如图 3-17（a）所示，仅由平面桁架和檩条及屋面材料组成的屋盖结构，是一个不稳定的体系，简支在柱顶上的所有屋架有可能向一侧倾倒。如果将某些屋架在适当部位用支撑连系起来，成为稳定的空间体系（图 3-17b），其余屋架再由檩条或其他构件连接在这个空间稳定体系上，就保证了整个屋盖结构的稳定，使之成为空间整体。

② 避免压杆侧向失稳，防止拉杆产生过大的振动

支撑可作为屋架弦杆的侧向支撑点（图 3-17b），减小弦杆在屋架平面外的计算长度，保证受压弦杆的侧向稳定，并使受拉下弦不会在某些动力作用下（例如吊车运行时）产生过大的振动。

③ 承担和传递水平荷载（如风荷载、悬挂吊车水平荷载和地震作用等）

④ 保证结构安装时的稳定与方便

屋盖的安装工作一般是从房屋温度区段的一端开始的，首先用支撑将两相邻屋架连系

起来组成一个基本空间稳定体，在此基础上即可顺序进行其他构件的安装。

(2) 支撑的布置

屋盖支撑系统可分为：横向水平支撑、纵向水平支撑、垂直支撑和系杆。

① 上弦横向水平支撑

在通常情况下，在屋架上弦和天窗架上弦均应设置横向水平支撑。横向水平支撑一般应设置在房屋两端或纵向温度区段两端（图 3-18，图 3-19）。有时在山墙承重，或设有上承式纵向天窗，但此天窗又未到温度区段尽端而退一个柱间断开时，为了与天窗支撑配合，可将屋架的横向水平支撑布置在第二个柱间，但在第一个柱间要设置刚性系杆以支持端屋架和传递端墙风力（图 3-19）。两道横向水平支撑间的距离不宜大于 60m，当温度区段长度较大时，尚应在中部增设支撑，以符合此要求。

当采用大型屋面板的无檩屋盖时，如果大型屋面板与屋架的连接满足每块板有三点支承处进行焊接等构造要求时，可考虑大型屋面板起一定支撑作用。但由于施工条件的限制，很难保证焊接质量，一般只考虑大型屋面板起系杆作用。而在有檩屋盖中，上弦横向水平支撑的横杆可用檩条代替。

当屋架间距大于 12m 时，上弦水平支撑还应予以加强，以保证屋盖的刚度。

② 下弦横向水平支撑

当屋架间距小于 12m 时，尚应在屋架下弦设置横向水平支撑，但当屋架跨度比较小（$L<18$m）又无吊车或其他振动设备时，可不设下弦横向水平支撑。

下弦横向水平支撑一般和上弦横向水平支撑布置在同一柱间以形成空间稳定体系的基本组成部分（图 3-18a、图 3-19）。

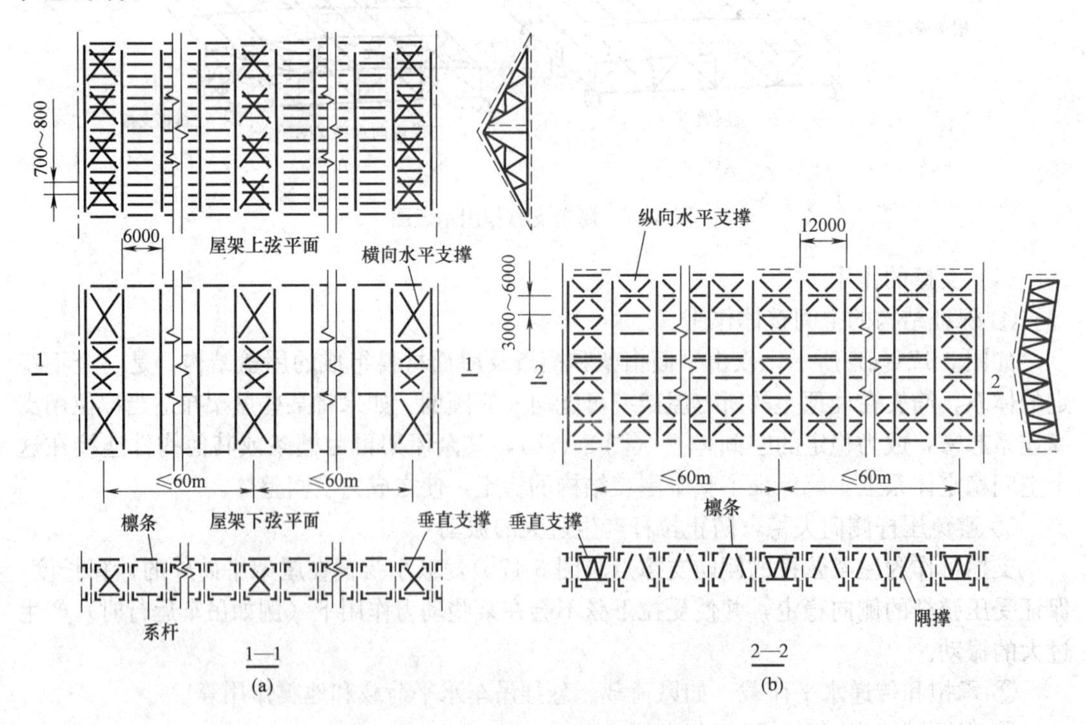

图 3-18　有檩屋盖的支撑布置

(a) 屋架间距为 6m 时；(b) 屋架间距为 12m 时

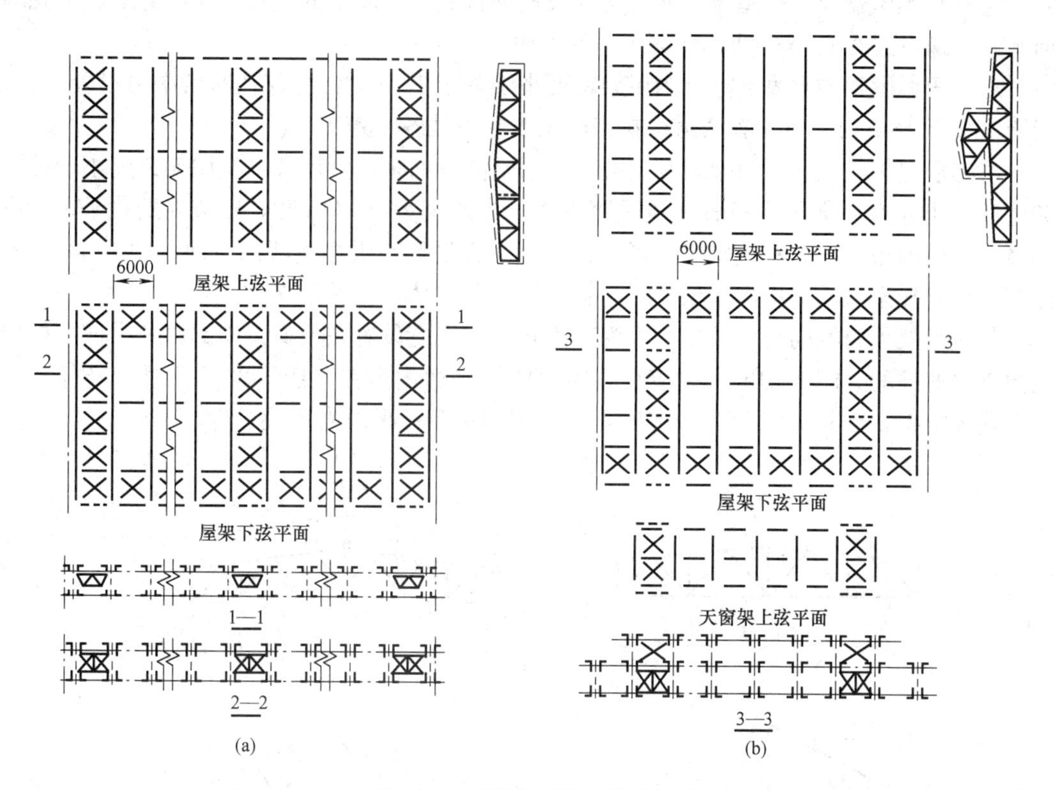

图 3-19　无檩屋盖的支撑布置

(a) 屋架间距为 6m 无天窗架的屋盖支撑布置；(b) 天窗未到尽端的屋盖支撑布置

当屋架间距大于等于 12m 时，由于在屋架下弦设置支撑不便，可不必设置下弦横向水平支撑，但上弦支撑应适当加强，并应用隅撑或系杆对屋架下弦侧向加以支承（图 3-18b）。

屋架间距大于等于 18m 时，如果仍采用上述方案则檩条跨度过大，此时宜设置纵向次桁架，使主桁架（屋架）与次桁架组成纵横桁架体系，次桁架间再设置檩条或设置横梁及檩条，同时，次桁架还为屋架下弦平面外提供支承。

③ 纵向水平支撑

当房屋较高、跨度较大、空间刚度要求较高时，设有支承中间屋架的托架为保证托架的侧向稳定时，或设有重级或较大吨位的中级工作制桥式吊车、壁行吊车或有锻锤等较大振动设备时，均应在屋架端节间平面内设置纵向水平支撑。纵向水平支撑和横向水平支撑形成封闭体系将大大提高房屋的纵向刚度。单跨厂房一般沿两纵向柱列设置，多跨厂房（包括等高的多跨厂房和多跨厂房的等高部分）则要根据具体情况，沿全部或部分纵向柱列布置。

屋架间距小于 12m 时，纵向水平支撑通常布置在屋架下弦平面，但三角形屋架及端斜杆为下降式且主要支座设在上弦处的梯形屋架和人字形屋架，也可以布置在上弦平面内。

屋架间距大于等于 12m 时，纵向水平支撑宜布置在屋架的上弦平面内（图 3-18b）。

④ 垂直支撑

无论有檩屋盖或无檩屋盖，通常均应设置垂直支撑。屋架的垂直支撑应与上、下弦横向水平支撑设置在同一柱间（图 3-18、图 3-19）。

对三角形屋架的垂直支撑，当屋架跨度小于等于 18m 时，可仅在跨度中央设置一道；当跨度大于 18m 时，宜设置两道（在跨度 1/3 左右处各一道）。

对梯形屋架、人字形屋架或其他端部有一定高度的多边形屋架：当屋架跨度小于等于 30m 时，可仅在屋架跨中布置一道垂直支撑；当跨度大于 30m 时，则应在跨度 1/3 左右的竖杆平面内各设一道垂直支撑；当有天窗时，宜设置在天窗侧腿的下面（图 3-20），若屋架端部有托架（或纵向次桁架）时，就用托架等代替，不另设支撑。

与天窗架上弦横向支撑类似，天窗架垂直支撑也应设置在大窗架端部以及中部有屋架横向支撑的柱间（图 3-19b）。并应在天窗两侧柱平面内布置（图 3-20b），对多竖杆和三支点式天窗架，当其宽度大于 12m 时，尚应在中央竖杆平面内增设一道。

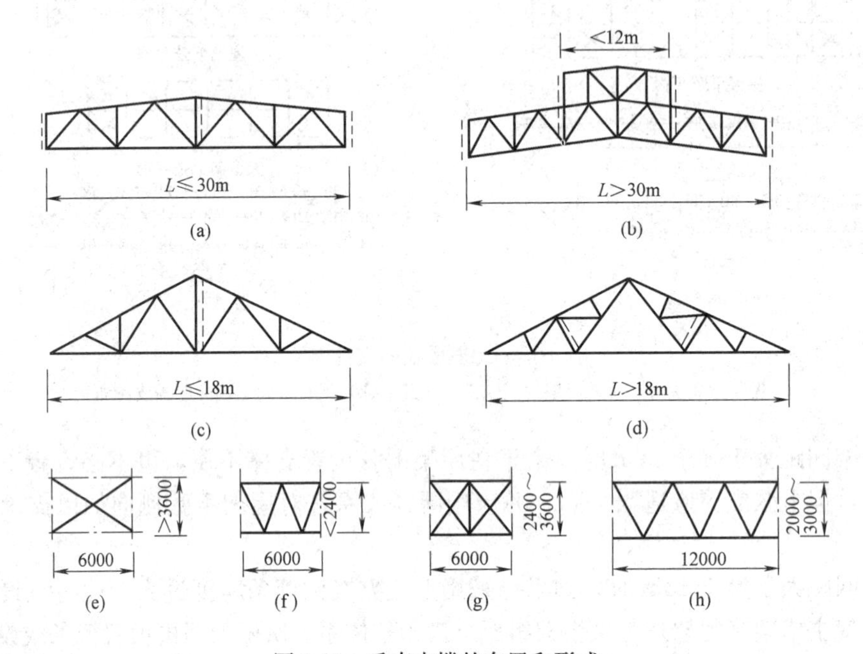

图 3-20　垂直支撑的布置和形式

⑤ 系杆

为了支持未连支撑的平面屋架和天窗架，保证它们的稳定和传送水平力，应在横向支撑或垂直支撑节点处沿房屋通长设置系杆（图 3-18、图 3-19）。

在屋架上弦平面内，对无檩体系屋盖应在屋脊处和屋架端部处设置系杆；对有檩体系只在有纵向天窗下的屋脊处设置系杆。

在屋架下弦平面内，当屋架间距为 6m 时，应在屋架端部处，下弦杆有弯折处、与柱刚接的屋架下弦端节间受压但未设纵向水平支撑的节点处，跨度大于等于 18m 的芬克式屋架的主斜杆与下弦相交的节点处等部位皆应设置系杆。当屋架间距大于等于 12m 时，支撑杆件截面将大大增加，多耗钢材，比较合理的做法是将水平支撑全部布置在上弦平面内并利用檩条作为支撑体系的压杆和系杆，而作为下弦侧向支承的系杆可用支于檩条的隅撑代替。

系杆分刚性系杆（既能受拉也能受压）和柔性系杆（只能受拉）两种。屋架主要支承节点处的系杆，屋架上弦脊节点处的系杆均宜用刚性系杆，当横向水平支撑设置在房屋温度区段端部第二个柱间时，第一个柱间的所有系杆（图 3-19b）均为刚性系杆，其他情况的系杆可用柔性系杆。

（3）支撑的计算和构造

屋架的横向和纵向水平支撑都是平行弦桁架，屋架或托架的弦杆均可兼作支撑桁架的横杆，斜腹杆一般采用十字交叉式（图 3-18、图 3-19），斜腹杆和弦杆的夹角宜在 30°～60°之间。通常横向水平支撑节点间的距离为屋架上弦节间距离的 2～4 倍，纵向水平支撑的宽度取屋架下弦端节间的长度，一般为 6m 左右。

屋架垂直支撑也是一个平行弦桁架（图 3-20f、g、h），其上、下弦可兼作水平支撑的横杆。有的垂直支撑还兼作檩条，屋架间垂直支撑的腹杆体系应根据其高度与长度之比采用不同的形式，如交叉式、V 式或 W 式（图 3-20）。天窗架垂直支撑的形式也可按图3-20选用。

支撑中的交叉斜杆以及柔性系杆按拉杆设计，通常用单角钢做成；非交叉斜杆、弦杆、横杆以及刚性系杆按压杆设计，宜采用双角钢做成的 T 形截面或十字形截面，其中横杆和刚性系杆常用十字形截面使在两个方向具有等稳定性。屋盖支撑杆件的节点板厚度通常采用 6mm，对重型厂房屋盖宜采用 8mm。

屋盖支撑受力较小，截面尺寸一般由杆件容许长细比和构造要求决定，但对兼作支撑桁架弦杆、横杆或端竖杆的檩条或屋架竖杆等，其长细比应满足支撑压杆的要求，即$[\lambda]=200$；兼作柔性系杆的檩条，其长细比应满足支撑拉杆的要求即 $[\lambda]=400$（一般情况）或 350（有重级工作制的厂房）。对于承受端墙风力的屋架下弦横向水平支撑和刚性系杆，以及承受侧墙风力的屋架下弦纵向水平支撑，当支撑桁架跨度较大（≥24m）或承受的风荷载较大（风压力的标准值大于 0.5kN/m）时，或垂直支撑兼作檩条以及考虑厂房结构的空间工作而用纵向水平支撑作为柱的弹性支承时；支撑杆件除应满足长细比要求外，尚应按桁架体系计算内力，并据此内力按强度或稳定性选择截面并计算其连接。

具有交叉斜腹杆的支撑桁架，通常将斜腹杆视为柔性杆件，只能受拉，不能受压。因而每节间只有受拉的斜腹杆参加工作（图 3-21）。

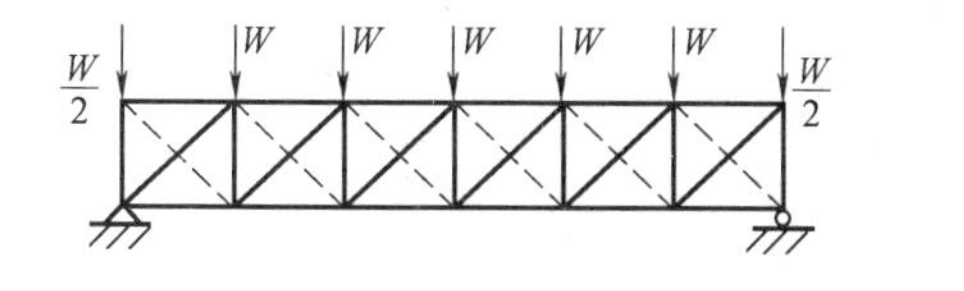

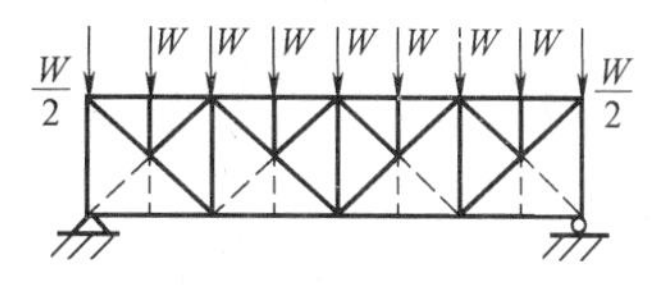

图 3-21　支撑桁架杆件的内力计算简图

支撑和系杆与屋架或天窗架的连接应使构造简单、安装方便，通常采用 C 级螺栓，每一杆件接头处的螺栓数不少于两个。螺栓直径一般为 20mm，与天窗架或轻型钢屋架连接的螺栓直径可用 16 mm。有重级工作制吊车或有较大振动设备的厂房中，屋架下弦支撑和系杆（无下弦支撑时为上弦支撑和隅撑）的连接，宜采用高强度螺栓，或除 C 级螺栓外另加安装焊缝，每条焊缝的焊脚尺寸不宜小于 6 mm，长度不宜小于 80mm。

3.3.3 檩条设计

檩条放置于有坡度的屋面梁或桁架上，承受两个主平面方向的荷载，故通常为双向弯曲梁，其设计方法与单向弯曲型钢梁相同，应考虑抗弯强度、整体稳定、挠度等的计算，而剪应力和局部稳定一般不必计算，局部压应力只有在有较大集中荷载或支座反力的情况下，必要时才验算。

双向弯曲梁的抗弯强度按下式计算：

$$\frac{M_x}{\gamma_x W_{nx}}+\frac{M_y}{\gamma_y W_{ny}}\leqslant f \tag{3-6}$$

双向弯曲梁的整体稳定的理论分析较为复杂，一般按经验近似公式计算，规范规定双向受弯的 H 型钢或工字钢截面梁应按下式计算其整体稳定：

$$\frac{M_x}{\varphi_b W_x}+\frac{M_y}{\gamma_y W_y}\leqslant f \tag{3-7}$$

式中 φ_b——绕强轴（x 轴）弯曲所确定的梁的整体稳定系数。

设计时应尽量满足不需计算整体稳定的条件，这样可按抗弯强度条件选择型钢截面，由式（3-6）可得：

$$W_{nx}=\left(M_x+\frac{\gamma_x W_{nx}}{\gamma_y W_{ny}}M_y\right)\frac{1}{\gamma_x f}=\frac{M_x+\alpha M_y}{\gamma_x f} \tag{3-8}$$

对小型号的型钢，可近似取 $\alpha=6$（窄翼缘 H 型钢和工字钢）或 $\alpha=5$（槽钢）。

檩条常采用型钢，其截面一般为 H 型钢（檩条跨度较大时）、槽钢（跨度较小时）或冷弯薄壁 Z 形钢（跨度不大且为轻型屋面时）等。这些型钢的腹板垂直于屋面放置，因而竖向线荷载 q 可分解为垂直于截面两个主轴 x-x 和 y-y 的分荷载 $q_x=q\cos\varphi$ 和 $q_y=q\sin\varphi$（图 3-22），从而引起双向弯曲。φ 为荷载 q 与主轴 y-y 的夹角：对 H 型钢和槽钢，φ 等于屋面坡度 α；对 Z 形截面 $\varphi=|\alpha-\theta|$，θ 为主轴 x-x 与平行于屋面轴 x_1-x_1 的夹角。

槽钢和 Z 形钢檩条通常用于屋面坡度较大的情况，为了减少其侧向弯矩，提高檩条的承载能力，一般在跨中平行于屋面设置 1～2 道拉条（图 3-23），把侧向变为跨度缩至 1/3～1/2 的连续梁。通常是跨度 $l\leqslant 6$m 时，设置一道拉条；$l>6$m 时设置两道拉条。拉条一般用 $\phi 16$ 圆钢（最小 $\phi 12$）。

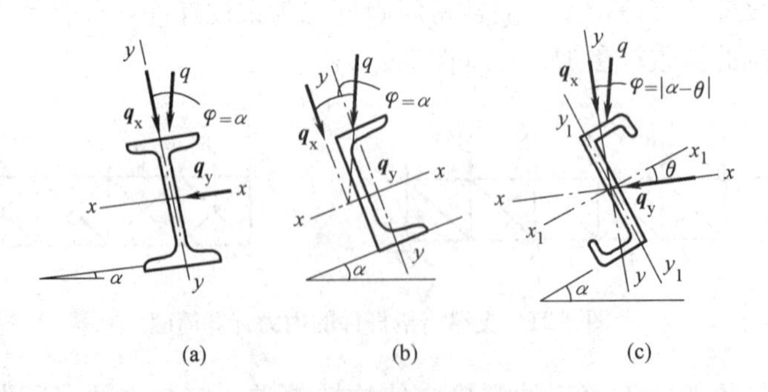

图 3-22 檩条的计算简图

拉条把檩条平行于屋面的反力向上传递，直到屋脊上左右坡面的力互相平衡（图 3-23a）。为使传力更好，常在顶部区格（或天窗两侧区格）设置斜拉条和撑杆，将坡向力传至屋架（图 3-23b～f）。Z 形檩条的主轴倾斜角 θ 可能接近或超过屋面坡角。拉力是向上还是向下，并不十分确定，故除在屋脊处（或天窗构架两侧）用上述方法固定外，还应在檐檩处设置斜拉条和撑杆（图 3-23e）或将拉条连于刚度较大的承重天沟或圈梁上（图 3.23f），以防止 Z 形檩条向上倾覆。

拉条应设置于檩条顶部下 30～40mm 处（图 3-23g）。拉条不但减少檩条的侧向弯矩，且大大增强檩条的整体稳定性，可以认为：设置拉条的檩条不必计算整体稳定。另外屋面板刚度较大且与檩条连接牢固时，也不必计算整体稳定。

檩条的支座处应有足够的侧向约束，一般每端用两个螺栓连于预先焊在屋架上弦的短角钢上（图 3-24）。H 型钢檩条宜在连接处将下翼缘切去一半，以便于与支承短角钢相连（图 3-24a）；H 型钢的翼缘宽度较大时，可直接用螺栓连于屋架上，但宜设置支座加劲肋，以加强檩条端部的抗扭能力。短角钢的垂直高度不宜小于檩条截面高度的 3/4。

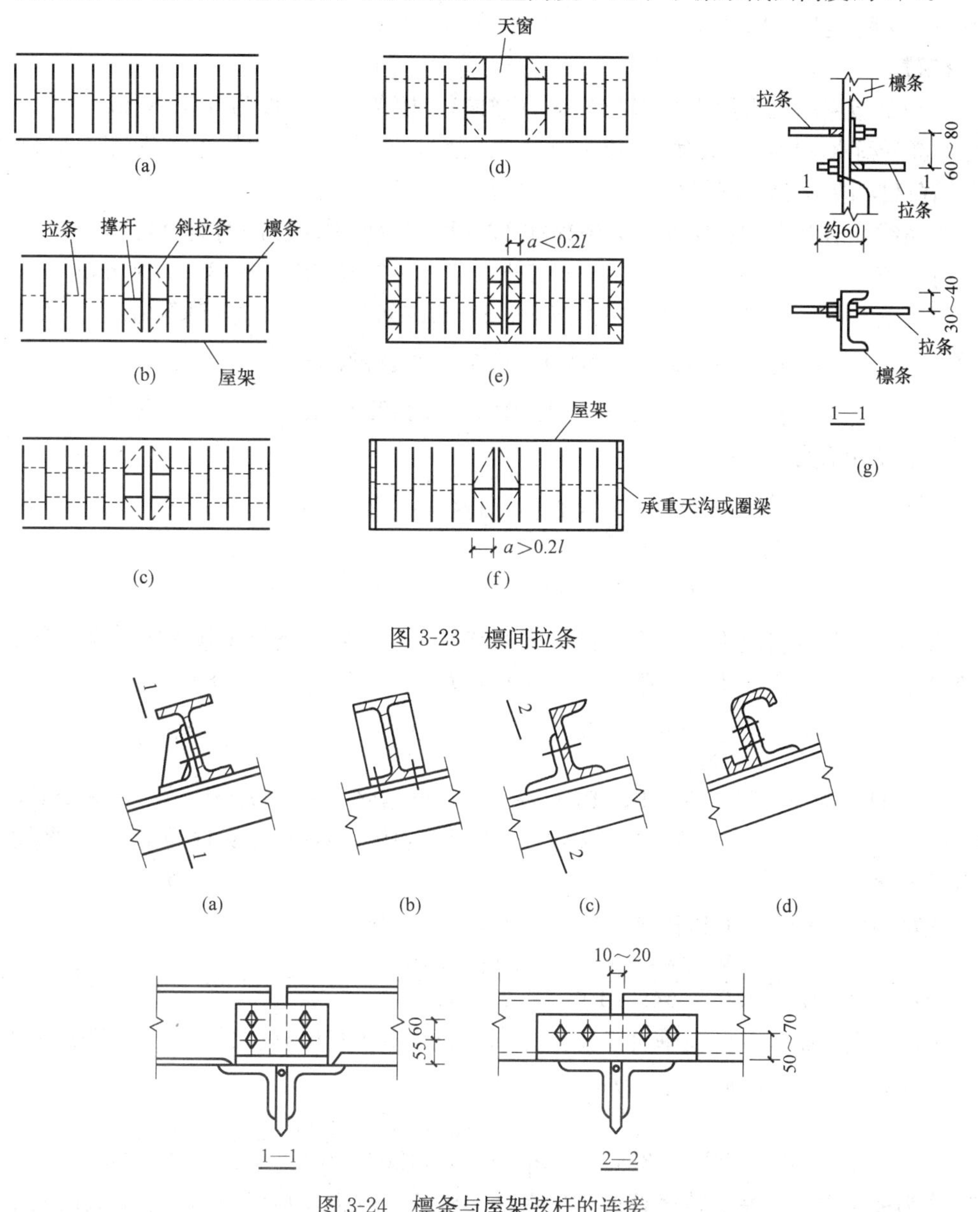

图 3-23　檩间拉条

图 3-24　檩条与屋架弦杆的连接

设计檩条时，按水平投影面积计算的屋面活荷载标准值取 0.5kN/m²（当受荷水平投影面积超过 60m²时，可取 0.3kN/m²）。此荷载不与雪荷载同时考虑，取两者较大值。积灰荷载应与屋面均布活荷载或雪荷载同时考虑。

在屋面天沟、阴角、天窗挡风板内、高低跨相连接等处的雪荷载和积灰荷载应考虑荷载增大系数。对设有自由锻锤、铸件水爆池等振动较大的设备的厂房，要考虑竖向振动的影响，应将屋面总荷载增大10%～15%。

雪荷载、积灰荷载、风荷载以及增大系数、组合值系数等应按现行《建筑结构荷载规范》的规定采用。

【例 3-1】 设计一支承压型钢板屋面的檩条，屋面坡度为1/10，雪荷载为 0.25kN/m² 无积灰荷载。檩条跨度 12m，水平间距为 5m（坡向间距为 5.025m）。采用 H 型钢（图 3-22a），材料 Q235-A。

【解】

压型钢板屋面自重约为 0.15kN/m²（坡向）。檩条自重假设为 0.5kN/m。

檩条受荷水平投影面积为 5×12=60m²，未超过 60m²，故屋面均布活荷载取 0.5kN/m²，大于雪荷载，故不考虑雪荷载。

檩条线荷载为（对轻屋面，只考虑式 1-29 可变荷载效应控制的组合）：

标准值： $q_k=0.15\times5.025+0.5+0.5\times5=3.754\text{kN/m}=3.754\text{N/mm}$

设计值： $q=1.2(0.15\times5.025+0.5)+1.4\times0.5\times5=5.005\text{kN/m}$

$q_x=q\cos\varphi=5.005\times10/\sqrt{101}=4.98\text{kN/m}$

$q_y=q\sin\varphi=5.005\times1/\sqrt{101}=0.498\text{kN/m}$

弯矩设计值为：

$$M_x=\frac{1}{8}\times4.98\times12^2=89.64\text{kN}\cdot\text{m}$$

$$M_y=\frac{1}{8}\times0.498\times12^2=8.964\text{kN}\cdot\text{m}$$

采用紧固件（自攻螺钉、钢拉铆钉或射钉等）使压型钢板与檩条受压翼缘连牢，可不计算檩条的整体稳定。由抗弯强度要求的截面模量近似值为（式 3-8）：

$$W_{nx}=\frac{M_x+\alpha M_y}{\gamma_x f}=\frac{(89.64+6\times8.964)\times10^6}{1.05\times215}=635\times10^3\text{mm}^3$$

选用 HN346×174×6×9，其 $I_x=11200\text{cm}^4$，$W_x=649\text{cm}^3$，$W_y=91\text{cm}^3$，$i_x=14.5\text{cm}$，$i_y=3.86\text{cm}$。自重 0.41kN/m，加上连接压型钢板零件重量，与假设自重 0.5kN/m 相等。

验算强度（跨中无孔眼削弱，$W_{nx}=W_x$，$W_{ny}=W_y$）：

$$\frac{M_x}{\gamma_x W_{nx}}+\frac{M_y}{\gamma_y W_{ny}}=\frac{89.64\times10^6}{1.05\times649\times10^3}+\frac{8.964\times10^6}{1.2\times91\times10^3}=213.6\text{N/mm}^2\leqslant f=215\text{N/mm}^2$$

为使屋面平整，檩条在垂直于屋面方向的挠度 υ（或相对挠度 υ/l）不能超过其容许值 $[\upsilon]$（对压型钢板屋面 $[\upsilon]=l/200$）：

$$\frac{\upsilon}{l}=\frac{5}{384}\cdot\frac{q_{kx}l^3}{EI_x}=\frac{5}{384}\cdot\frac{3.754\times(10/\sqrt{101})12000^3}{206\times10^3\times11200\times10^4}=\frac{1}{275}<\frac{\upsilon}{l}=\frac{1}{200}$$

作为屋架上弦水平支撑横杆或刚性系杆的檩条，应验算其长细比（屋面坡向由于有压型钢板连牢，可不验算）：

$$\lambda_x=1200/14.5=83<[\lambda]=200$$

【例 3-2】 设计一支承波形石棉瓦屋面的檩条，屋面坡度 1/2.5，无雪荷载和积灰荷载，檩条跨度为 6m，水平间距为 0.79m（沿屋面坡向间距为 0.851m），跨中设置一道拉条，采用槽钢截面（图 3-22b），材料 Q235-A。

【解】

波形石棉瓦自重 $0.20kN/m^2$（坡向），预估檩条（包括拉条）自重 0.15kN/m；可变荷载：无雪荷载，但屋面均布荷载为 0.50kN/m（水平投影面）。

檩条线荷载标准值为：

$$q_k=0.2\times0.851+0.15+0.5\times0.79=0.715kN/m=0.715N/mm$$

线荷载设计值为（只考虑式 1-29 可变荷载效应控制的组合）：

$$q=1.2\times(0.2\times0.851+0.15)+1.4\times0.5\times0.79=0.937kN/m$$

$$q_x=0.937\times2.5/\sqrt{2.5^2+1^2}=0.937\times2.5/\sqrt{7.25}=0.87kN/m$$

$$q_y=0.937\times1/\sqrt{7.25}=0.348kN/m$$

弯矩设计值（图 3-25）：

$$M_x=\frac{1}{8}\times0.87\times6^2=3.915kN\cdot m$$

$$M_y=\frac{1}{8}\times0.348\times3^2=0.392kN\cdot m$$

由抗弯强度要求的截面模量近似值为：

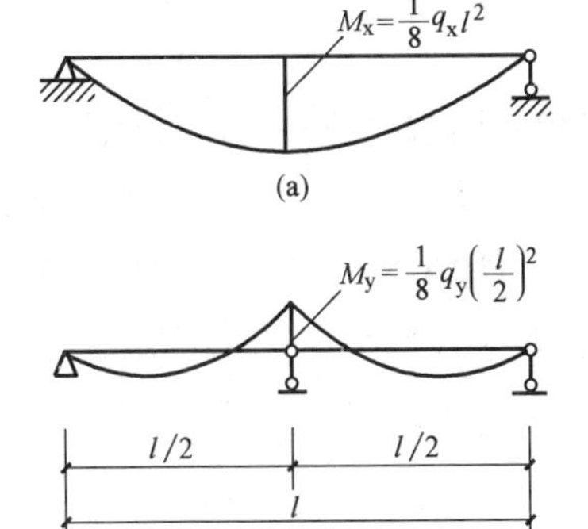

图 3-25　例 3-1 图

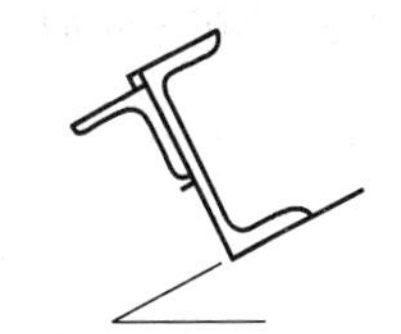

图 3-26　例 3-2 图

$$W_{nx}=\frac{M_x+\alpha M_y}{\gamma_x f}=\frac{(3.915+5\times0.392)\times10^6}{1.05\times215}=26.02\times10^3mm^3$$

选用 [10，自重 0.10kN/m（加拉条自重后与假设基本相符），截面几何特性：

$$W_x=39.7cm^3, W_{ymin}=7.8cm^3, I_x=198cm^4, i_x=3.95cm, i_y=1.41cm$$ 。

因有拉条，不必验算整体稳定，按式（3-6）验算强度：

$$\frac{M_x}{\gamma_xW_{nx}}+\frac{M_y}{\gamma_yM_{ny}}=\frac{3.915\times10^6}{1.05\times39.7\times10^3}+\frac{0.392\times10^6}{1.2\times7.8\times10^3}=136N/mm^2<f=215N/mm^2$$

验算垂直于屋面方向的挠度：

$$\frac{\upsilon}{l}=\frac{5}{384}\times\frac{q_{\mathrm{kx}}l^3}{EI_{\mathrm{x}}}=\frac{5}{384}\times\frac{0.715\times(2.5/\sqrt{7.25})\times6000^3}{206\times10^3\times198\times10^4}=\frac{1}{218}<\frac{[\upsilon]}{l}=\frac{1}{150}$$

作为屋架上弦平面支撑的横杆或刚性撑杆的檩条，应验算其长细比：

$$\lambda_{\mathrm{x}}=600/3.95=152<200$$

$$\lambda_{\mathrm{y}}=300/1.41=213>200$$

故知此种檩条在坡向的刚度不足，可焊小角钢（图 3-26）予以加强，不作支撑横杆或刚性系杆的一般檩条不必加强。有时为了施工简便也可将檩条改为［12.6（$i_{\mathrm{y}}=1.57$），则不必考虑加强问题。

3.3.4 简支屋架设计

3.3.4.1 屋架的内力分析

（1）基本假定

作用在屋架上的荷载，可按荷载规范的规定计算求得。屋架上的荷载包括恒载（屋面重量和屋架自重）、屋面均布活荷载、雪荷载、风荷载、积灰荷载及悬挂荷载等。

具有角钢和T型钢杆件的屋架，计算其杆件内力时，通常将荷载集中到节点上（屋架作用有节间荷载时，可将其分配到相邻的两个节点），并假定节点处的所有杆件轴线在同一平面内相交于一点（节点中心），而且各节点均为理想铰接。这样就可以利用电子计算机或采用图解法及解析法来求各节点荷载作用下桁架杆件的内力（轴心力）。

按上述理想体系内力求出的应力是桁架的主要应力，由于节点实际具有的刚性所引起的次应力，以及因制作偏差或构造等原因而产生的附加应力，其值较小，设计时一般不考虑。

（2）节间荷载引起的局部弯矩

有节间荷载作用的屋架，除了把节间荷载分配到相邻节点并按节点荷载求解杆件内力外，还应计算节间荷载引起的局部弯矩。局部弯矩的计算，既要考虑杆件的连续性，又要考虑节点支承的弹性位移，一般采用简化计算。例如当屋架上弦杆有节间荷载作用时，上弦杆的局部弯矩可近似地采用：端节间的正弯矩取零，其他节间的正弯矩和节点负弯矩（包括屋脊节点）取 $0.6M_0$，M_0 为将相应弦杆节间作为单跨简支梁求得的最大弯矩（图 3-27）。

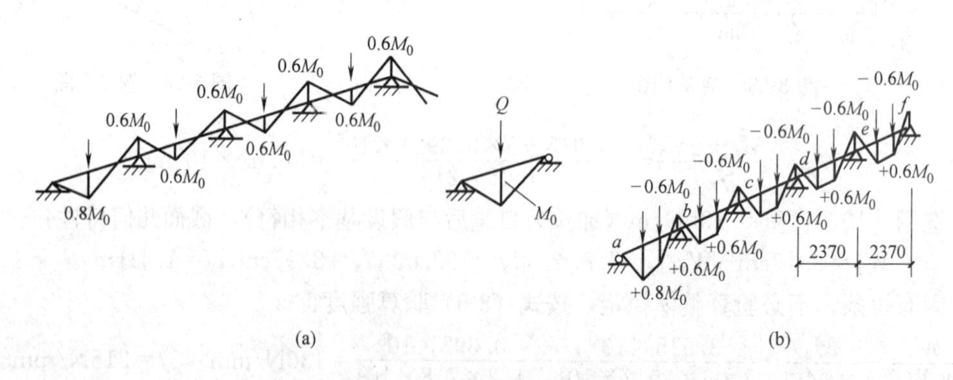

图 3-27 上弦杆的局部弯矩

（a）每节间有一个集中荷载；（b）每节间有两个集中荷载

(3) 内力计算与荷载组合

不具备电算条件时，求解屋架杆件内力一般用图解法较为方便，图解法最适宜几何形状不很规则的屋架。对于形状不复杂的（如平行弦屋架）及杆件数不多的屋架，用解析法确定内力则可能更简单些。不论用哪种方法，计算屋架杆件内力时，都应根据具体情况考虑荷载组合问题。

屋架的荷载组合规范按式（1-28)、式（1-29）进行。与柱铰接的屋架应考虑下列荷载组合：

第一是全跨荷载：所有屋架都应进行全跨满载时的内力计算。即全跨永久荷载＋全跨屋面活荷载或雪荷载（取两者的较大值)＋全跨积灰荷载＋悬挂吊车荷载。有纵向天窗时，应分别计算中间天窗处和天窗端壁处的屋架杆件内力。

第二是半跨荷载：梯形屋架、人字形屋架、平行弦屋架等的少数斜腹杆（一般为跨中每侧各两根斜腹杆）可能在半跨荷载作用下产生最大内力或引起内力变号。所以对这些屋架还应根据使用和施工过程的分布情况考虑半跨荷载的作用。有必要时，可按下列半跨荷载组合计算：全跨永久荷载＋半跨屋面活荷载（或半跨雪荷载)＋半跨积灰荷载＋悬挂吊车荷载。采用大型钢筋混凝土屋面板的屋架，尚应考虑安装时可能的半跨荷载：屋架及天窗架（包括支撑）自重＋半跨屋面板重＋半跨屋面活荷载。

另一种做法是：对梯形屋架、人字形屋架、平行弦屋架等，在进行上述可能产生内力变号的跨中斜腹杆的截面选择时，不论全跨荷载下它们是拉杆还是压杆，均按压杆考虑并控制其长细比不大于 150。按此处理后一般不必再考虑半跨荷载作用的组合。

第三是对轻质屋面材料的屋架，一般应考虑负风压的影响。即当屋面永久荷载（荷载分项系数 γ_G取为 1.0）小于负风压（荷载分项系数 γ_G取为 1.4）时，屋架的受拉杆件在永久荷载与风荷载联合作用下可能受压。求其内力时，可假定屋架两端支座的水平反力相等。一般的做法是：只要负风压的竖向分力大于永久荷载，即认为屋架的拉杆将反号变为压杆，但此压力不大，将其长细比控制不超过 250 即可，不必计算风荷载作用下的内力。

第四是轻屋面的厂房，当吊车起重量较大（$Q \geqslant 300$kN）应考虑按框架分析求得的柱顶水平力是否会使下弦内力增加或引起下弦内力变号。

3.3.4.2 杆件的计算长度和容许长细比

(1) 杆件的计算长度

确定桁架弦杆和单系腹杆的长细比时，其计算长度 l_0，应按表 3-2 的规定采用。

桁架弦杆和单系腹杆的计算长度 l_0 **表 3-2**

项　次	弯曲方向	弦　杆	腹　杆	
			支座斜杆和支座竖杆	其他腹杆
1	桁架杆件平面内	l	l	$0.8l$
2	桁架平面外	l	l	l
3	斜平面	—	l	$0.9l$

注：1. l 为构件的几何长度（节点中心间距离）；
2. 斜平面系指与桁架平面斜交的平面，适用于构件截面两主轴均不在桁架平面内的单角钢腹杆和双角钢十字形截面腹杆；
3. 无节点板的腹杆计算长度在任意平面内均取其等于几何长度。

① 桁架平面内

在理想的桁架中，压杆在桁架平面内的计算长度应等于节点中心间的距离即杆件的几何长度 l，但由于实际上桁架节点具有一定的刚性，杆件两端均系弹性嵌固。当某一压杆因失稳而屈曲，端部绕节点转动时将受到节点中其他杆件的约束（图 3-28a）。实践和理论分析证明，约束节点转动的主要因素是拉杆。汇交于节点中的拉杆数量愈多，则产生的约束作用愈大，压杆在节点处的嵌固程度也愈大，其计算长度就愈小。根据这个道理，可视节点的嵌固程度来确定各杆件的计算长度。图 3-28（a）所示的弦杆、支座斜杆和支座竖杆其本身的刚度较大，且两端相连的拉杆少，因而对节点的嵌固程度很小，可以不考虑，其计算长度不折减而取几何长度（即节点间距离）。其他受压腹杆，考虑到节点处受到拉杆的牵制作用，计算长度适当折减 $l_{0x}=0.8l_0$（图 3-28a）。

② 桁架平面外

屋架弦杆在平面外的计算长度，应取侧向支承点间的距离。

上弦：一般取上弦横向水平支撑的节间长度。在有檩屋盖中，如檩条与横向水平支撑的交叉点用节点板焊牢（图 3-28b），则此檩条可视为屋架弦杆的支承点。在无檩屋盖中，考虑大型屋面板能起一定的支撑作用，故一般取两块屋面板的宽度，但不大于 3.0m。

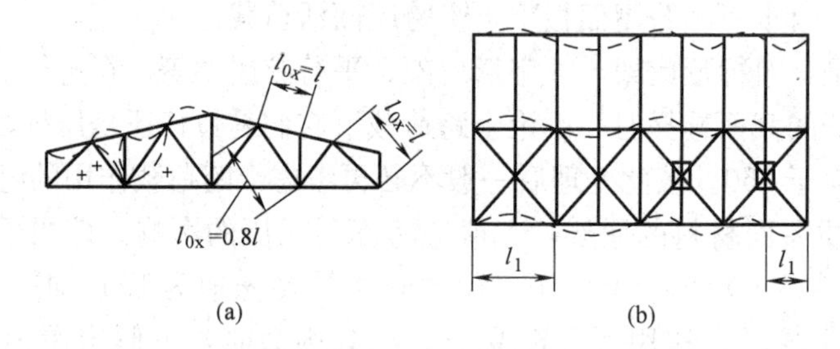

图 3-28　桁架杆件的计算长度

（a）桁架杆件平面内的计算长度；（b）桁架平面外的计算长度

下弦：视有无纵向水平支撑，取纵向水平支撑节点与系杆或系杆与系杆间的距离。

腹杆：因节点在桁架平面外的刚度很小，对杆件没有什么嵌固作用，故所有腹杆均取 $l_{0y}=l_0$。

③ 斜平面

单面连接的单角钢杆件和双角钢组成的十字形杆件，因截面主轴不在桁架平面内，有可能斜向失稳，杆件两端的节点对其两个方向均有一定的嵌固作用。因此，斜平面计算长度略作折减，取 $l_0=0.9l$，但支座斜杆和支座竖杆仍取其计算长度为几何长度（即 $l_0=l$）。

④ 其他

如桁架受压弦杆侧向支承点间的距离为两倍节间长度，且两节间弦杆内力不等时（图 3-29），该弦杆在桁架平面外的计算长度按下式计算：

$$l_0=l_1\left(0.75+0.25\frac{N_2}{N_1}\right) \tag{3-9}$$

但不小于 $0.5l_1$。

式中　N_1——较大的压力，计算时取正值；

N_2——较小的压力或拉力，计算时压力取正值，拉力取负值。

桁架再分式腹杆体系的受压主斜杆（图 3-30a）在桁架平面外的计算长度也应按式（3-9）确定（受拉主斜杆仍取 l_1）；在桁架平面内的计算长度则采用节点中心间距离。

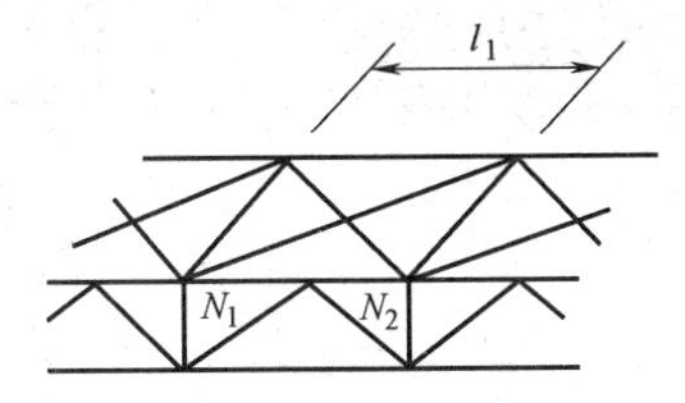

图 3-29 侧向支承点间压力有变化的弦杆平面外计算长度

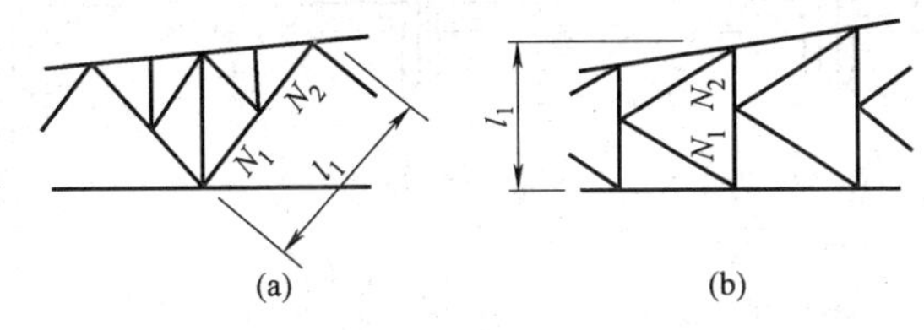

图 3-30 压力有变化的受压腹杆平面外计算长度

（a）再分式腹体系的受压主斜杆；（b）K 形腹杆体系的竖杆

确定桁架交叉腹杆的长细比时，在桁架平面内的计算长度应取节点中心到交叉点间的距离；在桁架平面外的计算长度应按表 3-3 的规定采用。

桁架交叉腹杆在桁架平面外的计算长度 **表 3-3**

项　次	杆件类别	杆件的交叉情况	桁架平面外的计算长度
1	压杆	相交的另一杆受压，两杆在交叉点均不中断	$l_0=l\sqrt{\frac{1}{2}\left(1+\frac{N_0}{N}\right)}$
2		当相交的另一杆受压、两杆中有一杆在交叉点中断并以节点板搭接	$l_0=l\sqrt{1+\frac{\pi^2}{12}\frac{N_0}{N}}$
3		相交的另一杆受拉、两杆在交叉点均不中断	$l_0=l\sqrt{\frac{1}{2}\left(1-\frac{3}{4}\frac{N_0}{N}\right)}\geqslant 0.5l$
4		相交的另一杆受拉，此拉杆在交叉点中断但以节点板搭接	$l_0=l\sqrt{1-\frac{3}{4}\frac{N_0}{N}}\geqslant 0.5l$
5	拉杆		$l_0=l$

注：1. 表中 l 为节点中心间距离（交叉点不作节点考虑）；N 为所计算杆的内力，N_0为相交另一杆的内力，均为绝对值；

2. 当交叉杆件都受压时，$N\leqslant N_0$，两杆截面应相同；

3. 当确定交叉腹杆中单角钢压杆斜平面的长细比时，计算长度应取节点中心至交叉点间距离。

（2）杆件的容许长细比

桁架杆件长细比的大小，对杆件的工作有一定的影响。若长细比太大，将使杆件在自重作用了产生过大挠度，在运输和安装过程中因刚度不足而产生弯曲，在动力作用下还会引起较大的振动。故在《钢结构设计规范》中对拉杆和压杆都规定了容许长细比，其具体规定见附录 2 。

3.3.4.3 杆件的截面形式

桁架杆件截面形式的确定，应考虑构造简单、施工方便、易于连接，使其具有一定的侧向刚度并且取材容易等要求。对轴心受压杆件，为了经济合理，宜使杆件对两个主轴有相近的稳定性，即可使两方向的长细比接近相等。

(1) 单壁式屋架杆件的截面形式

普通钢屋架以往基本上采用由两个角钢组成的 T 形截面（图 3-31a、b、c)] 或十字形截面形式的杆件，受力较小的次要杆件可采用单角钢。自 H 型钢在我国生产后，很多情况可用 H 型钢剖开而成的 T 型钢（图 3-31f、g、h）来代替双角钢组成的 T 形截面。

对节间无荷载的上弦杆，在一般的支撑布置情况下，计算长度 $l_{0y}>2l_{0x}$，为使 φ_x与

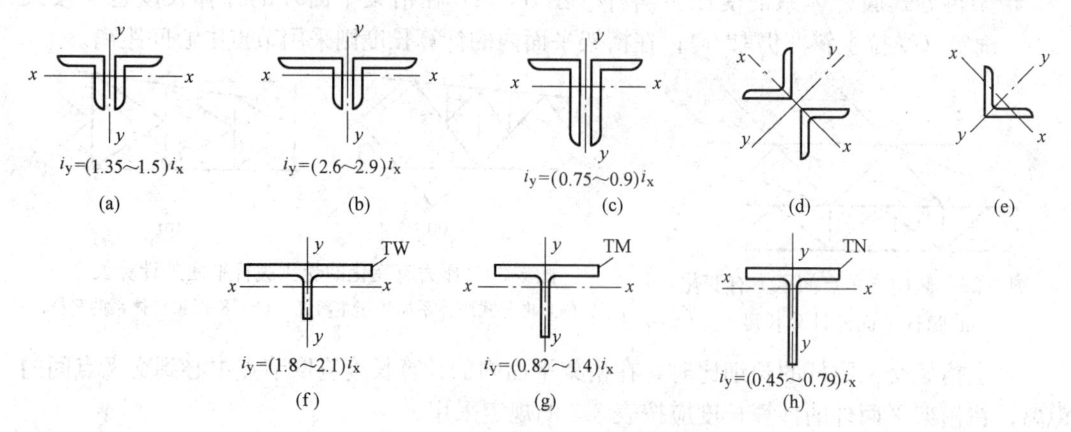

图 3-31 单壁式屋架杆件角钢截面

φ_y接近，一般应满足 $i_y>2i_x$，因此宜采用不等边角钢短肢相连的截面（图 3-31b）或 TW 形截面（图 3-31f），当 $l_{oy}=2l_{ox}$时，可采用两个等边角钢截面（图 3-31a）或 TM 形截面（图 3-31g）；对节间有荷载的上弦杆，为了加强在桁架平面内的抗弯能力，也可采用不等边角钢长肢相连的截面或 TN 形截面。

下弦杆一般情况下 $l_{oy}\gg l_{ox}$，通常采用不等边角钢短肢相连的截面或 TW 形截面以满足长细比要求。

支座斜杆 $l_{oy}=l_{ox}$时，宜采用不等边角钢长肢相连或等边角钢的截面，对连有再分式杆件的斜腹杆，因 $l_{oy}=2l_{ox}$，可采用等边角钢相并的截面。

其他腹杆因 $l_{oy}=l$，$l_{ox}=0.8l$，即 $l_{oy}=1.25l_{ox}$，故采用等边角钢相并的截面。连接垂直支撑的竖腹杆，为使连接不偏心，宜采用两个等边角钢组成的十字形截面（图 3-31d）；受力很小的腹杆（如再分杆等次要杆件），可采用单角钢截面。

用 H 型钢沿纵向切割而得的 T 型钢来代替传统的双角钢 T 形截面，用于桁架弦杆，可以省去节点板或减小节点板尺寸，零件数量少，用钢经济（约节约钢材 10%），用工量少（省工 15%～20%）。易于涂油漆且提高其抗腐蚀性能，延长其使用寿命，降低造价（约 16%～20%）。因此，有很广阔的发展前景。

（2）双壁式屋架杆件的截面形式

屋架跨度较大时，弦杆杆件较长，单榀屋架的横向刚度比较低。为保证安装时屋架的侧向刚度，对跨度大于等于 42m 的屋架宜设计成双壁式（图 3-32）。其中由双角钢组成的双壁式截面可用于弦杆和腹杆，横放的 H 型钢可用作大跨度重型双壁式屋架的弦杆和腹杆。

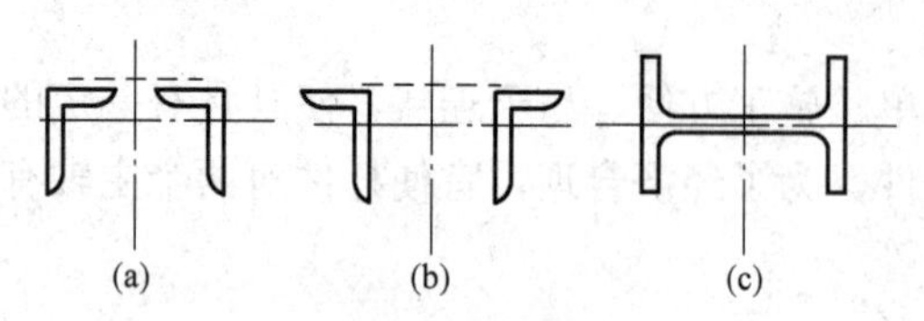

图 3-32 双壁式屋架杆件的截面

（3）双角钢杆件的填板

由双角钢组成的 T 形或十字形截面杆件是按实腹式杆件进行计算的。为了保证两个角钢共同工作，必须每隔一定距离在两个角钢间加设填板（图 3-33），使它们之间有可靠连接。填板的宽度一般取 50～80mm；长度对 T 形截面应比角钢肢伸出 10～20mm，对十字形截面则从角钢肢尖缩进 10～15mm，以便于施焊。填板的厚度与桁架节点板相同。

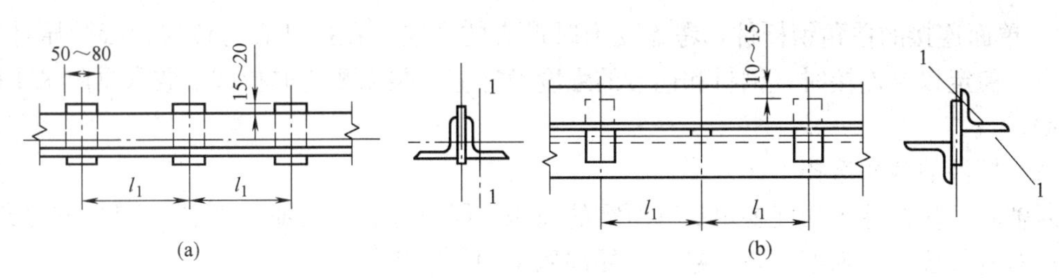

图 3-33　桁架杆件中的填板

填板的间距对压杆 $l_1 \leqslant 40i_1$，拉杆 $l_1 \leqslant 80i_1$；在 T 形截面中，i_1 为一个角钢对平行于填板自身形心轴的回转半径；在十字形截面中，填板应沿两个方向交错放置（图 3-33b），i_1 为一个角钢的最小回转半径，在压杆的桁架平面外计算长度范围内，至少应设置两块填板。

3.3.4.4　杆件的截面选择

（1）一般原则

① 应优先选用肢宽而薄的板件或肢件组成的截面以增加截面的回转半径，但受压构件应满足局部稳定的要求。一般情况下，板件或肢件的最小厚度为 5mm，对小跨度屋架可用到 4mm。

② 角钢杆件或 T 型钢的悬伸肢宽不得小于 45mm。直接与支撑或系杆相连的角钢的最小肢宽，应根据连接螺栓的直径 d 而定：d＝16mm 时，为 63mm；d＝18mm 时，为 70mm；d＝20mm 时，为 75mm。垂直支撑或系杆如连接在预先焊于桁架竖腹杆及弦杆的连接板上时，则悬伸肢宽不受此限。

③ 屋架节点板（或 T 型钢弦杆的腹板）的厚度，对单壁式屋架，可根据腹杆的最大内力（对梯形和人字形屋架）或弦杆端节间内力（对三角形屋架），按表 3-4 选用；对双壁式屋架，则可按上述内力的一半，按表 3-4 选用。

Q235 单壁式屋架节点板厚度选用表　　　　**表 3-4**

梯形、人字形屋架腹杆最大内力或三角形屋架弦杆端节间内力(kN)	≤170	171～290	291～510	511～680	681～910	911～1290	1291～1770	1771～3090
中间节点板厚度(mm)	6～8	8	10	12	14	16	18	20
支座节点板厚度(mm)	10	10	12	14	16	18	20	22

注：1. 节点板钢材为 Q345 钢或 Q390 钢和 Q420 钢时，节点板厚度可按表中数值适当减小；
2. 本表适用于腹杆端部用侧焊缝连接的情况；
3. 无竖腹杆相连且自由边无加劲肋加强的节点板，应将受压腹杆内力乘以 1.25 后再查表。

④ 跨度较大的桁架（例如跨度大于等于 24m）与柱铰接时，弦杆宜根据内力变化而改变截面，但半跨内一般只改变一次。变截面位置宜在节点处或其附近。改变截面的做法通常是变肢宽而保持厚度不变，以便处理弦杆的拼接构造。

⑤ 同一屋架的型钢规格不宜太多，以便订货。如选出的型钢规格过多，应尽量避免选用相同边长或肢宽而厚度相差很小的型钢，以免施工时产生混料错误。

⑥ 当连接支撑等的螺栓孔在节点板范围内且距节点板边缘距离大于等于 100mm 时，计算杆件强度可不考虑截面的削弱（图 3-34）。

⑦ 单面连接的单角钢杆件，考虑受力时偏心的影响，在按轴心受拉或轴心受压计算其强度、稳定以及连接时，钢材和连接的强度设计值应乘以相应的折减系数（见附录1附表1-4）。

（2）杆件的截面选择

对轴心受拉杆件由强度要求计算所需的面积，同时应满足长细比要求。对轴心受压杆件和压弯构件要计算强度、整体稳定、局部稳定和长细比。

3.3.4.5 钢桁架的节点设计

（1）节点设计的一般要求

① 在原则上，桁架应以杆件的形心线为轴线并在节点处相交于一点，以避免杆件偏心受力。为了制作方便，通过取角钢背或T型钢背至轴线的距离为5mm的倍数。

② 当弦杆截面沿长度有改变时，为便于拼接和放置屋面材料，一般将拼接处两侧弦杆表面对齐，这时形心线必然错开，此时宜采用受力较大的杆件形心线为轴（图3-35）。当两侧形心线偏移的距离e不超过较大弦杆截面高度的5%时，可不考虑此偏心影响。

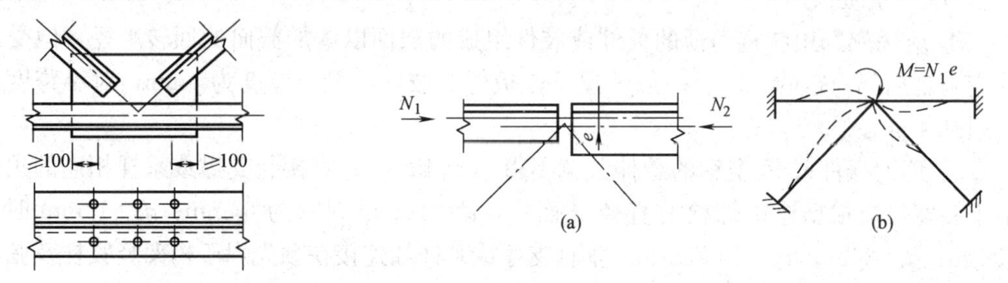

图3-34 节点板范围内的螺栓孔　　图3-35 弦杆轴线的偏心

当偏心距离e超过上述值，或者由于其他原因使节点处有较大偏心弯矩时，应根据交汇处各杆的线刚度，将此弯矩分配于各杆（图3-35b）。所计算杆件承担的弯矩为：

$$M_i = M \cdot \frac{K_i}{\sum K_i} \tag{3-10}$$

式中 M——节点偏心弯矩，对图3-35的情况，$M=N_i \cdot e$；

K_i——所计算杆件线刚度；

$\sum K_i$——汇交于节点的各杆件线刚度之和。

③ 在屋架节点处，腹杆与弦杆或腹杆与腹杆之间焊缝的净距，不宜小于10mm，或者杆件之间的空隙不小于15～20mm（图3-37），以便制作，且避免焊缝过分密集，致使钢材局部变脆。

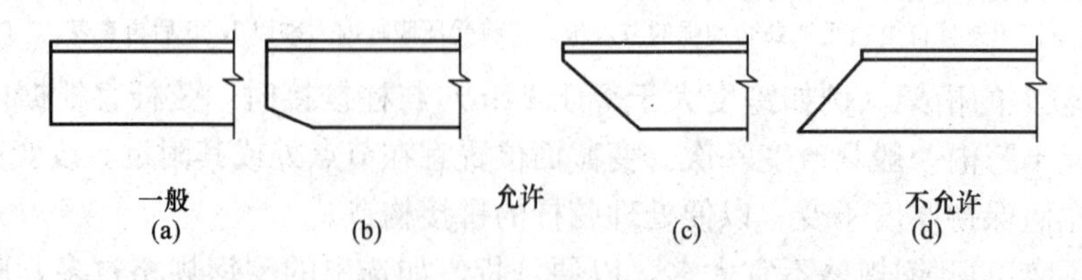

图3-36 角钢端部的切割

④ 角钢端部的切割一般垂直于其轴线（图3-36a）。有时为减小节点板尺寸，允许切去一肢的部分（图3-36b、c），但不允许将一个肢完全切去而另一肢伸出的斜切（图3-36d）。

⑤ 节点板的外形应尽可能简单而规则，宜至少有两边平行，一般采用矩形、平行四边形和直角梯形等。节点板边缘与杆件轴线的夹角不应小于15°（图 3-37a）。单斜杆与弦杆的连接应使之不出现连接的偏心弯矩（图 3-37a）。节点板的平面尺寸，一般应根据杆件截面尺寸和腹杆端部焊缝长度画出大样图来确定，但考虑施工误差，宜将此平面尺寸适当放大。

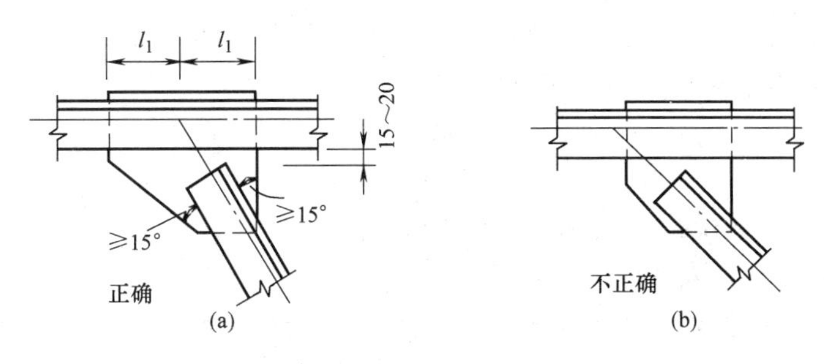

图 3-37　单斜杆与弦杆的连接

⑥ 支承大型钢筋混凝土屋面板的上弦杆，当支承处的总集中荷载（设计值）超过表 3-5 的数值时，弦杆的伸出肢容易弯曲，应对其采用图 3-38 的做法之一予以加强。

弦杆不加强的最大节点荷载　　　　表 3-5

角钢厚度(mm)、当钢材为						
	Q235	8	10	12	14	16
	Q345、390	7	8	10	12	14
支承处总集中荷载设计值(kN)		25	40	55	75	100

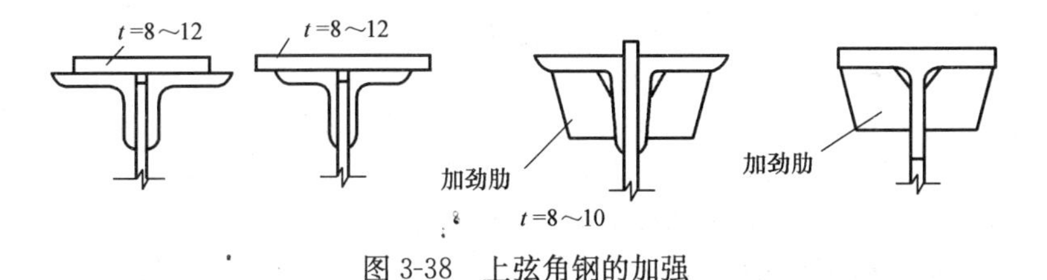

图 3-38　上弦角钢的加强

（2）角钢桁架的节点设计

角钢桁架是指弦杆和腹杆均用角钢做成的桁架。

① 一般节点

一般节点是指无集中荷载和无弦杆拼接的节点。例如无悬吊荷载的屋架下弦的中间节点（图 3-39）。

节点板应伸出弦杆 10～15mm 以便焊接。腹杆与节点板的连接焊缝按承受轴心力计算。弦杆与节点板的连接焊缝，应考虑承受弦杆相邻节间内力之差 $\Delta N=N_2-N_1$，按下列公式计算其焊脚尺寸：

肢背焊缝　$$h_{f1}\geqslant\frac{\alpha_1\Delta N}{2\times0.7l_w f_f^w}\qquad(3\text{-}11)$$

肢尖焊缝　$$h_{f2}\geqslant\frac{\alpha_2\Delta N}{2\times0.7l_w f_f^w}\qquad(3\text{-}12)$$

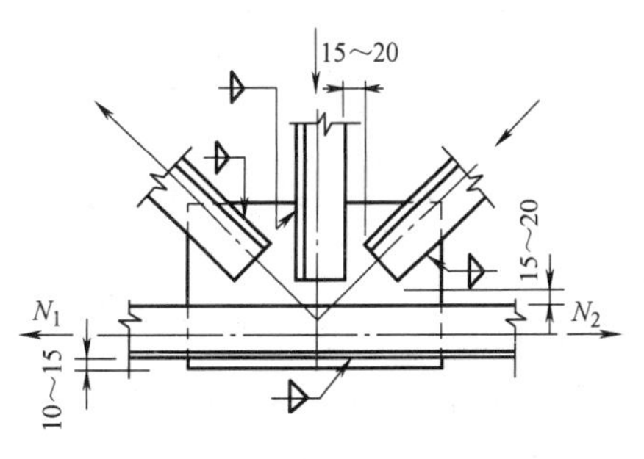

图 3-39　屋架下弦的中间节点

式中　α_1、α_2——内力分配系数，可取 $\alpha_1=2/3$，$\alpha_2=1/3$；

f_f^w——角焊缝强度设计值。

通常因 ΔN 很小，实际所需的焊脚尺寸可由构造要求确定，并沿节点板全长满焊。

② 角钢桁架有集中荷载的节点

为便于大型屋面板或檩条连接角钢的放置，常将节点板缩进上弦角钢背（图 3-40），缩进距离不宜小于（$0.5t+2$）mm，也不宜大于 t，t 为节点板厚度。角钢背凹槽的塞焊缝可假定只承受屋面集中荷载，按下式计算其强度：

$$\sigma_f=\frac{Q}{2\times0.7h_{f1}l_w}\leqslant\beta_f f_f^w \tag{3-13}$$

式中　Q——节点集中荷载垂直于屋面的分量；

h_{f1}——焊脚尺寸，取 $h_{f1}=0.5t$；

β_f——正面角焊缝强度增大系数。对承受动力荷载和间接承受动力荷载的屋架 $\beta_f=1.22$；对直接承受动力荷载的屋架 $\beta_f=1.0$。

实际上因 Q 不大，可按构造满焊。

弦杆相邻节间的内力差 $\Delta N=N_2-N_1$，则由弦杆角钢肢尖与节点板的连接焊缝承受，计算时应计入偏心弯矩 $M=\Delta N\times e$（e 为角钢肢尖至弦杆轴线距离），按下列公式计算：

对 ΔN：

$$\tau_f=\frac{\Delta N}{2\times0.7h_{f2}l_w} \tag{3-14}$$

对 M：

$$\sigma_f=\frac{6M}{2\times0.7h_{f2}l_w^2} \tag{3-15}$$

验算式为：

$$\sqrt{\left(\frac{\sigma_f}{\beta_f}\right)^2+\tau_f^2}\leqslant f_f^w \tag{3-16}$$

式中　h_{f2}——肢尖焊缝的焊脚尺寸。

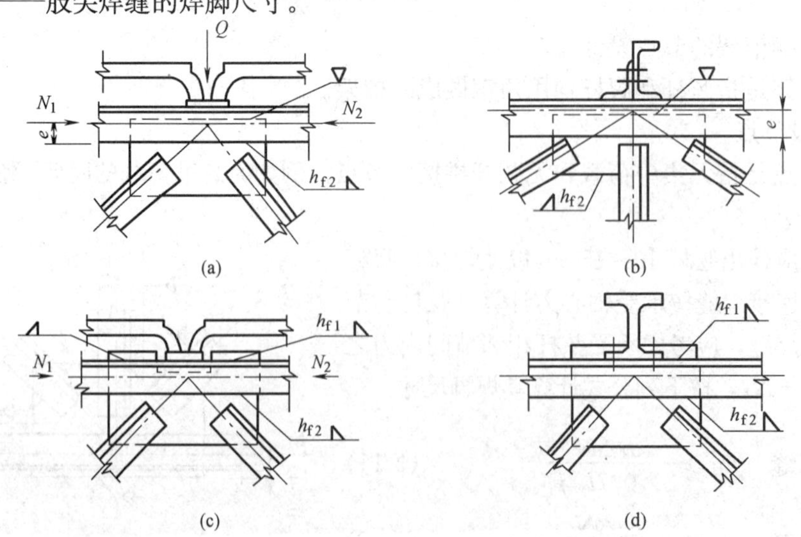

图 3-40　屋架上弦节点

当节点板向上伸出不妨碍屋面构件的放置，或因相邻弦杆节间内力差ΔN较大，肢尖焊缝不满足式（3-16）时，可将节点板部分向上伸出（图 3-40c）或全部向上伸出（图 3-40d）。此时弦杆与节点板的连接焊缝应按下列公式计算：

肢背焊缝

$$\frac{\sqrt{(\alpha_1 \Delta N)^2+(0.5Q)^2}}{2\times 0.7h_{f1}l_{w1}}\leqslant f_f^w \tag{3-17}$$

肢尖焊缝

$$\frac{\sqrt{(\alpha_2 \Delta N)^2+(0.5Q)^2}}{2\times 0.7h_{f2}l_{w2}}\leqslant f_f^w \tag{3-18}$$

式中 h_{f1}、l_{w1}——伸出肢背的焊缝焊脚尺寸和计算长度；

h_{f2}、l_{w2}——肢尖焊缝的焊脚尺寸和计算长度。

③ 角钢桁架弦杆的拼接及拼接节点

弦杆的拼接分为工厂拼接和工地拼接两种。工厂拼接用于型钢长度不够或弦杆截面有改变时在制造厂进行的拼接。这种拼接的位置通常在节点范围以外。工地拼接用于屋架分为几个运送单元时在工地进行的拼接。这种拼接的位置一般在节点处，为减轻节点板负担，通常不利用节点板作为拼接材料，而以拼接角钢传递弦杆内力。拼接角钢宜采用与弦杆相同的截面，使弦杆在拼接处保持原有的强度和刚度。

为了使拼接角钢与弦杆紧密相贴，应将拼接角钢的棱角铲去，为便于施焊，还应将拼接角钢的竖肢切去$\Delta=(t+h_f+5)$mm（图 3-41b），式中t为角钢厚度，h_f为拼接焊缝的焊脚尺寸。连接角钢截面的削弱，可以由节点板（拼接位置在节点处）或角钢之间的填板（拼接位置在节点范围外）来补偿。

屋脊节点处的拼接角钢，一般采用热弯成形。当屋面坡度较大且拼接角钢肢较宽时，可将角钢竖肢切口再弯折后焊成（图 3-41c）。工地焊接时，为便于现场安装，拼接节点要设置安装螺栓。此外，为避免双插，应使拼接角钢和节点板不连在同一运输单元上，有时也可把拼接角钢作为单独的运输零件。拼接角钢或拼接钢板的长度，应根据所需焊缝长度决定。接头一侧的连接焊缝总长度应为：

$$\sum l_w \geqslant \frac{N}{0.7h_f f_f^w} \tag{3-19}$$

式中 N——杆件的轴心力，取节点两侧弦杆内力的较小值。

双角钢的拼接中，上式得出的焊缝计算长度$\sum l_w$按四条焊缝平均分配。

弦杆与节点板的连接焊缝，应按式（3-11）和式（3-12）计算，公式中的ΔN取为相邻节间弦杆内力之差或弦杆最大内力的15%，两者取较大值。当节点处有集中荷载时，则应采用上述ΔN值和集中荷载Q值按式（3-17）和式（3-18）验算。

④ 角钢桁架的支座节点

屋架与柱子的连接可以做成铰接或刚接。支承于钢筋混凝土柱或砌体柱的屋架一般都是按铰接设计，而屋架与钢柱的连接则通常做成刚接。图 3-42 为三角形屋架的支座节点，图 3-43 为铰接人字形或梯形屋架的支座节点示例。

支于混凝土柱的支座节点由节点板、底板、加劲肋和锚栓组成。支座节点的中心应在加劲肋上，加劲肋起分布支承处支座反力的作用，它还是保证支座节点板平面外刚度的必

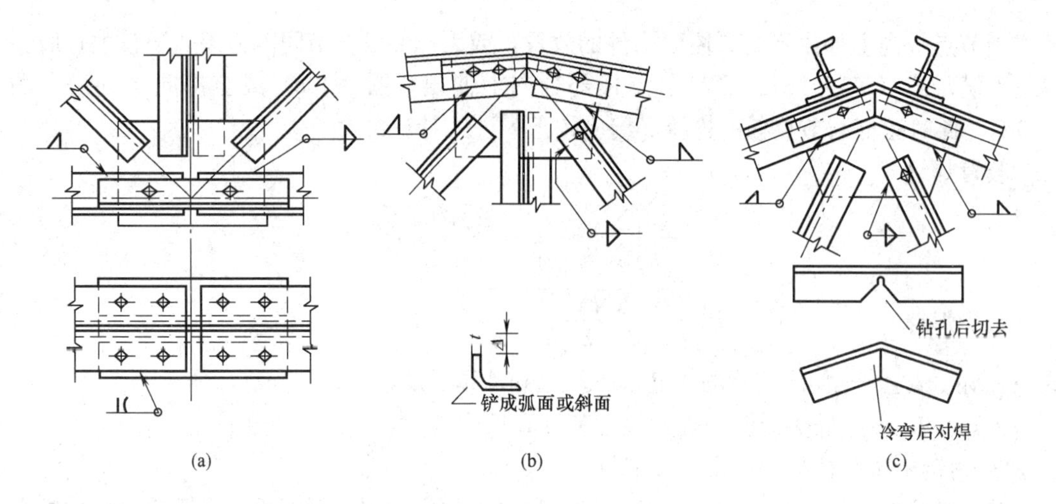

图 3-41　拼接节点

(a) 下弦工地拼接节点；(b)、(c) 上弦工地拼接节点

要零件。为便于施焊，屋架下弦角钢背与支座底板的距离 e（图 3-42、图 3-43）不宜小于下弦角钢伸出肢的宽度，也不宜小于 130mm。屋架支座底板与柱顶用锚栓相连，锚栓预埋于柱顶，直径通常为 20～24mm。为便于安装时调整位置，底板上的锚栓孔径宜为锚栓直径的 2～2.5 倍，或采用椭圆孔，屋架就位后再加小垫板套住锚栓并用工地焊缝与底板焊牢，小垫板上的孔径只比锚栓直径大 1～2mm。

支座节点的传力路线是：桁架各杆件的内力通过杆端焊缝传给节点板，然后经节点板与加劲肋之间的垂直焊缝，把一部力传给加劲肋，再通过节点板、加劲肋与底板的水平焊缝把全部支座压力传给底板，最后传给支座。因此，支座节点的计算可按以下步骤进行：

a. 支座底板的计算

底板毛面积应为：

$$A=ab\geqslant\frac{R}{f_{\mathrm{c}}}+A_0 \tag{3-20}$$

式中　R——支座反力；

f_{c}——支座混凝土局部承压强度设计值；

A_0——锚栓孔的面积。

按计算需要的底板面积一般较小，主要根据构造要求（锚栓孔直径、位置以及支承的稳定性等）确定底板的平面尺寸。

底板的厚度应按底板下柱顶反力（假定为均匀分布）作用产生的弯矩决定。例如，图 3-42 的底板经节点板及加劲肋分隔后成为两相邻边支承的四块板，其单位宽度的弯矩按下式计算：

$$M=\beta q a_1^2 \tag{3-21}$$

式中　q——底板下反力的平均值，$q=\dfrac{R}{A-A_0}$；

β——系数，由 b_1/a_1 值按表 2-6 查得；

a_1、b_1——对角线长度及其中点至另一对角点的距离（图 3-42）。

底板的厚度应为：

$$t \geqslant \sqrt{\frac{6M}{f}} \tag{3-22}$$

为使柱顶反力比较均匀，底板不宜太薄，一般其厚度不宜小于16～20mm。

b. 加劲肋的计算

加劲肋的高度由节点板的尺寸决定，其厚度取等于或略小于节点板的厚度。加劲肋可视为支承于节点板上的悬臂梁，一个加劲肋通常假定传递支座反力的1/4（图3-42），它与节点板的连接焊缝承受剪力$V=R/4$和$M=V \cdot b/4$，并应按下式验算：

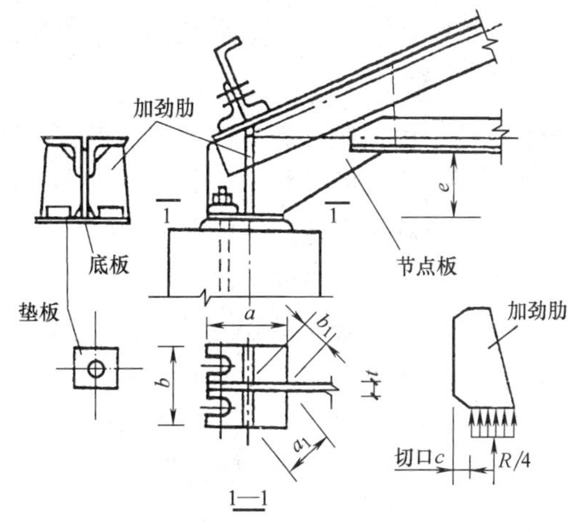

图3-42　三角形屋架的支座节点

$$\sqrt{\left(\frac{V}{2\times0.7h_{\mathrm{f}}l_{\mathrm{w}}}\right)^2+\left(\frac{6M}{2\times0.7h_{\mathrm{f}}l_{\mathrm{w}}^2\beta_{\mathrm{f}}}\right)^2} \leqslant f_{\mathrm{f}}^{\mathrm{w}} \tag{3-23}$$

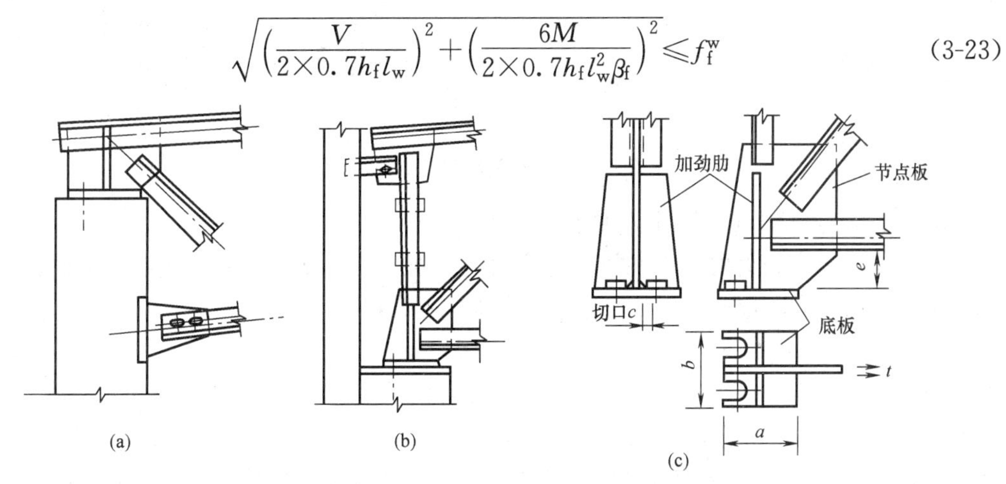

图3-43　人字形或梯形屋架支座节点

（a）上承式（下弦角钢端部为圆孔，但节点板上为长圆孔）；（b）、（c）下承式

c. 支座底板焊缝计算

底板与节点板、加劲肋的连接焊缝按承受全部支座反力R算。验算式为：

$$\sigma_{\mathrm{f}}=\frac{R}{0.7h_{\mathrm{f}}\sum l_{\mathrm{w}}} \leqslant \beta_{\mathrm{f}} f_{\mathrm{f}}^{\mathrm{w}} \tag{3-24}$$

其中焊缝计算长度之和$\sum l_{\mathrm{w}}=2a+2(b-t-2c)-12h_{\mathrm{f}}$，$t$和$c$分别为节点板厚度和加劲肋切口宽度（图3-42、图3-43）。

(3) T型钢作弦杆的屋架节点

采用T型钢作屋架弦杆，当腹杆也用T型钢或单角钢时，腹杆与弦杆的连接不需要节点板，直接焊接可省工省料，当腹板采用双角钢时，有时需设节点板（图3-44），节点板与弦杆的连接采用对接焊缝，此焊缝承受弦杆相邻节间的内力差$\Delta N=N_2-N_1$以及内力差产生的偏心弯矩$M=\Delta N \cdot e$，可按下式进行计算：

$$\tau=\frac{1.5\Delta N}{l_{\mathrm{w}}t} \leqslant f_{\mathrm{v}}^{\mathrm{w}} \tag{3-25}$$

$$\sigma=\frac{\Delta Ne}{\frac{1}{6}tl_{\mathrm{w}}^{2}}\leqslant f_{\mathrm{f}}^{\mathrm{w}}\text{或 }f_{\mathrm{c}}^{\mathrm{w}} \tag{3-26}$$

式中 l_{w}——由斜腹杆焊缝确定的节点板长度，若无引弧板施焊时要除去弧坑；

t——节点板厚度，通常取与 T 型钢等厚或相差不超过 1mm；

$f_{\mathrm{v}}^{\mathrm{w}}$——对接焊缝抗剪强度设计值；

$f_{\mathrm{f}}^{\mathrm{w}}$、$f_{\mathrm{c}}^{\mathrm{w}}$——对接焊缝抗拉，抗压强度设计值。

角钢腹板与节点板的焊缝计算同角钢桁架，由于节点板与 T 型钢腹板等厚（或相差 1mm)，所以腹杆可伸入 T 型钢腹板（图 3-44)，这样可减小节点板尺寸。

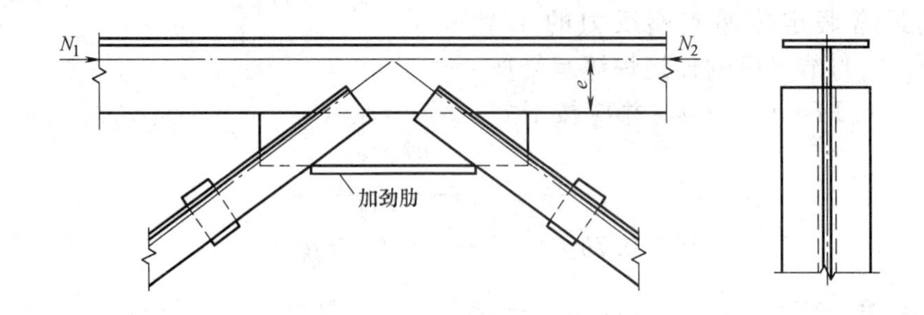

图 3-44　T 型钢作弦杆的屋架节点

3.3.4.6　连接节点板处板件的计算

(1) 连接节点板处的板件在拉、剪作用下的强度，必要时（例如节点板厚度不满足表 3-4 的要求时）可采用撕裂法按下列公式计算（图 3-45)：

$$N/\sum(\eta_i A_i)\leqslant f \tag{3-27}$$

$$\eta_i=1/\sqrt{1+2\cos^2\alpha_i} \tag{3-28}$$

式中 N——作用于板件的拉力；

$A_i=t\cdot l_i$——第 i 段破坏面的截面积，当为螺栓（或铆钉）连接时取净截面面积；

t——板件的厚度；

l_i——第 i 段破坏段的长度，应取板件中最危险的破坏线的长度（图 3-45)；

η_i——第 i 段的拉剪折算系数；

α_i——第 i 段破坏线与拉力轴线的夹角。

(2) 角钢桁架节点板的强度除按式（3-27）验算外也可以用有效宽度法按下式计算：

$$\sigma=N/(b_{\mathrm{e}}t)\leqslant f \tag{3-29}$$

式中 b_{e}——板件的有效宽度（图 3-46)，当用螺栓（或铆钉）连接时，应取净宽度（图 3-46b)，图中 θ 为应力扩散角，可取为 30°。

(3) 为了保证桁架节点板在斜腹杆压力作用下的稳定性，受压腹杆连接肢端面中点沿腹杆轴线方向至弦杆边缘的净距离 c（图 3-45a)，应满足下列条件：

①对有竖腹杆且自由边有加劲肋（图 3-44）的节点板，$c/t\leqslant15\sqrt{235/f_{\mathrm{y}}}$；

②对无竖腹杆且自由边无加劲肋的节点板，$c/t\leqslant10\sqrt{235/f_{\mathrm{y}}}$；且 $N\leqslant0.8b_{\mathrm{e}}tf$。

(4) 在采用上述方法计算节点板的强度和稳定时，尚应满足下列要求：

① 节点板边缘与腹杆轴线之间的夹角应不小于 15°；

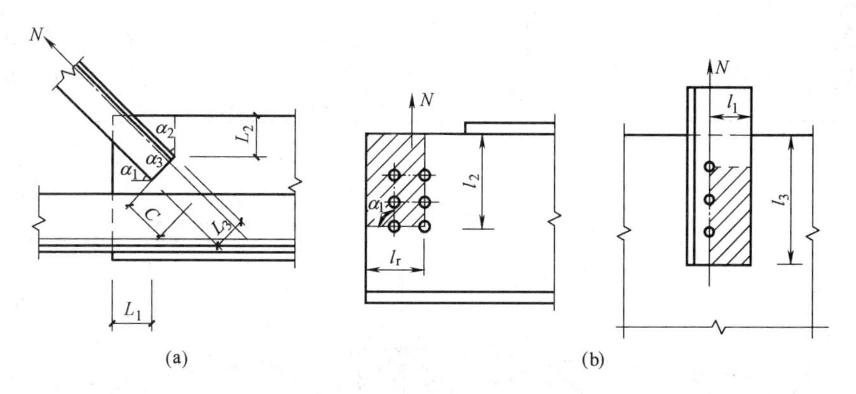

图 3-45　板件的拉、剪撕裂

(a) 焊缝连接；(b) 螺栓（铆钉）连接

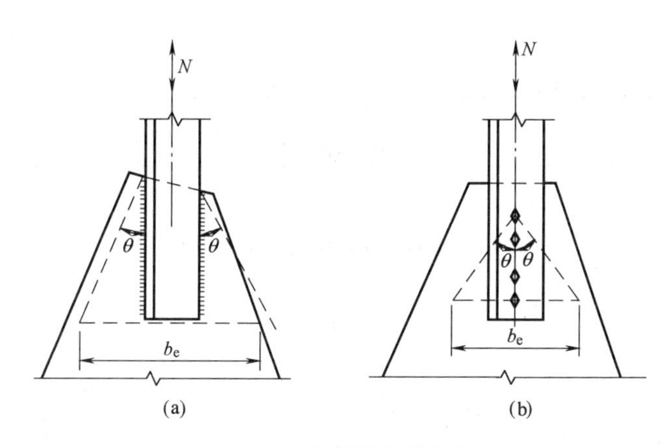

图 3-46　板件的有效宽度

② 斜腹杆与弦杆的夹角应在 30°～60°之间；

③ 节点板的自由边长度 l_f 与厚度 t 之比不得大于 $60\sqrt{235/f_y}$，否则应根据构造要求沿自由边设加劲肋予以加强（图 3-44）。

【例 3-3】 简支人字形屋架设计。

1. 设计资料

人字形屋架跨度 30m，屋架间距 12m，铰支于钢筋混凝土柱上，厂房长度 96m。屋面材料为长尺压型钢板，屋面坡度 1/10，轧制 H 型钢檩条（见例 3-2）的水平间距为 5m，基本风压为 0.5kN/m²，屋面离地面高度约为 20m，雪荷载为 0.20kN/m²。钢材采用 Q235B，焊条采用 E43 型。对支承轻型屋面的屋架，自重可按 $0.01L$ 估算，L 为屋架的跨度。

2. 屋架尺寸，主撑布置

屋架计算跨度 $L_0=L-300=29700$mm，端部及中部高度均取作 2000mm。屋架杆件几何长度见图 3-47，支撑布置见图 3-48。

3. 荷载、内力计算及内力组合

(1) 永久荷载（水平投影面）：

压型钢板　　　$0.15\times\frac{\sqrt{101}}{10}=0.151\text{kN/m}^2$

檩条	0.10kN/m²
屋架及支撑自重	0.01L=0.30kN/m²
合计	0.551kN/m²

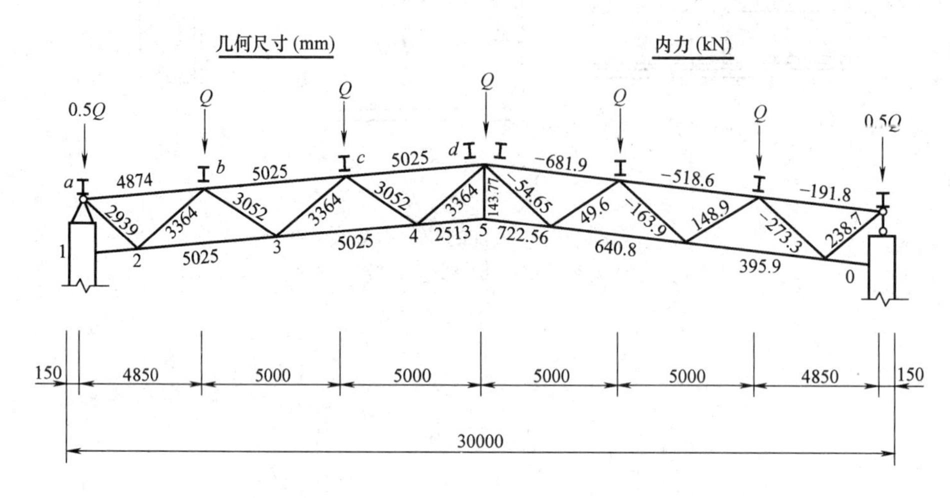

图 3-47　屋架杆件几何长度及内力设计值

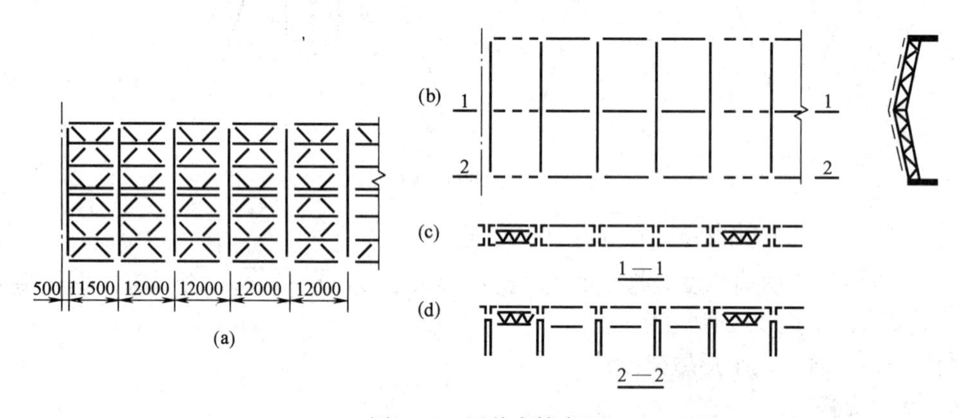

图 3-48　屋盖支撑布置

(a) 上弦平面支撑；(b) 下弦平面支撑；(c) 屋架跨中垂直支撑；(d) 屋架端部垂直支撑

(2) 因屋架受荷水平投影面积超过 60m²，故屋面均布活荷载取为（水平投影面）0.30kN/m²，大于雪荷载，故不考虑雪荷载。

(3) 风荷载：风荷载高度变化系数为 1.25，屋面迎风面的体形系数为－0.6，背风面为－0.5，所以负风压的设计值（垂直于屋面）为：

迎风面：$w_1=-1.4\times0.6\times1.25\times0.50=-0.525\text{kN/m}^2$

背风面：$w_2=-1.4\times0.5\times1.25\times0.50=-0.4375\text{kN/m}^2$

w_1 和 w_2 垂直于水平面的分力未超过荷载分项系数取 1.0 时的永久荷载，故拉杆的长细比依然控制在 350 以内。

(4) 上弦节点集中荷载的设计值由式（1-28）可变荷载效应控制的组合计算：

$$Q=(1.2\times0.551+1.4\times0.30)\times5\times12=64.87\text{kN}$$

（5）内力计算：

跨度中央每侧各两根腹杆按压杆控制长细比，不考虑半跨荷载作用情况，只计算全跨满载时的杆件内力。因杆件较少，以数解法（截面法、节点法）求出各杆件内力，见图 3-47。

4. 杆件截面选择

腹杆最大内力 $N=-273.3\text{kN}$，因本屋架最大内力所在节点无竖腹杆又无加劲肋加强，应将最大压力乘以 1.25（等于-342kN），查表 3-4，选用中间节点板厚度 $t=10\text{mm}$。

（1）上弦

整个上弦不改变截面，按最大内力计算。$N_{max}=-682\text{kN}$，$l_{0x}=l_{0y}=502.5\text{cm}$。选用 TM195×300×10×16，$A=136.7/2=68.35\text{cm}^2$，$i_x=5.03\text{cm}$，$i_y=7.26\text{cm}$，$z_0=3.4\text{cm}$。

$$\lambda_x=\frac{l_{0x}}{i_x}=\frac{502.5}{5.03}=99.9<[\lambda]=150$$

$$\lambda_y=\frac{l_{0y}}{i_y}=\frac{502.5}{7.26}=69.2<[\lambda]=150$$

对于单轴对称截面，其绕对称轴的失稳为弯扭屈曲，应采用换算长细比 λ_{yz}：

$$\lambda_{yz}=\frac{1}{\sqrt{2}}\left[(\lambda_y^2+\lambda_z^2)+\sqrt{(\lambda_y^2+\lambda_z^2)^2-4(1-e_0^2/i_0^2)\lambda_y^2\lambda_z^2}\right]^{\frac{1}{2}}$$

其中：

$$e_0^2=\left(z_0-\frac{t_2}{2}\right)^2=(3.4-0.8)^2=6.76\text{cm}^2$$

$$i_0^2=e_0^2+i_x^2+i_y^2=6.76+5.03^2+7.26^2=84.77\text{cm}^2$$

$$I_t=\frac{k}{3}\sum_{i=1}^{2}b_it_i^3=\frac{1.15}{3}\times[(19.5-1.6)\times1.0^3+30\times1.6^3]=54.16\text{cm}^4\text{；}I_w=0$$

$$\lambda_z^2=i_0^2A/(I_t/25.7+I_w/l_w^2)=84.77\times68.37/(54.16/25.7)=2750.2$$

$$\lambda_{yz}=\frac{1}{\sqrt{2}}\left[(69.2^2+2750.2)+\sqrt{(69.2^2+2750.2)^2-4\times(1-6.76/84.77)\times69.2^2\times2750.2}\right]^{\frac{1}{2}}$$

$$=72.23<\lambda_x=99.9$$

由 λ_x 查得 $\varphi_x=0.555$（b 类）

$$\sigma=\frac{N}{\varphi_xA}=\frac{682\times10^3}{0.555\times68.35\times10^2}=180\text{N/mm}^2<f=215\text{N/mm}^2$$

（2）下弦

下弦也不改变截面，按最大内力计算，$N_{max}=722.56\text{kN}$，$l_{0x}=502.5\text{cm}$，$l_{0y}=1500\text{cm}$。

$$A\geqslant\frac{N}{f}=\frac{722.56\times10^3}{215}=3361\text{mm}^2$$

$$i_x\geqslant\frac{l_{0x}}{[\lambda]}=\frac{502.5}{250}=2.01\text{cm}$$

$$i_y\geqslant\frac{l_{0y}}{[\lambda]}=\frac{1500}{250}=6\text{cm}$$

选用 TW125×250×9×14，$A=46.09\text{cm}^2$，$i_x=2.99\text{cm}$，$i_y=6.29\text{cm}$，$z_0=2.08\text{cm}$。

$$\sigma=\frac{N}{A}=\frac{722.56\times10^3}{46.09\times10^2}=157\text{N/mm}^2<f=215\text{N/mm}^2$$

$$\lambda_x=502.5/2.99=168.1<[\lambda]=350$$

$$\lambda_y=1500/6.29=238.5<[\lambda]=350$$

(3) 斜腹杆

① 杆件 a-2：$N=+238.7\text{kN}$，$l_{0x}=l_{0y}=293.9\text{cm}$。

选用 2∟75×50×5（长肢相并），$A=12.25\text{cm}^2$，$i_x=2.39\text{cm}$，$i_y=2.20\text{cm}$。

$$\lambda_x<\lambda_y=\frac{l_{0x}}{i_x}=\frac{293.9}{2.20}=134<[\lambda]=350$$

$$\sigma=\frac{N}{A}=\frac{238.7\times10^3}{12.25\times10^2}=195\text{N/mm}^2<f=215\text{N/mm}^2$$

填板放两块，$l_a=98.0\text{cm}<80i=80\times1.43=114.4\text{cm}$。

② 杆件 b-2：

$N=-273.3\text{kN}$，$l_{0x}=0.8l=0.8\times336.4=269.1\text{cm}$，$l_{0y}=l=336.4\text{cm}$

选用 2∟90×7，$A=24.6\text{cm}^2$，$i_x=2.78\text{cm}$，$i_y=4.07\text{cm}$。

$$\lambda_x=\frac{l_{0x}}{i_x}=\frac{269.1}{2.78}=96.8<[\lambda]=150$$

$$\lambda_y=\frac{l_{0y}}{i_y}=\frac{336.4}{4.07}=82.7<[\lambda]=150$$

因为

$$\frac{b}{t}=\frac{9}{0.7}=12.86<0.58\frac{l_{0y}}{b}=\frac{0.58\times336.4}{9}=21.7$$

所以

$$\lambda_{yz}=\lambda_y\cdot\left(1+\frac{0.475b^4}{l_{0y}^2t^2}\right)=82.7\times\left(1+\frac{0.475\times9^4}{336.4^2\times0.7^2}\right)=87.3<[\lambda]=150$$

由 $\lambda_x>\lambda_{yz}$，由 λ_x查 $\varphi_x=0.578$（b 类） 由 λ_x查附录 5 得 $\varphi_x=0.578$（b 类）

$$\sigma=\frac{N}{\varphi_xA}=\frac{273.3\times10^3}{0.578\times24.6\times10^2}=192.2\text{N/mm}^2<f=215\text{N/mm}^2$$

填板放两块，$l_a=112.1\text{cm}\approx40i=40\times2.78=111.2\text{cm}$

③ 杆件 b-3：$N=+149.0\text{kN}$，$l_{0x}=0.8l=0.8\times305.2=244.2\text{cm}$，$l_{0y}=l=305.2\text{cm}$。

选用 2∟50×5，$A=9.6\text{cm}^2$，$i_x=1.53\text{cm}$，$i_y=2.45\text{cm}$。

$$\lambda_x=\frac{l_{0x}}{i_x}=\frac{244.2}{1.53}=160<[\lambda]=250$$

$$\lambda_y=\frac{l_{0y}}{i_y}=\frac{305.2}{2.45}=124.6<[\lambda]=250$$

$$\sigma=\frac{N}{A}=\frac{149.0\times10^3}{9.6\times10^2}=155.2\text{N/mm}^2<f=215\text{N/mm}^2$$

填板放两块，$l_a=101.7\text{cm}<80i=80\times1.53=122.4\text{cm}$。

其余杆件截面见表 3-6，需要注意的是连接垂直支撑的中央竖杆采用十字形截面，其斜平面计算长度 $l_0=0.9l$。

5. 节点设计

由于上弦杆腹板厚度 10mm，下弦杆腹板厚度 9mm，故支座节点和中间节点的节点板厚度均取用 10mm。

屋架杆件截面选用表 表 3-6

杆件名称	杆件号	内力设计值 N (kN)	计算长度(m)		选用截面	截面积 A(cm²)	杆件受力类型	长细比		φ_{min}	计算应力 (N/mm²)	容许长细比[λ]	杆件端部的角钢肢背和肢尖焊缝(mm)	填板数(每节间)
			l_{0x}	l_{0y}				λ_{0x}	$\lambda_y(\lambda_{yz})$					
上弦杆	a-b	−191.8	5.025	5.025	TM195×300×10×16	68.37	压杆	99.9	69.2 (72.23)	0.555	180	150	—	—
	b-c	−518.6												
	c-d	−681.9												
下弦杆	1-2	0	5.025	15.000	TW125×250×9×14	46.09	拉杆	168.1	238.5	—	157	350	—	—
	2-3	395.9												
	3-4	640.8												
	4-5	722.56												
斜腹杆	a-2	238.7	2.939	2.939	2L75×50×5	12.25	拉杆	123	124	—	195	350	6-140 5-90	2
	b-2	−273.3	0.8×3.364=2.691	3.364	2L90×7	24.60	压杆	96.8	82.7 (87.3)	0.578	192.2	150	6-150 5-100	2
	b-3	148.9	0.8×3.052=2.442	3.052	2L50×5	9.60	拉杆	160	124.6	—	155.2	350	6-90 5-60	2
	c-3	−163.9	0.8×3.364=2.691	3.364	2L80×5	15.82	压杆	108.51	92.7 (99.1)	0.502	206.3	150	6-100 5-60	3
	c-4	49.6	0.8×3.052=2.442	3.052	2L63×5	12.28	拉杆	126	103.1	—	40.4	150	6-60 5-60	3
	d-4	−54.65	0.8×3.364=2.691	3.364	2L63×5	12.28	压杆	138.7	113.6 (117.0)	0.352	126.43	150	6-60 5-60	3
竖腹杆	d-5	143.77	0.9×2.000=1.800		2L50×5	9.60	拉杆	93.8		—	149.7	200	6-90 5-60	4

(1) 下弦节点“2”(图 3-49)

先算腹杆与节点板的连接焊缝：a-2 杆肢背及肢尖焊缝的焊脚尺寸取 $h_{f1}=6\text{mm}$，$h_{f2}=5\text{mm}$，则需所焊缝长度：

肢背 $$l_{w_1}=\frac{\frac{2}{3}\times238.7\times10^3}{2\times0.7\times6\times160}+12=130.4\text{mm}，取140\text{mm}$$

肢尖 $$l_{w_2}=\frac{\frac{1}{3}\times238.7\times10^3}{2\times0.7\times5\times160}+10=81\text{mm}，取90\text{mm}$$

腹杆 b-2 的杆端焊缝同理计算，肢背用 6-150，肢尖用 5-100。

验算下弦杆与节点板连接焊缝，内力差 $\Delta N=396\text{kN}$。由斜腹杆焊缝决定的节点板尺寸，量得实际节点板长度是 55.0cm，对接焊缝计算长度 55.0cm（加引弧板施焊），厚度 9mm。此对接焊缝承受剪力 $V=396\text{kN}$，弯矩 $M=396\times10.5=4158\text{kN}\cdot\text{cm}$。

剪应力：

$$\tau=\frac{1.5V}{l_w t}=\frac{1.5\times396\times10^3}{550\times9}=120\text{N/mm}^2<f_v^w=125\text{N/mm}^2$$

弯曲应力：

$$\sigma=\frac{M}{W}=\frac{4158\times10^4}{\frac{1}{6}\times9\times550^2}=91.6\ \text{N/mm}^2<f_t^w=185\text{N/mm}^2$$

(2) 上弦节点“b”(图 3-50)

此上弦节点连接 b-2 和 b-3 两根腹杆，经计算，b-2 杆端焊缝为：肢背 6-150，肢尖 5-100；而 b-3 杆端焊缝为：肢背 6-90，肢尖 5-60（表 3-6）。由于上弦杆腹板较宽，经用大样图核实，此节点可以将腹杆直接焊在腹板上，而不必另加节点板（图 3-50）。

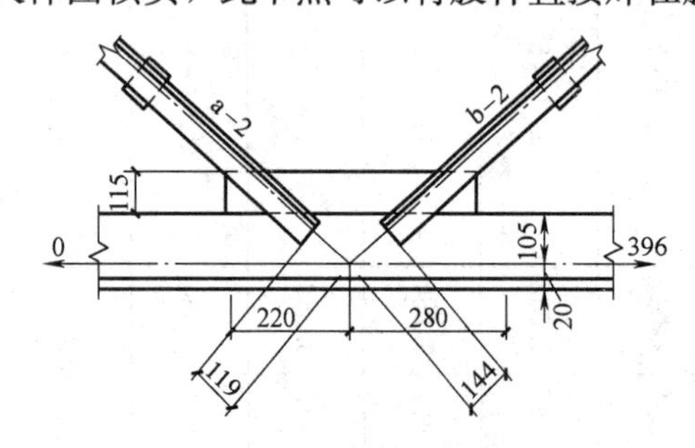

图 3-49 下弦节点“2”

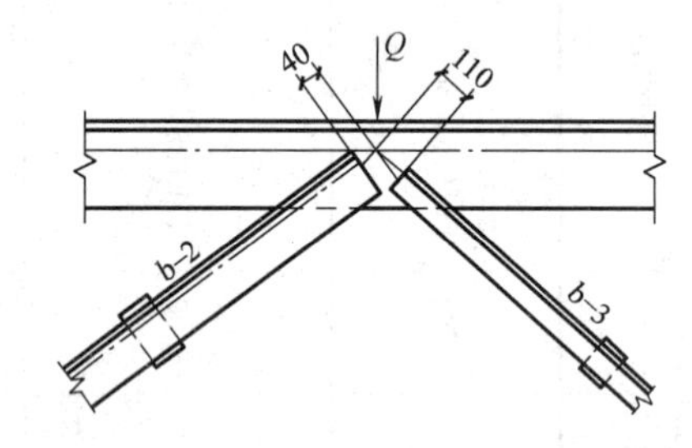

图 3-50 上弦节点“b”

上弦节点“c”的构造与节点“b”类似。

(3) 屋脊节点“d”（拼接节点）(图 3-51)

腹杆杆端焊缝计算从略。弦杆的拼接采用水平盖板和竖向拼接板连接，水平盖板（宽 340mm，厚 16mm）和竖向拼接板（宽 120mm，厚 10mm）与 T 字形钢弦杆的翼缘和腹板等强度连接，计算如下：

翼缘焊缝（采用 $h_f=12\text{mm}$）

$$N_{翼}=300\times16\times215=1032\text{kN}$$

$$l_w=\frac{1032\times10^3}{2\times0.7\times12\times160}=384\text{mm}$$

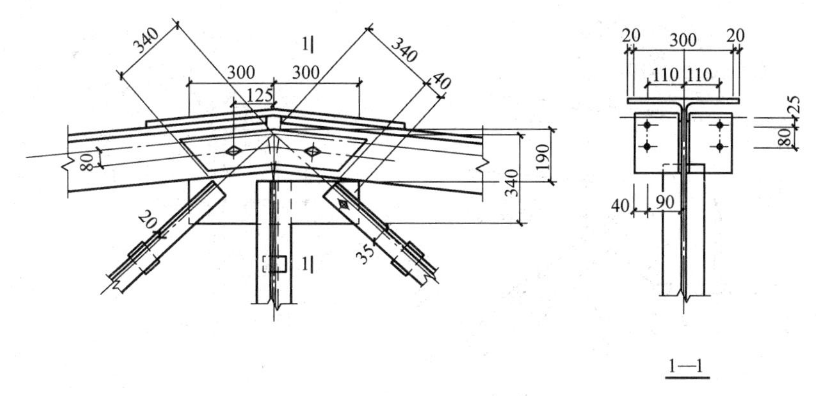

图 3-51 屋脊节点“d”

水平盖板长：

$$L=2\times384+10+2\times19.5+4\times12=865\approx870\text{mm}$$

腹板焊缝（采用 $h_f=8$mm）：

$$N_{翼}=(195-16)\times10\times215=385\text{kN}$$

$$l_w=\frac{385\times10^3}{2\times0.7\times8\times160}=215\text{mm}$$

竖向拼接板的内侧不能焊接，将其端部切斜以便施焊。竖向拼接板长 $L=500$mm，其端部和外侧纵焊缝已超过需要的焊缝长度。

(4) 支座节点“a”(图 3-52)

弦杆与支座节点板的对接焊缝计算，此焊缝承受：

$$V=N=191.8\text{kN}$$

$$M=N\cdot e=191.8\times16=3069\text{kN}\cdot\text{cm}$$

剪应力：

$$\tau=\frac{1.5V}{l_w t}=\frac{1.5\times191.8\times10^3}{(420-20)\times10}=72\text{N/mm}^2<f_v^w=125\text{N/mm}^2$$

弯曲应力：

$$\sigma=\frac{M}{W}=\frac{3069\times10^4}{\frac{1}{6}\times10\times(420-20)^2}=115\text{N/mm}^2<f_t^w=185\text{N/mm}^2$$

杆端焊缝计算从略。

现计算底板及加劲肋等。

底板计算：

支反力 $R=194.61$kN，$f_c=9.6\text{N/mm}^2$，所需底板净面积：

$$A_n=\frac{194.61\times10^3}{9.6}=202.72\text{cm}^2$$

锚栓直径取 $d=24$mm，锚栓孔直径为 50mm，则所需底板毛面积：

$$A=A_n+A_0=202.72+2\times3\times5+\frac{3.14\times5^2}{4}=252.35\text{cm}^2$$

按构造要求采用底板面积为 $a\times b=28\times28=784\text{cm}^2>252.35\text{cm}^2$，垫板采用 $-100\times100\times20$，孔径 26mm。底板实际应力：

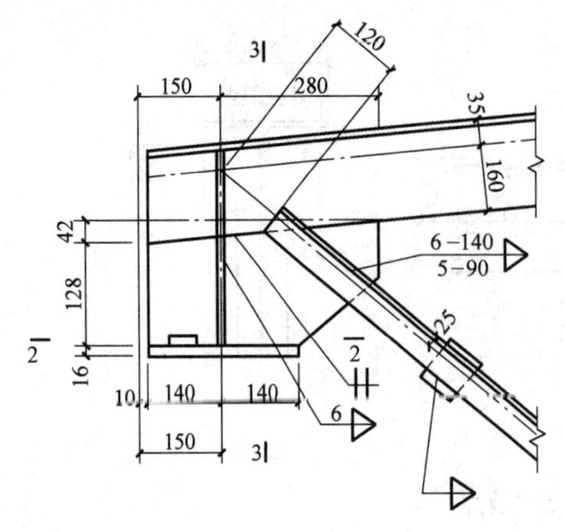

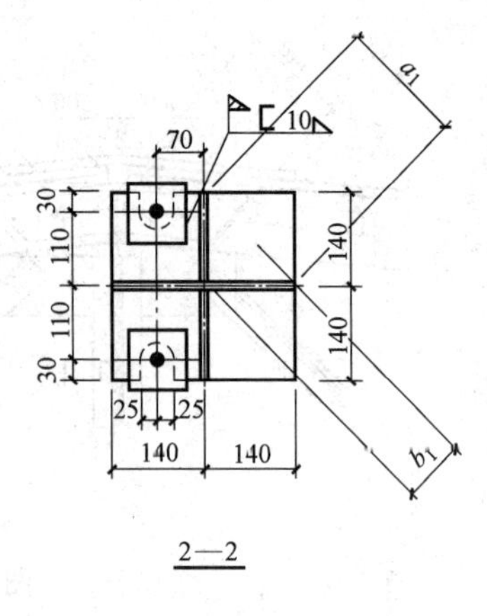

图 3-52　支座节点“a”

$$A_{\mathrm{n}}=784-2\times3\times5-\frac{3.14\times5^2}{4}=734.4\mathrm{cm}^2$$

$$q=\frac{194.61\times10^3}{734.4\times10^2}=2.65\mathrm{N/mm}^2$$

$$a_1=\left(140-\frac{10}{2}\right)\times\sqrt{2}=191\mathrm{mm}$$

$$b_1=\frac{a_1}{2}=95.5\mathrm{mm}$$

$\frac{b_1}{a_1}=0.5$，查表 2-5 得 $\beta=0.056$，则

$$M=\beta\cdot q\cdot a_1^2=0.056\times2.65\times191^2=5414\mathrm{N\cdot mm}$$

所需底板厚度

$$t\geqslant\sqrt{\frac{6M}{f}}=\sqrt{\frac{6\times5414}{205}}=12.6\mathrm{mm}$$

用 $t=16\mathrm{mm}$，底板尺寸为－280×280×16。

加劲肋与节点板连接焊缝计算：

一个加劲肋的连接焊缝所承受的内力取为：

$$V=\frac{R}{4}=\frac{194.61}{4}=48.65\mathrm{kN}$$

$$M=V\cdot e=48.65\times\frac{13.5}{2}=328.3\mathrm{kN\cdot cm}$$

加劲肋厚度取与中间节点板相同－316×135×10。采用 $h_{\mathrm{f}}=6\mathrm{mm}$，验算焊缝应力

焊缝计算长度 $l_{\mathrm{w}}=316-2\times20-2\times6=264\mathrm{mm}$

对 V：
$$\tau_{\mathrm{f}}=\frac{48.65\times10^3}{2\times0.7\times6\times264}=21.9\mathrm{N/mm}^2$$

对 M：
$$\sigma_{\mathrm{f}}=\frac{6\times328.4\times10^4}{2\times0.7\times6\times264^2}=33.7\mathrm{N/mm}^2$$

$$\sqrt{\left(\frac{33.7}{1.22}\right)^2+21.9^2}=35\mathrm{N/mm}^2<f_{\mathrm{f}}^{\mathrm{w}}=160\mathrm{N/mm}^2$$

节点板、加劲肋与底板连接焊缝计算。

采用 $h_f=6$mm，实际的焊缝总长度：

$$\sum l=2\times(28+11.5\times2)-6\times1.2=94.8\text{cm}$$

焊缝设计应力：

$$\sigma_f=\frac{194.61\times10^3}{0.7\times8\times948^2}=49\text{N/mm}^2<\beta_f\cdot f_f^w=1.22\times160=195.2\text{N/mm}^2$$

人字形屋架施工图见图 3-53。

【例 3-4】 梯形屋架设计例题

1. 设计资料

车间跨度 30m，长度 102m，柱距 6m。车间内设有两台 20/5t 中级工作制吊车。计算温度高于−20℃，地震设防烈度为 7 度。采用 1.5m×6m 预应力钢筋混凝土大型屋面板，8cm 厚泡沫混凝土保温层，卷材屋面，屋面坡度 $i=1/10$。雪荷载为 0.5kN/m²，积灰荷载为 0.65kN/m²。屋架铰支在钢筋混凝土柱上，上柱截面为 400mm×400mm，混凝土强度等级为 C20。要求设计钢屋架并绘制施工图（对支承重型屋面的钢屋架，自重可按 $0.12+0.011L$ 估算，L 为屋架的跨度）。

2. 屋架形式、尺寸、材料选择及支撑布置

本例题为无檩屋盖方案，$i=1/10$，采用平坡再分式梯形屋架。屋架计算跨度 $L_0=L-300=29700$mm，端部高度取 $H_0=2000$mm，中部高度 $H_0=3485$mm（为 $L_0/8.5$），屋架杆件几何长度见图 3-54（跨中起拱按 $L/500$ 考虑）。根据建造地区的计算温度和荷载性质，钢材采用 Q235B。焊条采用 E43 型，手工焊。根据车间长度、屋架跨度和荷载情况，设置上、下弦横向水平支撑、垂直支撑和系杆，见图 3-54。因连接孔和连接零件上有区别，图中钢屋架给了 W_1、W_2 和 W_3 三种编号。

3. 荷载和内力计算

（1）荷载计算

二毡三油上铺小石子	0.35kN/m²
找平层（2cm 厚）	0.40kN/m²
泡沫混凝土保温层（8cm 厚）	0.50kN/m²
预应力混凝土大型屋面板（包括灌缝）	1.40kN/m²
悬挂管道	0.10kN/m²
屋架和支撑自重	$0.12+0.011L=0.12+0.011\times30=0.45$kN/m²
恒载总和	3.20kN/m²
活荷载（或雪荷载）	0.50kN/m²
积灰荷载	0.65kN/m²
可变荷载总和	1.15kN/m²

屋面坡度不大，对荷载影响小，未予考虑。风荷载对屋面为吸力，重屋盖可不考虑。

（2）荷载组合

一般考虑全跨荷载，对跨中的部分斜杆可考虑半跨荷载，本例题在设计杆件截面时，将跨度中央每侧各两根斜腹杆均按压杆控制其长细比，不必考虑半跨荷载作用情况，只计

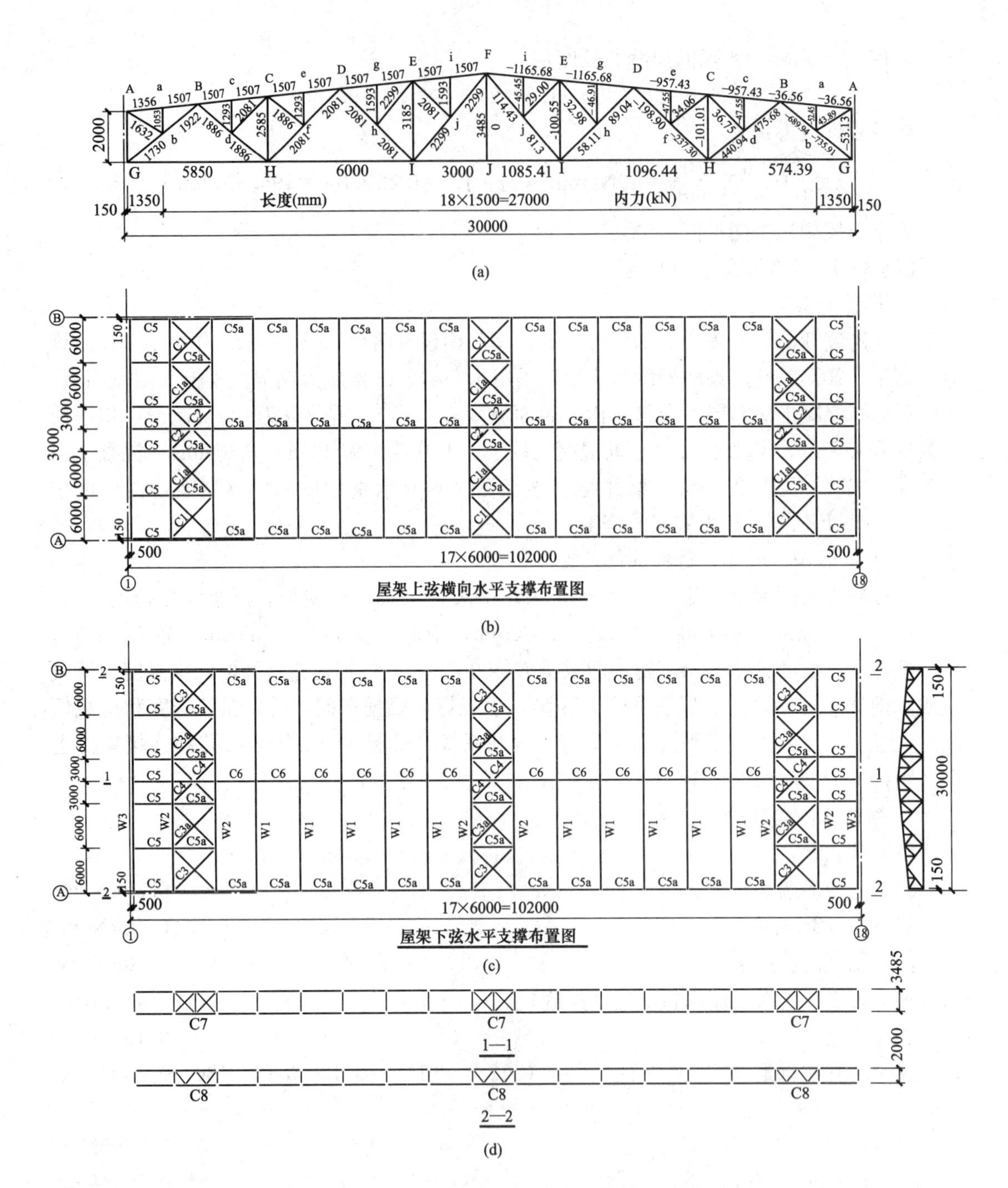

图 3-54　屋架几何尺寸、内力及支撑布置图

(a) 屋架几何尺寸及内力图；(b) 上弦横向水平支撑布置图；(c) 屋架、下弦水平支撑布置图；(d) 1—1、2—2 剖面图

算全跨满载时的杆件内力。

节点荷载设计值：

按可变荷载效应控制的组合（永久荷载：荷载分项系数 $\gamma_G=1.2$；屋面活荷载或雪荷载：$\gamma_{Q1}=1.4$；组合系数 $\psi_1=0.7$；积灰荷载：$\gamma_{Q2}=1.4$，$\psi_2=0.9$）。

$$F_d=(1.2\times3.2+1.4\times0.5+1.4\times0.9\times0.65)\times1.5\times6=48.2\text{kN}$$

按永久荷载效应控制的组合（永久荷载：荷载分项系数 $\gamma_G=1.35$；屋面活荷载或雪荷载：$\gamma_{Q1}=1.4$；组合系数 $\psi_1=0.7$；积灰荷载：$\gamma_{Q2}=1.4$，$\psi_2=0.9$）。

$$F_d=(1.35\times3.2+1.4\times0.5\times0.7+1.4\times0.9\times0.65)\times1.5\times6=50.7\text{kN}$$

故节点荷载取为 50.7kN

支座反力

$$R_d=10F_d=507\text{kN}$$

（3）内力计算

用图解法或数解法皆可解出全跨荷载作用下屋架杆件的内力。其内力设计值见图 3-54。

4. 截面选择

腹杆最大内力为 735.91kN，查表 3-4，选用中间节点板厚度 $t=14\text{mm}$，支座节点板厚度 16mm。

（1）上弦

整个上弦不改变截面，按最大内力计算。$N_{max}=-1165.68\text{kN}$，$l_{0x}=150.8\text{cm}$，$l_{0y}=300.0\text{cm}$（$l_1$取两块屋面板宽度）。

选用 2∟200×125×12，$A=75.82\text{cm}^2$，$i_x=3.57\text{cm}$，$i_y=9.69\text{cm}$。

$$\lambda_x=l_{0x}/i_x=150.8/3.57=42.2$$

$$\lambda_y=l_{0y}/i_y=300/9.69=43.1<[\lambda]=150,\ \varphi_y=0.886(\text{b 类})$$

双角钢 T 形截面绕对称轴 y 轴屈曲应按弯扭屈曲计算换算长细比 λ_{yz}

$$\frac{b1}{t}=\frac{20}{1.2}=16.7>\frac{0.56l_{0y}}{b1}=\frac{0.56\times300}{20}=8.4$$

$$\lambda_{yz}=3.7\frac{b1}{t}\left(1+\frac{l_{0y}^2t^2}{52.7b_1^4}\right)=3.7\times\frac{20}{1.2}\times\left(1+\frac{300^2\times1.2^2}{52.7\times20^4}\right)=62.6$$

故由 $\lambda_{max}=\lambda_{yz}=62.6$，按 b 类查附录 5 得 $\varphi=0.792$。

$$\sigma=\frac{N}{\varphi A}=\frac{1165.68\times10^3}{0.792\times75.82\times10^2}=194.1\text{N/mm}^2<f=215\text{N/mm}^2$$

填板每个节间放一块（满足 l_1范围内不少于两块），$l_a=75.4\text{cm}<40i=40\times6.44=257.6\text{cm}$

（2）下弦

下弦也不改变截面，按最大内力计算。

$N_{max}=1096.44\text{kN}$，$l_{0x}=600\text{cm}$，$l_{0y}=1500\text{cm}$，连接支撑的螺栓孔中心至节点板边缘的距离约为 100cm（IJ 节间），可不考虑螺栓孔削弱。

选用 2∟180×110×10（短肢相并），$A=56.8\text{cm}^2$，$i_x=3.13\text{cm}$，$i_y=8.71\text{cm}$。

$$\lambda_x=600/3.13=96<[\lambda]=350$$

$$\lambda_y=1500/8.71=172.2<[\lambda]=350$$

$$\sigma=\frac{N}{A}=\frac{1096.44\times10^3}{56.8\times10^2}=193\text{N/mm}^2<f=215\text{N/mm}^2$$

填板每个节间放一块，$l_a=150<80i=80\times5.81=464.8\text{cm}$。

（3）腹杆

① 杆件 B—G：$N=-735.91\text{kN}$，$l_{0x}=173.0\text{cm}$，

该杆件为受压主斜杆，其在平面外的计算长度按式（3-9）计算：

$$l_{oy}=l_1\left(0.75+0.25\frac{N_2}{N_1}\right)=365.2\times\left(0.75+0.25\times\frac{689.94}{735.91}\right)=359.5\text{cm}$$

选用 2∟125×10，$A=48.75\text{cm}^2$，$i_x=3.85\text{cm}$，$i_y=5.66\text{cm}$

$$\lambda_x=\frac{173.0}{3.85}=44.9<[\lambda]=150$$

$$\lambda_y=\frac{359.5}{5.66}=63.5<[\lambda]=150$$

$$\frac{b}{t}=\frac{12.5}{1.0}=12.5\leqslant\frac{0.58l_{0y}}{b}=\frac{0.58\times359.5}{12.5}=16.7$$

$$\lambda_{yz}=\lambda_y\left(1+\frac{0.475\times b^4}{l_{0y}^2t^2}\right)=63.5\times\left(1+\frac{0.475\times12.5^4}{359.5^2\times1^2}\right)=69.2$$

故由 $\lambda_{max}=\lambda_{yz}=69.2$，按 b 类查附录 5 得 $\varphi=0.756$。

$$\sigma=\frac{N}{\varphi A}=\frac{735.91\times10^3}{0.756\times48.75\times10^2}=199.7\text{N/mm}^2<f=215\text{N/mm}^2$$

填板放两块，$l_a=121.7\text{cm}<40i=40\times3.85=154\text{cm}$

② 杆件 EI：$N_{max}=-100.55\text{kN}$，$l_{0x}=254.8\text{cm}$，$l_{0y}=318.5\text{cm}$

选 2∟70×5，$A=13.76\text{cm}^2$，$i_x=2.16\text{cm}$，$i_y=3.39\text{cm}$

$$\lambda_x=\frac{254.8}{2.16}=118<[\lambda]=150$$

$$\lambda_y=\frac{318.5}{3.39}=94<[\lambda]=150$$

双角钢 T 形截面绕对称轴 y 轴的屈曲应按弯扭屈曲计算长细比 λ_{yz}：

$$\frac{b}{t}=\frac{7}{0.5}=14<0.58l_{0y}/b=\frac{0.58\times318.5}{7}=26.39$$

$$\lambda_{yz}=\lambda_y\left(1+\frac{0.475b^4}{l_{0y}^2t^2}\right)=94\times\left(1+\frac{0.475\times7^4}{318.5^2\times0.5^2}\right)=98.2<\lambda_x$$

由 $\lambda_{max}=\lambda_x=118$，按 b 类查附录 5 得 $\varphi=0.447$

$$\sigma=\frac{N}{\varphi A}=\frac{100.55\times10^3}{0.447\times13.76\times10^2}=163.5\text{N/mm}^2<f=215\text{N/mm}^2$$

填板放 3 块，$l_a=\frac{318.5}{4}=79.6\text{cm}<40i=40\times2.16=86.4\text{cm}$

③ 杆件 F-j：$N=114.43\text{kN}$，$l_{0x}=229.9\text{cm}$，$l_{0y}=459.8\text{cm}$，内力较小可按［λ］选择截面。

选 2∟63×4，$A=9.96\text{cm}$，$i_x=1.96\text{cm}$，$i_y=3.09\text{cm}$

$$\lambda_x=229.9/1.96=117.3<[\lambda]=150\text{（按压杆考虑）}$$

$$\lambda_y=459.8/3.09=148.9<[\lambda]=150$$

$$\sigma=N/A=114.43\times10^3/9.96\times10^2=114.9\text{N/mm}^2<f=215\text{N/mm}^2$$

填板放两块，$l_a=76.7\text{cm}<40i=40\times1.96=78.4\text{cm}$。

其余杆件截面选择见表 3-7。需要注意的是连接垂直支撑的中央竖杆采用十字形截面，其斜平面计算长度 $l_a=0.9l$；竖腹杆除 A-G 外，其计算长度 $l_{0x}=0.8l$，$l_{0y}=l$；斜腹杆（再分杆）分受拉和受压情况其计算长度取值不同：

屋架杆件截面选用表 **表 3-7**

杆件名称	杆件号	内力设计值 N (kN)	计算长度(m)		所用截面	截面积 A(cm²)	计算应力 (N/mm²)	容许长细比 (λ)	杆件端部的角钢肢背和肢尖焊缝 (mm)	填板数
			l_{0x}	l_{0y}						
上弦杆	D-E E-F	−1165.68	1.508	3.000	2L200×125×12	75.82	194.1	150	—	每节间 1
下弦杆	H-I	1096.44	3.000	15.000	2L180×110×10	56.8	191.0	350	—	每节间 2
腹杆	A-G	−55.33	1.800	1.800	2L63×4	9.96	24.0	150	4-50 4-15	2
	B-G	−735.91	1.730	3.595	2L125×10	48.75	199.7	150	10-245 8-135	1
	B-H	475.68	1.886	3.772	2L100×6	23.86	199.4	350	6-250 6-135	2
	C-H	−101.01	2.070	2.585	2L70×5	13.76	127.2	150	5-75 5-45	3
	D-H	−237.30	2.081	4.580	2L100×6	23.86	168.0	150	6-135 6-80	3
	D-I	89.04	2.081	4.162	2L63×4	9.6	89.4	150	4-80 4-50	2
	E-I	−100.55	2.548	3.185	2L70×5	13.76	163.5	150	5-75 5-45	3
	F-I	114.43	2.299	4.598	2L63×4	9.96	114.9	150	4-100 4-55	2
	F-J	0	0.9×3.485=3.137		2L63×4	9.96	0	200	4-45 4-45	2
小桁架各杆件	—	—	—	—	2L50×5	由于杆力很小，采用此截面均能满足要求				

当受压时：l_{0x}取节点中心间距离，l_{0y}按式（3-9）进行计算；

当受拉时：l_{0x}取节点中心间距离，l_{0y}取 l。

5. 节点设计

根据腹杆的最大内力查表 3-4，支座节点板厚度取 16mm，中间节点板厚度取 14mm。

（1）下弦节点“H”（图 3-55）

先算腹杆与节点板的连接焊缝：H-d 杆肢背及肢尖焊缝的焊脚尺寸都取 $h_f=6$mm，则需所焊缝长度（考虑起灭弧缺陷）：

肢背 $$l_{w_1}=\frac{\frac{2}{3}\times 440.94\times 10^3}{2\times 0.7\times 6\times 160}+2\times 6=231\text{mm，取}235\text{mm；}$$

肢尖 $$l_{w_2}=\frac{\frac{1}{3}\times 440.94\times 10^3}{2\times 0.7\times 6\times 160}+2\times 6=122\text{mm，取}130\text{mm。}$$

腹杆 H-f 和 H-C 的杆端焊缝同理计算。

其次，验算下弦杆与节点板连接焊缝，内力差 $\Delta N=N_{HI}-N_{HG}=1096.44-574.39=522.05$kN。

由斜腹杆焊缝决定的节点板尺寸，量得实际节点板长度是 70cm，肢背焊脚尺寸 $h_f=8$mm，肢尖焊脚尺寸 $h_f=6$mm，肢背角焊缝计算长度 $l_w=70-2\times 0.8=68.4$cm，肢背焊缝应力为：

$$\tau=\frac{\frac{2}{3}\times 522.05\times 10^3}{2\times 0.7\times 8\times 684}=45.4\text{N/mm}^2<f_f^w=160\text{N/mm}^2$$

肢尖角焊缝计算长度 $l_w=70-2\times 0.6=68.8$cm，肢尖焊缝应力为：

$$\tau=\frac{\frac{1}{3}\times 522.05\times 10^3}{2\times 0.7\times 6\times 688}=30.1\text{N/mm}^2<f_f^w=160\text{N/mm}^2$$

（2）上弦节点“B”（图 3-56）

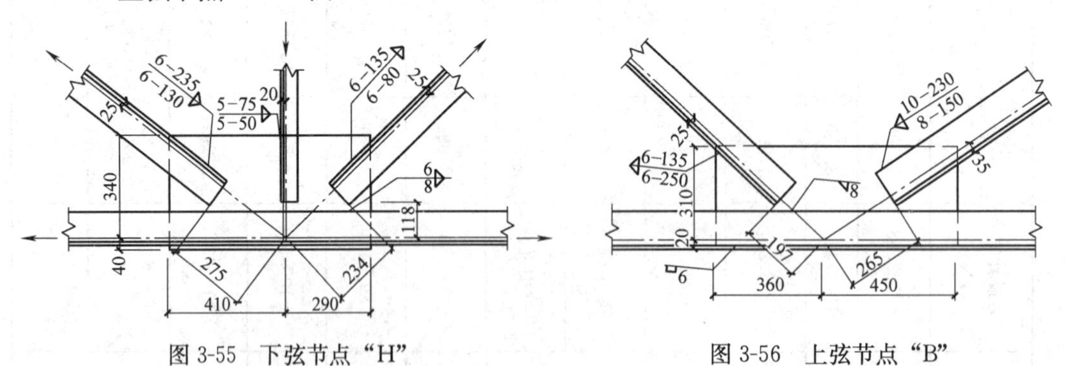

图 3-55 下弦节点“H”　　　图 3-56 上弦节点“B”

腹杆 B-b、B-d 的杆端焊缝计算从略。这里验算了上弦与节点板的连接焊缝：节点板缩进 10mm，肢背采用塞焊缝，承受节点荷载 $Q=50.7$kN，$h_f=t/2=7$mm，取 $h_f=7$mm，$l_{w_1}=l_{w2}=81-2\times 0.7=79.6$cm。

$$\sigma=\frac{50.7\times 10^3}{2\times 0.7\times 7\times 796}=5.7\text{N/mm}^2<\beta_f f_f^w=1.22\times 160=195.2\text{N/mm}^2$$

肢尖焊缝承担弦杆内力差 $\Delta N=957.43-36.56=920.87\text{kN}$，偏心距 $e=12.5-3.0=9.5\text{cm}$，偏心力矩 $M=\Delta Ne=920.87\times9.5=87.48\text{kN}\cdot\text{m}$，采用 $h_f=8\text{mm}$，则

对 ΔN：
$$\tau_f=\frac{920.87\times10^3}{2\times0.7\times8\times796}=103.3\text{N/mm}^2$$

对 M：
$$\sigma_f=\frac{6M}{2h_e l_w^2}=\frac{6\times87.48\times10^6}{2\times0.7\times8\times796^2}=74.0\text{N/mm}^2$$

$$\sqrt{\left(\frac{74.0}{1.22}\right)^2+103.3^2}=119.8\text{N/mm}^2<160\text{N/mm}^2$$

(3) 屋脊节点“F”(图 3-57)

腹杆杆端焊缝计算从略。弦杆与节点板连接焊缝受力不大，按构造要求决定焊缝尺寸，一般可不计算。这里只进行拼接计算，拼接角钢采用与上弦杆相同截面 2∟200×125×12，除倒棱外，竖肢需切去 $\Delta=t+h_f+5\text{mm}=12+10+5=27\text{mm}$，取 $\Delta=30\text{mm}$，并按上弦坡度热弯。拼接角钢与上弦连接焊缝在接头一侧的总长度（设 $h_f=10\text{mm}$）：

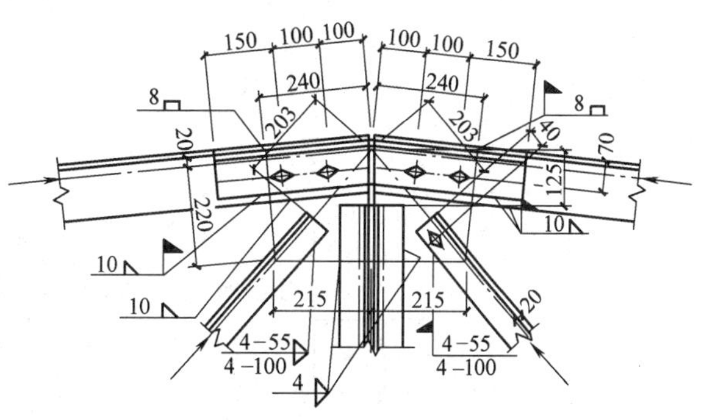

图 3-57 屋脊节点“F”

$$\sum l_w=\frac{N}{0.7h_f f_f^w}=\frac{1165.68\times10^3}{0.7\times10\times160}=1041\text{mm}$$

共四条焊缝，认为平均受力，每条焊缝实际长度：

$$l_w=\frac{1041}{4}+20=281\text{mm}$$

拼接角钢总长度为：

$$l=2l_w+20=2\times281+20=582\text{mm}$$

取拼接角钢长度为 700mm。

(4) 支座节点“G”(图 3-58)

杆端焊缝计算从略。以下给出底板等的计算。

① 底板计算

支反力 $R_d=507\text{kN}$，混凝土强度等级 C20，$f_c=9.6\text{N/mm}^2$，所需底板净面积：

$$A_n=\frac{507\times10^3}{9.6}=52812.5\text{mm}^2=528.13\text{cm}^2$$

锚栓直径取 $d=25\text{mm}$,，锚栓孔直径为 50mm，则所需底板毛面积：

$$A=A_n+A_0=528.13+2\times4\times5+\frac{3.14\times5^2}{4}=587.8\text{cm}^2$$

按构造要求采用底板面积为 $a\times b=30\times30=900\text{cm}^2>587.8\text{cm}^2$，垫板采用 $-100\times100\times20$，孔径 26mm。实际底板净面积为：

$$A_n=900-2\times4\times5-\frac{3.14\times5^2}{4}=840.4\text{cm}^2$$

底板实际应力：
$$q=\frac{507\times10^3}{840.4\times10^2}=6.03\text{N/mm}^2$$

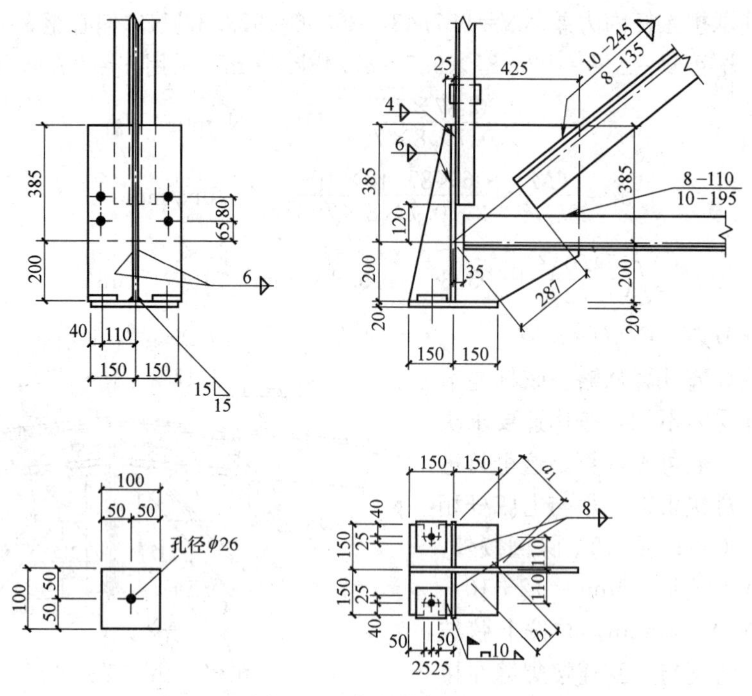

图 3-58　支座节点“G”

$$a_1=\sqrt{\left(14-\frac{1.4}{2}\right)^2+\left(14-\frac{1.6}{2}\right)^2}=18.7\text{cm}$$

$$b_1=13.2\times\frac{13.3}{18.7}=9.4\text{cm}$$

$\dfrac{b_1}{a_1}=\dfrac{9.4}{18.7}=0.5$，查表 2-5 得 $\beta=0.056$，则：

$$M=\beta\cdot q\cdot a^2=0.056\times6.03\times187^2=11808.3\text{N}\cdot\text{mm}$$

所需底板厚度

$$t\geqslant\sqrt{\frac{6M}{f}}=\sqrt{\frac{6\times11808.3}{205}}=18.59\text{mm}$$

用 $t=20$mm，底板尺寸为$-300\times300\times20$。

② 加劲肋与节点板连接焊缝计算

一个加劲肋的连接焊缝所承受的内力取为 $V=\dfrac{R}{4}=\dfrac{507}{4}=126.75$kN，$M=Ve=125.3\times7.1=899.93$kN·cm。加劲肋厚度取与中间节点板相同（即$-585\times152\times14$）。采用 $h_f=6$mm，验算焊缝应力。

对 V：
$$\tau_f=\frac{126.75\times10^3}{2\times0.7\times6\times(585-12)}=26.3\text{N/mm}^2$$

对 M：
$$\sigma_f=\frac{6\times899.93\times10^4}{2\times0.7\times6\times(585-12)^2}=19.6\text{N/mm}^2$$

$$\sqrt{\left(\frac{19.6}{1.22}\right)^2+26.3^2}=30.8\text{N/mm}^2<160\text{N/mm}^2$$

③ 节点板、加劲肋与底板连接焊缝计算采用 $h_f=8$mm，实际焊缝总长度

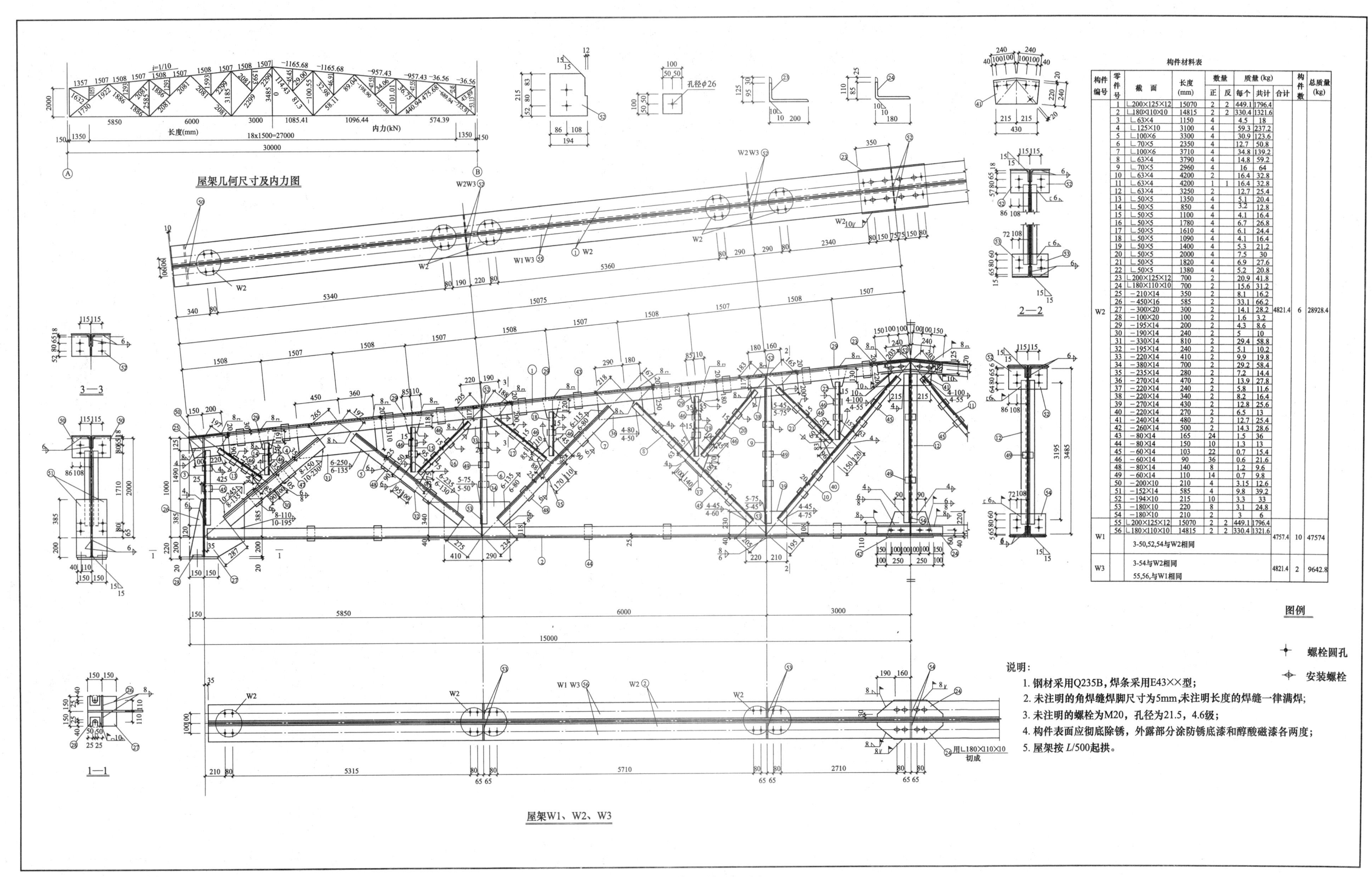

构件材料表

构件编号	零件号	截面	长度(mm)	数量 正	数量 反	质量(kg) 每个	质量(kg) 共计	质量(kg) 合计	构件数	总质量(kg)
W2	1	∟200×125×12	15070	2	2	449.1	1796.4	4821.4	6	28928.4
	2	∟180×110×10	14815	2	2	330.4	1321.6			
	3	∟63×4	1150	4		4.5	18			
	4	∟125×10	3100	4		59.3	237.2			
	5	∟100×6	3300	4		30.9	123.6			
	6	∟70×5	2350	4		12.7	50.8			
	7	∟100×6	3710	4		34.8	139.2			
	8	∟63×4	3790	4		14.8	59.2			
	9	∟70×5	2960	4		16	64			
	10	∟63×4	4200	2		16.4	32.8			
	11	∟63×4	4200	1	1	16.4	32.8			
	12	∟63×4	3250	2		12.7	25.4			
	13	∟50×5	1350	4		5.1	20.4			
	14	∟50×5	850	4		3.2	12.8			
	15	∟50×5	1100	4		4.1	16.4			
	16	∟50×5	1780	4		6.7	26.8			
	17	∟50×5	1610	4		6.1	24.4			
	18	∟50×5	1090	4		4.1	16.4			
	19	∟50×5	1400	4		5.3	21.2			
	20	∟50×5	2000	4		7.5	30			
	21	∟50×5	1820	4		6.9	27.6			
	22	∟50×5	1380	4		5.2	20.8			
	23	∟200×125×12	700	2		20.9	41.8			
	24	∟180×110×10	700	2		15.6	31.2			
	25	−210×14	350	2		8.1	16.2			
	26	−450×16	585	2		33.1	66.2			
	27	−300×20	300	2		14.1	28.2			
	28	−100×20	100	2		1.6	3.2			
	29	−195×14	200	2		4.3	8.6			
	30	−190×14	240	2		5	10			
	31	−330×14	810	2		29.4	58.8			
	32	−195×14	240	2		5.1	10.2			
	33	−220×14	410	2		9.9	19.8			
	34	−380×14	700	2		29.2	58.4			
	35	−235×14	280	2		7.2	14.4			
	36	−270×14	470	2		13.9	27.8			
	37	−220×14	240	2		5.8	11.6			
	38	−220×14	340	2		8.2	16.4			
	39	−270×14	430	2		12.8	25.6			
	40	−220×14	270	2		6.5	13			
	41	−240×14	480	2		12.7	25.4			
	42	−260×14	500	2		14.3	28.6			
	43	−80×14	165	24		1.5	36			
	44	−80×14	150	10		1.3	13			
	45	−60×14	103	22		0.7	15.4			
	46	−60×14	90	36		0.6	21.6			
	48	−80×14	140	8		1.2	9.6			
	49	−60×14	110	14		0.7	9.8			
	50	−200×10	210	4		3.15	12.6			
	51	−152×14	585	4		9.8	39.2			
	52	−194×10	215	10		3.3	33			
	53	−180×10	220	8		3.1	24.8			
	54	−180×10	210	2		3	6			
W1	55	∟200×125×12	15070	2	2	449.1	1796.4	4757.4	10	47574
	56	∟180×110×10	14815	2	2	330.4	1321.6			
		3-50,52,54与W2相同								
W3		3-54与W2相同 55,56,与W1相同						4821.4	2	9642.8

图 3-60 梯形屋架施工图

$$\sum l_w = 2\times(30+12.7\times2)-12\times0.8=101.2\text{cm}$$

焊缝设计应力：

$$\sigma_f=\frac{507\times10^3}{0.7\times8\times1012^2}=89.5\text{N/mm}^2<\beta_f\cdot f_f^w=1.22\times160=195.2\text{N/mm}^2$$

（5）再分节点“f”（图 3-59）

先算再分腹杆与节点板的连接焊缝：f-C 杆肢背及肢尖焊缝的焊脚尺寸 $h_f=5\text{mm}$，$N=34.06\text{kN}$，内力较小，焊缝按构造采用；同理，f-e 杆与节点板的连接焊缝也按构造采用，所需焊缝长度均为 45mm。

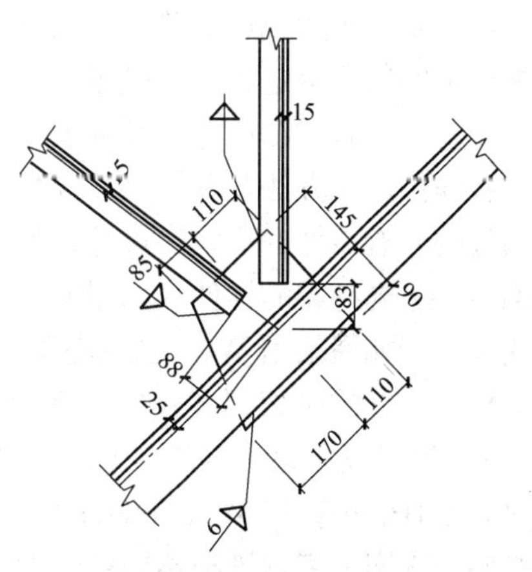

图 3-59　再分节点“f”

其次验算腹杆 HD 与节点板连接焊缝，内力差 $\Delta N=237.3-198.9=74.4\text{kN}$。量得再分腹杆与节点板连接焊缝实际长度为：肢背 $l_{w_1}=23.9\text{cm}$，肢尖 $l_{w_2}=27.5\text{cm}$。肢背与肢尖的焊脚尺寸均取为 $h_f=6\text{mm}$。

肢背角焊缝计算长度为 $l_{w_1}=23.9-2\times0.6=22.7\text{cm}$，肢背焊缝应力为：

$$\tau=\frac{\frac{2}{3}\times74.4\times10^3}{2\times0.7\times6\times227}=26\text{N/mm}^2<160\text{N/mm}^2=f_f^w$$

肢尖角焊缝计算长度为 $l_{w_2}=27.5-2\times0.6=26.3\text{cm}$，肢尖焊缝应力为：

$$\tau=\frac{\frac{1}{3}\times74.4\times10^3}{2\times0.7\times6\times263}=11.2\text{N/mm}^2<160\text{N/mm}^2=f_f^w$$

梯形屋架施工图见图 3-60。

3.3.4.7　钢屋盖施工图

施工图是在钢结构制造厂加工制造的主要依据，必须十分重视。当屋架对称时，可仅绘半榀屋架的施工图，大型屋架则需按运输单元绘制。施工图的绘制特点和要求说明如下：

（1）通常在图纸左上角绘一屋架简图，简图比例视图纸空隙大小而定，图中一半注上几何长度（mm），另一半注上杆件的计算内力（kN）。当梯形屋架跨度 $L>24\text{m}$ 或三角形屋架跨度 $L>15\text{m}$ 时，挠度较大，影响使用与外观，制造时应考虑起拱，拱度约为 $L/500$（图 3-61），起拱值可注在简图中，也可以注在说明中。

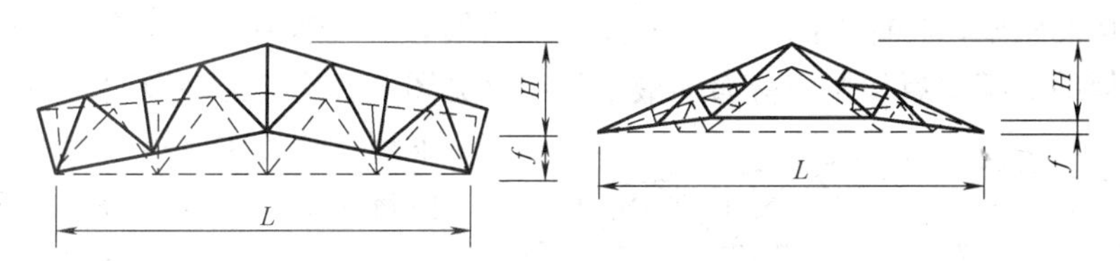

图 3-61　屋架的起拱

（2）施工图的主要图面用以绘制屋架的正面图，上、下弦的平面图，必要的侧面图和剖面图，以及某些安装节点或特殊零件的大样图。屋架施工图通常采用两种比例尺：杆件轴线一般为 1∶20～1∶30，以免图幅太大；节点（包括杆件截面、节点板和小零件）一般为 1∶10～1∶15（重要节点放大样，比例尺还可以大一些），可清楚地表达节点的细部构造要求。

（3）安装单元或运送单元是构件的一部分或全部，在安装过程或运输过程中，作为一个整体来安装或运送的。一般屋架可划分为两个或三个运送单元，但可作为一个安装单元进行安装。在施工图中应注明各构件的型号和尺寸，并根据结构布置方案、工艺技术要求、各部位连接方法及具体尺寸等情况，对构件进行详细编号。编号的原则是，只有在两个构件的所有零件的形状、尺寸、加工记号、数量和装配位置等全部相同时，才给予相同的编号。不同种类的构件（如屋架、天窗架、支撑等），还应在其编号前面冠以不同的字母代号（例如屋架用 W、天窗架用 TJ、支撑用 C 等）。此外，连支撑、系杆的屋架和不连支撑、系杆的屋架因在连接孔和连接零件上有所区别，一般给予不同编号 W1、W2、W3 等，但可以只绘一张施工图。如图 3-53 及图 3-60 是按连支撑的 W2 绘制的，同时，在 W2 才有的螺孔和 W2、W3 才有的零件处注明“W2”和“W2、W3”字样。这样就可以在同一张图上表示三种不同编号的屋架。如果将连支撑、系杆和不连支撑、系杆的屋架做得相同，则只需一个编号而且吊装简便。

（4）在施工图中应全部注明各零件（杆件和板件）的定位尺寸、孔洞的位置，以及对工厂加工和工地施工的所有要求。定位尺寸主要有：杆件轴线至角钢肢背的距离，节点中心至所连腹杆的近端端部距离，节点中心至节点板上、下和左、右边缘的距离等。

（5）在施工图中应注明各零件的型号和尺寸，对所有零件也必须进行详细编号，并附材料表。表中角钢要注明型号和长度，节点板等板件要注明长、宽和厚度。零件编号按主次、上下、左右一定顺序逐一进行。完全相同的零件用同一编号，两个零件的形状和尺寸完全一样而开孔位置等不同但系镜面对称的，亦用同一编号。不过应在材料表中注明正、反的字样以示区别（如图 3-48 中的零件①、②等）。材料表一般包括各零件的截面、长度、数量（正、反）和重量（单重、共重和合重）。材料表的用处主要是配料和算出用钢指标，其次是为吊装时配备起重运输设备，还可使一切零件毫无遗漏地表示清楚。

（6）施工图的说明应包括所用钢材的钢号、焊条型号、焊接方法和质量要求；图中未注明的焊缝和螺孔尺寸；油漆、运输和加工要求等图中未表现的其他内容。

3.3.5 刚接屋架（框架横梁）设计特点

与框架柱铰接的屋架，通常忽略水平力，但当屋面为轻屋面而柱的吊车荷载较大时，屋架弦杆的轴向力也较大，故不可忽略。

与柱刚接的屋架，其杆件的内力可先按简支桁架分析，然后把支座弯矩的作用考虑进去。刚接屋架的支座弯矩和相应剪力的最不利组合见图 3-7 及其文字说明。屋架杆件在最不利组合支座弯矩作用下的内力，可以将弯矩化成如图 3-62 所示的一对水平力 $H=M/h_0$ 后计算求得。

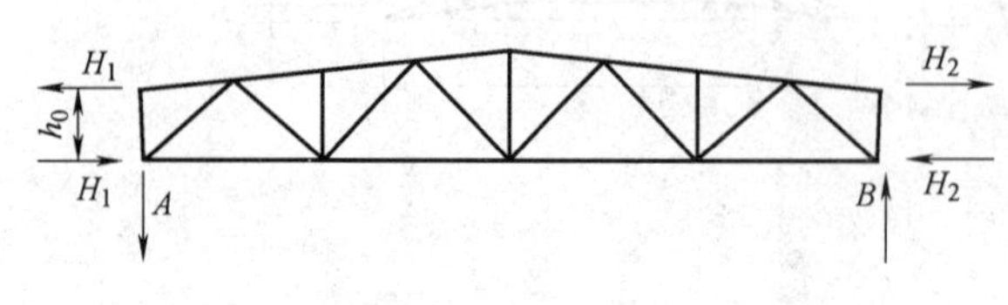

图 3-62 屋架支座弯矩化成力偶作用

屋架杆件的截面选择与前述的方法相同，但对与柱刚接的屋架，其下弦端节间可能受压时，长细比的控制应按压杆考虑，即：仅在恒载与风载联合作用下受压时，$[\lambda]=250$；在恒载与风载和吊车荷载联合作用下受压时，$[\lambda]=150$。若下弦杆在屋架平面内的长细比或稳定性不能满足要求时，可采用图 3-63 的方法予以加强。

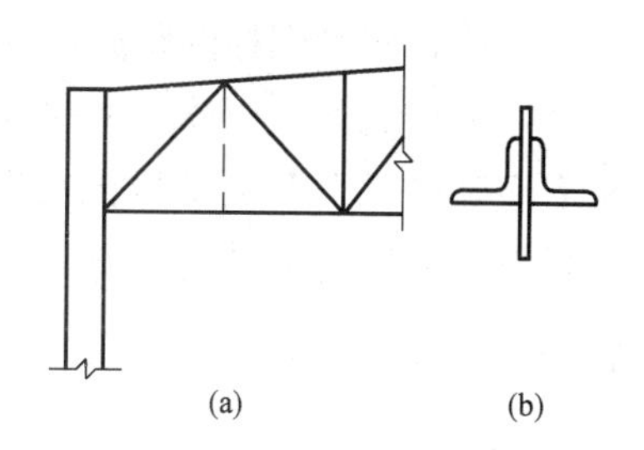

图 3-63　屋架下弦杆受压时的加强方法

(a) 表示用加撑杆的方法加强；(b) 加强弦杆截面

屋架与柱采用刚接连接时，屋架支座处除传递竖向支座反力外，还有由端弯矩产生的上下弦水平力。图 3-64 为一种刚性连接构造示例。计算时可认为上弦的最大内力由上盖板传递，上弦的竖向连接板与柱翼缘的连接螺栓按构造决定。下弦及端斜杆轴线汇交于柱的内边缘以减少节点板的尺寸。下弦节点的连接螺栓均承受水平拉力 H 和偏心弯矩 $M=He$。由于此处一般属小偏心，所有螺栓均受拉力，故最大拉力应按下式计算：

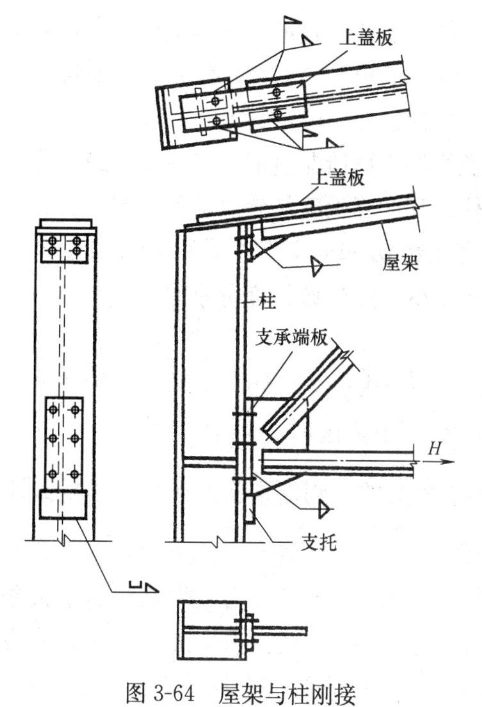

图 3-64　屋架与柱刚接

$$N_{\max}=\frac{H}{n}+\frac{Hey_1}{2\sum y_i^2}\leqslant N_t^b \tag{3-30}$$

式中　n——螺栓总个数；

e——水平拉力 H 至螺栓群中心轴的距离；

y_i——每个螺栓至中心轴的距离；

y_1——边行受力最大的一个螺栓至中心轴的距离；

N_t^b——一个螺栓的抗拉承载力设计值。

屋架下弦节点板与支承端板的连接焊缝受支座反力 R 和最大水平力 H_1（拉力或压力）以及偏心弯矩 $M=H_1\cdot e_1$，按下式计算：

$$\sqrt{\left(\frac{R}{2\times0.7h_f l_w}\right)^2+\frac{1}{\beta_f^2}\left(\frac{H_1}{2\times0.7h_f l_w}+\frac{6H_1e_1}{2\times0.7h_f l_w^2}\right)^2}\leqslant f_f^w \tag{3-31}$$

式中　β_f——正面角焊缝强度增大系数，当间接承受动态荷载时（例如屋架设有悬挂吊车），$\beta_f=1.22$；当直接承受动态荷载时，$\beta_f=1.0$；

e_1——水平力至焊缝中心的距离。

下弦节点的支承端板在水平拉力 H 作用下受弯，近似按嵌固于两列螺栓间的梁式板计算，所需厚度为：

$$t=\sqrt{\frac{3N_{\max}l_1}{2Sf}} \tag{3-32}$$

式中　$N_{\max}$——由公式（3-30）计算的一个螺栓所受的最大拉力；

l_1——两竖列螺栓的距离；

S——受力最大螺栓一侧的端距加螺栓竖向间距之半。

屋架支座竖向反力 R 由端板传给焊接于柱上的支托板。考虑到支座反力的可能偏心作用，支托板和柱的连接焊缝，按支座反力加大25%计算。

3.4 厂房框架柱设计特点

框架柱承受轴向力、弯矩和剪力作用，属于压弯构件。其设计原理和方法已在《钢结构基本原理》一书中述及，这里仅就其计算和构造的特点加以说明。

3.4.1 柱的计算长度

柱在框架平面内的计算长度应通过对整个框架的稳定分析确定，但由于框架实际上是一空间体系，而构件内部又存在残余应力，要确定临界荷载比较复杂。因此，目前对框架的分析，不论是等截面柱框架还是阶形柱框架，都按弹性理论确定其计算长度。

柱在框架平面内的计算长度应根据柱的形式及两端支承情况而定。等截面柱的计算长度按第2章的单层有侧移框架柱确定。对于阶形柱，其计算长度是分段确定，即各段的计算长度应等于各段的几何长度乘以相应的计算长度系数 μ_1 和 μ_2，但各段的计算长度系数 μ_1 和 μ_2 之间有一定联系。在图3-65（a）中，柱上段和下段计算长度分别是 $H_{1x}=\mu_1 H_1$、$H_{2x}=\mu_2 H_2$。

阶形柱的计算长度系数是根据对称的单跨框架发生如图3-65（b）所示的有侧移失稳变形条件确定的。因为这种失稳条件的柱临界力最小，这时上段柱的临界力 $N_1=\frac{\pi^2 EI_1}{(\mu_1 H_1)^2}$，而下段柱的临界力 $N_2=\frac{\pi^2 EI_2}{(\mu_2 H_2)^2}$。由于横梁的线刚度常常大于柱上端的线刚度，研究表明，在这种条件下，把横梁的线刚度看作无限大，计算结果是足够精确的。这样一来，按照弹性稳定理论分析框架时，柱与横梁之间的关系归结为它们之间的连接条件：如为铰接，则柱的上端既能自由移动也能自由转动；如为刚接，则柱的上端只能自由移动但不能转动。计算时只凭一根如图3-65（c）、（d）所示的独立柱即可确定柱的计算长度系数。

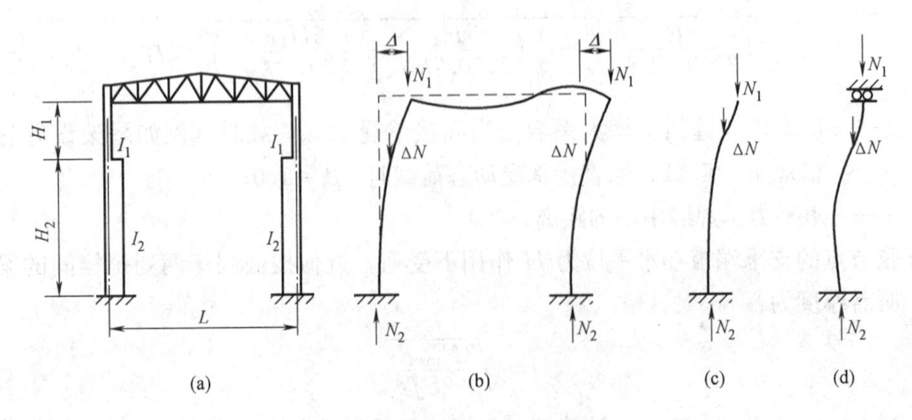

图3-65 单阶柱框架的失稳

规范规定，单层厂房框架下端刚性固定的单阶柱，下段柱的计算长度系数 μ_2 取决于上段柱和下段柱的线刚度比值 $K_1 = I_1 H_2 / I_2 H_1$ 和临界力参数 $\eta_1 = H_1 / H_2 \sqrt{N_1 I_2 / N_2 I_1}$。这里，$H_1$、$I_1$、$N_1$ 和 H_2、I_2、N_2 分别是上段柱和下段柱的高度、惯性矩及最大轴向压力。

当柱上端与横梁铰接时，将柱视为上端自由的独立柱，下段柱计算长度系数 μ_2 均按附表 9-3 取值；当柱上端与横梁刚接时，将柱视为上端可移动但不能转动的独立柱，μ_2 按附表 9-4 取值。

上段柱的计算长度系数 μ_1 按下式计算：$\mu_1 = \mu_2 / \eta_1$ (3-33)

考虑到组成横向框架的单层厂房各阶形柱所承受的吊车竖向荷载差别较大，荷载较小的相邻柱会给所计算的荷载较大的柱提供侧移约束。同时在纵向因有纵向支撑和屋面等纵向联系构件，各横向框架之间有空间作用，有利于荷载重分配。故规范规定对于阶形柱的计算长度系数还应根据表 3-8 中的不同条件乘以折减系数，以反映由于空间作用阶形柱在框架平面内承载力的提高。

厂房柱在框架平面外（沿厂房长度方向）的计算长度，应取阻止框架平面外位移的侧向支承点之间的距离，柱间支撑的节点是阻止框架柱在框架平面外位移的可靠侧向支承点，与此节点相连的纵向构件（如吊车梁、制动结构、辅助桁架、托架、纵梁和刚性系杆等）亦可视为框架柱的侧向支承点。此外，柱在框架平面外的尺寸较小，侧向刚度较差，在柱脚和连接节点处可视为铰接。

具体的取法是：当设有吊车梁和柱间支撑而无其他支承构件时，上段柱的计算长度可取制动结构顶面至屋盖纵向水平支撑或托架支座之间柱的高度；下段柱的计算长度可取柱脚底面至肩梁顶面之间柱的高度。

单层厂房阶形柱计算长度的折减系数 **表 3-8**

<table>
<tr><th colspan="4">厂 房 类 型</th><th rowspan="2">折减系数</th></tr>
<tr><th>单跨或多跨</th><th>纵向温度区间内一个柱列的柱子数</th><th>屋面情况</th><th>厂房两侧是否又通长的屋盖纵向水平支撑</th></tr>
<tr><td rowspan="4">单跨</td><td>等于或少于 6 个</td><td>—</td><td>—</td><td rowspan="2">0.9</td></tr>
<tr><td rowspan="3">多于 6 个</td><td rowspan="2">非大型屋面板屋面</td><td>无纵向水平支撑</td></tr>
<tr><td>有纵向水平支撑</td><td rowspan="2">0.8</td></tr>
<tr><td>大型屋面板屋面</td><td>—</td></tr>
<tr><td rowspan="3">多跨</td><td rowspan="3"></td><td rowspan="2">非大型屋面板屋面</td><td>无纵向水平支撑</td><td>0.8</td></tr>
<tr><td>有纵向水平支撑</td><td rowspan="2">0.7</td></tr>
<tr><td>大型层面板屋面</td><td>—</td></tr>
</table>

注：有横梁的露天结构（如落锤车间等）其折减系数可采用 0.9。

3.4.2 格构式框架柱的设计

3.4.2.1 等截面格构式框架柱的截面设计

截面高度较大的压弯柱，采用格构式可以节省材料，所以格构式压弯构件一般用于厂房的框架柱和高大的独立支柱。由于截面的高度较大且受有较大的外剪力，故构件常常用缀条连接。缀板连接的格构式压弯构件很少采用。

常用的格构式压弯构件截面如图 3-66 所示。当柱中弯矩不大或正负弯矩的绝对值相差不大时，可用对称的截面形式（图 3-66a、b、d）；如果正负弯矩的绝对值相差较大时，常采用不对称截面（图 3-66c），并将较大肢放在受压较大的一侧。

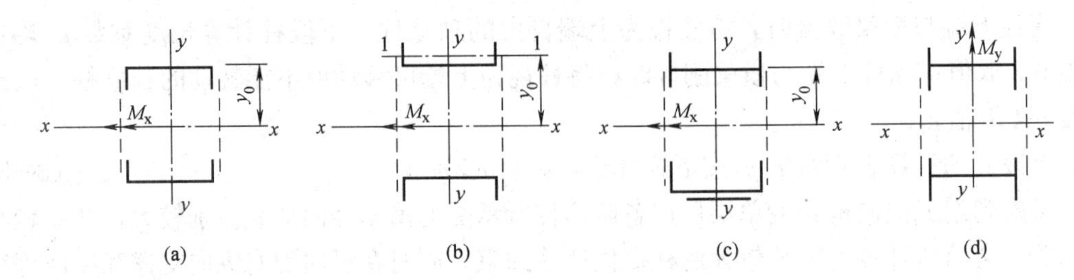

图 3-66　格构式压弯构件常用截面

（1）弯矩绕虚轴作用的格构式压弯构件

格构式压弯构件通常使弯矩绕虚轴作用（图 3-66a、b、c），对此种构件应进行下列计算：

① 弯矩作用平面内的整体稳定性计算

弯矩绕虚轴作用的格构式压弯构件，由于截面中部空心，不能考虑塑性的深入发展，故弯矩作用平面内的整体稳定计算适宜采用边缘屈服准则。在根据此准则导出的相关公式中，引入等效弯矩系数 β_{mx}，并考虑抗力分项系数后，得：

$$\frac{N}{\varphi_x A}+\frac{\beta_{mx}M_x}{W_{1x}\left(1-\varphi_x\frac{N}{N'_{Ex}}\right)}\leqslant f \tag{3-34}$$

式中，$W_{1x}=I_x/y_0$，I_x为对 x 轴（虚轴）的毛截面惯性矩；y_0 为由 x 轴到压力较大分肢轴线的距离或者到压力较大分肢腹板边缘的距离，二者取较大值；φ_x和N'_{Ex}分别为轴心压杆的整体稳定系数和考虑抗力分项系数 γ_R 的欧拉临界力，均由对虚轴（x 轴）的换算长细比 λ_{0x}确定。

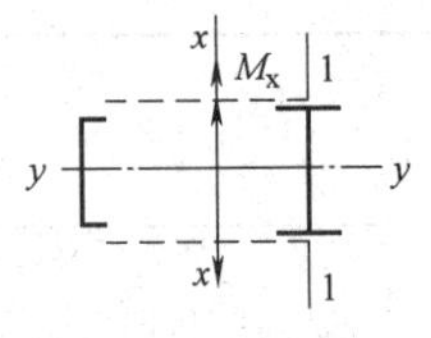

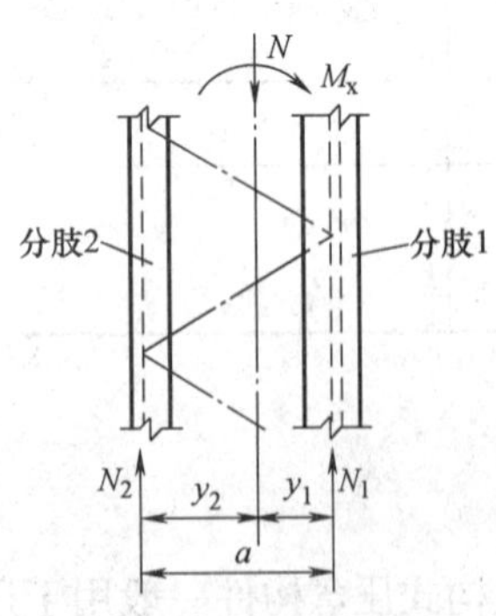

图 3-67　分肢的内力计算

② 分肢的稳定计算

弯矩绕虚轴作用的压弯构件，在弯矩作用平面外的整体稳定性一般由分肢的稳定计算得到保证，故不必再计算整个构件在平面外的整体稳定性。

将整个构件视为一平行弦桁架，将构件的两个分肢看作桁架体系的弦杆，两分肢的轴心力应按下列公式计算（图 3-67）：

分肢 1：

$$N_1=N\frac{y_2}{a}+\frac{M}{a} \tag{3-35}$$

分肢 2：

$$N_2=N-N_1 \tag{3-36}$$

缀条式压弯构件的分肢按轴心压杆计算。分肢的计算长度，在缀材平面内（图 3-67 中的 1-1 轴）取缀条体系的节间长度；在缀条平面外，取整个构件两侧向支撑点间的距离。

进行缀板式压弯构件的分肢计算时，除轴心力 N_1（或 N_2）外，还应考虑由剪力作用引起的局部弯矩，按实腹式压弯构件验算单肢的稳定性。

③ 缀材的计算

计算压弯构件的缀材时，应取构件实际剪力和按公式 $\left(V=\frac{Af}{85}\sqrt{\frac{f_y}{235}}\right)$ 计算所得剪力两者中的较大值。其计算方法与格构式轴心受压构件相同。

（2）弯矩绕实轴作用的格构式压弯构件

当弯矩作用在与缀材面相垂直的主平面内时（图 3-66d），构件绕实轴产生弯曲失稳，它的受力性能与实腹式压弯构件完全相同。因此，弯矩绕实轴作用的格构式压弯构件，弯矩作用平面内和平面外的整体稳定计算均与实腹式构件相同，在计算弯矩作用平面外的整体稳定时，长细比应取换算长细比，整体稳定系数取 $\varphi_b=1.0$。

缀材（缀板或缀条）所受剪力按公式 $\left(V=\frac{Af}{85}\sqrt{\frac{f_y}{235}}\right)$ 计算。

（3）双向受弯的格构式压弯构件

弯矩作用在两个主平面内的双肢格构式压弯构件（图 3-68），其稳定性按下列规定计算：

① 整体稳定计算

规范采用与边缘屈服准则导出的弯矩绕虚轴作用的格构式压弯构件平面内整体稳定计算式（3-34）相衔接的直线式进行计算：

$$\frac{N}{\varphi_x A}+\frac{\beta_{mx}M_x}{W_{1x}\left(1-\varphi_x\frac{N}{N'_{Ex}}\right)}+\frac{\beta_{ty}M_y}{W_{1y}}\leqslant f \qquad (3\text{-}37)$$

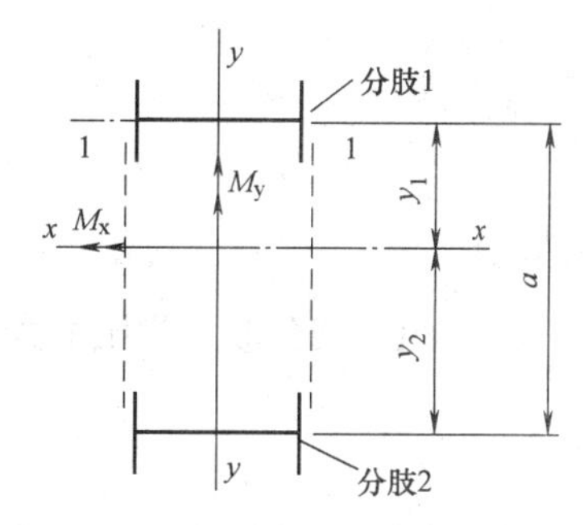

图 3-68　双向受弯格构柱

式中，φ_x 和 N'_{Ex} 由换算长细比确定。

② 分肢的稳定计算

分肢按实腹式压弯构件计算，将分肢作为桁架弦杆计算其在轴力和弯矩的共同作用下产生的内力（图 3-68）。

分肢 1

$$N_1=N\frac{y_2}{a}+\frac{M_x}{a} \qquad (3\text{-}38)$$

$$M_{y1}=\frac{I_1/y_1}{I_1/y_1+I_2/y_2}\cdot M_y \qquad (3\text{-}39)$$

分肢 2

$$N_2=N-N_1 \qquad (3\text{-}40)$$

$$M_{y2}=M_y-M_{y1} \qquad (3\text{-}41)$$

式中　I_1、I_2——分肢 1 和分肢 2 对 y 轴的惯性矩；

y_1、y_2——M_y 作用的主轴平面至分肢 1 和分肢 2 轴线的距离。

上式适用于当 M_y 作用在构件的主平面时的情形，当 M_y 不是作用在构件的主轴平面而是作用在一个分肢的轴线平面（如图 3-68 中分肢 1 的 1-1 轴线平面），则 M_y 视为全部由该分肢承受。

（4）格构柱的横隔及分肢的局部稳定

对格构柱，不论截面大小，均应设置横隔，横隔的设置方法与轴心受压格构柱相同。

格构柱分肢的局部稳定同实腹式柱。

【例 3-5】 图 3-69 为一单层厂房框架柱的下柱，在框架平面内（属有侧移框架柱）的计算长度为 $l_{0x}=21.7\text{m}$，在框架平面外的计算长度（作为两端铰接）$l_{0y}=12.21\text{m}$。钢材为 Q235B。试验算此柱在下列组合内力（设计值）作用下的承载力。

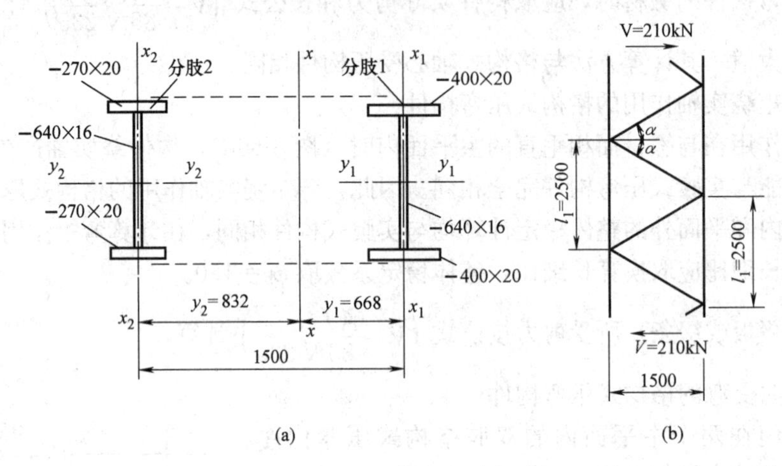

图 3-69　例 3-5 图

第一组（使分肢 1 受压最大）：$\begin{cases} M_x=3340\text{kN}\cdot\text{m} \\ N=4500\text{kN} \\ V=210\text{kN} \end{cases}$

第二组（使分肢 2 受压最大）：$\begin{cases} M_x=2700\text{kN}\cdot\text{m} \\ N=4400\text{kN} \\ V=210\text{kN} \end{cases}$

【解】（1）截面的几何特征

分肢 1：$A_1=2\times40\times2+64\times1.6=262.4\text{cm}^2$

$$I_{y1}=\frac{1}{12}\times(40\times68^3-38.4\times64^3)=209200\text{cm}^4，i_{y1}=28.24\text{cm}$$

$$I_{x1}=2\times\frac{1}{12}\times2\times40^3=21330\text{cm}^4，i_{x1}=9.02\text{cm}$$

分肢 2：$A_2=2\times27\times2+64\times1.6=210.4\text{cm}^2$

$$I_{y2}=\frac{1}{12}\times(27\times68^3-25.4\times64^3)=152600\text{cm}^4，i_{y2}=26.93\text{cm}$$

$$I_{x2}=2\times\frac{1}{12}\times2\times27^3=6561\text{cm}^4，i_{x2}=5.58\text{cm}$$

整个截面：$A=262.4+210.4=472.8\text{cm}^2$

$$y_1=\frac{210.4}{472.8}\times150=66.8\text{cm}，y_2=150-66.8=83.2\text{cm}$$

$$I_x=21330+262.4\times66.8^2+6561+210.4\times83.2^2=2655000\text{cm}^4$$

$$i_x=\sqrt{\frac{2655000}{472.8}}=74.9\text{cm}$$

（2）斜缀条截面选择（图 3-69b）

假想剪力 $V=\frac{Af}{85}\sqrt{\frac{f_y}{235}}=\frac{472.8\times10^2\times215}{85}=120\times10^3\text{N}$，小于实际剪力 $V=210\text{kN}$。

缀条内力及长度：$\tan\alpha=\frac{125}{150}=0.833$，$\alpha=39.8°$

$$N_c=\frac{210}{2\cos39.8°}=136.7\text{kN},\ l=\frac{150}{\cos39.8°}=195\text{cm}$$

选用单角钢∟100×8，$A=15.6\text{cm}^2$，$i_{\min}=1.98\text{cm}$，

$\lambda=\frac{195\times0.9}{1.98}=88.6<[\lambda]=150$，查附表 5-2 得 $\varphi=0.631$

单角钢单面连接的设计强度折减系数为：

$$\eta=0.6+0.0015\lambda=0.733$$

验算缀条稳定

$$\frac{N_c}{\varphi A}=\frac{136.7\times10^3}{0.631\times15.6\times10^2}=139\text{N/mm}^2<0.733\times215=158\text{N/mm}^2$$

（3）验算弯矩作用平面内的整体稳定

$$\lambda_x=l_{0x}/i_x=2170/74.9=29$$

换算长细比 $\lambda_{0x}=\sqrt{\lambda_x^2+27\frac{A}{A_1}}=\sqrt{29^2+27\times\frac{472.8}{2\times15.6}}=35.4<[\lambda]=150$

查附录 5（b 类截面），$\varphi_x=0.916$

$$N'_{Ex}=\frac{\pi^2EA}{\gamma_R\lambda_{0x}^2}=\frac{\pi^2\times206\times10^3\times472.8\times10^2}{1.087\times35.4^2}=70570\times10^3\text{N}$$

对有侧移框架柱，$\beta_{mx}=1.0$

① 第一组内力，使分肢 1 受压最大

$$W_{1x}=\frac{I_x}{y_1}=\frac{2655000}{66.8}=39750\text{cm}^3$$

$$\frac{N}{\varphi_xA}+\frac{\beta_{mx}M_x}{W_{1x}\left(1-\varphi_x\frac{N}{N'_{Ex}}\right)}=\frac{4500\times10^3}{0.916\times472.8\times10^2}+\frac{1.0\times3340\times10^6}{39750\times10^3\times\left(1-0.916\times\frac{4500}{70570}\right)}$$

$$=193.1\text{N/mm}^2<f=205\text{N/mm}^2$$

② 第二组内力，使分肢 2 受压最大

$$W_{2x}=\frac{I_x}{y_2}=\frac{2655000}{83.2}=31910\text{cm}^3$$

$$\frac{N}{\varphi_xA}+\frac{\beta_{mx}M_x}{W_{1x}\left(1-\varphi_x\frac{N}{N'_{Ex}}\right)}=\frac{4400\times10^3}{0.916\times472.8\times10^2}+\frac{1.0\times2700\times10^6}{31910\times10^3\times\left(1-0.916\times\frac{4400}{70570}\right)}$$

$$=191.3\text{N/mm}^2<f=205\text{N/mm}^2$$

（4）验算分肢 1 的稳定（用第一组内力）

最大压力：$N_1=\frac{0.832}{1.5}\times4500+\frac{3340}{1.5}=4722\text{kN}$

$$\lambda_{x1}=\frac{250}{9.02}=27.7<[\lambda]=150, \lambda_{y1}=\frac{1221}{28.24}=43.2<[\lambda]=150$$

查附录5（b类截面），$\varphi_{min}=0.886$

$$\frac{N_1}{\varphi_{min}A_1}=\frac{4722\times10^3}{0.886\times262.4\times10^2}=203.1\text{N/mm}^2<f=205\text{N/mm}^2$$

(5) 验算分肢2的稳定（用第二组内力）

最大压力：$N_2=\frac{0.668}{1.5}\times4400+\frac{2700}{1.5}=3759\text{kN}$

$$\lambda_{x2}=\frac{250}{5.58}=44.8<[\lambda]=150, \lambda_{y2}=\frac{1221}{26.93}=45.3<[\lambda]=150$$

查附录5（b类截面），$\varphi_{min}=0.877$

$$\frac{N_2}{\varphi_{min}A_2}=\frac{3759\times10^3}{0.877\times210.4\times10^2}=204\text{N/mm}^2<f=205\text{N/mm}^2$$

(6) 分肢局部稳定验算

只需验算分肢1的局部稳定。此分肢属轴心受压构件，应按附录4的规定进行验算。

因 $\lambda_{x1}=27.7$，$\lambda_{y1}=43.2$，得 $\lambda_{max}=43.2$

翼缘：$\frac{b}{t}=\frac{200}{20}=10<(10+0.1\lambda_{max})\sqrt{235/f_y}=10+0.1\times43.2=14.32$

腹板：$\frac{h_0}{t_w}=\frac{640}{16}=40<(25+0.5\lambda_{max})\sqrt{235/f_y}=46.6$

从以上验算结果看，此截面是合适的。

3.4.2.2 阶形柱的截面设计

单阶柱的上柱一般为实腹工字形截面，选取最不利的内力组合，按第2章的计算方法进行截面验算。阶形柱的下段柱一般为格构式压弯构件，需要验算在框架平面内的整体稳定以及屋盖肢与吊车肢的单肢稳定。计算单肢稳定时，应注意分别选取对所验算的单肢产生最大压力的内力组合。

考虑到格构式柱的缀材体系传递两肢间的内力情况还不十分明确，为了确保安全，还需按吊车肢单独承受最大吊车垂直轮压 R_{max} 进行补充验算。此时，吊车肢承受的最大压力为：

$$N_1=R_{max}+\frac{(N-R_{max})y_2}{a}+\frac{M-M_R}{a} \tag{3-42}$$

式中 R_{max}——吊车竖向荷载及吊车梁自重等所产生的最大计算压力；

M——使吊车肢受压的下段柱计算弯矩，包括 R_{max} 的作用；

N——与 M 相应的内力组合的下段柱轴向力；

M_R——仅由 R_{max} 作用对下段柱产生的计算弯矩，与 M、N 同一截面；

y_2——下柱截面重心轴至屋盖肢重心线的距离；

a——下柱屋盖肢和吊车肢重心线间的距离。

当吊车梁为突缘支座时，其支反力沿吊车肢轴线传递，吊车肢按承受轴心压力 N_1 计算单肢的稳定性。当吊车梁为平板式支座时，尚应考虑由于相邻两吊车梁支座反力差（R_1-R_2）所产生的框架平面外的弯矩：

$$M_y=(R_1-R_2)e \tag{3-43}$$

M_y全部由吊车肢承受，其沿柱高度方向弯矩的分布可近似地假定在吊车梁支承处为铰接，在柱底部为刚性固定，分布如图 3-70 所示。吊车肢按实腹式压弯杆验算在弯矩 M_y 作用平面内（即框架平面外）的稳定性。

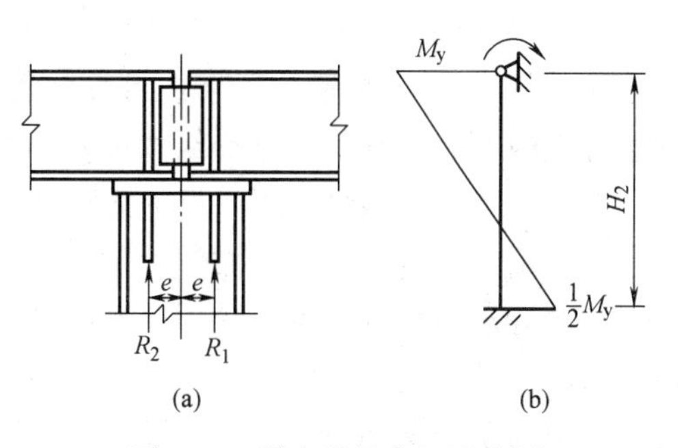

图 3-70　吊车肢的弯矩计算图

3.4.2.3　分离式柱脚的设计

一般格构式柱由于两分肢的距离较大，采用整体式柱脚所耗费的钢材比较多，故多采用分离式柱脚，如图 3-71 所示。每个分肢下的柱脚相当于一个轴心受力的铰接柱脚。为了加强分离式柱脚在运输和安装时的刚度，宜设置缀材把两个独立柱脚连接起来。

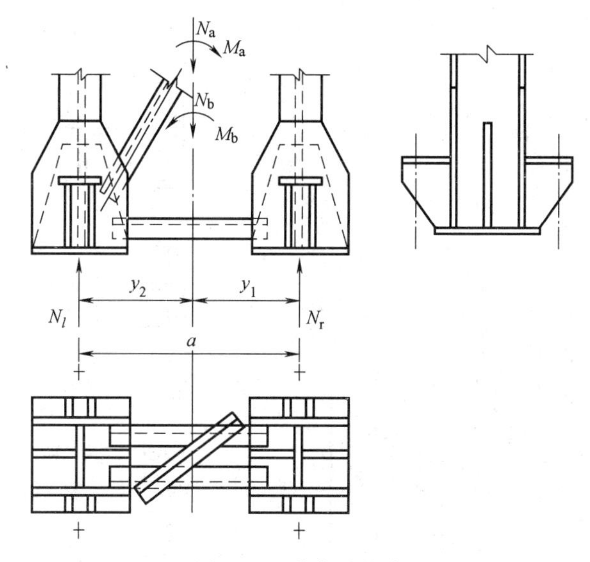

图 3-71　分离式柱脚

每个分离式柱脚按分肢可能产生的最大压力作为承受轴向力的柱脚设计。但锚栓应由计算确定。分离式柱脚的两个柱脚所承受的最大压力为：

右肢：
$$N_r=\frac{N_a y_2}{a}+\frac{M_a}{a} \tag{3-44}$$

左肢：
$$N_l=\frac{N_b y_1}{a}+\frac{M_b}{a} \tag{3-45}$$

式中　N_a、M_a——使右肢受力最不利的柱的组合内力；

N_b、M_b——使左肢受力最不利的柱的组合内力；

y_1、y_2——分别为右肢及左肢至柱轴线的距离；

a——柱截面宽度（两分肢轴线距离）。

每个柱脚的锚栓也按各自的最不利组合内力换算成的最大拉力计算。

3.4.3　肩梁的构造和计算

阶形柱支承吊车处，是上、下柱连接和传递吊车梁支反力的重要部位，它由上盖板、下盖板、腹板及垫板组成，也称肩梁。肩梁有单壁式和双壁式。

(1) 单壁式肩梁

图 3-72 (a) 为单壁式肩梁，当吊车梁为突缘支座时，将肩梁腹板嵌入吊车肢的槽口。为了加强腹板，可在吊车梁突缘宽度范围内，在肩梁腹板两侧局部各贴焊一小板（图3-72c)，以承受吊车梁的最大支座反力或将肩梁在此范围内局部加厚。当吊车梁为平板式支座时，宜在吊车肢腹板上和吊车梁端加劲肋的相应位置上设置加劲肋（图 3-72b)。

外排柱的上柱外翼缘直接以对接焊缝与下柱屋盖肢腹板拼接，上柱腹板一般由角焊缝焊于该范围的上盖板上。单壁式肩梁的上柱内翼缘应开槽口插入肩梁腹板，由角焊缝连接，其受力为（图 3-72d)：

$$R_1=\frac{N_1}{2}+\frac{M_1}{a_1} \tag{3-46}$$

式中，M_1和 N_1是上柱下端使 R_1 绝对值最大的最不利内力组合中的弯矩和轴压力；a_1为上柱两翼缘中心间的距离。

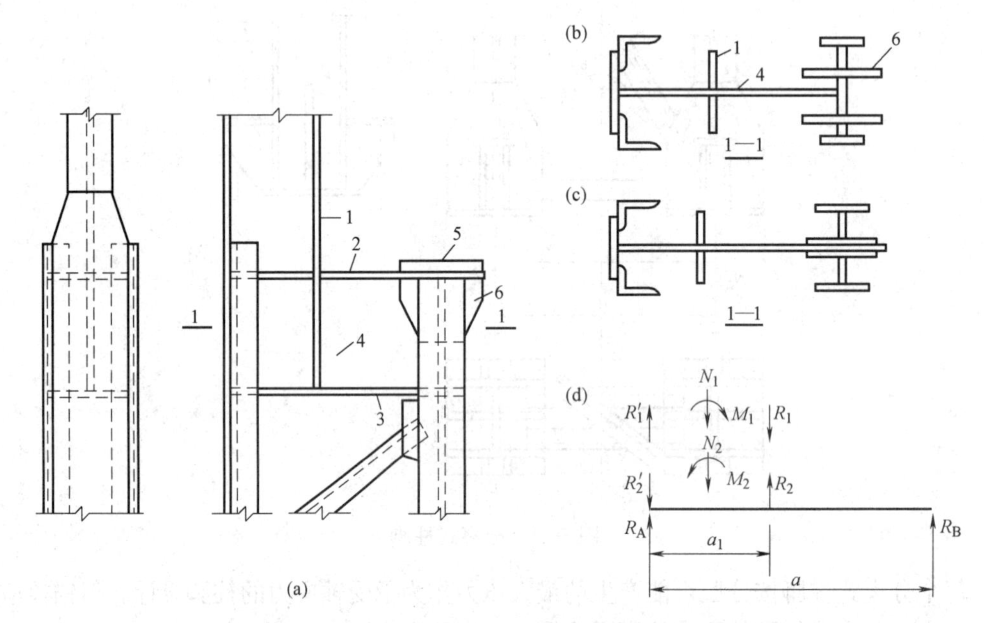

图 3-72 肩梁外力的分布和单壁式肩梁构造

1—上柱翼缘；2—肩梁上盖板；3—肩梁下盖板；4—肩梁腹板；5—垫板；6—加劲肋

肩梁腹板按跨度为 a，受集中荷载 R_1 的简支梁计算（图 3-72d)。肩梁与下柱屋盖肢的连接焊缝按肩梁腹板反力 R_A计算，肩梁与下柱吊车肢的连接焊缝按肩梁腹板反力 R_B计算。当吊车梁为突缘支座时应按（R_B+R_{max}）计算，R_{max}为吊车荷载传给柱的最大压力。这些连接焊缝的计算长度不大于 $60h_f$，而 $h_f \geqslant 8$mm。

吊车梁为平板支座时，吊车肢加劲肋按吊车梁最大支座反力计算端面承压应力和连接焊缝，加劲肋高度不宜小于 500mm，其上端应刨平顶紧盖板。

(2) 双壁式肩梁

单壁式肩梁构造简单，但平面外刚度较差，较为大型的厂房柱通常采用双壁式肩梁（图 3-73)。其计算方法与单壁式基本相同，只是在计算腹板时，应考虑两块腹板共同受力。

双壁式肩梁将上柱下端加宽后插入两肩梁腹板之间并焊接，上盖板与单壁式肩梁的相同，不要做成封闭式，以免施焊困难。

肩梁高度一般取为下柱截面宽度 l 的 1/3 左右。为了保证对上柱的嵌固，肩梁截面对其水平轴的惯性矩 I_x 不宜小于上柱截面对强轴的惯性矩。

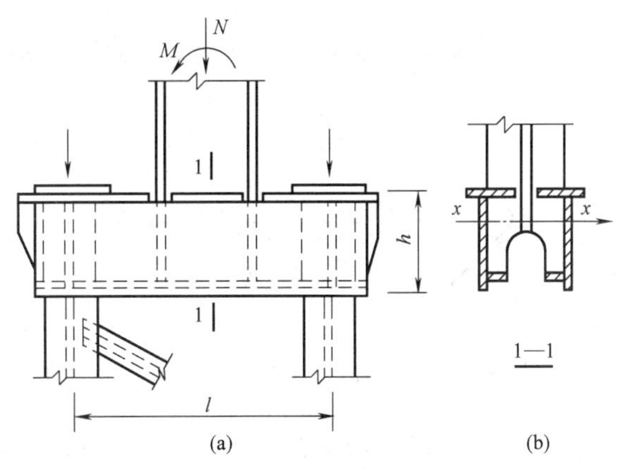

图 3-73　双壁式肩梁构造

3.4.4　托架与柱的连接

托架通常支承于钢柱的腹板上（图 3-74a)。钢柱上设置的支托板和加劲肋承受托架的垂直反力，支托板上端应刨平，连接托架与柱的螺栓数，按构造上的需要决定。托架支承端板的厚度一般不宜小于 20mm，其下应刨平。反力较大时，还应该验算其端面承压力。图 3-74（b）为托架支承于混凝土柱的构造示例。

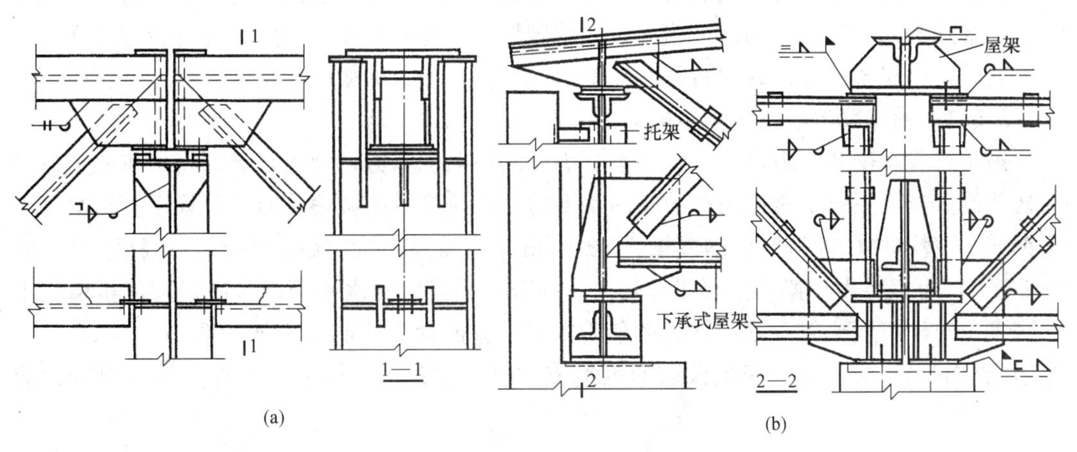

图 3-74　托架与柱的连接

（a）托架（双壁式）支于钢柱；（b）托架（单壁式）支于混凝土柱

3.5　吊车梁设计特点

直接支承吊车的受弯构件有吊车梁和吊车桁架，一般设计成简支结构。因为简支结构传力明确，构造简单，施工方便，且对支座沉陷不敏感。吊车梁有型钢梁、组合工字形梁及箱形梁等形式（图 3-75），其中焊接工字形梁最为常用。吊车梁的动力性能好，特别适用于重级工作制吊车的厂房，应用最为广泛。吊车桁架（即支承吊车的桁架）对动力作用反映敏感（特别是上弦），故只有在跨度较大而吊车起重量较小时才采用。

本节仅讨论焊接吊车梁的设计方法。

吊车梁与一般梁相比，特殊性就在于，其上作用的荷载除永久荷载外，更主要的是由吊车移动所引起的连续反复作用的动力荷载，这些荷载既可能是竖向荷载、横向水

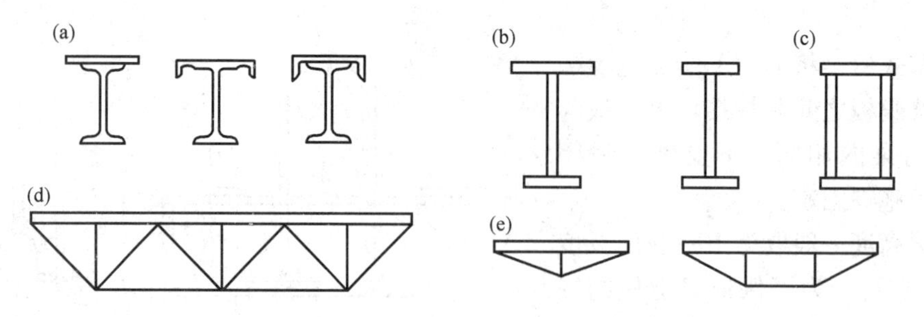

图 3-75　吊车梁和吊车桁架的类型简图
(a) 型钢吊车梁；(b) 工字形焊接吊车梁；(c) 箱形吊车梁；(d) 吊车桁架；(e) 撑杆式吊车桁架

平荷载，也可能是纵向水平荷载。因此，对材料要求高，对于重级工作制和吊车起重量大于等于 500kN 的中级工作制焊接吊车梁，除应具有抗拉强度、伸长率、屈服点、冷弯性能及碳、硫、磷含量的合格保证外，还应具有常温冲击韧性的合格保证（即至少应采用 B 级钢）。当冬季计算温度低于等于－20℃时，还应具有－20℃冲击韧性的合格保证。

由于吊车梁承受动力荷载的反复作用，按照《钢结构设计规范》的要求，对重级工作制吊车梁除应采用恰当的构造措施防止疲劳破坏外，还要对疲劳敏感区进行疲劳验算。

同时，吊车梁所受荷载的特殊性，也引起了截面形式的相应变化。

3.5.1　吊车梁系统结构的组成

吊车梁除承受竖向力以外，还要承受小车的横向刹车力，因此，必须将吊车梁上翼缘加强或设置制动系统以承担吊车的横向水平力。当跨度及荷载很小时，可采用型钢梁（工字钢或 H 型钢加焊接板、角钢或槽钢）。当吊车起重量不大（$Q\leqslant 30$kN）且柱距又小时（$l\leqslant 6$m），可以将吊车梁的上翼缘加强（图 3-75a），使它在水平面内具有足够的抗弯强度和刚度。对于跨度或起重量较大的吊车梁，应设置制动梁或制动桁架。图 3-76（a）是一个边列柱的吊车梁，设置有钢板和槽钢组成的制动梁；吊车梁的上翼缘为制动梁的内翼

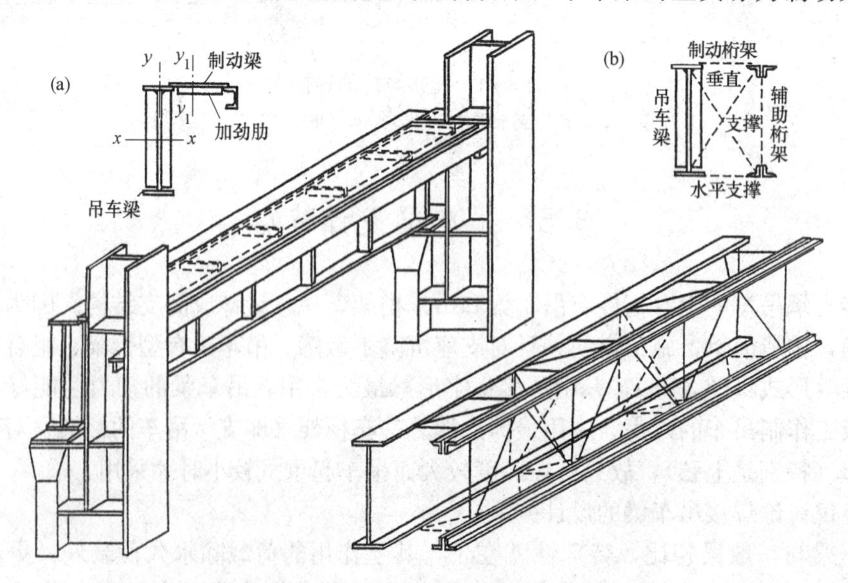

图 3-76　焊接吊车梁的截面形式和制动结构

缘，槽钢则为制动梁的外翼缘。制动梁的宽度不宜小于1.0～1.5m，宽度较大时宜采用制动桁架（图3-75b）。制动桁架是用角钢组成的平行弦桁架。吊车梁的上翼缘兼作制动桁架的弦杆。制动梁和制动桁架统称为制动结构。制动结构不但用以承受横向水平荷载，保证吊车梁的整体稳定，并且可作为检修走道。制动梁腹板（兼作走道板）宜用花纹钢板以防行走滑倒。其厚度一般为6～10mm，走道的活荷载一般按$2kN/m^2$考虑。

对于跨度大于等于12m的重级工作制吊车梁，或跨度大于等于18m的轻中级工作制吊车梁，为了增加吊车梁和制动结构的整体刚度和抗扭性能，对边列柱的吊车梁宜设置与吊车梁平行的垂直辅助桁架，并在辅助桁架和吊车梁之间设置水平支撑和垂直支撑（图3-76b）。垂直支撑虽然对增加整体刚度有利，但在吊车梁竖向变位的影响下，容易受力过大而破坏；如需设置应避免靠近梁的跨度中央处。对柱的两侧均有吊车梁的中列柱，则应在两吊车梁间设置制动结构、水平支撑和垂直支撑。

3.5.2 吊车梁的荷载

吊车梁直接承受由吊车产生的三个方向的荷载：竖向荷载、横向水平荷载和纵向水平荷载。竖向荷载包括吊车系统和起重物的自重以及吊车梁系统的自重。当吊车沿轨道运行、起吊、卸载等时，将引起吊车梁的振动；且当吊车越过轨道接头处的空隙时，还将发生撞击，这些振动和撞击都将对梁产生动力效应，使梁受到的吊车轮压值大于静荷轮压值。设计中将竖向轮压的动力效应用加大轮压值的方法加以考虑。规范规定：对悬挂吊车（包括电动葫芦）以及轻、中级工作制软钩吊车，动力系数取1.05，对重级工作制的软钩吊车、硬钩吊车以及其他特种吊车，动力系数取1.1；计算疲劳和变形时，可不乘动力系数。

吊车横向水平力是当小车吊有重物时刹车所引起的横向水平惯性力，它通过小车轮刹车与桥架轨道之间的摩擦力传给大车，再通过大车轮在吊车轨顶传给吊车梁，而后由吊车梁与柱的连接钢板传给排架柱。根据《建筑结构荷载规范》，吊车横向水平荷载标准值应取横行小车重力g与额定起重量的重力Q之和乘以下列百分数：

软钩吊车：$Q\leqslant 100kN$时，　　取20%

$Q=150\sim500kN$时，　取10%

$Q\geqslant 750kN$时，　　取8%

硬钩吊车：取20%

对重级工作制吊车，由于吊车轨道不可能绝对平行，吊车轮子和轨道之间有一定空隙，当吊车刹车时，或吊车运行时车身不平行，发生倾斜，都会在大轮子和轨道之间产生较大的摩擦力，通称卡轨力，亦称摇摆力。显然，卡轨力的大小与吊车的最大轮压有关，而与荷载规范规定的由小车刹车引起的横向水平力无关，因此《钢结构设计规范》规定在计算重级工作制吊车梁（吊车桁架）及其制动结构的强度、稳定以及连接强度时，应考虑由吊车摆动引起的横向水平力（此水平力不与荷载规范的横向水平荷载同时考虑），作用于每个轮压处的此摇摆力标准值可由下式进行计算：

$$H_K=\alpha P_{kmax} \tag{3-47}$$

式中　P_{kmax}——吊车最大轮压标准值；

α——系数，对一般软钩吊车，$\alpha=0.1$；抓斗或磁盘吊车宜采用$\alpha=0.15$；硬钩吊车宜采用$\alpha=0.2$。

3.5.3 吊车梁的内力计算

计算吊车梁的内力时，由于吊车荷载为移动荷载，首先应按结构力学中影响线的方法确定产生最大内力时吊车荷载的最不利位置，再按此求出吊车梁的最大弯矩及其相应的剪力、支座处最大剪力以及横向水平荷载作用下在水平方向所产生的最大弯矩 M_{ymax}，当为制动桁架时还要计算横向水平荷载在吊车梁上翼缘所产生的局部弯矩。

计算吊车梁的强度、稳定和变形时，按两台吊车考虑；计算吊车梁的疲劳和变形时按作用在跨间内起重量最大的一台吊车考虑。疲劳和变形的计算，采用吊车荷载的标准值，不考虑动力系数。

吊车梁、制动结构、支撑杆自重、轨道等附加零件自重以及制动结构上的检修荷载等产生的内力，可以近似地取为吊车最大垂直轮压产生的内力乘以表 3-9 的系数。

吊车梁的自重系数 **表 3-9**

吊车梁跨度	6	12	≥18
自重系数	0.03	0.05	0.07

3.5.4 吊车梁的截面验算

求出吊车梁最不利的内力之后，根据第 2 章焊接组合梁截面选择的方法试选吊车梁截面，但需注意两点：

① 吊车梁所需截面模量按公式（3-48a）计算，即

$$W_{nx}=\frac{M_{xmax}}{\alpha f} \tag{3-48a}$$

式中 a——考虑横向水平荷载作用的系数，取 0.7～0.9（重级工作制吊车取偏小值，轻、中级工作制吊车取偏大值）；

M_{xmax}——两台吊车竖向荷载产生的最大弯矩设计值。

② 吊车梁的最小高度按公式（3-48b），即

$$h_{min}=\frac{\sigma_k l^2}{5E[\upsilon_T]} \tag{3-48b}$$

但式中 σ_k 为竖向荷载标准值产生的应力，可用 $\sigma_k=\frac{M_{xk1}}{W_{nx}}$ 进行估算，这里 M_{xk1} 为吊车梁在自重和一台吊车竖向荷载标准值作用下的最大弯矩；W_{nx} 为由式（3-48a）计算的截面模量。

制动结构的截面可参考有关资料预先假定。

（1）强度验算

上翼缘的正应力按下列公式计算：

无制动结构：

$$\sigma=\frac{M_{xmax}}{W_{nx1}}+\frac{M_{ymax}}{W_{ny}}\leqslant f \tag{3-49}$$

有制动梁时：

$$\sigma=\frac{M_{xmax}}{W_{nx1}}+\frac{M_{ymax}}{W_{ny1}}\leqslant f \tag{3-50}$$

有制动桁架：

$$\sigma=\frac{M_{xmax}}{W_{nx1}}+\frac{M}{W_{ny}}+\frac{N}{A_{nf}}\leqslant f \tag{3-51}$$

下翼缘的正应力按下式计算：

$$\sigma=\frac{M_{xmax}}{W_{nx2}}\leqslant f \tag{3-52}$$

式中 W_{nx1}、W_{nx2}——吊车梁对 x 轴的上部及下部边缘纤维的净截面模量；

W_{ny}——吊车梁上翼缘截面（包括加强板、角钢或槽钢）对 y 轴的净截面模量；

W_{ny1}——制动梁截面对 y_1 轴吊车梁上翼缘外边缘纤维的截面模量；

A_{nf}——吊车梁上翼缘及 $15t_w$ 腹板的净截面面积之和；

M_{xmax}、M_{ymax}——分别为吊车竖向荷载及横向水平力（横向水平荷载或摇摆力）产生的计算弯矩；

N——横向水平荷载或摇摆力在吊车梁上翼缘所产生的轴向压力；

$$N=\frac{M_{ymax}}{b} \tag{3-53}$$

b——吊车梁与辅助桁架或吊车梁与吊车梁轴线间水平距离；

M——吊车横向水平制动力对制动桁架在吊车梁上翼缘产生的局部弯矩，可近似地按 $M=(1/4\sim1/3)Ta$ 计算；T 为作用于一个吊车轮上的横向水平荷载或摇摆力；a 为制动桁架节间长度。

剪应力：

$$\tau=\frac{V_{max}S}{It_w}\leqslant f_v \tag{3-54}$$

式中 V_{max}——支座处最大剪力；

S——梁中和轴以上毛截面对中和轴的面积矩；

I——梁毛截面惯性矩；

t_w——腹板厚度。

腹板计算高度上边缘的局部承压强度应按下式计算：

$$\sigma_c=\frac{\psi F}{t_w l_z}\leqslant f \tag{3-55}$$

式中 F——考虑动力系数的吊车最大轮压的设计值；

ψ——对重级工作制的吊车梁取 1.35；其他情况取 1.1；

l_z——集中荷载在腹板计算高度上边缘的假定分布长度，按下式计算：

$$l_z=a+5h_y+2h_R$$

a——集中荷载沿梁跨度方向的支承长度，对钢轨上的轮压长度取为 50mm；

h_y——自吊车轨顶至腹板计算高度上边缘的距离（对焊接梁即翼缘板厚度）；

h_R——轨道的高度，对梁顶无轨道的梁 $h_R=0$。

此外，还应验算吊车梁上翼缘与腹板交界处的折算应力：

$$\sqrt{\sigma^2+\sigma_c^2-\sigma\sigma_c+3\tau^2}\leqslant\beta_1 f \tag{3-56}$$

式中 $\sigma=\frac{M_{max}}{W_{nx1}}\cdot\frac{h}{h_w}$，$\tau=\frac{QS_2}{It_w}$；

β_1——系数，当 σ 与 σ_c 异号时，取 $\beta_1=1.2$；当 σ 与 σ_c 同号时，取 $\beta_1=1.1$；

h——梁的高度；

h_w——腹板高度；

S_2——计算点以上毛截面（吊车梁上翼缘）对中和轴的面积矩。

（2）整体稳定验算

无制动结构时，按下式验算梁的整体稳定性：

$$\frac{M_{xmax}}{\varphi_b W_x}+\frac{M_{ymax}}{W_y}\leqslant f \tag{3-57}$$

式中 W_x——按吊车梁受压纤维确定的对 x 轴的毛截面模量；

W_y——上翼缘对 y 轴的毛截面模量；

φ_b——梁的整体稳定系数，按附录 8 确定。

当采用制动梁或制动桁架时，梁的整体稳定能够保证，不必验算。

（3）刚度验算

吊车梁在垂直方向内的刚度可直接按下式近似计算（等截面时）：

$$\upsilon=\frac{M_{xkmax}l^2}{10EI_x}\leqslant[\upsilon_T] \tag{3-58}$$

式中 M_{xkmax}——竖向荷载（一台吊车荷载和吊车梁自重）的标准值引起的最大弯矩，不考虑动力系数；

$[\upsilon_T]$——规范规定的容许挠度值。

冶金工厂中设有的工作级别为 A7、A8 级（重级工作制）吊车的车间，吊车梁或吊车桁架的制动结构，尚应计算由一台最大吊车横向水平荷载的标准值（T_k，按荷载规范计算）产生的水平挠度，不宜超过制动结构跨度的 1/2200。

（4）翼缘与腹板连接焊缝的计算

翼缘焊缝的计算见第 2 章第 2.4.4 节。吊车梁的上翼缘焊缝除承受水平剪应力外，还承受由吊车轮压引起的竖向应力；下翼缘焊缝仅受翼缘和腹板间的水平剪应力。对于重级工作制的吊车梁，上翼缘与腹板的连接应采用图 3-77 所示的焊透的 T 形连接焊缝，焊缝质量不低于二级焊缝标准，可认为与腹板等强而不再验算其强度。

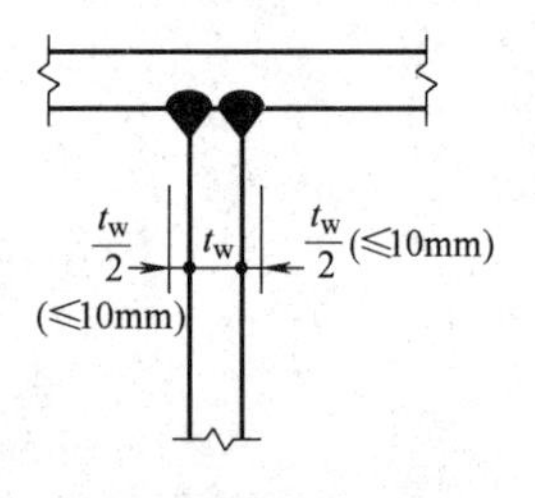

图 3-77 焊透的 T 形连接焊缝

（5）腹板的局部稳定验算

吊车梁腹板除承受弯矩产生的正应力和剪应力外，尚承受吊车最大垂直轮压传来的局部压应力。

（6）疲劳验算

吊车梁在动态荷载的反复作用下，可能产生疲劳破坏。在设计吊车梁时，首先应采用塑性、韧性好的钢材，并尽量避免截面的急剧变化，以免产生过大的应力集中。

钢材的冷作硬化也会加速疲劳破坏，因此吊车梁尽量避免冷弯、冷压等冷作加工。凡冲成孔应进行扩钻，以消除孔周边的硬化区。对于重级工作制吊车梁受拉翼缘的边缘，当用手工气割或剪切机切割时，应沿全长刨边，以消除其硬化边缘和表面不平现象。

焊接对结构的疲劳性能有很大影响，尤其对桁架式构件的影响更为显著，所以对于吊车桁架或制动桁架，应优先采用高强度螺栓连接。焊接工字形吊车梁，其翼缘和腹板的拼接应采用加引弧板的焊透对接焊缝，割除引弧板后应用砂轮打磨使之平整。试验证明，疲劳现象在结构的受拉区特别敏感。因此规范规定，吊车梁的受拉翼缘，除与腹板焊接外，不得焊接其他任何零件，且不得在受拉翼缘打火等。对重级工作制吊车梁和重级、中级工作制吊车桁架，除以上构造措施外，还要验算其疲劳强度，焊接吊车梁应对受拉翼缘与腹板连接处的主体金属、受拉区加劲肋的端部和受拉翼缘与支撑的连接等处的主体金属以及角焊缝连接处进行疲劳验算。

验算公式如下：

$$\alpha_f \Delta\sigma \leqslant [\Delta\sigma]_{2\times10^6} \tag{3-59}$$

式中 α_f——欠载效应的等效系数，与吊车类型有关，按表 3-10 采用；

$[\Delta\sigma]_{2\times10^6}$——循环次为 2×10^6 的容许应力幅，根据附录 10 的构件和连接类别由表 3-11 查得。

欠载效应的等效系数 α_f **表 3-10**

吊 车 类 别	α_f
重级工作制的硬钩吊车(如均热炉车间的钳式吊车)	1.0
重级工作制的软钩吊车	0.8
中级工作制的吊车	0.5

循环次数为 2×10^6 的容许应力幅（N/mm^2） **表 3-11**

构件的连接类别	1	2	3	4	5	6	7	8
$[\Delta\sigma]_{2\times10^6}$	176	144	118	103	90	78	69	59

3.5.5 吊车梁与柱的连接

吊车梁下翼缘与框架柱的连接，一般采用 M20～M26 的普通螺栓固定。螺栓上的垫板厚度约取 16～18mm。

当吊车梁位于设有柱间支撑的框架柱上时（图 3-78），下翼缘与吊车平台间应另加连接板用焊缝或高强度螺栓连接，按承受吊车纵向水平荷载和山墙传来的风荷载进行计算。

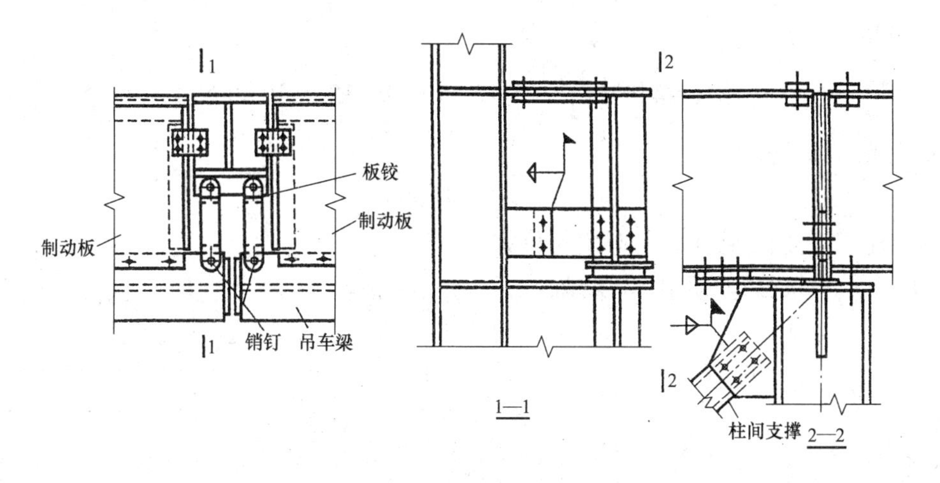

图 3-78 吊车梁与柱的连接

吊车梁上翼缘与柱的连接应能传递全部支座处的水平反力。同时，对重级工作制吊车梁应注意采取适宜的构造措施，减少对吊车梁的约束，以保证吊车梁在简支状态下工作。上翼缘与柱宜通过连接板用大直径销钉（图 3-78）连接。

吊车梁之间的纵向连接通常在梁端高度下部加设调整填板，并用普通螺栓连接。

3.5.6 吊车梁设计例题

（1）设计资料

简支吊车梁，跨度 12m，2 台 500/100kN 重级工作制（A7 级）桥式吊车，吊车跨度 $L=28.5\text{m}$，横行小车重 $g=165\text{kN}$。吊车轮压简图如图 3-79 所示，最大轮压标准值 $F_k=448\text{kN}$。轨道型号 QU80（轨高 130mm，底宽 130mm）（吊车资料系按大连起重机厂 1984 年产品样本）。

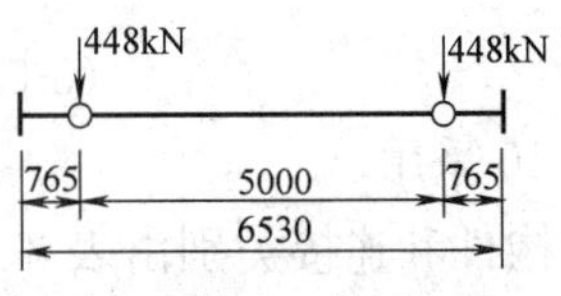

图 3-79 轮压简图

吊车梁材料采用 Q345 钢，腹板与翼缘连接焊缝采用自动焊。制动梁宽度为 1.0m。

（2）内力计算

① 两台吊车作用下的内力

竖向轮压在支座 A 处产生的最大剪力，最不利轮位可能如图 3-80（a）所示，但也可能如图 3-80（b）所示。

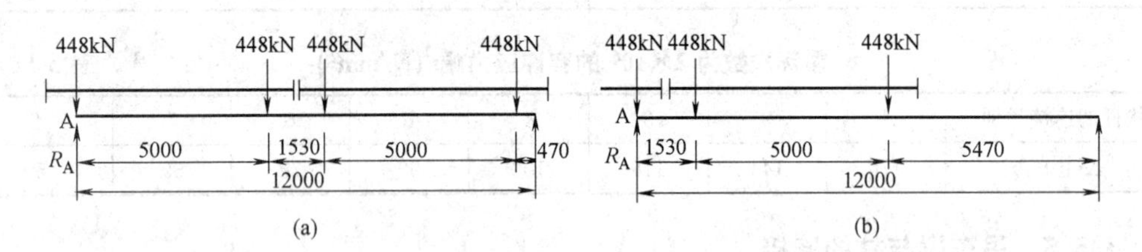

图 3-80 最大剪力轮位

由图 3-80（a）：

$$V_{k,A}=R_A=448\times\frac{1}{12}\times(0.47+5.47+7.00+12)=931\text{kN}$$

由图 3-80（b）：

$$V_{k,A}=448\times\frac{1}{12}\times(5.47+10.47+12)=1043\text{kN}$$

最大剪力标准值：

$$V_{k\max}=1043\text{kN}$$

竖向轮压产生的绝对最大弯矩轮位如图 3-81 所示，最大弯矩在 C 点处，其值为：

$$R_A=3\times448\times\frac{6.578}{12}=736.7\text{kN}$$

$$M_{kc}=736.7\times6.578-448\times5=2606\text{kN}\cdot\text{m}$$

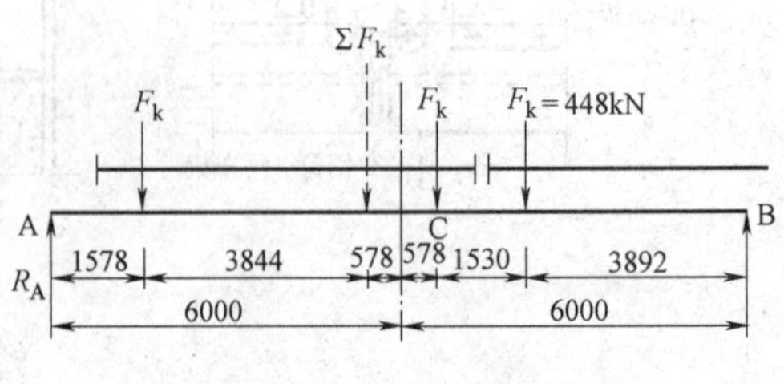

图 3-81 最大弯矩轮压

相应剪力：$V_{kc}=736.7-448=288.7kN$

计算吊车梁及制动结构的强度时应考虑由吊车摆动引起的横向卡轨力 H_k，此处 $H_k=0.1F_k$（大于荷载规范规定的横向水平力），产生的最大水平弯矩为：

$$M_{yk}=0.1M_{kc}=260.6kN\cdot m$$

② 一台吊车作用下的内力

最大剪力（图 3-82a）为：

$$V_{k1}=448\times\frac{1}{12}\times(7+12)=709.3kN$$

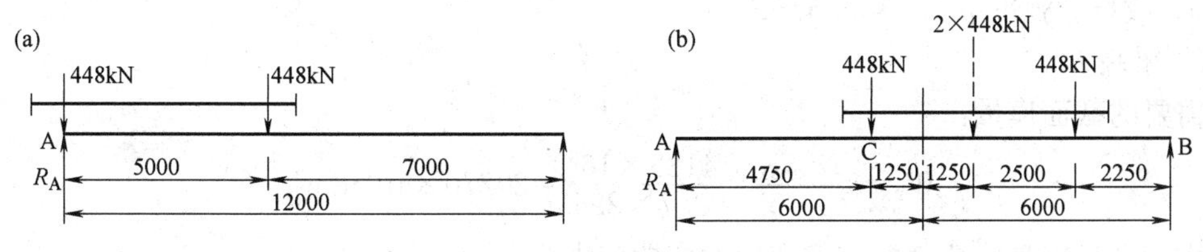

图 3-82　一台吊车的最大剪力和最大弯矩轮位

最大弯矩（图 3-82b）为：

$$R_A=2\times448\times\frac{4.75}{12}=354.7kN$$

$$M_{kC1}=354.7\times4.75=1685kN\cdot m$$

在 C 点处的相应剪力：

$$V_{kC1}=R_A=354.7kN$$

计算制动结构的水平挠度时，应采用由一台吊车横向水平荷载标准值 T_k（按荷载规范取值）所产生的挠度。

$$T_k=\frac{10}{100}\times\frac{Q+G}{n}=\frac{10}{100}\times\frac{500+165}{4}=16.6kN$$

水平荷载最不利轮位与图 3-82（b）相同，产生的最大水平弯矩为：

$$M_{yk1}=1685\times\frac{16.6}{448}=62.44kN\cdot m$$

③ 内力汇总

见表 3-12。

吊车梁内力汇总表　　**表 3-12**

两台吊车时			一台吊车时			
计算强度和稳定（设计值）			计算竖向挠度（标准值）	计算疲劳（标准值）		计算水平挠度（标准值）
M_{xmax}	M_y	V_{xmax}	M_{xk}	M_{xk1}	V_{k1}	M_{yk1}
$1.1\times1.4\times2606+1.1\times1.2\times0.05\times2606=4185kN\cdot m$	$1.4\times260.6=364.8kN\cdot m$	$1.1\times1.4\times1043+1.1\times1.2\times0.05\times1043=1675kN$	$1.05\times1685=1769kN\cdot m$	$1685kN\cdot m$	709kN	$62.44kN\cdot m$

注：1. 吊车梁和轨道等自重设为竖向荷载的 0.05 倍；

2. 竖向荷载动力系数为 1.1；恒荷载分项系数为 1.2；吊车荷载分项系数为 1.4；

3. 与 M_{xmax} 相应的剪力设计值 $V_c=1.1\times1.4\times288.7+1.1\times1.2\times0.05\times288.7=463.7kN$。

(3) 截面选择

钢材为 Q345B，其强度设计值为：

抗弯

$$f_1=310\text{N/mm}^2(t\leqslant16\text{mm})$$

$$f_2=295\text{N/mm}^2(t=17\sim35\text{mm})$$

抗剪

$$f_v=180\text{N/mm}^2(t\leqslant16\text{mm})$$

估计翼缘板厚度超过 16mm，故抗弯强度设计值取为 295N/mm²；而腹板厚度不超过 16mm，故抗剪强度取为 180N/mm²。

① 梁高 h：

需要的截面模量：

$$W_{nx}=\frac{M_{xmax}}{\alpha\cdot f}=\frac{4185\times10^6}{0.7\times295}=20270\times10^3\text{mm}^3$$

由一台吊车竖向荷载标准值产生的弯曲应力为：

$$\sigma_k=\frac{M_{xk1}}{W_{nx}}=\frac{1769\times10^6}{20270\times10^3}=87.3\text{N/mm}^2$$

按式 (3-48b) 得，由刚度条件确定的截面最小高度：

$$h_{min}=\frac{\sigma_k}{5E}\cdot\frac{l}{[\upsilon]}\cdot l=\frac{87.3}{5\times206\times10^3}\times1200\times12000=1221\text{mm}$$

查附录 6，重级工作制桥式吊车$[\nu]=\frac{l}{1200}$。

梁的经济高度：

$$h_s=2W_x^{0.4}=2\times(20270\times10^3)^{0.4}=1674\text{mm}$$

取腹板高度 $h_w=1600$mm。

② 腹板厚度 t_w：

由抗剪要求：

$$t_w\geqslant1.2\frac{V_{xmax}}{h_w f_v}=1.2\times\frac{1675\times10^3}{1600\times180}=7.0\text{mm}$$

由经验公式：

$$t_w=\sqrt{h_w}/3.5=\sqrt{1600}/3.5=11.4\text{mm}$$

取 $t_w=12$mm。

③ 翼缘板宽度 b 和厚度 t：

需要的翼缘板截面积约为：

$$A_{f1}=\frac{W_{nx}}{h_w}-\frac{1}{6}\cdot t_w\cdot h_w=\frac{20270}{160}-\frac{1}{6}\times1.2\times160=94.7\text{cm}^2$$

因吊车钢轨用压板与吊车梁上翼缘连接，故上翼缘在腹板两侧均有螺栓孔。另外，本设计是跨度为 12m 的重级工作制吊车梁，应设置辅助桁架和水平、垂直支撑系统，因此下翼缘也应有连接水平支撑的螺栓孔（图 3-83），设上、下翼缘的螺栓孔直径为 $d_0=24$mm。

$$b=\left(\frac{1}{5}\sim\frac{1}{3}\right)h=33\sim55\text{cm}$$

取上翼缘宽度 500mm（留两个螺栓孔），下翼缘宽度 500mm（留一个螺栓孔）。

$$t=\frac{94.7}{50-2\times2.4}=2.1\text{cm}，取\ t=22\text{mm}$$

$$\frac{b_1}{t}=\frac{25}{2.2}=11.4<15\sqrt{\frac{235}{345}}=12.4$$

（满足局部稳定要求）

④ 制动板选用 8mm 厚花纹钢板，制动梁外侧翼缘（即辅助桁架的上弦）选用 2∟90×8（$A=27.9\text{cm}^2$，$I_y=467\text{cm}^4$）。

⑤ 截面几何特征（图 3-83）：

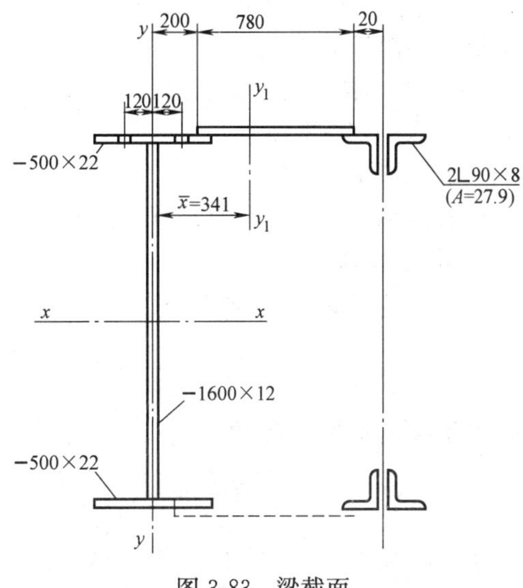

图 3-83　梁截面

吊车梁毛截面惯性矩：

$$I_x=\frac{1}{12}\times(50\times164.4^3-48.8\times160^3)$$
$$=1857000\text{cm}^4$$

净截面惯性矩（假设中和轴 $x—x$ 与毛截面的相同）：

$$I_{nx}=1857000-3\times2.4\times2.2\times82.2^2=1750000\text{cm}^4$$

吊车梁净截面模量：

$$W_{nx}=\frac{1750000}{82.2}=21290\text{cm}^3$$

制动梁净截面积：

$$A_n=(50-2\times2.4)\times2.2+78\times0.8+27.9=189.7\text{cm}^2$$

制动梁截面重心至吊车梁腹板中心之间的距离：

$$\bar{x}=\frac{1}{189.7}\times(78\times0.8\times59+27.9\times100)=34.1\text{cm}$$

制动梁对 $y_1—y_1$ 轴的毛截面惯性矩："

$$I_{y1}=\frac{1}{12}\times2.2\times50^3+2.2\times50\times34.1^2+467+27.9\times65.9^2+$$
$$\frac{1}{12}\times0.8\times78^3+78\times0.8\times24.9^2=343000\text{cm}^4$$

制动梁对吊车梁上翼缘外边缘点的净截面模量：

$$W_{ny1}=\frac{343000-2.4\times2.2\times(46.1^2+22.1^2)}{59.1}=5570\text{cm}^3$$

（4）截面验算

① 验算强度

上翼缘正应力：

$$\frac{M_x}{W_{nx}}+\frac{M_y}{W_{ny1}}=\frac{4185\times10^6}{21290\times10^3}+\frac{364.8\times10^6}{5570\times10^3}=262.1\text{N/mm}^2<f_2=295\text{N/mm}^2$$

剪应力：

$$\tau=\frac{V_xS}{I_xt_w}=\frac{1675\times10^3}{1857000\times10^4\times12}\times\left(500\times22\times811+800\times12\times\frac{800}{2}\right)$$

$=96N/mm^2 < f_v = 180N/mm^2$

腹板局部压应力：

$$\sigma_c = \frac{\psi F}{t_w l_z} = \frac{1.35 \times 448 \times 10^3 \times 1.4 \times 1.1}{12 \times (50 + 2 \times 130 + 5 \times 22)} = 184.8N/mm^2 < f_1 = 310N/mm^2$$

② 整体稳定性验算

因有制动梁，不需验算吊车梁的整体稳定性。

③ 刚度验算

吊车梁的竖向相对挠度：

$$\frac{\upsilon}{l} = \frac{M_{xk1} l}{10EI_x} = \frac{1769 \times 10^6 \times 12000}{10 \times 206 \times 10^3 \times 1857000 \times 10^4} = \frac{1}{1802} < \frac{1}{1200}$$

制动梁的水平相对挠度：

$$\frac{u}{l} = \frac{M_{yk1} l}{10EI_{y1}} = \frac{62.44 \times 10^6 \times 12000}{10 \times 206 \times 10^3 \times 343000 \times 10^4} = \frac{1}{9430} < \frac{1}{2200}$$

由于跨度不大，梁截面沿长度不予改变。

（5）翼缘与腹板的连接焊缝

① 腹板与上翼缘的连接采用焊透的T形对接焊缝，焊缝质量不低于二级。不必计算。

② 腹板与下翼缘的连接采用角焊缝，需要的焊脚尺寸为：

$$h_f \geqslant \frac{1}{1.4 f_f^w} \cdot \frac{V_x S_1}{I_x} = \frac{1}{1.4 \times 200} \times \frac{1675 \times 10^3 \times 500 \times 22 \times 811}{1857000 \times 10^4} = 2.9mm$$

采用 $h_f = 8mm \geqslant 1.5\sqrt{t} = 1.5\sqrt{22} = 7.04mm$

（6）腹板局部稳定

因受压翼缘连有制动板，可认为扭转受到完全约束。

$\frac{h_0}{t_w} = \frac{1600}{12} = 133 < 170\sqrt{\frac{235}{345}} = 140$，只需设置横向加劲肋，沿全跨等间距布置，设间距 $a = 1200mm$，则全跨有10个板段。

① 靠近跨中的板段 V 或 V'（图3-84）中央，正好在最大弯矩 M_{xmax} 附近，其应力为：

$$\sigma = \frac{M_{xmax}}{W_{nx}} \cdot \frac{h_0}{h} = \frac{4185 \times 10^6}{21290 \times 10^3} \times \frac{1600}{1644} = 191.3N/mm^2$$

$$\tau = \frac{V_c}{h_0 t_w} = \frac{463.7 \times 10^3}{1600 \times 12} = 24.2N/mm^2$$

$$\sigma_c = \frac{F}{t_w l_z} = \frac{448 \times 10^3 \times 1.4 \times 1.1}{12 \times (50 + 2 \times 130 + 5 \times 22)} = 136.9N/mm^2$$

各自的临界应力为：

由 $\lambda_b = \frac{t_0 / t_w}{177}\sqrt{\frac{345}{235}} = 0.91 > 0.85$ 但小于1.25得：

$$\sigma_{cr} = [1 - 0.79(\lambda_b - 0.85)]f$$
$$= [1 - 0.79 \times (0.91 - 0.85)] \times 310 = 296N/mm^2$$

由 $\lambda_c = \frac{133}{28\sqrt{10.9 + 13.4\ (1.83 - 0.75)^3}} \cdot \sqrt{\frac{345}{235}} = 1.09 > 0.9$ 但小于1.2得：

$$\sigma_{c.cr} = [1 - 0.79 \times (1.09 - 0.9)] \times 310 = 263.5N/mm^2$$

由 $\lambda_s=\dfrac{133}{41\sqrt{4+5.34\times1.33^2}}\cdot\sqrt{\dfrac{345}{235}}=1.07>0.8$ 但小于 1.2 得：

$$\tau_{cr}=[1-0.59\times(1.07-0.8)]\times180=151\text{N/mm}^2$$

验算稳定：

$$\left(\frac{\sigma}{\sigma_{cr}}\right)^2+\frac{\sigma_c}{\sigma_{c,cr}}+\left(\frac{\tau}{\tau_{cr}}\right)^2=\left(\frac{191.3}{296}\right)^2+\frac{136.9}{263.5}+\left(\frac{24.2}{151}\right)^2=0.963<1.0\text{，通过}$$

② 靠近支座的端部板段Ⅰ（图 3-84）

此板段的弯曲正应力影响甚小，可假定 $\sigma=0$，板段中央所承受最不利 V_1 比最大剪力 V_{xmax} 略小，但假定 $V_1=V_{xmax}$ 以弥补略去弯曲正应力的影响。

$$\tau=\frac{1675\times10^3}{1600\times12}=87.2\text{N/mm}^2$$

局部压应力仍为：

$$\sigma_c=136.9\text{N/mm}^2$$

$$\left(\frac{\sigma}{\sigma_{cr}}\right)^2+\frac{\sigma_c}{\sigma_{c,cr}}+\left(\frac{\tau}{\tau_{cr}}\right)^2=\frac{136.9}{263.5}+\left(\frac{87.2}{151}\right)^2=0.52+0.33=0.85<1.0$$

（7）中间横向加劲肋截面（腹板两侧成对称配置）

外伸宽度：

$$b_s\geqslant\frac{h_0}{30}+40=\frac{1600}{30}+40=93.3\text{mm，取120mm}$$

厚度：

$$t_s=\frac{1}{15}b_s=\frac{1}{15}\times120=8\text{mm}$$

选用截面－120×8。

（8）支座加劲肋

支座处设用突缘加劲肋（图 3-84），其截面选用－500×20。

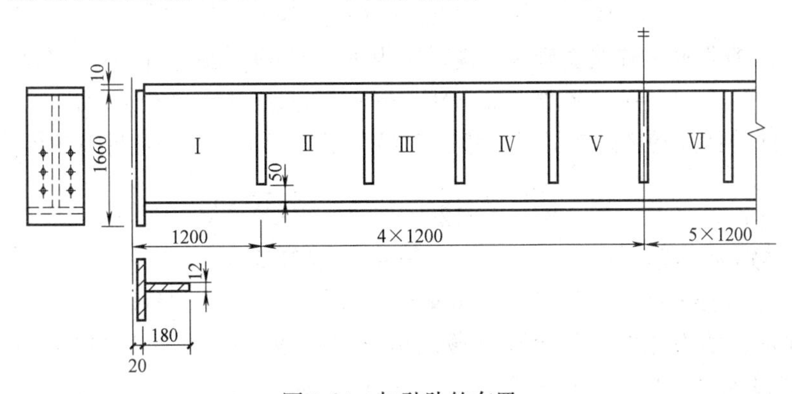

图 3-84　加劲肋的布置

稳定性验算：按承受最大支座反力 $R=V_{vmax}=1675\text{kN}$ 的轴心压杆，验算在腹板平面外的稳定。

$$A=50\times2.0+18\times1.2=121.6\text{cm}^2$$

$$I_z=\frac{1}{12}\times2.0\times50^3=20800\text{cm}^4$$

$$i_x=\sqrt{\frac{20800}{121.6}}=13.1\text{cm}$$

$$\lambda=\frac{h_0}{i_x}=\frac{160}{13.1}=12.2$$

由$\lambda\sqrt{\frac{345}{235}}=14.8$，查附录5得$\varphi=0.98$（b类截面，不考虑扭转效应）。

整体稳定：

$$\frac{R}{\varphi A}=\frac{1675\times10^3}{0.98\times121.6\times10^2}=141\text{N/mm}^2<f=295\text{N/mm}^2$$

验算端面承压应力：

$$\sigma_{ce}=\frac{R}{A_{ce}}=\frac{1675\times10^3}{500\times20}=167.5\text{N/mm}^2<f_{ce}=400\text{N/mm}^2$$

支承加劲肋与腹板的连接焊缝计算：焊缝计算长度$\sum l_w=2\times(160-1)=318\text{cm}$，需要的焊脚尺寸为：

$$h_f=\frac{R}{0.7f_f^w\sum l_w}=\frac{1675\times10^3}{0.7\times200\times3180}=3.8\text{mm}$$

取$h_f=8\text{mm}$，大于最小焊脚尺寸$1.5\sqrt{20}=6.7\text{mm}$。

（9）吊车梁的拼接

由钢板规格，翼缘板（厚22mm，宽0.5m）和腹板（厚12mm，宽1.6m）的长度均可达12m，且运输也无困难，故不需进行拼接。

（10）吊车梁的疲劳强度验算

① 下翼缘与腹板连接处的主体金属。

由于应力幅$\Delta\sigma=\sigma_{max}-\sigma_{min}$，其中$\sigma_{max}$为恒载与吊车荷载产生的应力，$\sigma_{min}$为恒载产生的应力，故$\Delta\sigma$为吊车竖向荷载产生的应力。

$$\Delta\sigma=\frac{M_{xk1}}{W_{nx}}\cdot\frac{h_0}{h}=\frac{1685\times10^6}{21290\times10^3}\times\frac{1600}{1644}=77\text{N/mm}^2$$

由附录10查得此种连接类别为3类，再由表3-11得$[\Delta\sigma]_{2\times10^6}=118\text{N/mm}^2$。

验算公式为：$\alpha_f\Delta\sigma=0.8\times77=61.6\text{N/mm}^2<[\Delta\sigma]_{2\times10^6}=118\text{N/mm}^2$

② 下翼缘连接支撑的螺栓孔处。设一台吊车最大弯矩截面处正好有螺栓孔。

$$\Delta\sigma=\frac{M_{xk1}}{W_{nx}}=\frac{1685\times10^6}{21290\times10^3}=79.1\text{N/mm}^2$$

此连接类别为3类，$[\Delta\sigma]_{2\times10^6}=118\text{N/mm}^2$，验算式为：

$$\alpha_f\Delta\sigma=0.8\times79.1=63.6\text{N/mm}^2<[\Delta\sigma]_{2\times10^6}=118\text{N/mm}^2$$

③ 横向加劲肋下端的主体金属（截面沿长度不改变的梁，可只验算最大弯矩截面处）。此类连接为第5类，由表3-11得$[\Delta\sigma]_{2\times10^6}=90\text{N/mm}^2$。

最大弯矩为$M_{xk1}=1685\text{kN}\cdot\text{m}$，相应的剪力$V=354.7\text{kN}$

$$\Delta\tau=\frac{VS}{I_x t_w}=\frac{354.7\times10^3}{1857000\times10^4\times12}\times(500\times22\times811+50\times12\times775)=15\text{N/mm}^2$$

$$\Delta\sigma=\frac{M_{xk1}}{W_{nx}}\frac{750}{822}=\frac{1685\times10^6}{21290\times10^3}\times\frac{750}{822}=72.2\text{N/mm}^2$$

主拉应力幅为：

$$\Delta\sigma_0=\frac{\Delta\sigma}{2}+\sqrt{\left(\frac{\Delta\sigma}{2}\right)^2+(\Delta\tau)^2}=\frac{72.2}{2}+\sqrt{\left(\frac{72.2}{2}\right)^2+15^2}=75.2\text{N/mm}^2$$

演算式为：

$$\alpha_f\Delta\sigma_0=0.8\times75.2=60.2\text{N/mm}^2<[\Delta\sigma]_{2\times10^6}=90\text{N/mm}^2$$

④ 下翼缘与腹板连接的角焊缝。

此角焊缝 $h_f=8$mm，疲劳类别为 8 类，$[\Delta\tau]_{2\times10^6}=59\text{N/mm}^2$，角焊缝的应力幅为：

$$\Delta\tau_f=\frac{V_{k1}S_1}{2\times0.7h_fI_x}=\frac{709\times10^3\times500\times22\times811}{1.4\times8\times1857000\times10^4}=30.4\text{N/mm}^2$$

$$\alpha_f\Delta\tau_f=0.8\times30.4=24.3\text{N/mm}^2<[\Delta\tau]_{2\times10^6}=59\text{N/mm}^2$$

⑤ 支座加劲肋与腹板连接的角焊缝。

此角焊缝 $h_f=8$mm，疲劳类别仍为 8 类。

$$\Delta\tau_f=\frac{V_{k1}}{2\times0.7h_fl_w}=\frac{709\times10^3}{1.4\times8\times(1600-10)}=39.8\text{N/mm}^2$$

$$\alpha_f\cdot\Delta\tau_f=0.8\times39.8=31.9\text{N/mm}^2<[\Delta\tau]_{2\times10^6}=59\text{N/mm}^2$$

3.6 厂房墙架体系

厂房的围护结构承受由墙体传来的荷载并将荷载传递到基础或厂房框架柱上，这种结构构件系统称为墙架。墙架构件有横梁、墙架柱、抗风桁架和支撑等。

墙架结构体系有整体式和分离式两种。整体式墙架直接利用厂房框架柱与中间墙架柱一起组成墙架结构来支承横梁和墙体；分离式墙架是在框架柱外侧另设墙架柱与中间墙架柱和横梁等组成独立的墙架结构体系。分离式墙架虽然要多消耗一些钢材，但可避免墙架构件与吊车梁辅助桁架、柱间支撑以及水落管等相冲突时构造处理的困难，目前在大型厂房中经常采用。

3.6.1 墙体类型

厂房围护墙分为砌体自承重墙、大型钢筋混凝土墙板和轻型墙皮三大类。

砌体自承重墙由砌体本身承受砌体自重并通过基础梁传给基础，而水平方向的风荷载和地震作用等则传给墙架柱和框架柱。当厂房较高时，宜在适当高度设置承重墙梁，以便将上部墙自重传给墙架柱或框架柱，同时，为了减小墙架柱的跨度，常利用吊车梁系统的制动结构或下弦水平支撑作为墙架柱中部的抗风支承（图 3-85a）。

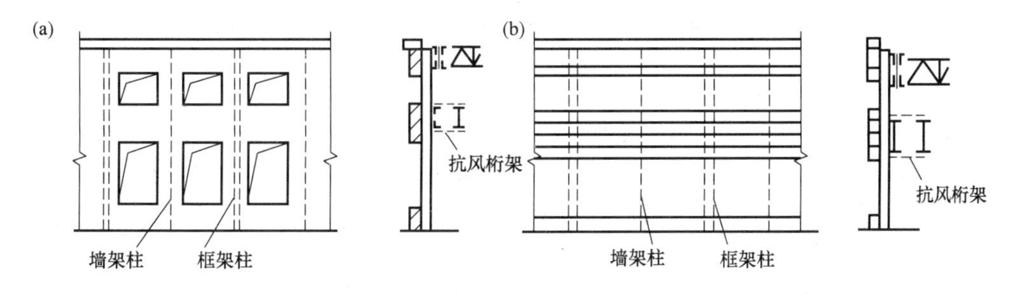

图 3-85 砌体的承重墙及大型板侧墙

大型钢筋混凝土墙板有预应力和非预应力两种。墙板应连于墙架柱或框架柱上以传逆水平荷载和墙板自重，其中支承墙板自重的支托一般每隔 4～5 块板设置一个（图 3-85b）。

轻型墙皮是将压型钢板、压型铝合金板、石棉瓦和瓦楞铁等连接于墙架横梁上，通过横梁将水平荷载和墙皮自重传给墙架柱或框架柱（图 3-86）。

当采用压型钢板和压型铝合金板做墙板时，由于压型板平面尺寸大，一片墙可以从屋面到基脚用一块压型板拉通，并通过弯钩螺栓或拉铆钉、射钉开花螺栓或自攻螺栓与墙架柱和横梁进行可靠连接，形成一个能够传递竖向荷载和沿压型板平面方向的水平荷载的结构体系。近年来有试验结果和理论分析证明，压型板与周边构件进行可靠连接后，面内刚度很好，能传递纵横方向的面内剪力，考虑这种抗剪薄膜作用（应力蒙皮效应）能使厂房结构体系简化，节约钢材，有很好的经济效益。

3.6.2 墙架结构的布置

当厂房柱的间距大于等于 12m 时，通常在柱间设置墙架柱，使墙架柱距为 6m。轻型材料的墙体还需再设置墙架横梁，横梁间距可根据墙皮材料的尺寸和强度确定。为减少横梁在竖向荷载下的计算跨度，可在横梁间设置拉条（图 3-86）。

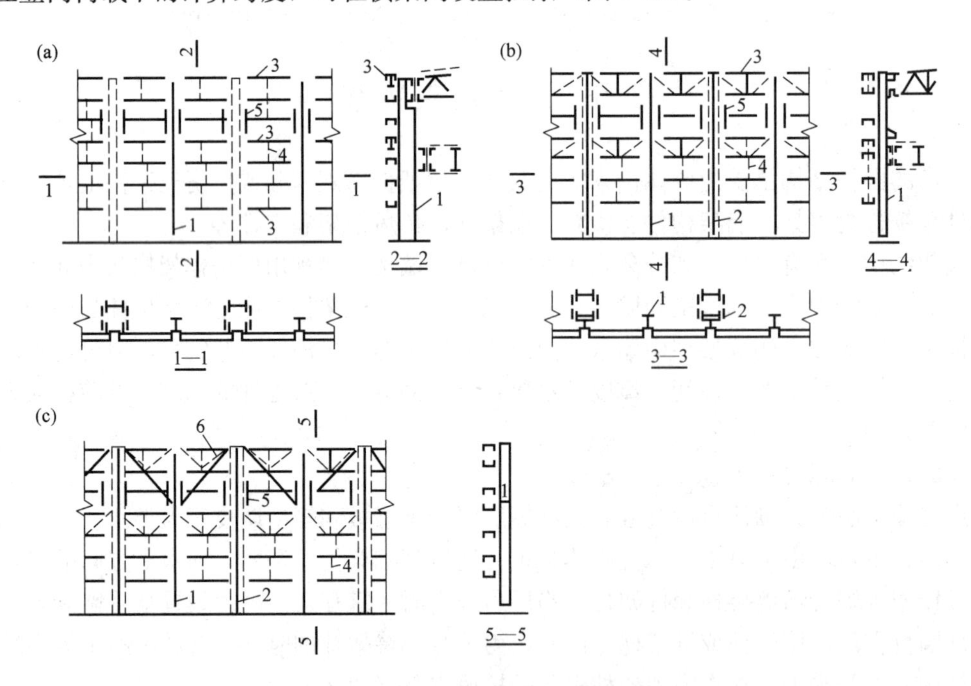

图 3-86　轻型墙的墙架布置

1—墙架柱；2—框架柱；3—墙架横梁；4—拉条；5—窗镶边构件；6—斜拉杆

框架柱外测设有墙架柱时，此墙架柱应与框架相连接并支承于共同的基础上。中间墙架柱可采用支承式和悬吊式。支承式墙架柱应将墙面和墙架自重产生的竖向荷载全部传至基础，但不应承受托架、吊车梁辅助桁架传来的竖向荷载。为了将水平风荷载传给制动梁或制动桁架以及屋盖纵向水平支撑，因此支承式墙架柱与这些构件的连接应采用板铰形式（图 3-87a）上的弹簧板）。

悬吊式墙架柱是根据具体情况将其吊挂于吊车梁辅助桁架上、托架上（图 3-87b）或顶部的边梁（边桁架）上。悬吊式墙架柱下端用板铰或用长圆孔螺栓与基础相连（图 3-88），使其不传递竖向力而只传递水平力。这样可节约大部分基础材料，且使墙架柱部

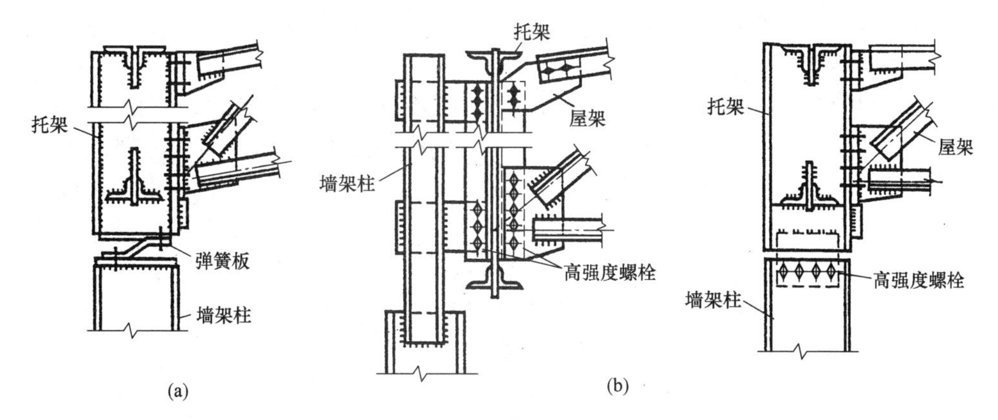

图 3-87　墙架柱与屋架和托架的连接

分或全部为拉弯构件，受力情况有所改善。

山墙墙架柱间距宜与纵墙的间距相同（一般采用 6m），使外墙围护构件尺寸统一，当山墙下部有大洞口时，应予以加强（图 3-89）。山墙墙架柱上端宜尽量使其支承于屋架横向支撑节点上。当墙架柱位置与横向支撑节点不重合时，应设置分布梁，把水平荷载传至支撑节点处。为保证山墙的刚度，在墙架柱之间还可设置柱间支撑。

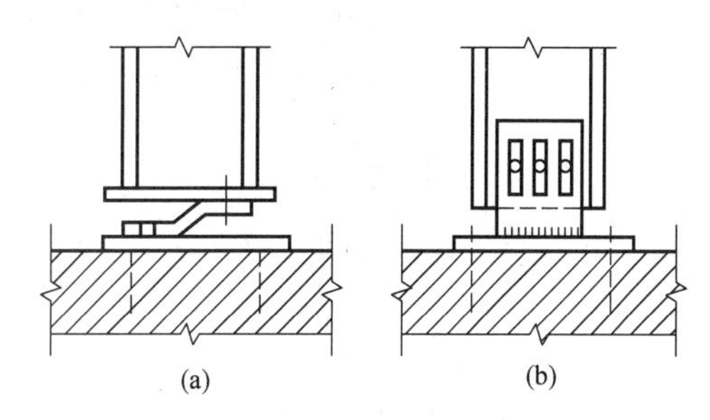

图 3-88　悬吊式墙架柱与基础连接

(a) 板铰连接；(b) 长圆孔螺栓连接

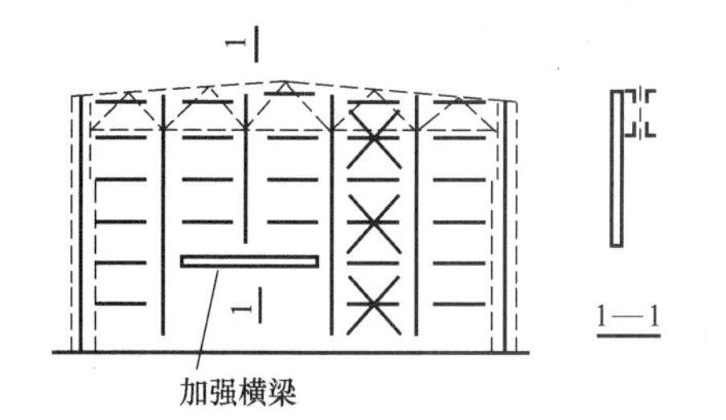

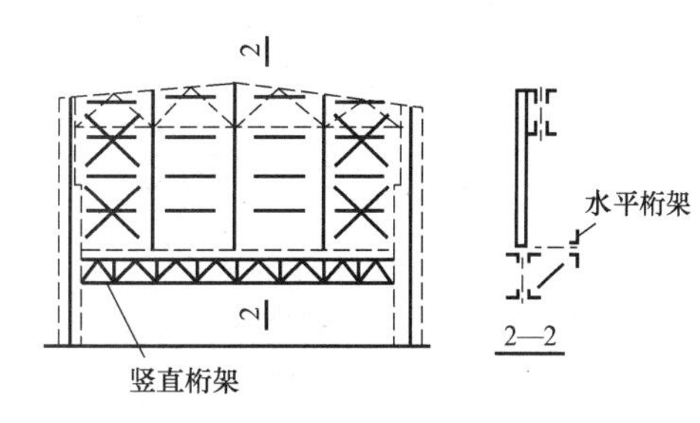

图 3-89　山墙下部有大洞口时的墙架布置

习　　题

3-1　试设计一支承压型钢板屋面的檩条，压型钢板自重为 $0.15\mathrm{kN/m^2}$，屋面坡度为 1/10，活荷载为 $0.5\mathrm{kN/m^2}$，积灰荷载为 $0.25\mathrm{kN/m^2}$。檩条跨度 6m，水平间距 1.5m，于跨中设一道拉条，钢材采用 Q235B。

3-2　如图 3-90 所示桁架节点，如果腹杆 2 所受的轴力 $N_2 > N_1$，且 $N_2 = 35\mathrm{kN}$，试分别用撕裂面法和有效宽度计算法验算节点板的强度是否足够，同时，比较两种方法的计算结果。

3-3　如图 3-91 所示的阶形柱框架，柱为格构式，横梁为桁架式，试确定柱的计算长度。

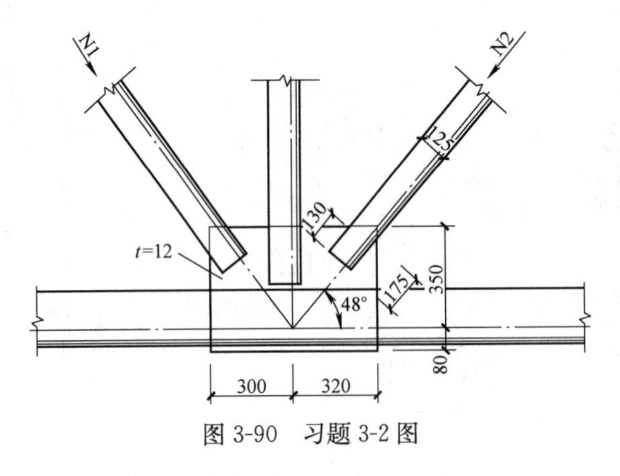

图 3-90 习题 3-2 图

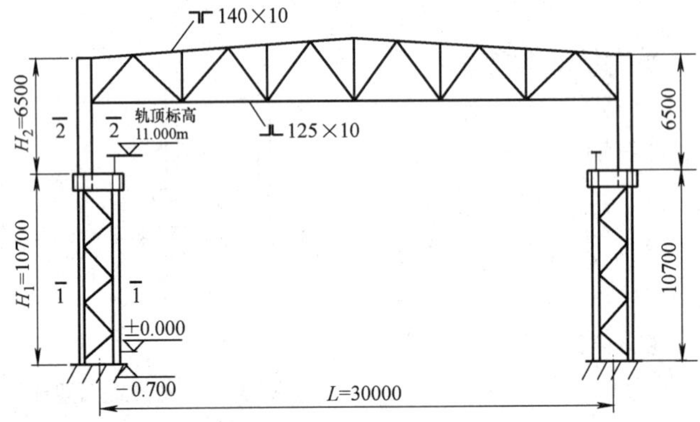

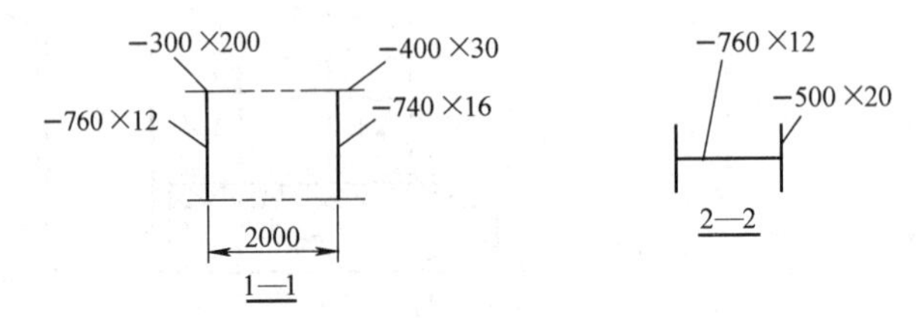

图 3-91 习题 3-3 图

3-4 试设计例题 3-5 中框架柱的柱脚（采用分离式柱脚）。

3-5 设计一吊车梁，吊车梁跨度 l=12m；制动结构采用制动梁，其宽度由吊车梁中心至辅助桁架中心的距离为 2m；设有二台起重量为 100t/32t 软钩重级工作制（A6）吊车，吊车资料见下表；钢材选用 Q345 钢，手工焊焊条采用 E5015，E5016 或 E5018 型焊条；翼缘与腹板连接焊缝采用自动焊。

吊车起重量 $Q(t)$	吊车跨度 S(m)	台数	工作制	吊钩类别	转矩宽度 (mm)	最大轮压 P_{max} (kN)	小车重 Q(t)	吊车总重 $G(t)$	轨道型号
100/32	22	2	重级 (A6)	软钩	P P P P 1755 840 4280 840 1755 9470	400	40.9	10s	QU100

4 轻型门式刚架结构

4.1 门式刚架的结构形式和结构布置

4.1.1 门式刚架的结构形式及特点

轻型门式刚架结构是指以轻型焊接 H 型钢、热轧 H 型钢或冷弯薄壁型钢等构成的实腹式门式刚架或格构式门式刚架作为主要承重骨架，用冷弯薄壁型钢做檩条、墙梁，以压型金属板做屋面、墙面的一种轻型房屋结构体系，如图 4-1 所示。

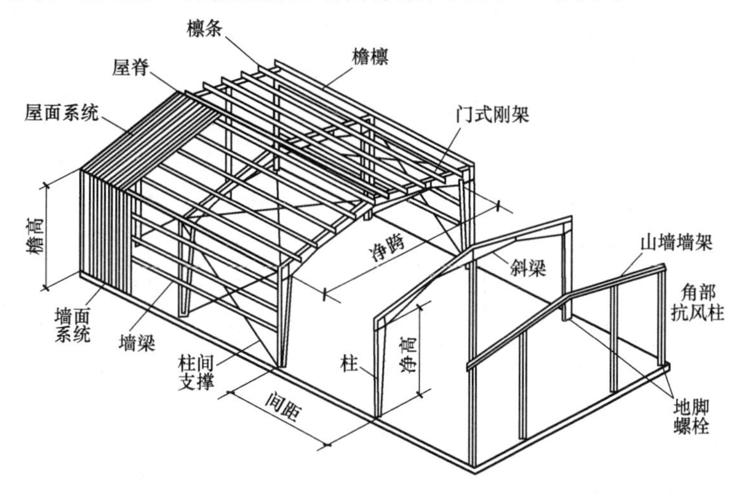

图 4-1 门式刚架轻型房屋钢结构

单层轻型门式刚架结构房屋是一种有效利用材料的结构形式，在我国的应用始于 20 世纪 90 年代初期，近十多年来得到迅速的发展，目前国内每年约有上千万平方米的轻型门式刚架建筑工程在建。由于门式刚架的构件尺寸小，房屋高度相应降低，减轻了建筑物体积和重量。门式刚架的结构构件可以在工厂批量生产，工地用高强度螺栓安装，连接简便而迅速，现场施工周期短。同时，门式刚架造型简洁美观，在房屋建筑中主要用于轻型的厂房、仓库、体育馆、展览厅、活动房屋及加层建筑等。

由于自重轻，门式刚架结构还具有优异的抗震性能，2008 年“5.12”汶川 8 级地震中，几乎没有发生门式刚架结构倒塌的事例，即使在震中地区，也仅仅是一些水平支撑出现了被剪断的情况。

门式刚架的梁、柱多采用焊接 H 形变截面构件，单跨刚架的梁柱节点采用刚接，多跨者大多刚接和铰接并用。门式刚架的柱脚多按铰接设计，当用于有桥式吊车的工业厂房时，为了提高结构的整体抗侧移刚度，宜将柱脚设计成刚接。

门式刚架结构房屋的围护结构多采用压型钢板，压型钢板的重量很轻，可以减轻建筑物的自重，但由于压型钢板的保温隔热性能很差，一般需要在墙面和屋面铺设保温隔热材料，保温隔热材料多采用聚苯乙烯泡沫塑料、硬质聚氨酯泡沫塑料、岩棉、矿棉、玻璃棉等。

门式刚架的结构形式按跨度可分为单跨（图 4-2a、b、h）、双跨（图 4-2e、f、g、i）和多跨（图 4-2c、d）。按屋面坡脊数可分为单脊单坡（图 4-2a）、单脊双坡（图 4-2b、c、d、g、h）和多脊多坡（图 4-2e、f、i）。

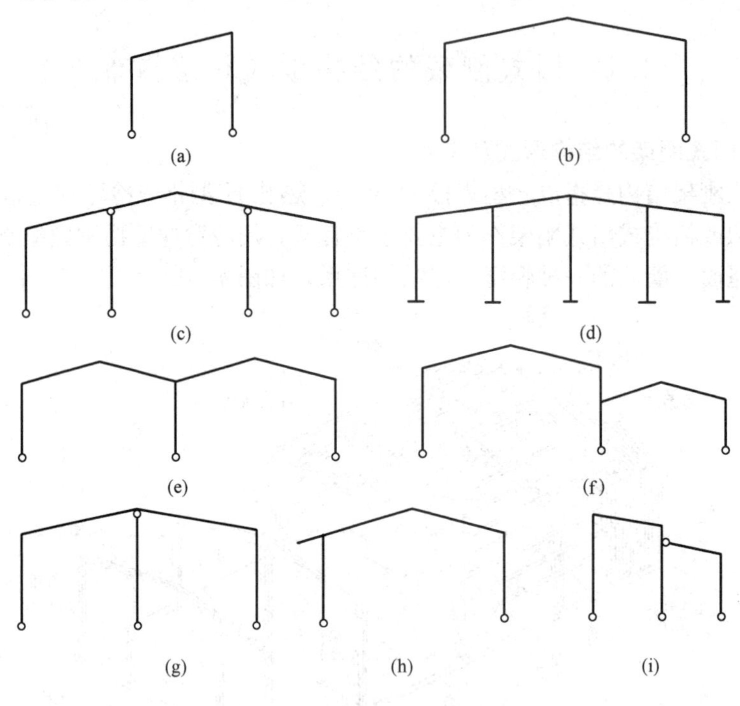

图 4-2　门式刚架的结构形式

对用于无桥式吊车的单脊双坡多跨刚架房屋，当刚架柱不是特别高且风荷载也不是很大时，依据“材料集中使用的原则”，中柱可以采用两端铰接的摇摆柱方案（图 4-2c、g）。中间摇摆柱和梁的连接构造简单，只承受轴向力且不参与抵抗侧力，截面可以做得较小，但是在设有桥式吊车的房屋中，中柱宜为两端刚接，以增加整个刚架的侧向刚度。

门式刚架轻型房屋屋面刚架斜梁的坡度主要取决于屋面排水坡度，一般取 1/20～1/8，在雨水较多的地区取其中的较大值。

根据跨度、高度及荷载不同，门式刚架的梁、柱可采用变截面或等截面实腹焊接工字形截面，也可以采用轧制 H 形截面。设有桥式吊车时，因柱脚与基础刚性连接并传递弯矩，柱宜采用等截面构件。变截面构件通常仅改变腹板的高度做成楔形，必要时也可改变腹板厚度。结构构件在运输单元内一般不改变翼缘截面，当必要时可改变翼缘厚度。

4.1.2　门式刚架的适用范围

门式刚架适用于没有吊车或吊车起重量较小的单层工业厂房，也可以用于公共建筑（如仓库、超市、娱乐体育设施、车站候车室等），虽然目前已建工程最大跨度已做到 72m，但根据计算分析，门式刚架当跨度大于 42m 时，经济性较差，所以通常用于跨度小于 36m 的结构。

门式刚架结构建筑高度一般在 4.5～9m，实践经验证明，若刚架结构太高，则风荷载、抗震设计、构造等设计问题可能超出门式刚架技术规程的规定，故适宜高度一般控制在 9m，有桥式吊车时不超过 12m。

由于轻型房屋的刚度相对较差，若吊车吨位太大，可能刚架侧移难于满足要求或设计效果不经济，因此，当门式刚架结构设置有桥式吊车时，宜为起重量不大于 20t 的轻级或中级工作制（A1～A5）的单梁或双梁桥式吊车；设置悬挂吊车时，其起重量不大于 3t，特别在抗震设防烈度高的地区更应注意。

4.1.3 门式刚架的结构体系与布置

单层门式刚架房屋是一个空间结构，但由于其主体结构的布置具有重复性，因而可以简化为平面受力的结构体系进行受力分析。主要承重结构包括一个横向框架、纵向框（或排）架以及抗风柱、吊车梁、屋面支撑、柱间支撑等，次要结构包括屋面及墙面檩条。

4.1.3.1 主体结构布置与温度区段

图 4-3 是门式刚架主体结构的布置图，门式刚架的经济跨度为 9～36m，当边柱宽度不等时，其外侧应对齐。门式刚架的高度应根据使用要求的室内净高确定，有吊车的厂房应根据轨顶标高和吊车净空的要求确定。柱的轴线可取通过柱下端（较小端）中心线的竖向轴线，工业建筑边柱的定位轴线宜取柱外皮。

门式刚架的合理间距应综合考虑刚架跨度、荷载条件及使用要求等因素，一般宜取 6m、7.5m 和 9m，间距太大将增加檩条的用钢量，间距太小又使得刚架的数量太多，使结构的总用钢量增加。

在多跨刚架局部抽掉中柱处，可布置托架梁或托架。山墙可采用门式刚架，也可设置由斜梁、抗风柱和墙架组成的山墙墙架（图 4-3a）。

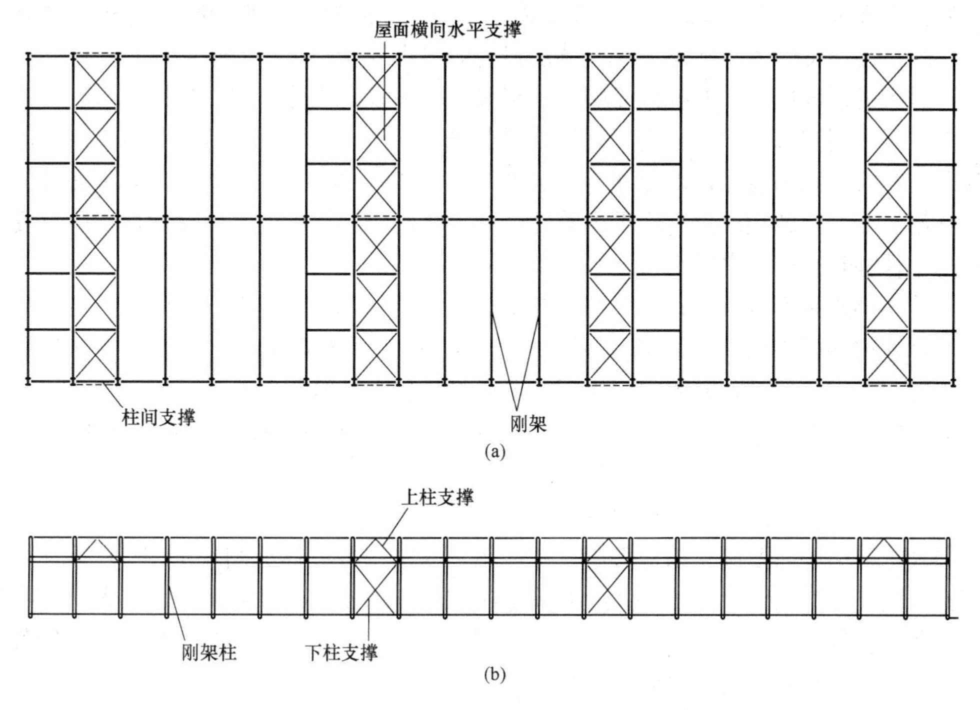

图 4-3 门式刚架结构布置

（a）结构平面布置；（b）结构立面布置

对长度和宽度较大的建筑，为了防止在温度变化时结构构件的热胀冷缩产生过大的温度应力，门式刚架结构应设置温度伸缩缝。温度伸缩缝将结构分成了若干独立工作的温度区段，按照我国《门式刚架轻型房屋钢结构技术规程》（以下简称《门式刚架规程》）的规定，门式刚架轻型房屋钢结构的纵向温度区段不大于300m，横向温度区段不大于150m。当房屋的平面尺寸超过上述规定时，则需要设置伸缩缝（否则需计算温度应力）。门式刚架的伸缩缝可采用两种做法：（1）设置双柱；（2）在搭接檩条的螺栓处采用长圆孔（图4-4）使檩条及该处的屋面板在构造上可以自由伸缩，以释放温度应力。当采用后一种做法时，作为纵向构件的吊车梁与柱的连接也应该采用长圆孔。

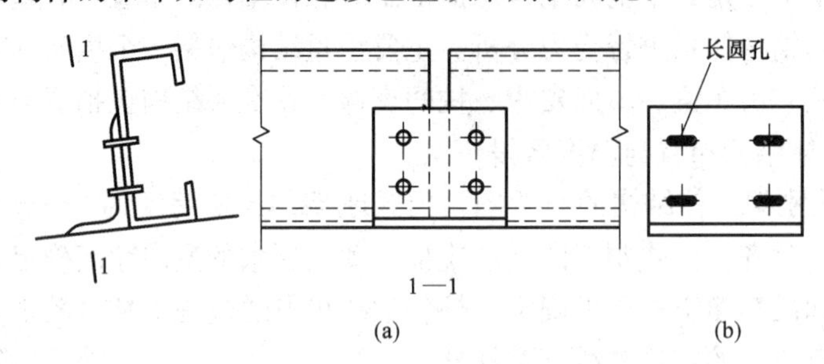

图4-4 檩条与刚架的连接

4.1.3.2 支撑体系和刚性系杆的布置

在每个温度区段或分期建设的区段中，应分别设置能独立构成空间稳定结构的支撑体系。支撑体系包括柱间支撑和屋盖支撑。

柱间支撑的间距应根据房屋纵向受力情况及安装条件确定，一般取30～45m，有吊车时不宜大于60m。当房屋宽度大于60m时，在与外柱列相对应的开间，内柱列也应设置支撑。若房屋高度较大，柱间支撑应分层设置，见图4-3（b）。同时，为了防止沿房屋纵向产生过大的温度应力，温度区段端部吊车梁以下不宜设置柱间刚性支撑。

在设置柱间支撑的开间，应同时设置屋盖横向支撑，以构成几何不变体系。屋面结构的端部支撑宜设在温度区段端部的第一或第二个开间。当端部支撑设在端部第二个开间时，在第一个开间的相应位置应设置刚性系杆。在刚架的转折处（边柱柱顶、屋脊及多跨刚架的中柱柱顶）应沿房屋全长设置刚性系杆（图4-3a）。

当传递的水平力较小时，门式刚架轻型房屋钢结构的支撑可以用十字交叉圆钢支撑，圆钢与相连构件的夹角宜接近45°，不超出30°～60°。圆钢应采用特制的连接件与梁、柱腹板连接，校正定位后张紧固定，张紧手段最好用花篮螺栓。

当房屋内设有大于5t的吊车时，由于吊车的纵向水平力较大，柱间支撑宜用型钢支撑。

4.1.3.3 屋面檩条及墙梁结构布置

门式刚架的屋面及墙面结构采用有檩体系，其结构布置详见图4-5。作为屋面或墙面压型钢板的支撑结构，屋面檩条间距的确定应综合考虑天窗、通风屋脊、采光带、屋面材料、檩条规格等因素按计算确定，一般应等间距布置，但在屋脊处应沿屋脊两侧各布置一道，在天沟附近布置一道，以便于天沟的固定。

为了防止檩条侧向变形和扭转，当屋面檩条的跨度大于4m时，应在檩条间跨中位置设置拉条。当檩条跨度大于6m时，应在檩条跨度三分点处各设置一道拉条。拉条的作用

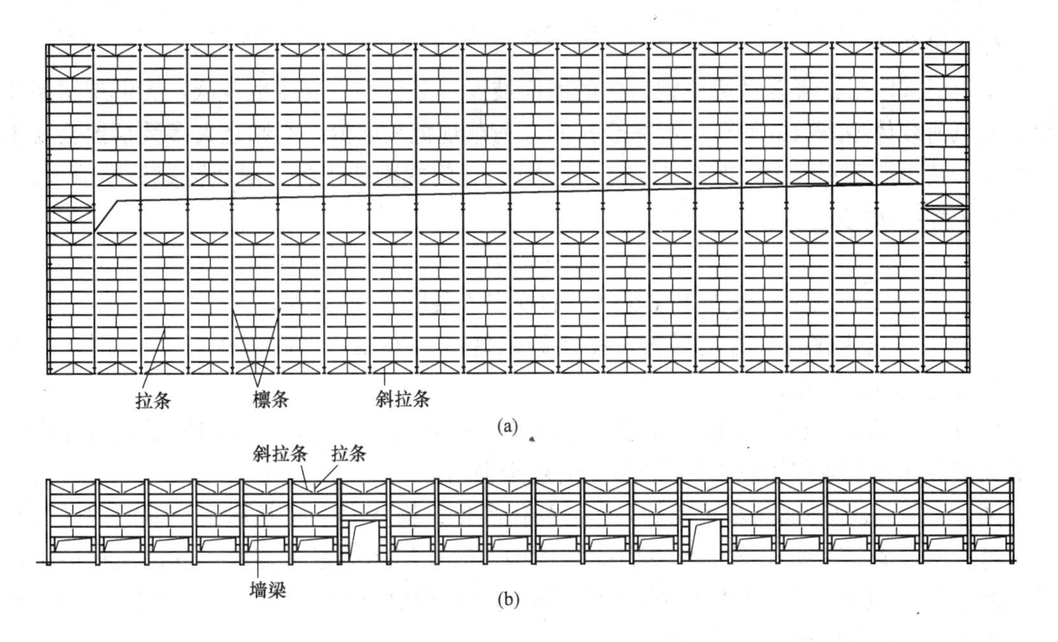

图 4-5　屋面及墙梁结构布置

(a) 屋面结构布置；(b) 墙面结构布置

是提供檩条沿屋面坡度方向的中间支点，此中间支点的力需要传到刚度较大的构件，为此，需要在屋脊或檐口处设置斜拉条和刚性撑杆，见图 4-5 (a)。

侧墙墙梁的布置应考虑门窗、挑檐、雨篷等构件的设置要求，当采用压型钢板作围护面时，墙梁宜布置在刚架柱的外侧。墙梁的间距与墙板的规格、风荷载的大小及门、窗框的位置有关。墙梁应尽量等间距设置，在墙面的上沿、下沿及窗框的上沿、下沿处应设置一道墙梁。为了减少竖向荷载产生的效应，减少墙梁的竖向挠度，可在墙梁上设置拉条，墙梁直拉条的布置与屋面檩条相同，其斜拉条应在檐口檩距与窗洞下檩距内布置，在无窗洞范围内，一般每隔 5 道直拉条设置一对斜拉条，以便将拉力传至刚架柱，见图 4-5 (b)。

4.2　荷载及作用效应计算

4.2.1　荷载计算

(1) 永久荷载

永久荷载包括屋面材料、墙面材料、檩条、刚架、墙架、支撑等结构自重和悬挂荷载(吊顶、天窗、管道、门窗等)。悬挂荷载及屋面材料等结构自重可按实际情况计算。

(2) 活荷载

对于轻型门式刚架结构，活荷载主要是屋面均布活荷载。按照我国国家标准《建筑结构荷载规范》的规定，对于不上人的压型钢板轻型屋面，屋面竖向均布活荷载的标准值(按水平投影面计算) 应取 $0.5kN/m^2$。但按照《钢结构设计规范》的规定，对于受荷水平投影面积大于 $60m^2$ 的结构或构件，当只有一个可变荷载参与组合时，可取为 $0.3kN/m^2$。

(3) 风荷载

由于门式刚架这类轻型房屋钢结构的屋面坡度一般较小，高度也较低，属低层房屋体系，故风荷载体型系数的计算不能完全按照《荷载规范》取值，否则在大多数情况会偏于不安全，甚至严重不安全（低60%左右）。因此，《门式刚架规程》对风荷载标准值 w_k 的计算作了专门规定：

$$w_k=\mu_s\mu_z w_0 \tag{4-1}$$

式中 w_0——基本风压，按《荷载规范》的规定值乘以 1.05 采用；

μ_z——风荷载高度变化系数，按《荷载规范》采用；当高度小于 10m 时，应按 10m 高度处的数值采用；

μ_s——风荷载体型系数，考虑内、外风压最大值的组合，且含阵风系数，对刚架上的风荷载体型系数应按表 4-1 和图 4-6 的规定采用。

图 4-6 中，α 是屋面与水平面的夹角，B 代表建筑物宽度，H 是屋顶至地面的平均高度（可近似取檐口高度），Z 为计算围护结构构件时的房屋边缘带宽度，取建筑物最小水平尺寸的 10%或 $0.4H$ 中的较小值，但不得小于建筑最小水平尺寸的 4%或 1m，房屋端区宽度取 Z（横向）和 $2Z$（纵向）。

轻型门式刚架的风荷载体型系数 **表 4-1**

建筑类型	分区											
	端区						中间区					
	1E	2E	3E	4E	5E	6E	1	2	3	4	5	6
封闭式	+0.50	−1.40	−0.80	−0.70	+0.90	−0.30	+0.25	−1.00	−0.65	−0.55	+0.65	−0.15
部分封闭式	+0.10	−1.80	−1.20	−1.10	+1.00	−0.20	−0.15	−1.40	−1.05	−0.95	+0.75	−0.05

注：1. 本表适用于屋面坡度 α 不大于 10°，屋面平均高度不大于 18m，房屋高宽比不大于 1，檐口高度不大于房屋的最小水平尺寸；
2. 正号表示压力，负号表示吸力；
3. 屋面以上的周边伸出部分，对 1 区和 5 区可取+1.3，对 4 区和 6 区可取−1.3，这些系数包括了迎风面和背风面的影响；
4. 当端部柱距不小于端区宽度时，端区风荷载超过中间区的部分，宜直接由端刚架承受；
5. 单坡房屋的风荷载体型系数，可按双坡房屋的两个半边处理（图 4-6b）。

对檩条、墙梁、屋面板、墙板、山墙墙架和屋面挑檐等的荷载体型系数见《门式刚架规程》。

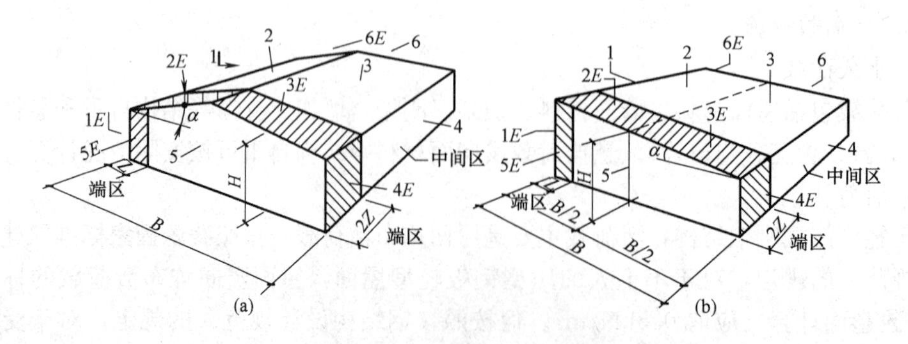

图 4-6 刚架的风荷载体型系数分区

(a) 双坡刚架；(b) 单坡刚架

(4) 雪荷载

轻型门式刚架结构房屋的自重较轻，对雪荷载很敏感，2007 年初东北的特大雪灾，就造成了部分门式刚架房屋发生垮塌。雪荷载的计算特别要注意雪荷载分布不均匀的情况，如半跨雪荷载的增大、高大女儿墙附近以及多跨门式刚架沟壑处雪荷载的堆积等。按照《荷载规范》的规定，雪荷载标准值应按下式计算：

$$s_{\mathrm{k}}=\mu_{\mathrm{r}}s_0 \tag{4-2}$$

式中 s_0——基本雪压，按《荷载规范》的规定取用；

μ_{r}——屋面积雪分布系数，亦按《荷载规范》的规定取用。

(5) 吊车荷载

吊车荷载包括吊车竖向力和吊车横向水平力，吊车荷载的计算可参照第 3 章单层工业厂房钢结构。

(6) 地震作用

地震作用按《建筑抗震设计规范》(GB 50011—2001)(2008 年版) 的规定计算。

此外，在某些情况下，还应考虑积灰荷载或悬挂荷载，具体取值详《荷载规范》。

4.2.2 荷载组合效应

荷载效应的组合应遵从《荷载规范》的规定，考虑最不利情况。

在进行横向刚架的内力分析时，基本组合可以采用排架、框架结构的简化极限状态设计表达式，即

$$S=\gamma_{\mathrm{G}}S_{\mathrm{Gk}}+\gamma_{\mathrm{Q1}}S_{\mathrm{Q1k}}$$

或

$$S=\gamma_{\mathrm{G}}S_{\mathrm{Gk}}+\psi\sum_{i=1}^{n}\gamma_{\mathrm{Q}i}S_{\mathrm{Q}i\mathrm{k}}$$

所需考虑的最不利荷载效应组合主要有：

(1) 1.2×永久荷载+1.4×max{活荷载、雪荷载}

(2) 1.2×永久荷载+0.9×1.4×[max{活荷载、雪荷载}+风荷载+吊车荷载+积灰荷载]

(3) 1.2×永久荷载+0.9×1.4×(风荷载+吊车荷载)

(4) 1.2×永久荷载+1.4×吊车荷载

(5) 1.2×永久荷载+1.4×风荷载

(6) 1.0×永久荷载+1.4×风荷载

在进行效应叠加时，注意所加各项必须是最不利的，同时又是可能发生的。例如，在计入吊车水平荷载效应的同时，必须计入吊车的竖向荷载效应；但计算吊车的竖向荷载效应时，却并不一定计入吊车水平荷载，要视其是否对受力不利而定。组合 (6) 用在风荷载为吸力的情况，由于此时的永久荷载是有利的，故永久荷载的抗力分项系数取 1.0，当为多跨有吊车框架时，在组合 (6) 中有时还需考虑邻跨吊车水平力的作用。

以上组合没有考虑地震作用效应，因为门式刚架结构的自重较轻，地震作用产生的效应一般较小而不起控制作用。且由于风荷载不与地震作用同时考虑，设计经验表明：当抗震设防烈度为 7 度而风荷载标准值大于 0.35kN/m^2，或抗震设防烈度为 8 度而风荷载标准值大于 0.45kN/m^2 时，有地震作用的组合一般不起控制作用。但是，在罕遇地震作用下，经常发生纵向框架的柱间支撑被拉断的情况，应在设计中引起注意。

4.2.3 刚架的内力和侧移计算

4.2.3.1 内力计算和计算简图

门式刚架的横梁和柱可以是等截面的，也可以是变截面的（图 4-7a），变截面的楔形梁柱构件可以适应弯矩分布图形的变化，是门式刚架轻型化的主要技术手段之一。图 4-7（b）是一个柱脚铰接门式刚架在竖向荷载作用下的弯矩分布图，显然，在刚架梁的反弯点（弯矩为零的点）以及柱脚截面，由于弯矩为零，仅受轴力和剪力，因而可以采用减小截面高度的方法以节约钢材。

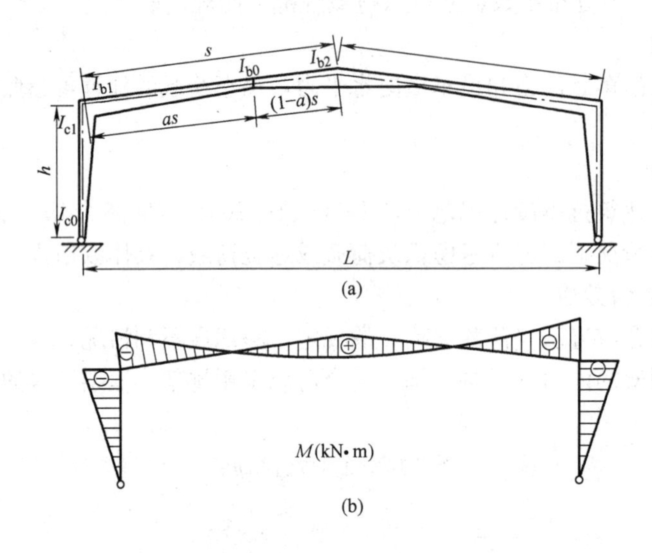

图 4-7 变截面刚架的几何尺寸及计算简图

（a）变截面门式刚架；（b）竖向荷载作用下刚架的弯矩图

门式刚架的内力计算可取单榀刚架按平面结构进行分析，其计算简图仍然是取框架梁柱的形心线为轴线。但是，对于变截面框架，若以楔形梁柱的形心线作为计算简图的轴线，则会使框架梁柱单元轴线出现弯折，势必使计算简图过于复杂，为简化计算，柱的轴线可取通过柱下端（较小端）中心线的竖向轴线，斜梁的轴线可取通过变截面梁段最小端中心与斜梁上表面平行的轴线，见图 4-7（a）。

变截面门式刚架应采用弹性分析方法确定各种内力，因为变截面构件有可能在几个截面同时或接近同时出现塑性铰，故不宜利用塑性铰出现后的应力重分布。同时，变截面门式刚架构件的腹板通常很薄，截面发展塑性的潜力也不大。只有当刚架的梁柱全部为等截面时才允许采用塑性分析方法，但后一种情况在实际工程中已很少采用。

门式刚架的内力分析可以采用结构力学的方法，也可采用有限元法（直接刚度法），计算时将构件分为若干段，每段的几何特性可近似当作常量，也可利用专门软件，采用楔形单元上机计算。地震作用的效应可采用底部剪力法分析确定。

4.2.3.2 侧移计算

门式刚架的侧向刚度较差，为保证在正常状态下的使用，应限制柱顶的侧移不能太大，表 4-2 是单层轻型门式刚架柱顶位移的限制值。

门式刚架柱顶位移设计值的限值 **表 4-2**

吊车情况	其他情况	柱顶位移限值
无吊车	当采用轻型钢墙板时 当采用砌体墙时	$h/60$ $h/100$
有桥式吊车	当吊车有驾驶室时 当吊车由地面操作时	$h/400$ $h/180$

注：表中 h 为刚架柱高度。

门式刚架的柱顶侧移采用弹性分析方法确定，计算时荷载取标准值，不考虑荷载分项系数。门式刚架的柱顶侧移计算可以和内力分析一样利用专门软件在计算机上进行，等截面门式刚架的柱顶侧移也可以采用结构力学的方法计算，对于变截面刚架，当单跨刚架斜梁上缘坡度不大于 1∶5 时，在柱顶水平力作用下的位移 u，可按下列近似公式估算：

柱脚铰接刚架：
$$u=\frac{Hh^3}{12EI_c}(2+\xi_t) \tag{4-3}$$

柱脚刚接刚架：
$$u=\frac{Hh^3}{12EI_c}\cdot\frac{3+2\xi_t}{6+2\xi_t} \tag{4-4}$$

$$\xi_t=\frac{I_cL}{I_bh} \tag{4-5}$$

式中 h、L——分别为刚架柱的高度和跨度；当坡度大于 1∶10 时，L 应取横梁沿坡折线的总长度 $2s$（图 4-7）；

I_c、I_b——分别为刚架柱和横梁的平均惯性矩，可按下列公式近似计算：

楔形构件：$I_c=(I_{c0}+I_{c1})/2$；

双楔形横梁：$I_b=[I_{b0}+\alpha I_{b1}+(1-\alpha)I_{b2}]/2$；

I_{c0}、I_{c1}——分别是柱小头和柱大头的惯性矩；

I_{b0}、I_{b1}、I_{b2}——分别为楔形横梁最小截面、檐口和跨中截面的惯性矩，α 为楔形横梁长度比（图 4-7）；

ξ_t——刚架柱与刚架梁的线刚度比值；

H——刚架柱顶等效水平力，可按下式取值：

① 当估算刚架在沿柱高度均布水平风荷载作用下的侧移时（图 4-8）：

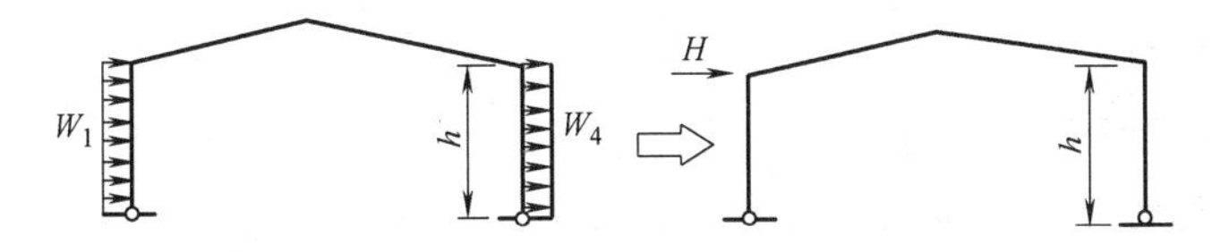

图 4-8 刚架在均布风荷载下柱顶等效水平力

柱脚铰接刚架：$H=0.67W$；

柱脚刚接刚架：$H=0.45W$。

$W=(w_1+w_4)h$——均布风荷载的总值；

w_1、w_4——刚架两侧承受的沿柱高均布的水平风荷载（kN/m），其值按《门式刚架规程》附录 A 的规定计算。

② 当估算刚架在吊车水平荷载 P_c 作用下的侧移时（图 4-9）：

柱脚铰接刚架：$H=1.15\eta P_c$；

柱脚刚接刚架：$H=\eta P_c$。

η——吊车水平荷载 P_c作用高度与柱高度之比。

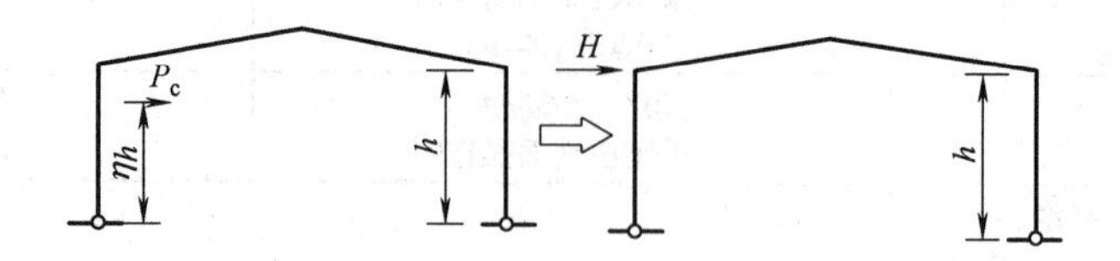

图 4-9　刚架在吊车水平荷载下柱顶等效水平力

中间柱为摇摆柱的两跨刚架（图 4-10），柱顶侧移可按式（4-3）或式（4-4）计算，但式（4-5）中的 L 应以双坡斜梁的全长 $2s$ 代替，s 为单坡面长度（图 4-10）

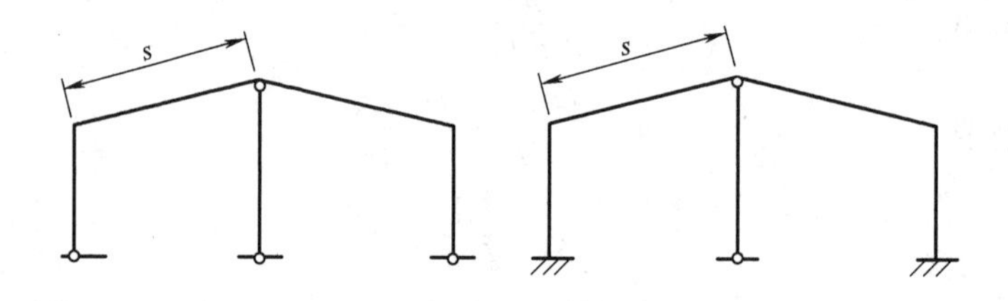

图 4-10　有摇摆柱的两跨刚架

当中间柱与横梁刚性连接时，可将多跨刚架视为多个单跨刚架的组合体（每个中间柱分为两半，惯性矩各为 $I/2$），按下列公式计算整个刚架在柱水平荷载作用下的侧移：

$$u=\frac{H}{\sum K_i} \tag{4-6}$$

$$K_i=\frac{12EI_{ei}}{h_i^3(2+\xi_{ti})} \tag{4-7}$$

$$\xi_{ti}=\frac{I_{ei}l_i}{h_iI_{bi}} \tag{4-8}$$

$$I_{ei}=\frac{I_l+I_r}{4}+\frac{I_lI_r}{I_l+I_r} \tag{4-9}$$

式中，$\sum K_i$——柱脚铰接时各单跨刚架侧向刚度之和；

h_i——所计算跨两柱的平均高度；

l_i——与所计算柱相连接的单跨刚架梁的长度；

I_{ei}——两柱惯性矩不相同时的等效惯性矩，按式（4-9）计算；

I_l、I_r——分别为左右两柱的惯性矩（图 4-11）。

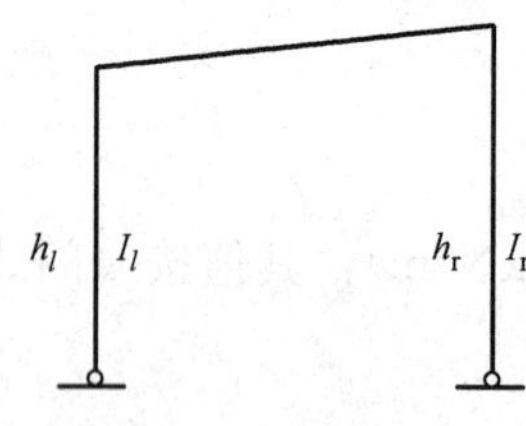

图 4-11　左右两柱的惯性矩

如果验算时刚架的侧移不满足要求，说明刚架的侧移刚度太差，需要采取措施进行增强，主要方法有：（1）放大柱或梁的截面尺寸；（2）改铰接柱脚为刚接柱脚；（3）把多跨框架中的个别摇摆柱改为上端和梁刚性连接。

4.2.3.3　受弯构件的挠度与跨度比限值

门式刚架中的框架斜梁应按受弯构件验算挠度，其挠度与跨度比限值需满足表 4-3 的要求。

受弯构件的挠度与跨度比限值 **表 4-3**

	构件类别	构件挠度限值
竖向挠度	门式刚架斜梁 仅承受压型钢板屋面和冷弯钢檩条 尚有吊顶 有悬挂起重机	 $L/180$ $L/240$ $L/400$
	檩条 仅支承压型钢板屋面 尚有吊顶	 $L/150$ $L/240$
	压型钢板屋面板	$L/150$
水平挠度	墙板	$L/100$
	墙梁 仅支承压型钢板墙 支承砌体墙	 $L/100$ $L/180$ 且$\leqslant$50mm

注：1. 表中 L 为构件跨度；
2. 对悬臂梁，按悬伸长度的 2 倍计算受弯构件的跨度。

4.3 构 件 设 计

4.3.1 控制截面的内力组合

门式钢架的构件设计，需首先根据不同荷载组合下的内力分析结果，找出控制截面的内力组合，控制截面的位置一般在柱底、柱顶、柱牛腿连接处以及梁端、梁跨中等截面，对于变截面构件，还应该注意截面改变处的内力。控制截面的内力组合主要有：

(1) 最大轴压力 N_{max}和同时出现的 M 及 V 的较大值。

(2) 最大弯矩 M_{max}和同时出现的 V 及 N 的较大值。

这两种情况有可能是重合的。以上是针对截面为双轴对称的构件而言，如果是单轴对称截面，则需要区分正、负弯矩。

鉴于轻型门式刚架自重较轻，柱脚锚栓在强风作用下有可能受到较大的拔起力，因此还需要进行第 3 种组合，即

(3) 最小轴压力 N_{min}和相应的 M 及 V，此种组合一般出现在永久荷载和风荷载共同作用下，其最不利组合是 N_{min}为正（拉力）的情况。当柱脚铰接时，$M=0$，此时柱脚锚栓不受力，可按构造配置。

4.3.2 变截面刚架柱和梁的设计

4.3.2.1 梁、柱板件的宽厚比限值和腹板屈曲后强度的利用

(1) 梁、柱板件的宽厚比限值

门式刚架的梁、柱多采用工字形截面，工字形截面受压翼缘板的宽厚比限值为：

$$\frac{b_1}{t}\leqslant 15\sqrt{\frac{235}{f_y}} \tag{4-10}$$

式中，b_1、t——受压翼缘的外伸宽度与厚度（图 4-12）。

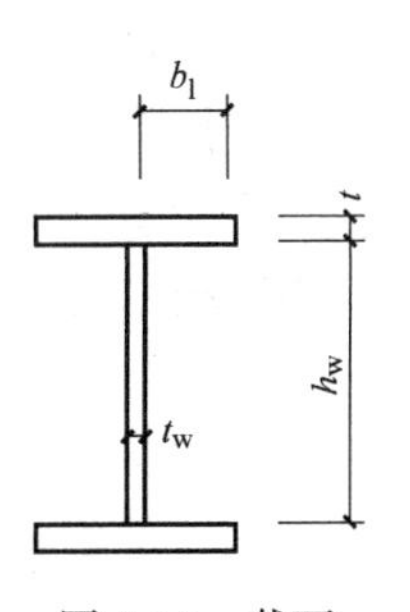

图 4-12 截面尺寸

工字形截面受弯构件或压弯构件中腹板以受剪为主，抗弯作用远不如翼缘有效，增大腹板的高度，可使翼缘抗弯能力发挥得更为充

分。但是在增大腹板高度的同时若同时增大其厚度，则腹板耗费的钢材过多，是不经济的。因此先进的设计方法是采用高而薄的腹板，这样可能引发腹板由于局部失稳而屈曲，但板件屈曲不等于承载能力用尽，而是还有相当可观的屈曲后强度可以利用。

采用屈曲后强度进行构件截面设计是门式刚架轻型化的主要技术措施之一，腹板在剪力作用下的屈曲后强度由薄膜张力产生，根据这个理论，《门式刚架规程》规定腹板宽厚比限值可以放宽到250，实际工程设计可根据工程的重要性适当控制严一点，否则腹板太薄制作加工比较困难。

《钢结构基本原理》曾经分析过受压板件屈曲后继续承载的原理并给出了关于梁腹板利用屈曲后强度的计算公式，这些公式适用于简支梁。门式刚架梁、柱构件剪应力最大处往往弯曲正应力也最大，同时还存在轴向压力，因而不考虑翼缘对腹板的约束作用。

（2）工字形截面构件考虑屈曲后强度的抗剪承载力

工字形截面考虑屈曲后强度的抗剪承载力计算方法很多，当腹板的高度变化不超过60mm/m时，其抗剪承载力设计值V_d可按下列简化公式计算：

$$V_d = h_w t_w f'_v \tag{4-11}$$

当$\lambda_w \leqslant 0.8$时
$$f'_v = f_v \tag{4-12a}$$

当$0.8 < \lambda_w < 1.4$时
$$f'_v = [1 - 0.64(\lambda_w - 0.8)] f_v \tag{4-12b}$$

当$\lambda_w \geqslant 1.4$时
$$f'_v = (1 - 0.275\lambda_w) f_v \tag{4-12c}$$

式中　f_v——钢材的抗剪强度设计值；

f'_v——腹板屈曲后抗剪强度设计值；

h_w——腹板高度，对楔形腹板取板幅的平均高度；

λ_w——参数，按公式（4-13）进行计算。

$$\lambda_w = \frac{h_w / t_w}{37\sqrt{k_\tau}\sqrt{235/f_y}} \tag{4-13}$$

当$a/h_w < 1$时
$$k_\tau = 4 + 5.34/(a/h_w)^2 \tag{4-14a}$$

当$a/h_w \geqslant 1$时
$$k_\tau = 5.34 + 4/(a/h_w)^2 \tag{4-14b}$$

式中　a——腹板横向加劲肋的间距；

k_τ——腹板在纯剪切荷载作用下的屈曲系数，当不设中间加劲肋时$k_\tau = 5.34$。

公式（4-11）是参照欧洲规范的内容并略加修改后给出的，是一种较为简便的计算方法，计算结果属于下限。当腹板高度变化超过60mm/m时，公式（4-11）不再适用。

（3）腹板的有效宽度

工字形截面梁、柱构件考虑屈曲后强度的抗弯承载力和压弯承载力采用有效宽度法计算，即应按有效宽度计算其截面几何特征。有效宽度取为：

当腹板全部受压时
$$h_e = \rho h_w \tag{4-15a}$$

当腹板部分受拉时，受拉区全部有效，受压区有效宽度为：

$$h_e = \rho h_c \tag{4-15b}$$

式中　h_e——腹板受压区有效宽度；

ρ——有效宽度系数，按下列公式进行计算：

当$\lambda_\rho \leqslant 0.8$时
$$\rho = 1 \tag{4-16a}$$

当$0.8 < \lambda_\rho \leqslant 1.2$时
$$\rho = 1 - 0.9(\lambda_\rho - 0.8) \tag{4-16b}$$

当 $\lambda_\rho>1.2$ 时　　$\rho=0.64-0.24(\lambda_\rho-1.2)$　　(4-16c)

式中　λ_ρ——与板件受弯、受压有关的参数，按公式（4-17）计算：

$$\lambda_\rho=\frac{h_w/t_w}{28.1\sqrt{k_\sigma}\sqrt{235/f_y}} \tag{4-17}$$

式中　k_σ——板件在正应力作用下的屈曲系数，按公式（4-18）计算：

$$k_\sigma=\frac{16}{\sqrt{(1+\beta)^2+0.112(1-\beta)^2}+(1+\beta)} \tag{4-18}$$

$\beta=\sigma_2/\sigma_1$——腹板边缘正应力的比值（图 4-13），以压为正，拉为负，$1\geqslant\beta\geqslant-1$；当腹板边缘最大应力 $\sigma_1<f$ 时，计算 λ_ρ 时可用 $\gamma_R\sigma_1$ 代替式（4-17）中的 f_y，γ_R 为抗力分项系数，对于 Q235 钢，$\gamma_R=1.087$；对于 Q345 钢材，$\gamma_R=1.111$，为简单起见，可统一取 $\gamma_R=1.1$。

根据公式（4-15）和公式（4-16）算得的腹板有效宽度 h_e，沿腹板高度按下列规则分布（图 4-13）：

当腹板全截面受压，即 $\beta>0$ 时，

$$h_{e1}=2h_e/(5-\beta)\quad h_{e2}=h_e-h_{e1} \tag{4-19}$$

当腹板部分截面受拉，即 $\beta<0$ 时，

$$h_{e1}=0.4h_e \tag{4-20}$$

$$h_{e2}=0.6h_e \tag{4-21}$$

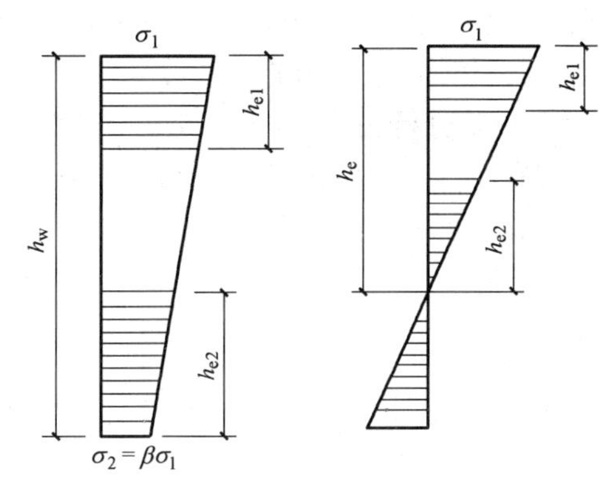

图 4-13　有效宽度的分布

4.3.2.2　刚架梁、柱构件的强度计算

（1）工字形截面受弯构件在剪力 V 和弯矩 M 共同作用下的强度应符合下列要求：

当 $V\leqslant0.5V_d$ 时，　$M\leqslant M_e$　　(4-22a)

当 $0.5V_d<V\leqslant V_d$ 时，　$M\leqslant M_f+(M_e-M_f)\left[1-\left(\frac{V}{0.5V_d}-1\right)^2\right]$　　(4-22b)

式中　M_f——两翼缘所承担的弯矩，当截面为双轴对称时：

$$M_f=A_f(h_w+t)f \tag{4-23}$$

W_e——构件有效截面最大受压纤维的截面模量；

M_e——构件有效截面所承担的弯矩，$M_e=W_ef$；

A_f——构件一个翼缘的截面面积；

V_d——腹板抗剪承载力设计值，按公式（4-11）计算。

A_e、W_e 应取腹板屈曲后构件的有效截面进行计算，即翼缘取全部截面，腹板则取有效宽度截面。

（2）工字形截面压弯构件在剪力 V、弯矩 M 和轴力 N 共同作用下的强度应符合下列要求：

当 $V\leqslant0.5V_d$ 时

$$M\leqslant M_e^N \tag{4-24}$$

$$M_e^N=M_e-NW_e/A_e \tag{4-25}$$

当$0.5V_d<V\leqslant V_d$时

$$M\leqslant M_f^N+(M_e^N-M_f^N)\left[1-\left(\frac{V}{0.5V_d}-1\right)^2\right] \tag{4-26}$$

式中　A_e——有效截面面积；

M_f^N——兼承压力时两翼缘所能承受的弯矩，当截面为双轴对称时：

$$M_f^N=A_f(h_w+t)(f-N/A) \tag{4-27}$$

变截面柱下端铰接时，还应验算柱端的受剪承载力。当不满足要求时，应对该处腹板进行加强。

4.3.2.3　刚架柱整体稳定计算

(1) 变截面柱在刚架平面内的计算长度系数

等截面柱在刚架平面内的整体稳定计算方法在《钢结构基本原理》中已有叙述，当采用变截面门式刚架时，刚架柱为楔形，变截面柱的整体稳定计算仍可采用计算长度法。对截面高度呈线性变化的楔形柱，在刚架平面内的计算长度应按 $l_{0x}=\mu_\gamma h$ 计算，式中 h 为柱高，μ_γ 为刚架平面内的计算长度系数，可按下列三种方法之一计算：

① 一阶分析法

首先通过一阶分析得出柱顶水平荷载 H 作用下的水平位移 u，求出刚架侧移刚度 $K=H/u$，再按下列公式计算 μ_γ：

对单跨对称刚架（图 4-14a）：

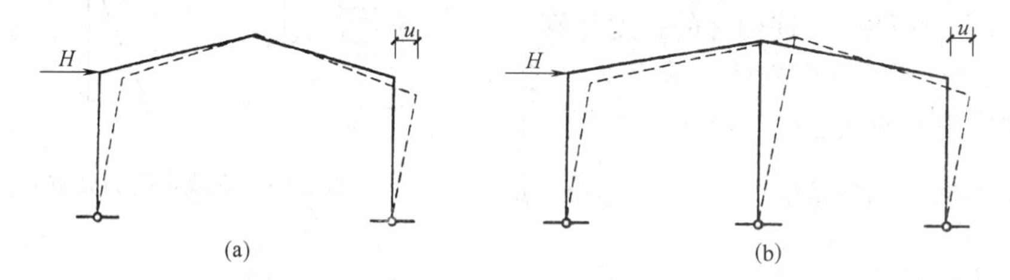

图 4-14　一阶分析时的柱顶侧移

(a) 单跨对称刚架；(b) 多跨刚架

当柱脚铰接时

$$\mu_\gamma=4.14\sqrt{\frac{EI_{c0}}{Kh^3}} \tag{4-28a}$$

当柱脚刚接时

$$\mu_\gamma=5.85\sqrt{\frac{EI_{c0}}{Kh^3}} \tag{4-28b}$$

式中　h——柱的高度；

I_{c0}——柱小头截面惯性矩。

对中间柱为摇摆柱且屋面坡度不大于 1∶5 的多跨对称刚架（图 4-10），由于摇摆柱不但不能给刚架结构提供侧向刚度，柱中的轴向力反而还有促使刚架失稳的作用，因此可取摇摆柱的计算长度系数 $\mu_\gamma=1.0$，此时边柱的 μ_γ 仍可按式（4-28）计算，但算得的值应乘以按下式计算的放大系数：

$$\eta'=\sqrt{1+\frac{\sum(P_{li}/h_{li})}{1.2\sum(P_{fi}/h_{fi})}} \tag{4-29}$$

式中 h_{li}——摇摆柱的高度；

h_{fi}——刚架边柱的高度；

P_{li}——摇摆柱承受的荷载；

P_{fi}——刚架边柱承受的荷载。

对中间柱为非摇摆柱的多跨刚架（图 4-14b），各个柱的 μ_γ 均可按下列公式计算：

当柱脚铰接时

$$\mu_\gamma=0.85\sqrt{\frac{1.2P'_{E0i}}{KP_i}\sum\frac{P_i}{h_i}} \tag{4-30a}$$

当柱脚刚接时

$$\mu_\gamma=1.2\sqrt{\frac{1.2P'_{E0i}}{KP_i}\sum\frac{P_i}{h_i}} \tag{4-30b}$$

式中 P'_{E0i}——参数，$P'_{E0i}=\pi^2EI_{0i}/h_i^2$；

h_i、P_i、I_{0i}——分别为第 i 根柱的高度、轴心压力和小头的惯性矩。

公式（4-30）系由现行国家标准《冷弯薄壁型钢结构技术规范》中受压构件的计算长度系数换算而成，对铰接柱脚乘以 0.85 的系数是考虑实际工程中的柱脚构造有一定转动约束；而柱脚刚接时，实际柱脚构造又达不到完全嵌固，因而乘以放大系数 1.2。

② 二阶分析法

当采用计入竖向荷载-侧移效应（即 P-u 效应）的二阶分析程序计算内力时，计算长度系数 μ_γ 可按下列公式计算：

$$\mu_\gamma=1-0.375\gamma+0.08\gamma^2(1-0.0775\gamma) \tag{4-31}$$

式中 γ——构件的楔率，$\gamma=(d_1/d_0)-1$，且不大于 $0.268l/d_0$ 及 6.0；

d_0、d_1——分别为构件小头和大头的截面高度，l 为构件长度（图 4-15）。

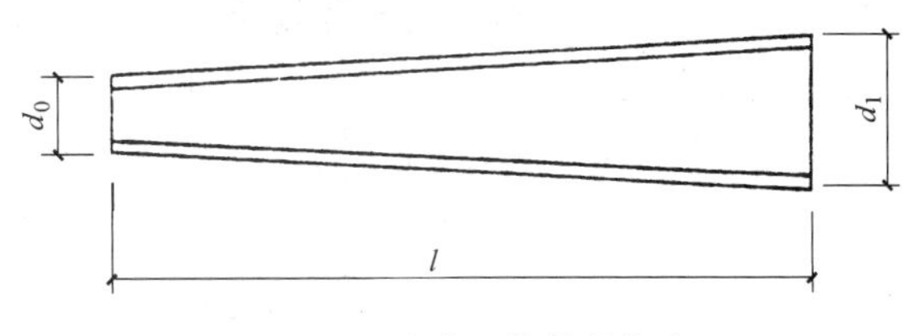

图 4-15　变截面构件的楔率

③ 查表法

对柱脚铰接单跨刚架楔形柱的 μ_γ，还可查《冷弯薄壁型钢结构技术规范》附表进行确定。

(2) 变截面柱在刚架平面内的稳定计算

刚架柱应按压弯构件计算整体稳定，变截面柱在弯矩作用平面内的整体稳定计算公式借用了等截面压弯构件相关公式的形式，但对其中一些参数的取值作了调整。变截面柱在刚架平面内的整体稳定应按下式计算：

$$\frac{N_0}{\varphi_{x\gamma}A_{e0}}+\frac{\beta_{mx}M_1}{W_{e1}\left(1-\frac{N_0}{N'_{Ex0}}\varphi_{x\gamma}\right)}\leqslant f \tag{4-32}$$

式中　N'_{Ex0}——参数，$N'_{Ex0}=\pi^2 EA_{e0}/(1.1\lambda_x^2)$，计算 λ_x时，取小头的回转半径；

A_{e0}——小头的有效截面面积；

N_0——小头的轴心压力设计值；

M_1、W_{e1}——大头的弯矩设计值和大头有效截面最大受压纤维的截面模量，当柱的最大弯矩不出现在大头时，M_1 和 W_{e1} 取最大弯矩和该弯矩所在截面的有效截面模量；

β_{mx}——等效弯矩系数，对有侧移刚架柱 $\beta_{mx}=1.0$；

$\varphi_{x\gamma}$——弯矩作用平面内的轴心受压构件稳定系数，根据 $\lambda_{x0}=l_{0x}/i_{x0}$ 由附录 5 查得。

(3) 变截面柱在刚架平面外的稳定计算

$$\frac{N_0}{\varphi_y A_{e0}}+\frac{\beta_t M_1}{\varphi_{b\gamma}W_{e1}}\leqslant f \tag{4-33}$$

式中　N_0——所计算构件段小头的轴心压力设计值；

M_1——所计算构件段大头的弯矩设计值；

β_t——等效弯矩系数，按下列公式计算；

对一端弯矩为零的区段

$$\beta_t=1-N/N'_{Ex0}+0.75(N/N'_{Ex0})^2 \tag{4-34a}$$

对两端弯曲应力基本相等的区段

$$\beta_t=1.0 \tag{4-34b}$$

φ_y——楔形柱弯矩作用平面外（绕弱轴屈曲时）的轴心受压构件稳定系数，由附录 5 查得，计算 λ_{y0}时取小头的回转半径 i_{y0}；计算长度取纵向柱间支撑点间的距离，若各段线刚度差别较大，确定计算长度时可考虑各段间的相互约束；

$\varphi_{b\gamma}$——均匀弯曲楔形受弯构件的整体稳定系数，对双轴对称的工字形截面构件应按下式计算：

$$\varphi_{b\gamma}=\frac{4320}{\lambda_{y0}^2}\cdot\frac{A_0 h_0}{W_{x0}}\sqrt{\left(\frac{\mu_s}{\mu_w}\right)^4+\left(\frac{\lambda_{y0}t_0}{4.4h_0}\right)^2}\cdot\frac{235}{f_y} \tag{4-35}$$

$$\mu_s=1+0.023\gamma\sqrt{lh_0/A_f} \tag{4-36}$$

$$\mu_w=1+0.00385\sqrt{l/i_{y0}} \tag{4-37}$$

λ_{y0}——所计算构件段对 y 轴的长细比，$\lambda_{y0}=\mu_s l/i_{y0}$；

l——楔形构件计算区段的平面外计算长度，取侧向支承点间的距离；

i_{y0}——所计算构件段小头的回转半径，取受压翼缘与受压区腹板 1/3 高度组成的截面绕 y 轴的回转半径；

A_f——受压翼缘截面面积；

A_0、h_0、W_{x0}、t_0——分别为所计算构件段小头的截面面积、截面高度、截面模量和受压翼缘厚度。

当按式（4-35）算得的 $\varphi_{b\gamma}>0.6$ 时，应进行弹塑性修正，即按公式 $\varphi'_{b\gamma}=1.07-\frac{0.282}{\varphi_{b\gamma}}\leqslant 1.0$ 计算相应的 $\varphi'_{b\gamma}$，代替 $\varphi_{b\gamma}$ 代入式（4-33）计算。

刚架柱在平面外的稳定亦可通过设置若干隅撑来保证，它对高度较大的柱尤其必要，这样在计算时可缩短构件段的长度。隅撑一端连于柱内受压翼缘，另一端连于墙梁。柱隅撑的构造和计算同横梁隅撑（图 4-16）。

4.3.2.4　斜梁整体稳定计算和隅撑设置

当门式刚架的屋面坡度较大时，轴力对斜梁稳定性的影响在刚架平面内外都不容忽视，但当屋面坡度较小（$\alpha\leqslant 10°$）时，因轴力很小，斜梁在刚架平面内可只按压弯构件计算强度，在平面外则应按压弯构件计算整体稳定。斜梁在刚架平面内的计算长度可近似取竖向支承点间的距离，在平面外的计算长度应取侧向支承点间的距离，当斜梁两翼缘侧向支承点间的距离不等时，则应取最大受压翼缘侧向支承点的距离。

变截面刚架斜梁整体稳定的设计计算方法同刚架柱。

为了保证斜梁在刚架平面外的稳定，通常在下翼缘受压区两侧设置隅撑，作为斜梁的侧向支承（图 4-16）。当其间距小于斜梁受压翼缘宽度的 $16\sqrt{235/f_y}$ 倍时，可不需计算斜梁平面外整体稳定。

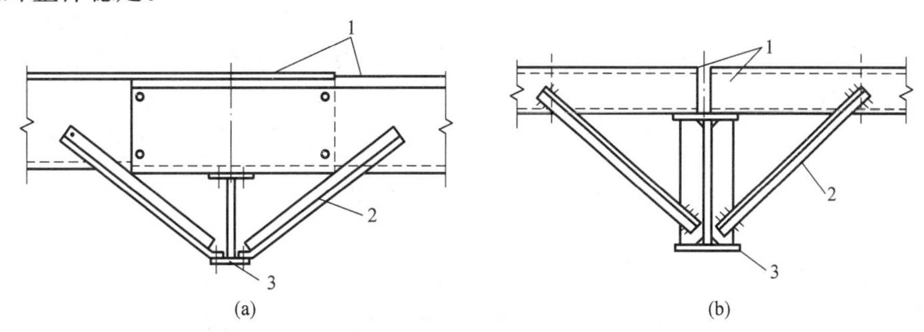

图 4-16　隅撑

1—檩条（或墙梁）；2—隅撑；3—斜梁（或柱）

隅撑一般采用单角钢，并按轴心受压构件设计。轴心力可按下式计算：

$$N=\frac{Af}{60\cos\theta}\sqrt{\frac{f_y}{235}} \tag{4-38}$$

式中　A——斜梁被支撑翼缘的截面面积；

　　θ——隅撑与檩条轴线的夹角（不宜大于 45°）。

当隅撑成对布置时，每根隅撑的轴心压力可取上式计算值的一半。

隅撑通常采用单个螺栓连接在斜梁翼缘或腹板上（图 4-16a）。若腹板上配置有横向加劲肋时，也可焊在加劲肋上（图 4-16b）。隅撑另一端连在檩条上，加劲肋布置位置应与檩条对齐。

另外，在斜梁下翼缘与刚架柱的交接处，压应力一般最大，故是刚架的关键部位。为防止失稳，应在檐口位置、在斜梁与柱内翼缘交接点附近的檩条和墙梁处各设置一道隅撑，墙梁处隅撑一端连于墙梁，另一端连于柱内翼缘。

4.3.2.5　梁腹板加劲肋的配置

梁腹板应在中柱连接处、较大固定集中荷载作用处和翼缘转折处设置横向加劲肋，其他部位是否设置中间加劲肋，根据计算需要确定。

《门式刚架规程》规定，当利用腹板屈曲后抗剪强度时，横向加劲肋间距 a 宜取 h_w～$2h_w$，h_w 为梁腹板高度。

当梁腹板在剪应力作用下发生屈曲后，将以拉力带的方式承受继续增加的剪力，亦即起类似桁架斜腹杆的作用，而横向加劲肋则相当于受压的桁架竖杆，如图 4-17 所示，因此，中间横向加劲肋除承受集中荷载和翼缘转折产生的压力外，还要承受拉力场产生的压力，该压力按下列公式计算：

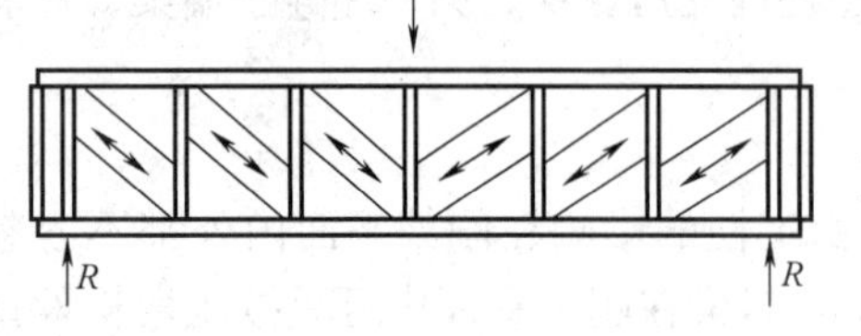

图 4-17 腹板的张力场作用

$$N_s = V - 0.9 h_w t_w \tau_{cr} \tag{4-39}$$

当 $0.8 < \lambda_w \leqslant 1.25$ 时 $$\tau_{cr} = [1 - 0.8(\lambda_w - 0.8)] f_v \tag{4-40a}$$

当 $\lambda_w > 1.25$ 时 $$\tau_{cr} = f_v / \lambda_w^2 \tag{4-40b}$$

式中 N_s——拉力场产生的压力；

τ_{cr}——利用拉力场时腹板的屈曲剪应力；

λ_w——参数，按公式（4-13）计算。

加劲肋稳定性验算按《钢结构设计规范》GB 50017 的规定进行，计算长度取腹板高度 h_w，截面取加劲肋全部和其两侧各 $15t_w\sqrt{235/f_y}$ 宽度范围内的腹板面积，按两端铰接轴心受压构件进行计算。

4.4 连接和节点设计

门式刚架的结构构件一般在工厂制作，现场进行拼装，因此需要划分运送和安装单元，运送单元一般从梁柱节点及框架梁的跨中划分。因此，门式刚架结构中的节点主要有：梁与柱的连接节点、斜梁自身的拼接节点以及柱脚。当有桥式吊车时，刚架柱上还有牛腿。

4.4.1 斜梁与柱的连接和斜梁拼接

门式刚架斜梁与柱的连接一般采用端板连接节点，即在构件端部焊一端板然后再用高强度螺栓互相连接（图 4-18），构件的翼缘与端板应采用全焊透对接焊缝，腹板与端板可采用角焊缝。斜梁拼接的端板宜与构件外边缘垂直（图 4-18a），斜梁与柱的连接则可采用端板竖放、端板横放和端板斜放三种形式（图 4-18b、c、d）。端板竖放节点的构造及尺

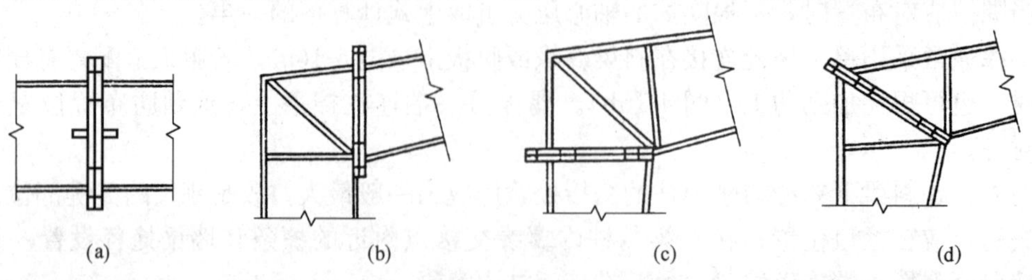

图 4-18 斜梁的拼接和与柱的连接节点

(a) 斜梁拼接；(b) 端板竖放；(c) 端板横放；(d) 端板斜放

寸不需要放大样确定，螺栓比较容易排列，是最常采用的连接节点形式。端板平放受力合理，安装方便，亦常被采用。

连接节点按所受最大内力设计，当内力较小（小于节点处构件截面承载力的 50%）时可按被连接截面极限承载力的一半设计。

连接节点必须按照刚性节点进行设计，即在保证必要的强度的同时，提供足够的转动刚度。《门式刚架轻型房屋钢结构技术规程》中关于端板厚度的计算公式，系按平面端板塑性分析和屈服线控制在端板边缘的方法，简化了计算和限制变形。因此，端板连接螺栓必须采用高强度螺栓，以确保假定计算模型的成立。

高强度螺栓连接可以是摩擦型或承压型的，当有吊车时，应采用高强度螺栓摩擦型连接。摩擦型连接按剪力大小决定端板与柱翼缘接触面的处理方法，当剪力小于其抗滑移承载力（考虑涂刷防锈漆或不涂油漆的干净表面情况，抗滑移系数按 $\mu=0.3$ 计算）时，端板表面可不用专门处理。

端板连接的螺栓应成对对称布置。在斜梁的拼接处，应采用将端板两端伸出截面以外的外伸式连接（图 4-18a）。在斜梁与柱连接处的受拉区，宜采用端板外伸式连接（图 4-18b、c、d)，且宜使翼缘螺栓群的中心与翼缘的中心重合或接近。

对同时受拉和受剪的螺栓，应按拉剪螺栓设计。

高强度螺栓的直径通常采用 M16～M24。布置螺栓时，应满足拧紧螺栓时的施工要求，即螺栓中心至翼缘和腹板表面的距离均不宜小于 65mm（扭剪型用电动扳手）、60mm（大六角头型用电动扳手）或 45mm（采用手工扳手）。螺栓端距不应小于 $2d_0$，d_0 为螺栓孔径。另外，受压翼缘的螺栓不宜少于两排。当受拉翼缘两侧各设一排螺栓尚不能满足承载力要求时，可在翼缘内侧增设螺栓，其间距可取 75mm，且不小于 $3d_0$。端板上两对螺栓的中距不宜太大，若其最大距离大于 400mm，还应在端板的中部增设一对螺栓。

（1）节点端板设计

端板主要承受弯矩和轴向力，其厚度 t 的确定可根据支承条件（图 4-19）将端板划分为外伸板区、无加劲肋板区、两相邻支承板区和三边支承板区，分别计算各板区在特定屈服模式下螺栓达极限拉力、板区材料达到全截面屈服时的板厚。但考虑到限制其塑性发展和保证安全性的需要，将螺栓极限拉力用抗拉承载力设计值代替，将板区材料的屈服强度用强度设计值代替，得到各区端板厚度的计算公式：

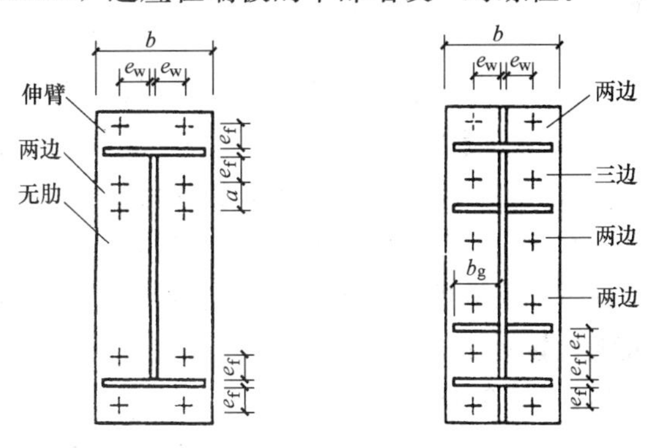

图 4-19　端板的支承条件

① 伸臂类端板

$$t\geqslant\sqrt{\frac{6e_fN_t}{bf}}\tag{4-41}$$

② 无加劲肋类端板

$$t\geqslant\sqrt{\frac{3e_wN_t}{(0.5a+e_w)f}}\tag{4-42}$$

③ 两边支承类端板

当端板外伸时

$$t \geqslant \sqrt{\frac{6e_{\mathrm{f}}e_{\mathrm{w}}N_{\mathrm{t}}}{[e_{\mathrm{w}}b+2e_{\mathrm{f}}(e_{\mathrm{f}}+e_{\mathrm{w}})]f}} \tag{4-43a}$$

当端板平齐时

$$t \geqslant \sqrt{\frac{12e_{\mathrm{f}}e_{\mathrm{w}}N_{\mathrm{t}}}{[e_{\mathrm{w}}b+4e_{\mathrm{f}}(e_{\mathrm{f}}+e_{\mathrm{w}})]f}} \tag{4-43b}$$

端板外伸指端板外缘超出构件（或加劲肋）的宽度，端板平齐时则是等宽。前者可视为固定边，而后者则只能视为简支边。

④ 三边支承类端板

$$t \geqslant \sqrt{\frac{6e_{\mathrm{f}}e_{\mathrm{w}}N_{\mathrm{t}}}{[e_{\mathrm{w}}(b+2b_{\mathrm{s}})+4e_{\mathrm{f}}^2]f}} \tag{4-44}$$

式中 N_{t}——单个高强度螺栓的受拉承载力设计值；

e_{w}、e_{f}——分别为螺栓中心至腹板和翼缘表面的距离；

b、b_{s}——端板和加劲肋的宽度；

a——螺栓的间距。

端板的厚度取按式（4-41）～式（4-44）算得的最大值，但不应小于 16mm。与斜梁端板连接的柱翼缘部分应与端板等厚度（图 4-18b）。

（2）节点域的抗剪计算

在斜梁与柱相交的节点域，应按下式验算柱腹板的剪应力。若不满足，应加厚腹板或在其上设置斜加劲肋（图 4-18b）。

$$\tau=\frac{M}{d_{\mathrm{b}}d_{\mathrm{c}}t_{\mathrm{c}}} \leqslant f_{\mathrm{v}} \tag{4-45}$$

式中 M——节点承受的弯矩，对多跨刚架中间柱处，应取两侧斜梁端弯矩的代数和或柱端弯矩；

d_{b}——斜梁端部高度或节点域高度；

d_{c}、t_{c}——节点域柱腹板的宽度和厚度。

同时，在端板设置螺栓处，还应按下式验算构件腹板的强度，若不满足，亦应加厚腹板或设置腹板加劲肋。

当 $N_{\mathrm{t2}} \leqslant 0.4P$ 时

$$\frac{0.4P}{e_{\mathrm{w}}t_{\mathrm{w}}} \leqslant f \tag{4-46a}$$

当 $N_{\mathrm{t2}} > 0.4P$ 时

$$\frac{N_{\mathrm{t2}}}{e_{\mathrm{w}}t_{\mathrm{w}}} \leqslant f \tag{4-46b}$$

式中 N_{t2}——翼缘内第二排一个螺栓的轴向拉力设计值；

P——高强度螺栓的预拉力；

e_{w}——螺栓中心至腹板表面的距离；

t_{w}——腹板厚度。

4.4.2　摇摆柱与斜梁的连接

图 4-20 为摇摆柱与斜梁的连接，柱两端都为铰接连接，不传递弯矩，因此，螺栓直径和布置由构造决定。节点加劲肋设置应考虑有效地传递支承反力，其截面按所承受的支承反力设计。

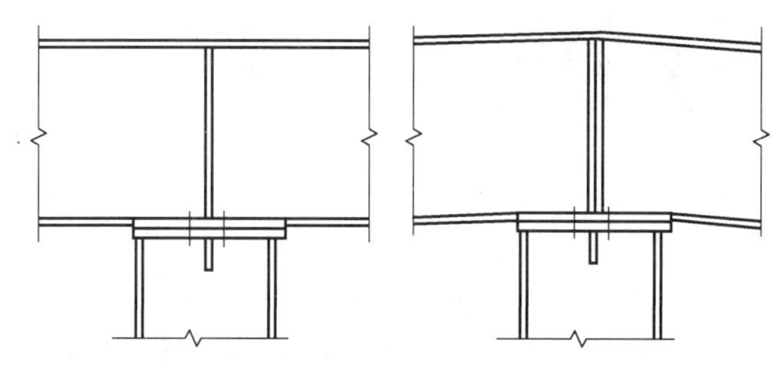

图 4-20　摇摆柱与斜梁的连接构造

4.4.3　柱脚

门式刚架柱脚分为铰接柱脚和刚接柱脚两种。对于一般的门式刚架轻型钢结构厂房，常用平板式铰接柱脚。图 4-21 (a) 为采用两个锚栓的平板式铰接柱脚，锚栓布置在轴线上，当柱子绕 $x—x$ 轴有微小转动时，锚柱不承受拉力，是一种比较理想的铰接构造。图 4-21 (b) 是采用四个锚栓的平板式铰接柱脚。由于锚栓力臂较小，且锚栓受力后底板易发生变形，当柱子绕主轴 $x—x$ 转动时锚栓只能受很小的力，这种柱脚构造接近于铰接，常用于横向刚度要求较大的门式刚架。

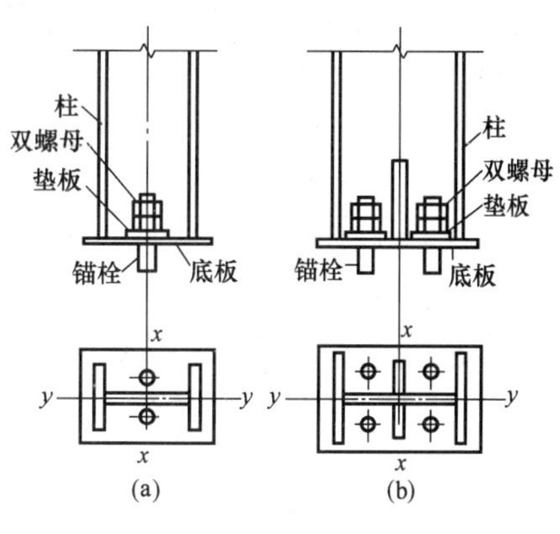

图 4-21　铰接柱脚形式

刚接柱脚用于设置有桥式吊车的门式刚架或大跨度刚架。刚接柱脚的特点是能承受弯矩，因此至少有四个锚栓对称布置在轴线两侧，并保证对主轴 $x—x$ 具有较大的距离。此外，柱脚还必须具有足够的刚度。图 4-22 (a) 为底板用加劲肋加强的刚接柱脚；图 4-22 (b) 为采用靴梁和加劲肋的刚接柱脚。

铰接柱脚要传递轴心压力和水平剪力，刚接柱脚除传递轴心压力和水平剪力外，还要传递弯矩。轴压力由底板传递，弯矩由锚栓和底板共同承受，剪力由底板与基础表面的摩擦力传递。当剪力较大，摩擦力不能有效承受剪力时，可在柱脚底板下设置抗剪键（图 4-23)，以承受和传递水平剪力。抗剪键可用方钢、短 T 字钢或 H 型钢做成。

柱脚底板的最小厚度为 14～20mm，柱脚底板、靴梁和肋板等的尺寸由计算或构造确定。

刚接柱脚的锚栓直径由计算确定，但不宜小于 24mm，且应采用双螺帽。受拉锚栓除直径应满足强度要求外，埋设深度应满足抗拔要求。底板上的锚栓孔直径应为 $d_0=(2\sim 2.5)d$ (d 为锚栓直径)，以便于安装时调整位置。垫板的厚度与底板相同，其孔径比锚栓直径大 1～2mm，当柱安装定位后，垫板应套在锚栓上与底板焊牢。

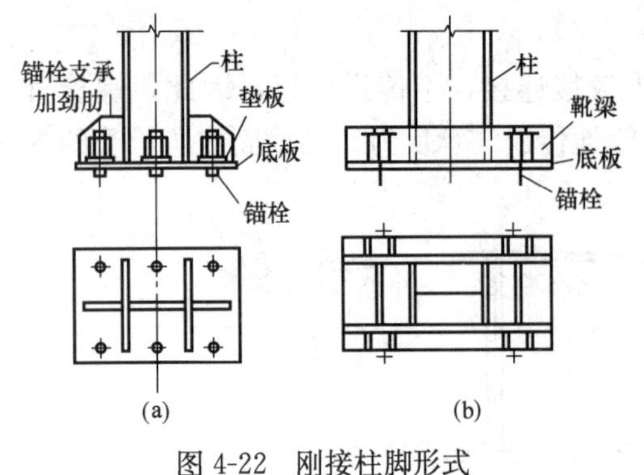

图 4-22　刚接柱脚形式

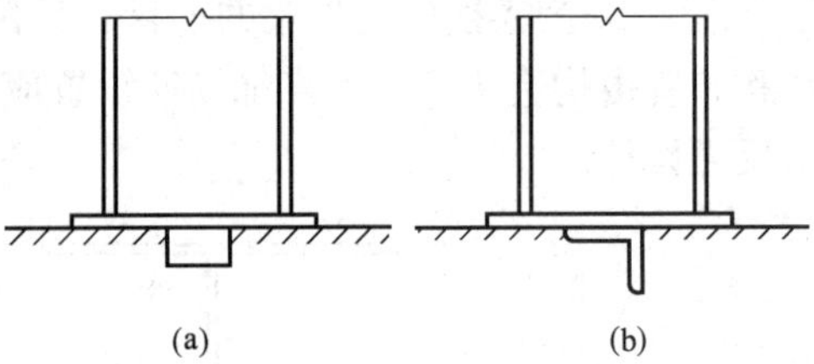

(a)　(b)

图 4-23　抗剪键

4.4.4　牛腿

当有桥式吊车时，需在刚架柱上设置牛腿，牛腿与柱焊接连接，其构造见图 4-24。牛腿根部所受剪力 V、弯矩 M 根据下式确定：

$$V=1.2P_{\mathrm{D}}+1.4D_{\max} \tag{4-47}$$

$$M=Ve \tag{4-48}$$

式中　P_{D}——吊车梁及轨道在牛腿上产生的反力；

$D_{\max}$——吊车最大轮压在牛腿上产生的最大反力。

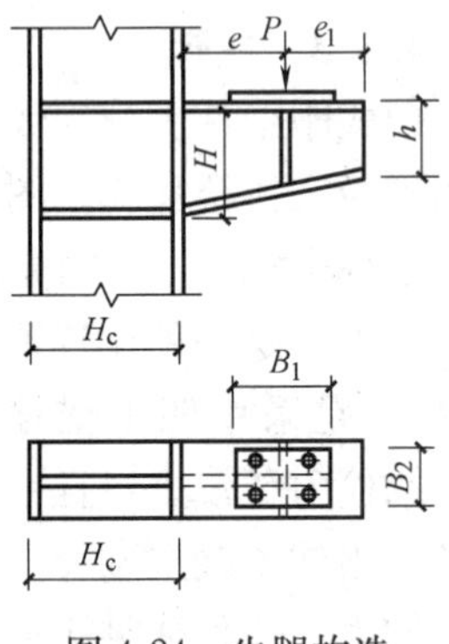

图 4-24　牛腿构造

牛腿一般采用焊接工字形截面，根部截面尺寸根据剪力 V 和弯矩 M 确定，当采用变截面牛腿时，端部截面高度 h 不宜小于 $H/2$（H 为牛腿根部截面高度）。在吊车梁支座加劲肋下对应位置的牛腿腹板上，应设置支承加劲肋。吊车梁与牛腿的连接一般采用普通螺栓固定，通常采用 M16～M24 螺栓。牛腿上翼缘及下翼缘与柱的连接焊缝均采用焊透的对接焊缝。牛腿腹板与柱的连接采用角焊缝，焊脚尺寸由剪力 V 确定。

4.5　围护构件设计

4.5.1　檩条设计

4.5.1.1　檩条的截面形式

檩条的截面形式可分为实腹式和格构式两种。当檩条跨度（柱距）不超过 9m 时，应优先选用实腹式檩条。

实腹式檩条的截面形式如图 4-25 所示。

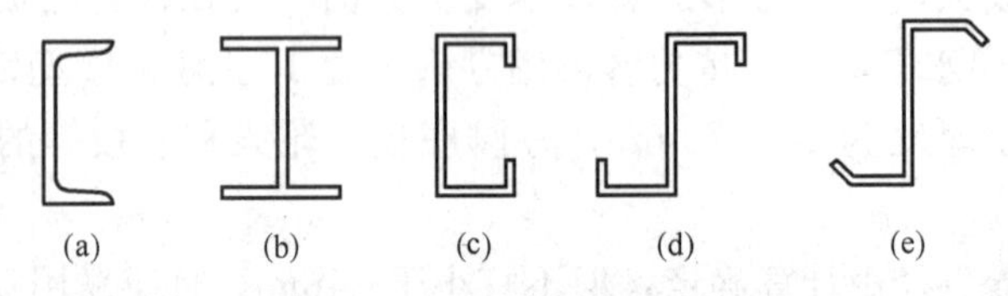

图 4-25　实腹式檩条的截面形式

图 4-25（a）为普通热轧槽钢或轻型热轧槽钢截面，因板件较厚，用钢量较大，目前已很少在工程中采用。图 4-25（b）为高频焊接 H 型钢截面，具有抗弯性能好的特点，适

用于檩条跨度较大的场合。图 4-25（c）、（d）、（e）是冷弯薄壁型钢截面，在工程中的应用都很普遍。卷边槽钢（亦称 C 型钢）檩条适用于屋面坡度 $i \leqslant 1/3$ 的情况，直卷边和斜卷边 Z 型檩条适用于屋面坡度 $i > 1/3$ 的情况。斜卷边 Z 型钢存放时可叠层堆放，占地少。做成连续梁檩条时，构造上也很简单。这三类薄壁型钢的规格和截面特性见附录 12。

当屋面荷载较大或檩条跨度大于 9m 时，宜选用格构式檩条。格构式檩条的构造和支座相对复杂，侧向刚度较低，但用钢量较少。

本节介绍冷弯薄壁型钢实腹式檩条的设计内容，格构式檩条的设计内容可参见有关设计手册。

4.5.1.2　檩条的荷载和荷载组合

对于门式刚架轻型房屋钢结构，作用在檩条上的荷载和荷载组合有其自身的特点，一般考虑三种荷载组合：

（1）1.2×永久荷载＋1.4×max{屋面均布活荷载，雪荷载}

（2）1.2×永久荷载＋1.4×施工检修集中荷载换算值

（3）1.0×永久荷载＋1.4×风吸力荷载

在风荷载很大的地区，第三种组合很重要。而檩条和墙梁的风荷载体型系数不同于刚架，应按《门式刚架轻型房屋钢结构技术规程》表 A.0.2-2 采用。对封闭的建筑，中间区为－1.15～－1.3，边缘带为－1.4～－1.7，角部为－1.4～－2.9，按有效受风面积的大小取值。

4.5.1.3　檩条的内力分析

设置在刚架斜梁上的檩条在垂直于地面的均布荷载作用下，沿截面两个形心主轴方向都有弯矩作用，属于双向受弯构件。在进行内力分析时，首先要把均布荷载 q 分解为沿截面形心主轴方向的荷载分量 q_x、q_y，如图 4-26 所示：

$$q_x = q\sin\alpha_0 \tag{4-49a}$$

$$q_y = q\cos\alpha_0 \tag{4-49b}$$

式中　α_0——竖向均布荷载设计值 q 和檩条形心主轴 y 轴的夹角。

由图可见，在屋面坡度不大的情况下，卷边 Z 型钢的 q_x 指向上方（屋脊），而卷边槽钢和 H 型钢的 q_x 总是指向下方（屋檐）。

对设有拉条的简支檩条（和墙梁），由 q_y、q_x 分别引起的 M_x 和 M_y 可按表 4-4 计算。其中，在计算 M_x 时，按单跨简支梁计算；在计算 M_y 时，将拉条作为侧向支承点，按双跨或三跨连续梁计算。

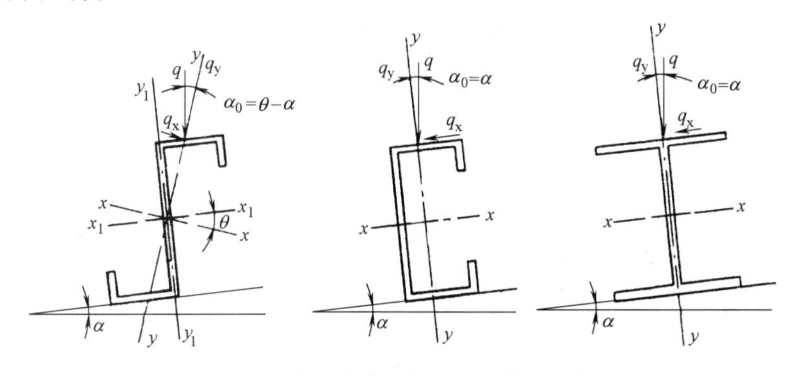

图 4-26　实腹式檩条截面的主轴和荷载

檩条（墙梁）的内力计算（简支梁） **表 4-4**

<table>
<tr><th rowspan="2">拉条设置情况</th><th colspan="2">由 q_x产生的内力</th><th colspan="2">由 q_y产生的内力</th></tr>
<tr><th>M_{ymax}</th><th>V_{ymax}</th><th>M_{xmax}</th><th>V_{xmax}</th></tr>
<tr><td>无拉条</td><td>$\frac{1}{8}q_x l^2$</td><td>$0.5q_x l$</td><td>$\frac{1}{8}q_y l^2$</td><td>$0.5q_y l$</td></tr>
<tr><td>跨中有一道拉条</td><td>拉条处负弯矩
$\frac{1}{32}q_x l^2$
拉条与支座间正弯矩
$\frac{1}{64}q_x l^2$</td><td>$0.625q_x l$</td><td>$\frac{1}{8}q_y l^2$</td><td>$0.5q_y l$</td></tr>
<tr><td>三分点处各有一道拉条</td><td>拉条处负弯矩
$\frac{1}{90}q_x l^2$
跨中正弯矩
$\frac{1}{360}q_x l^2$</td><td>$0.367q_x l$</td><td>$\frac{1}{8}q_y l^2$</td><td>$0.5q_y l$</td></tr>
</table>

对于多跨连续檩条，在计算 M_x时，可不考虑活荷载的不利组合，跨中和支座弯矩都近似取$\frac{1}{10}q_y l^2$。

4.5.1.4 檩条的截面选择

(1) 强度计算

由于冷弯薄壁型钢不利用材料的塑性性能，当屋面能阻止檩条的失稳和扭转时，C 型钢檩条可按下列弹性强度公式验算截面：

$$\frac{M_x}{W_{enx}}+\frac{M_y}{W_{eny}}\leqslant f \tag{4-50}$$

式中 M_x、M_y——对截面 x 轴和 y 轴的弯矩；

W_{enx}、W_{eny}——对两个形心主轴的有效净截面模量。

(2) 整体稳定计算

在风压力作用下，当屋面不能阻止檩条的侧向失稳和扭转时（如采用扣合式压型钢板屋面板），应按下列稳定公式验算截面：

$$\frac{M_x}{\varphi_{bx}W_{ex}}+\frac{M_y}{W_{ey}}\leqslant f \tag{4-51}$$

式中 W_{ex}、W_{ey}——檩条对两个形心主轴的有效截面模量；

φ_{bx}——梁的整体稳定系数，按下式计算：

$$\varphi_{bx}=\frac{4320Ah}{\lambda_y^2 W_x}\xi_1(\sqrt{\eta^2+\zeta}+\eta)\left(\frac{235}{f_y}\right) \tag{4-52}$$

$$\eta=2\xi_2 e_a/h \tag{4-53}$$

$$\zeta=\frac{4I_w}{h^2 I_y}+\frac{0.156I_t}{I_y}\left(\frac{l_0}{h}\right)^2 \tag{4-54}$$

式中 λ_y——梁在弯矩作用平面外的长细比；

A——毛截面面积；

h——截面高度；

l_0——梁的侧向计算长度，$l_0=\mu_b l$；

μ_b——梁的侧向计算长度系数，按表 4-5 采用；

l——梁的跨度；

ξ_1、ξ_2——系数，按表 4-5 采用；

e_a——横向荷载作用点到弯心的垂直距离：对于偏心压杆或当横向荷载作用在弯心时 $e_a=0$；当荷载不作用在弯心且荷载方向指向弯心时 e_a为负，而离开弯心时 e_a为正；

W_x——对 x 轴的受压边缘毛截面截面模量；

I_w——毛截面扇形惯性矩；

I_y——对 y 轴的毛截面惯性矩；

I_t——扭转惯性矩。

如按上列公式算得 φ_{bx}值大于 0.7，则应以 φ'_{bx}值代替 φ_{bx}，φ'_{bx}值应按下式计算：

$$\varphi'_{bx}=1.091-\frac{0.274}{\varphi_{bx}} \tag{4-55}$$

简支檩条的 ξ_1、ξ_2和 μ_b系数 **表 4-5**

系数	跨间无拉条	跨中一道拉条	三分点两道拉条
μ_b	1.0	0.5	0.33
ξ_1	1.13	1.35	1.37
ξ_2	0.46	0.14	0.06

在风吸力作用下，若设置拉杆或撑杆防止下翼缘扭转时，可仅计算其强度。否则，当屋面能阻止上翼缘侧移和扭转时，受压下翼缘的稳定性可按《门式刚架规程》附录 E 的方法计算。该方法考虑了屋面板对檩条整体失稳的约束作用，能较好地反映檩条的实际性能，但计算比较复杂。当屋面不能阻止上翼缘侧移和扭转时，受压下翼缘的稳定性应按公式（4-51）计算。

公式（4-50）和式（4-51）中的截面模量都应按有效截面计算。但是檩条是双向受弯构件，翼缘的正应力非均匀分布，确定其有效宽度的计算比较复杂。对于和屋面板牢固连接并承受重力荷载的卷边槽钢、Z 型钢檩条，翼缘全部有效的范围大致如下，可供参考：

当 $h/b\leqslant3.0$ 时
$$\frac{b}{t}\leqslant31\sqrt{205/f} \tag{4-56a}$$

当 $3.0<h/b\leqslant3.3$ 时
$$\frac{b}{t}\leqslant28.5\sqrt{205/f} \tag{4-56b}$$

式中 h、b、t——分别为檩条截面的高度、翼缘宽度和板件厚度。

附录 12 所附卷边槽钢和卷边 Z 型钢规格，多数都在上述范围之内。

（3）变形计算

实腹式檩条只需验算垂直于屋面方向的挠度。单跨简支 C 型钢檩条和卷边 Z 形檩条垂直于屋面方向的挠度可分别按下列公式验算：

C 型钢檩条
$$v=\frac{5q_{ky}l^4}{384EI_x}\leqslant[v] \tag{4-57}$$

卷边 Z 形檩条
$$v=\frac{5q_k\cos\alpha l^4}{384EI_{x1}}\leqslant[v] \tag{4-58}$$

式中 q_{ky}——檩条的线荷载标准值沿 y 轴作用的分量；

q_k——檩条的线荷载标准值；

I_x——对 x 轴的毛截面惯性矩；

I_{x1}——卷边Z形截面对平行于屋面形心轴的毛截面惯性矩；

α——屋面坡度；

l——檩条的跨度。

檩条的容许挠度［v］按表4-6取值。

檩条的容许挠度限值［v］ **表4-6**

仅支承压型钢板屋面（承受活荷载、雪荷载）	$l/150$
有吊顶	$l/240$
有吊顶且抹灰	$l/360$

4.5.1.5 拉条和撑杆的布置及连接构造

(1) 斜拉条和撑杆的布置

檩条和檩间拉条的布置见详图4-4，对于没有风荷载或屋面风吸力小于重力荷载的情况，当檩条采用卷边槽钢时，横向力指向下方，斜拉条应如图4-27（a）、（b）所示布置。当檩条为Z型钢而横向荷载向上时，斜拉条应布置于屋檐处（图4-27c）。

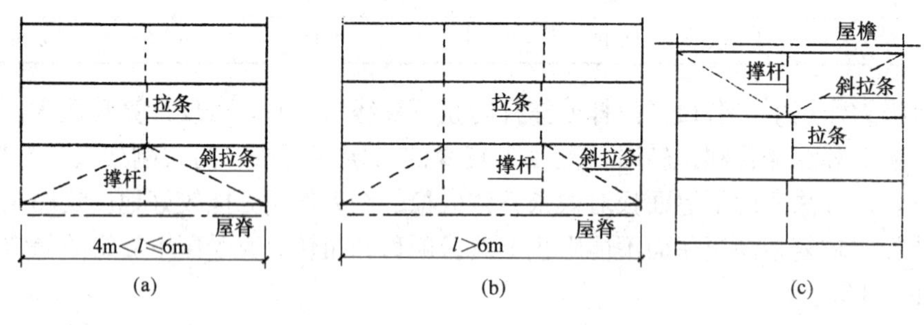

图4-27 拉条和撑杆的布置

当风吸力超过屋面永久荷载时，横向力的指向和图4-26相反。此时Z型钢檩条的斜拉条需要设置在屋脊处，而C型钢檩条则需设在屋檐处。因此，为了兼顾两种情况，在风荷载大的地区或是在屋檐和屋脊处都设置斜拉条，或是把横拉条和斜拉条都做成可以既承拉力又承压力的刚性杆。

拉条通常用圆钢做成，圆钢直径不宜小于10mm。圆钢拉条可设在距檩条上翼缘1/3腹板高度范围内。当在风吸力作用下檩条下翼缘受压时，拉条宜设在下翼缘附近，屋面采用自攻螺钉直接与檩条连接。为了兼顾无风和有风两种情况，拉条可在上、下翼缘附近交替布置。当采用扣合式屋面板时，拉条的设置根据檩条的稳定计算确定。刚性撑杆可采用钢管、方钢或角钢做成，通常按压杆的刚度要求［λ］≤200来选择截面。

(2) 连接构造

拉条、撑杆与檩条的连接见图4-28。斜拉条可弯折，也可不弯折。前一种方法要求弯折的直线长度不超过15mm，后一种方法则需要通过斜垫板或角钢与檩条连接。

实腹式檩条可通过檩托与刚架斜梁连接，设置檩托的目的是为了阻止檩条端部截面的扭转，以增强其整体稳定性。檩托可用角钢和钢板做成，檩条与檩托的连接螺栓不应少于

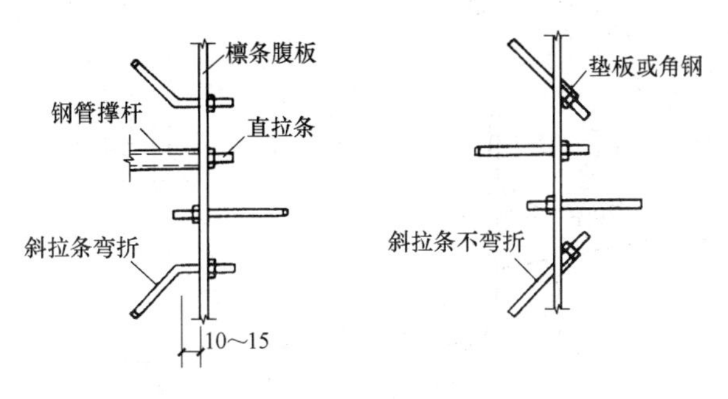

图 4-28　拉条与檩条的连接

两个，并沿檩条高度方向布置，见图 4-29。

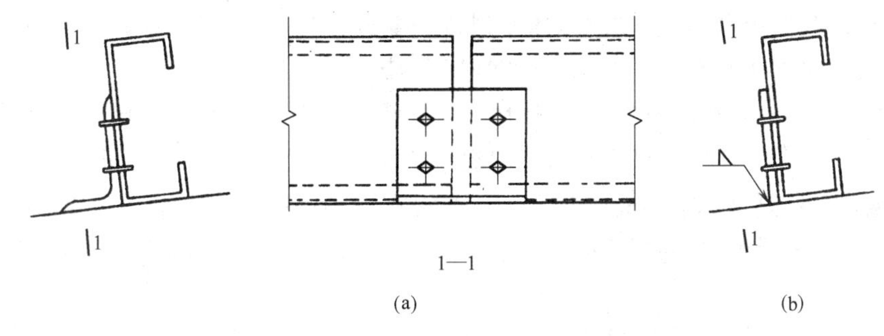

图 4-29　檩条与刚架的连接

槽形和 Z 形檩条上翼缘的肢尖（或卷边）应朝向屋脊方向，以减少荷载偏心引起的扭矩。

4.5.2　墙梁设计

4.5.2.1　墙梁及其与刚架的连接

墙梁一般采用冷弯卷边槽钢，有时也可采用卷边 Z 型钢。墙梁支承在框架柱及山墙抗风柱的支托上，并用螺栓连接（图 4-30）。当框架柱的柱距较大时，可在中间设置墙架柱，以减小墙梁跨度，也可利用隅撑作为墙梁的水平支承。

墙梁在其自重、墙体材料和水平风荷载作用下，也是双向受弯构件。墙板常做成落地式并与基础相连，墙板的重力直接传至基础，故应将墙梁的最大刚度平面设置在水平方向。当采用卷边槽形截面墙梁时，为便于墙梁与刚架柱的连接而把槽口向上放置，单窗框下沿的墙梁则需槽口向下放置。

有保暖和隔热要求的门式刚架轻型房屋，常采用双层轻质墙板。通常将墙板挂在墙梁两侧，能有效地阻止墙梁的扭转变形，从而保证整体稳定。此时，拉条作为墙梁的竖向支承，宜设置在墙梁中央的竖向平面内（图 4-31b）。对于没有保暖和隔热要求的门式刚架轻型房屋，常采用单层墙板。墙板通常挂在墙梁外侧，在墙体自重作用下，墙梁将发生扭转，因此拉条应设置在靠墙板的一侧（图 4-31a），以支承墙板的重量，防止墙梁发生扭转。

墙梁可根据柱距的大小做成跨越一个柱距的简支梁或两个柱距的连续梁，前者运输方便，节点构造相对简单，后者受力合理，节省材料。

4.5.2.2　墙梁的计算

墙梁的荷载组合有两种：

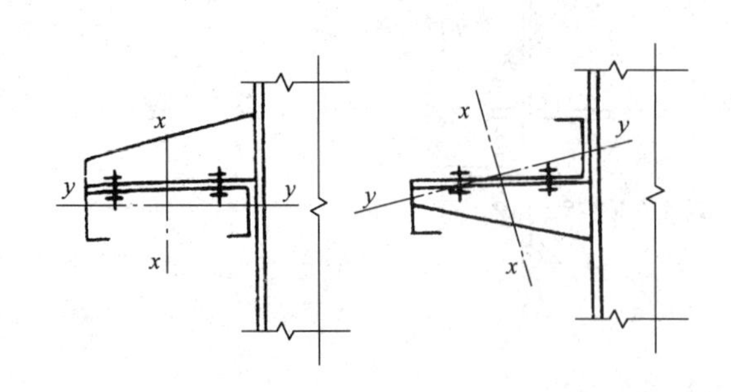

图 4-30 墙梁与柱接示意图

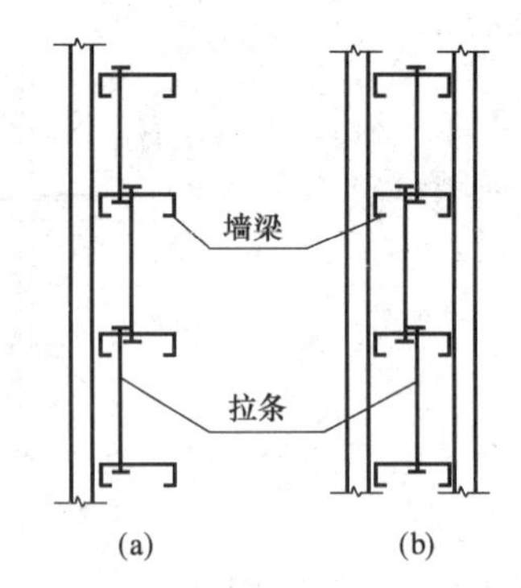

图 4-31 单、双侧挂墙板墙梁的拉条位置示意图

(1) 1.2×竖向永久荷载+1.4×水平风压力荷载；

(2) 1.2×竖向永久荷载+1.4×水平风吸力荷载。

在墙梁截面上，由外荷载产生的内力有：水平风荷载 q_x产生的弯矩 M_y和剪力 V_y；由竖向荷载 q_y产生的弯矩 M_x和剪力 V_x。墙梁的内力计算公式与檩条相同，可参见表 4-4。当墙板放在墙梁外侧且不落地时，其重力荷载没有作用在截面剪力中心，计算还应考虑双力矩 B 的影响，双力矩 B 的计算公式可参考《冷弯薄壁型钢结构技术规范》GB 50018 的附录 A。

【例 4-1】 某单跨双坡门式刚架设计例题

1. 设计资料

一单层房屋采用单跨双坡门式刚架，刚架跨度 12m，柱高 5m，共有 12 榀刚架柱，柱距 6m，屋面坡度 1/10($\alpha=5.71°$)，地震设防烈度为 6 度。刚架平面布置见图 4-32，刚架采用等截面梁和柱，其形式及几何尺寸见图 4-33。

该房屋屋面及墙面板采用岩棉夹芯彩色钢板，夹芯板型号 JXB42-333-1000，夹芯面板厚度 0.50mm，板厚为 80mm。

檩条、墙梁采用冷弯薄壁卷边 C 型钢 180×70×20×3.0，间距 1.5m，跨中设拉条一道。檩条布置见图 4-32，图 4-34 是檩托的布置详图。

主要受力结构钢材采用 Q235 钢，焊条 E43 型。钢材强度设计值 $f=215\text{N/mm}^2$，$f_v=125\text{N/mm}^2$。

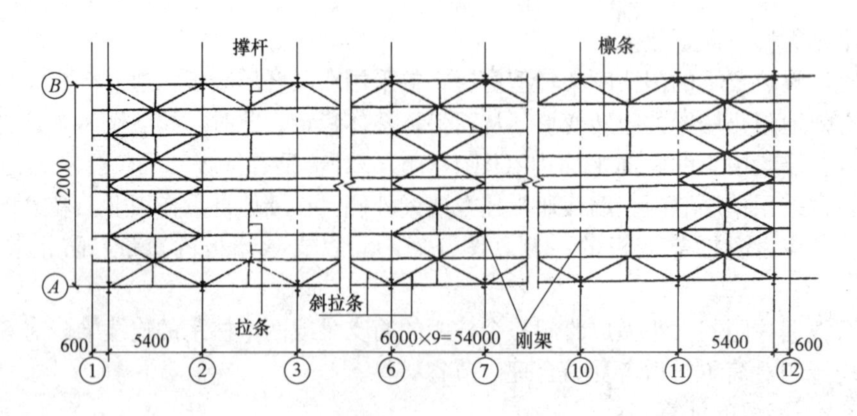

图 4-32 刚架平面布置图

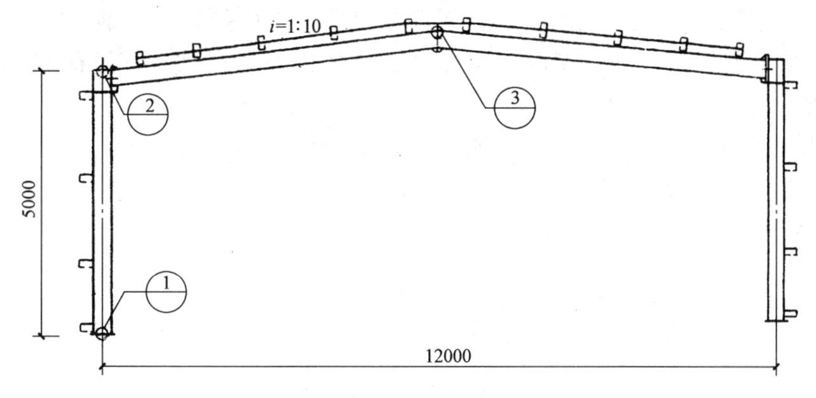

图 4-33　刚架形式及几何尺寸

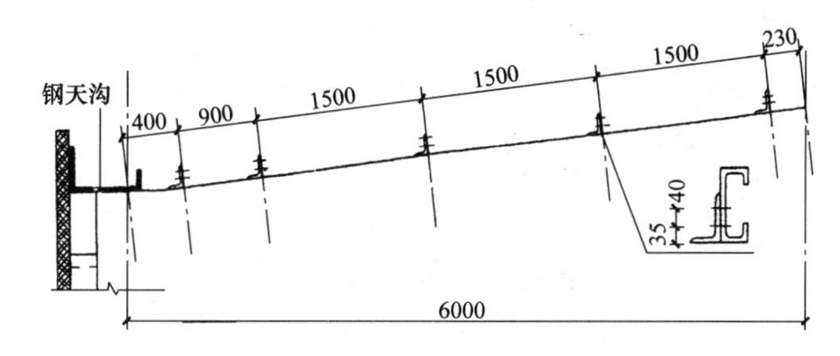

图 4-34　檩托布置详图

2. 荷载

(1) 永久荷载标准值（对水平投影面）

岩棉夹芯彩色钢板	0.25kN/m²
檩条	0.05kN/m²
悬挂设备	0.15kN/m²
	0.45kN/m²

墙板、墙梁等墙面荷载标准值为 0.45kN/m²，刚架梁及刚架柱自重在设计软件计算内力时计入。

(2) 屋面活荷载标准值

由于刚架的受荷水平投影面积为 $12\times6=72\mathrm{m}^2>60\mathrm{m}^2$，故按《钢结构设计规范》取不上人的屋面活荷载标准值为 0.3kN/m²，由于该地区雪荷载为 0.25kN/m²，小于屋面均布活荷载，故取屋面活荷载与雪荷载中较大值 0.3kN/m²。

(3) 风荷载标准值

基本风压值 0.4kN/m²，地面粗糙度系数按 B 类取，风荷载高度变化系数按现行国家标准《建筑结构荷载规范》(GB 50009—2001) 的规定采用，当高度小于 10m 时，按 10m 高度处的数值采用，$\mu_z=1.0$。风荷载体型系数按 4.2 节表 4-1 封闭式建筑的中间区取值，即迎风面柱及屋面的 μ_s 分别为 +0.25 和 −1.0；背风面柱及屋面的 μ_s 分别为 −0.55 和 −0.65。

3. 屋面支撑设计

屋面水平支撑间距 3m，见图 4-32。屋面支撑斜杆采用张紧的圆钢，按柔性杆设计，支撑计算简图见图 4-35（a）。屋面支撑传递一半的山墙风荷载，其风荷载体型系数取 $\mu_s=1.0$，则

节点荷载标准值：$F_{wk}=0.4\times1.0\times1.0\times3.0\times(5+0.3+0.6)/2=3.54\text{kN}$；

节点荷载设计值：$F_w=3.54\times1.4=4.96\text{kN}$；

斜杆拉力设计值：$N=1.5\times4.96/\cos29.1^\circ=8.51\text{kN}$；

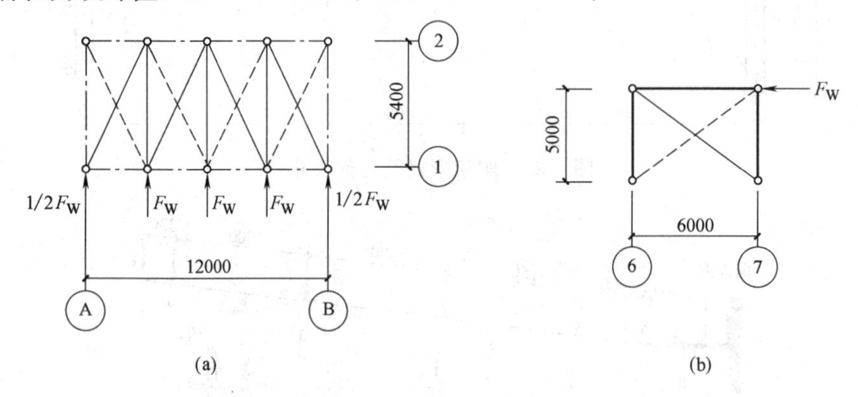

图 4-35　支撑计算简图

（a）屋面支撑计算简图；（b）柱间支撑计算简图

支撑斜杆选用 $\phi12$ 的圆钢，截面面积 $A=113.0\text{mm}^2$。

强度校核：$N/A=8510/113=75.3\text{N/mm}^2<f=210\text{N/mm}^2$。

刚度校核：张紧的圆钢不需要考虑长细比的要求，但从构造上考虑采用 $\phi16$ 为宜。

4. 柱间支撑设计

柱间支撑布置见图 4-36。

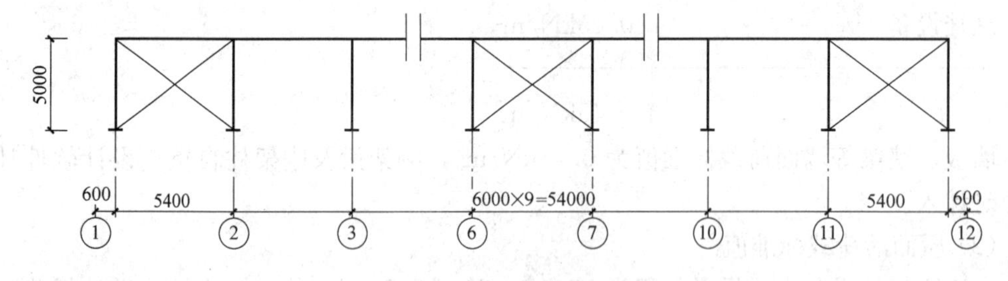

图 4-36　柱间支撑布置

柱间支撑直杆由檩条兼用，因檩条留有一定的应力余量，可不再验算。柱间支撑斜杆采用张紧的圆钢，支撑计算简图见图 4-35（b）。

柱间支撑承受作用于两侧山墙顶部节点的风荷载。山墙高度取 5.9m，风荷载体型系数取 $\mu_s=0.8+0.5=1.3$，则作用于山墙面的总的风荷载为：

$$W_1=1.3\times1.0\times0.4\times12\times5.9/2=18.4\text{kN}$$

按一半山墙面作用风载的 1/3 考虑节点荷载标准值为：

$$F_{wk}=1/3\times1/2\times18.4=3.07\text{kN}$$

节点荷载设计值　　　$F_w=3.07\times1.4=4.3\text{kN}$

斜杆拉力设计值　　　$N=4.3/\cos40^\circ=5.61\text{kN}$

斜杆选用 $\phi12$ 的圆钢，截面面积 $A=113.0\text{mm}^2$

强度校核：$N/A=5610/113=49.6\text{N/mm}^2<f=210\text{N/mm}^2$。

刚度校核：张紧的圆钢不需要考虑长细比的要求，但从构造考虑采用 $\phi16$ 为宜。

5. 刚架内力分析

刚架承受的荷载设计值：

① 屋面恒荷载　　$g_1=1.2\times0.45\times\dfrac{1}{\cos\alpha}\times6=3.26\text{kN/m}$

② 墙面恒荷载　　$g_2=1.2\times0.45\times6=3.24\ \text{kN/m}$

③ 屋面活荷载　　$q=1.4\times0.3\times6=2.52\text{kN/m}$

④ 屋面风荷载(迎风面)　$w_2=1.4\times(-1.0)\times1.0\times0.4\times6=-3.36\text{kN/m}$

(背风面)　$w_3=1.4\times(-0.65)\times1.0\times0.4\times6=-2.18\text{kN/m}$

⑤ 墙面风荷载(迎风面)　$w_1=1.4\times(+0.25)\times1.0\times0.4\times6=0.84\text{kN/m}$

(背风面)　$w_4=1.4\times(-0.55)\times1.0\times0.4\times6=-1.85\text{kN/m}$

以上各种荷载的分布图如图 4-37（a）所示。

经用设计软件可分别计算各种荷载作用下门式刚架的内力，并经最不利组合得出刚架

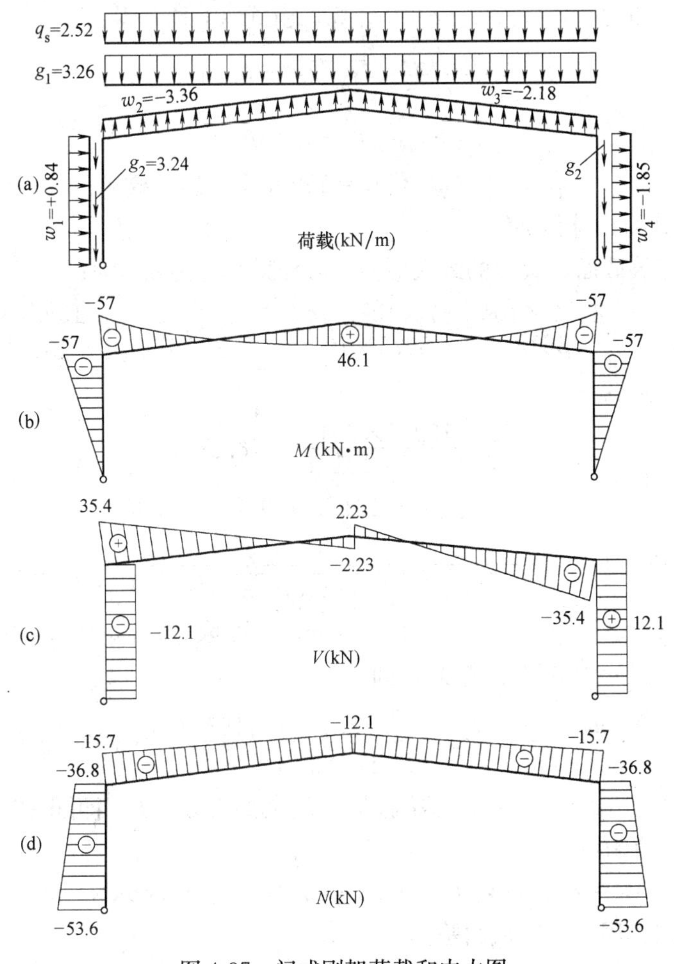

图 4-37　门式刚架荷载和内力图

的内力（M、V、N）如图4-37（b）、（c）、（d）所示。计算结果显示本例题所示刚架内力一般由恒载加活载组合控制。

6. 构件截面设计

（1）构件截面几何参数

刚架中的梁柱截面均采用高频焊接轻型H型钢300×150×4.5×8，其主要几何参数为：$I_x=5976.11\text{cm}^4$；$I_y=450.22\text{cm}^4$；$W_x=398.4\text{cm}^3$；$W_y=60.03\text{cm}^3$；$i_x=12.75\text{cm}$；$i_y=3.50\text{cm}$；$A=36.78\text{cm}^2$。

（2）构件宽厚比的验算

翼缘部分　　　　$b_1/t=72.75/8=9.09<15$，满足要求；

腹板部分　　　　$h_w/t_w=284/4.5=63.1<250$，满足要求。

（3）刚架梁的验算

① 强度

刚架梁与柱的连接节点端部为最不利截面，此处 $N=-15.7\text{kN}$，$V=35.4\text{kN}$，$M=57.0\text{kN}\cdot\text{m}$。

a. 梁抗剪承载力设计值 V_d

考虑仅有支座加劲肋，即按 $h_w/a=0$ 计算，由式（4-13）得：

$$\lambda_w=\frac{h_0/t_w}{37\sqrt{5.34}}\sqrt{f_y/235}=0.74<0.8$$

$$V_d=h_w t_w f_v=159.75\text{kN}$$

$$V_{max}=35.4\text{kN}<V_d=159.75\text{kN}\ \text{满足要求}$$

b. 梁抗弯承载力设计值 M_e

先计算梁的有效截面，腹板的最大应力 σ_{max} 和最小应力 σ_{min} 为：

$$\begin{matrix}\sigma_{min}\\ \sigma_{max}\end{matrix}=\frac{N}{A}\pm\frac{M\cdot y}{I_x}=\frac{15.7\times10^3}{3678}\pm\frac{57\times10^6\times142}{5976\times10^3}=4.3\pm135.4=\begin{matrix}139.7\text{N/mm}^2(\text{压})\\ -131.1\text{N/mm}^2(\text{拉})\end{matrix}$$

腹板的受压区高度：

$$h_c=\frac{139.7\times284}{139.7+131.1}=146.5\text{mm}$$

$$\beta=\sigma_{min}/\sigma_{max}=-131.1/139.7=-0.938$$

代入式（4-18），得 $k_\sigma=\dfrac{16}{\sqrt{(1+\beta)^2+0.112(1-\beta)^2}+(1+\beta)}=22.44$

由于 $\sigma_{max}=139.7\text{N/mm}^2<f=215\text{N/mm}^2$，故取 $\gamma_R\sigma_{max}=1.1\times139.7=153.7\text{N/mm}^2$ 代替式（4-17）中的 f_y 计算 λ_p，即：

$$\lambda_p=\frac{h_w/t_w}{28.1\sqrt{k_\sigma}}\sqrt{\frac{f_y}{235}}=\frac{63.1}{28.1\sqrt{22.44}}\sqrt{\frac{153.7}{235}}=0.383<0.8$$

因此，由式（4-16a）得 $\rho=1$，即梁腹板截面全部有效。从而可得按有效截面计算的梁抗弯承载力设计值为：

$$M_e=W_e f=W_x f=398.4\times10^3\times215=85.66\text{kN}\cdot\text{m}$$

c. 弯剪压共同作用下的梁截面验算

由于 $V=35.4\text{kN}<0.5V_d=0.5\times159.75=79.9\text{kN}$，故应按式（4-25）计算梁的抗弯

承载力，即：

$$M_{e}^{N}=M_{e}-\frac{N\cdot W_{e}}{A_{e}}=85.66\times10^{6}-\frac{15.7\times10^{3}\times398.4\times10^{3}}{3678}$$

$$=83.96\text{kN}\cdot\text{m}>M=57\text{kN}\cdot\text{m}$$

② 整体稳定验算

a. 框架横梁弯矩作用平面内的整体稳定性验算

本例中的斜梁坡度不超过1∶5，因而轴力很小可按压弯构件计算其强度和刚架平面外的稳定，不需计算平面内的稳定。

b. 框架横梁弯矩作用平面外的整体稳定验算

考虑屋面压型钢板与檩条有可靠连接，有蒙皮作用，檩条可作为横梁平面外的支承点，但为了安全起见，横梁平面外的计算长度按两个檩距或隅撑间距考虑，即 $l_y=3015\text{mm}$，因 $\frac{l_y}{b}=\frac{3015}{150}=20.1>16\sqrt{\frac{235}{f}}$，因此需计算刚架梁平面外的整体稳定。

对于等截面构件，构件的楔率 $\gamma=0$，按公式（4-36）得：

$$\mu_s=\mu_w=1.0$$

$$\lambda_{y0}=3015/35=86.1$$

轻型H型钢属于b类截面，查得轴心受压构件整体稳定系数 $\varphi_y=0.647$，按公式（4-35）计算横梁的整体稳定系数得：

$$\varphi_{br}=\frac{4320}{\lambda_{y0}^{2}}\cdot\frac{A_0h_0}{W_{x0}}\sqrt{\left(\frac{\mu_s}{\mu_w}\right)^4+\left(\frac{\lambda_{y0}t_0}{4.4h_0}\right)^2}\left(\frac{235}{f_y}\right)$$

$$=\frac{4320}{86.1^2}\times\frac{36.78\times28.4}{398.4}\sqrt{1+\left(\frac{86.1\times0.8}{4.4\times28.4}\right)^2}\left(\frac{235}{235}\right)=1.745>0.6$$

需要进行修正，$\varphi'_{b\gamma}=1.07-\frac{0.282}{\varphi_{br}}=1.07-\frac{0.282}{\varphi_{br}}=0.91$

按公式（4-34）计算得等效弯矩系数 $\beta_t=1.0-\frac{N}{N'_{EX0}}+0.75\left(\frac{N}{N'_{EX0}}\right)^2\approx1.0$

按公式（4-33）验算横梁的整体稳定性得：

$$\frac{N}{\varphi_yA_{e0}}+\frac{\beta_tM}{\varphi_{b\gamma}W_{e1}}=\frac{15700}{0.647\times3678}+\frac{1\times57\times10^6}{0.91\times398.4\times10^3}$$

$=6.6+157.2=163.8\text{N/mm}^2<f=215\text{N/mm}^2$，满足要求。

（4）刚架柱的验算

① 强度

刚架柱的强度按弯、剪、压共同作用下的压弯构件计算，取最不利的柱顶截面，此截面最不利内力组合为：$N=-36.8\text{kN}$，$V=12.1\text{kN}$，$M=57\text{kN}\cdot\text{m}$

a. 柱抗剪承载力设计值 V_d

柱截面的最大剪力为 $V_{max}=12.1\text{kN}$

考虑仅有支座加劲肋，即按 $h_w/a=0$ 计算，由式（4-13）得：

$$\lambda_w=\frac{h_w/t_w}{37\sqrt{5.34}}\sqrt{f_y/235}=0.74<0.8$$

$$V_d=h_wt_wf_v=284\times4.5\times125=159.75\text{kN}$$

$V_{max} < V_d$，满足要求。

b. 柱抗弯承载力设计值 M_e

先计算柱的有效截面，腹板的最大应力 σ_{max} 和最小应力 σ_{min} 为：

$$\begin{matrix}\sigma_{max} \\ \sigma_{min}\end{matrix} = \frac{N}{A} \pm \frac{M_y y}{I_x} = \frac{36.8 \times 10^3}{3678} \pm \frac{57 \times 10^6 \times 142}{5976.11 \times 10^4} = 10 \pm 135.4 = \begin{matrix}145.4\text{N/mm}^2\text{(受压)} \\ -125.4\text{N/mm}^2\text{(受拉)}\end{matrix}$$

腹板的受压区高度 $h_c = \frac{145.4 \times 284}{145.4 + 125.4} = 152.5\text{mm}$

$$\beta = -125.4/145.4 = -0.86$$

代入式（4-18）得板件的屈曲系数

$$k_\sigma = \frac{16}{\sqrt{(1+\beta)^2 + 0.112(1-\beta)^2} + (1+\beta)} = 20.5$$

由于 $\sigma_{max} = 145.4\text{N/mm}^2 < f = 215\text{N/mm}^2$，

故取 $\gamma_R \sigma_{max} = 1.1 \times 145.4 = 159.9\text{N/mm}^2$ 代替式（4-17）中的 f_y 计算 λ_p，即：

$$\lambda_p = \frac{h_w/t_w}{28.1\sqrt{K_\sigma}}\sqrt{\frac{f_y}{235}} = \frac{63.1}{28.1 \times \sqrt{20.5}} \cdot \sqrt{\frac{159.9}{235}} = 0.409 < 0.8$$

由式（4-16a）得 $\rho = 1$，即柱腹板全部有效，可得框架柱的抗弯承载力设计值：

$$M_e = W_x f = 398.4 \times 10^3 \times 215 = 85.66\text{kN} \cdot \text{m}$$

c. 弯剪压共同作用下的强度验算

由于 $V = 12.1\text{kN} < 0.5V_d = 79.9\text{kN}$，故按式（4-25）计算，即：

$$M_e^N = M_e - \frac{N \cdot W_e}{A_e} = 85.66 \times 10^6 - \frac{36.8 \times 10^3 \times 398.4 \times 10^3}{3678}$$

$$= 81.7\text{kN} \cdot \text{m} > M = 57\text{kN} \cdot \text{m}\text{，满足要求。}$$

② 整体稳定性验算

构件的最大内力 $N = -53.6\text{kN}$，$M = 57.0\text{kN} \cdot \text{m}$。

a. 刚架柱平面内的整体稳定性验算

刚架柱高 $H = 5000\text{mm}$，梁长 $L = 12060\text{mm}$。可计算得梁柱线刚度比 $k_2/k_1 = \frac{I_1 H}{IL} = \frac{H}{L} = 0.415$

由于柱为等截面，根据附表 9-1 查得柱的计算长度系数 $\mu = 2.76$。

刚架柱的计算长度 $l_x = \mu H = 2.76 \times 5000 = 13800\text{mm}$，则

$$\lambda_x = \frac{l_x}{i_x} = \frac{13800}{127.5} = 108.2 < [\lambda] = 150$$

b 类截面，查得 $\varphi_x = 0.504$

$$N'_{Ex0} = \frac{\pi^2 E A_{e0}}{1.1\lambda_x^2} = \frac{\pi^2 \times 206 \times 10^3 \times 3678}{1.1 \times 108.2^2} = 581\text{kN}$$

另外，对有侧移刚架取等效弯矩系数 $\beta_{mx} = 1.0$，按公式（4-32）验算得：

$$\frac{N_0}{\varphi_{x\gamma} A_{e0}} + \frac{\beta_{mx} M_1}{W_{e1}\left(1 - \frac{N_0}{N'_{Ex0}}\varphi_{x\gamma}\right)} = \frac{53.6 \times 10^3}{0.504 \times 3678} + \frac{1 \times 57 \times 10^6}{398.4 \times 10^3 \times \left(1 - \frac{53.6}{581} \times 0.504\right)}$$

$=29+150=179\text{N/mm}^2<f$，满足要求。

b. 刚架柱平面外的整体稳定性验算

考虑压型钢板墙面与墙梁紧密连接，起到应力蒙皮作用，与柱连接的墙梁可作为柱平面外的支承点，但为了安全起见，计算长度按两个墙梁或隅撑间距考虑，即$l_y=3000\text{mm}$。

对于等截面构件，楔率 $\gamma=0$，按公式（4-35）得：

$$\mu_s=\mu_w=1.0$$

$$\lambda_y=3000/35=85.7$$

b 类截面，查得 $\varphi_y=0.650$。

按公式（4-35）计算整体稳定系数，$\varphi_{b\gamma}=\dfrac{4320}{\lambda_{y0}{}^2}\cdot\dfrac{A_0h_0}{W_{x0}}\sqrt{\left(\dfrac{\mu_s}{\mu_w}\right)^4+\left(\dfrac{\lambda_{y0}t_0}{4.4h_0}\right)^2}\left(\dfrac{235}{f_y}\right)=1.76>0.6$

需修正，$\varphi'_{b\gamma}=1.07-\dfrac{0.282}{\varphi_{b\gamma}}=0.91$

等效弯矩系数：　$\beta_t=1.0-\dfrac{N}{N'_{Ex0}}+0.75\left(\dfrac{N}{N'_{Ex0}}\right)^2=0.913$

$$\frac{N}{\varphi_yA_{e0}}+\frac{\beta_tM}{\varphi_{b\gamma}W_{e1}}=\frac{53.6\times10^3}{0.65\times3678}+\frac{0.913\times57\times10^6}{0.9\times398.4\times10^3}$$

$=22.4+145=167.4\text{N/mm}^2<f$，满足要求。

（5）刚架柱柱顶位移计算

由于刚架梁坡度不大于 1∶5，故刚架侧移可按式（4-3）估算，且其数值不应超过表 4-2 规定的 $h/60$。由式（4-3）得：

$$\xi_t=\frac{I_cL}{I_bh}=\frac{L}{h}=\frac{12060}{5000}=2.41$$

$$H=0.67wh=0.67(w_{1k}+w_{4k})h=0.67\times\frac{0.84+1.85}{1.4}\times5=6.4\text{kN}$$

$$u=\frac{Hh^3}{12EI_c}(2+\xi_t)=\frac{6.4\times10^3\times5000^3}{12\times2.06\times10^5\times5976.11\times10^4}\times(2+2.41)$$

$=23.9\text{mm}<\dfrac{h}{60}=83.3\text{mm}$，满足要求。

6. 节点验算

① 梁柱连接节点螺栓强度验算

梁柱节点采用 10.9 级 M16 高强度螺栓摩擦型连接，见图 4-38（b），构件接触面采用喷砂处理，摩擦面抗滑移系数 $\mu=0.45$，每个高强度螺栓的预拉力为 100kN。连接处传递内力设计值 $N=-15.7\text{kN}$，$V=35.4\text{kN}$，$M=57\text{kN}\cdot\text{m}$。

每个螺栓的拉力

$$N_1=\frac{My_1}{\sum y_i^2}-\frac{N}{n}=\frac{57\times0.19}{4\times(0.19^2+0.105^2)}-\frac{15.7}{8}=57.5-2.0=55.5\text{kN}$$

$$N_2=\frac{My_2}{\sum y_i^2}-\frac{N}{n}=\frac{57\times0.105}{4\times(0.19^2+0.105^2)}-\frac{15.7}{8}=31.8-2.0=29.8\text{kN}$$

单个螺栓抗剪承载力：

$$N_v^b=0.9\eta_f\mu P=0.9\times1\times0.45\times100=40.5\text{kN}$$

最外排一个螺栓的抗剪、抗拉力：

$$\frac{N_v}{N_v^b}+\frac{N_t}{N_t^b}=\frac{35.4/8}{40.5}+\frac{55.5}{80}=0.8\leqslant1\text{，满足要求}$$

从安全和构造上考虑最好采用大于 M20 的螺栓。

② 端板厚度验算

端板厚度取为 $t=22\text{mm}$，按公式（4-41）伸臂类端板计算：

$$t\geqslant\sqrt{\frac{6e_fN_t}{bf}}=\sqrt{\frac{6\times38.5\times55500}{150\times205}}=20.4\text{mm}$$

若计算不能满足，可在两块端板外侧分别加设加劲肋后按相邻边支承的端板计算。

梁柱节点域的剪应力验算，根据公式（4-45）得：

$$\tau=\frac{M}{d_bd_ct_c}=\frac{57.0\times10^6}{284\times284\times4.5}=157\text{N/mm}^2>125\text{N/mm}^2$$

经计算不能满足要求，此时可以加厚腹板或设置斜加劲肋。本例题采用设置斜加劲肋的方法来解决，详见图 4-38（b）。

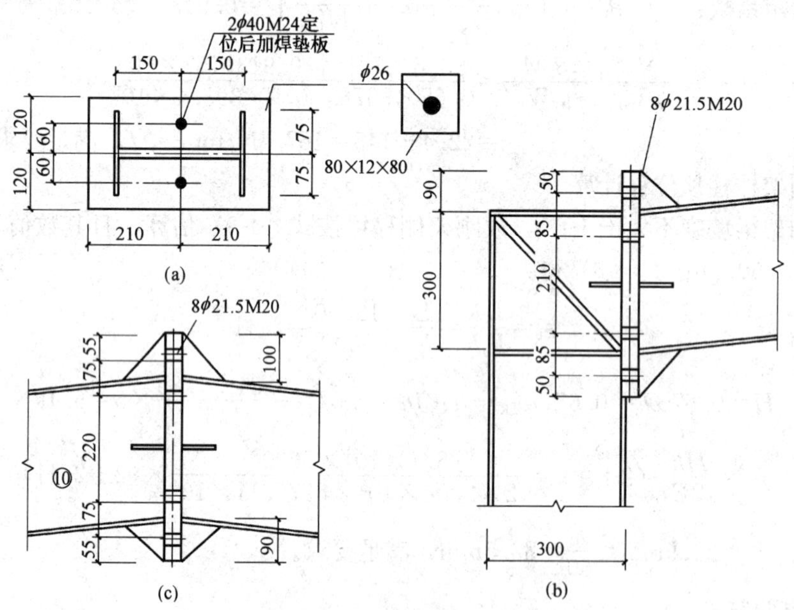

图 4-38　刚架连接节点详图

（a）柱脚铰接连接节点；（b）梁柱拼接节点；（c）横梁屋脊拼接节点

③ 螺栓处腹板强度验算

根据公式（4-46a）当 $N_{t2}=29.8\text{kN}\leqslant0.4P$ 时，应按下式验算腹板的强度：

$$\frac{0.4P}{e_wt_w}=\frac{0.4\times100\times1000}{37\times4.5}=240.2\text{N/mm}^2>f=215\text{N/mm}^2$$

经计算不能满足要求，此时可设置腹板加劲肋或局部加厚腹板。本例题采用局部加厚腹板的方法来解决。取距端板 300mm 范围腹板厚为 6mm，详见图 4-39，得：

$$\frac{0.4P}{e_wt_w}=\frac{0.4\times100\times1000}{37\times6}=180.2\text{N/mm}^2<f=215\text{N/mm}^2\text{，满足要求。}$$

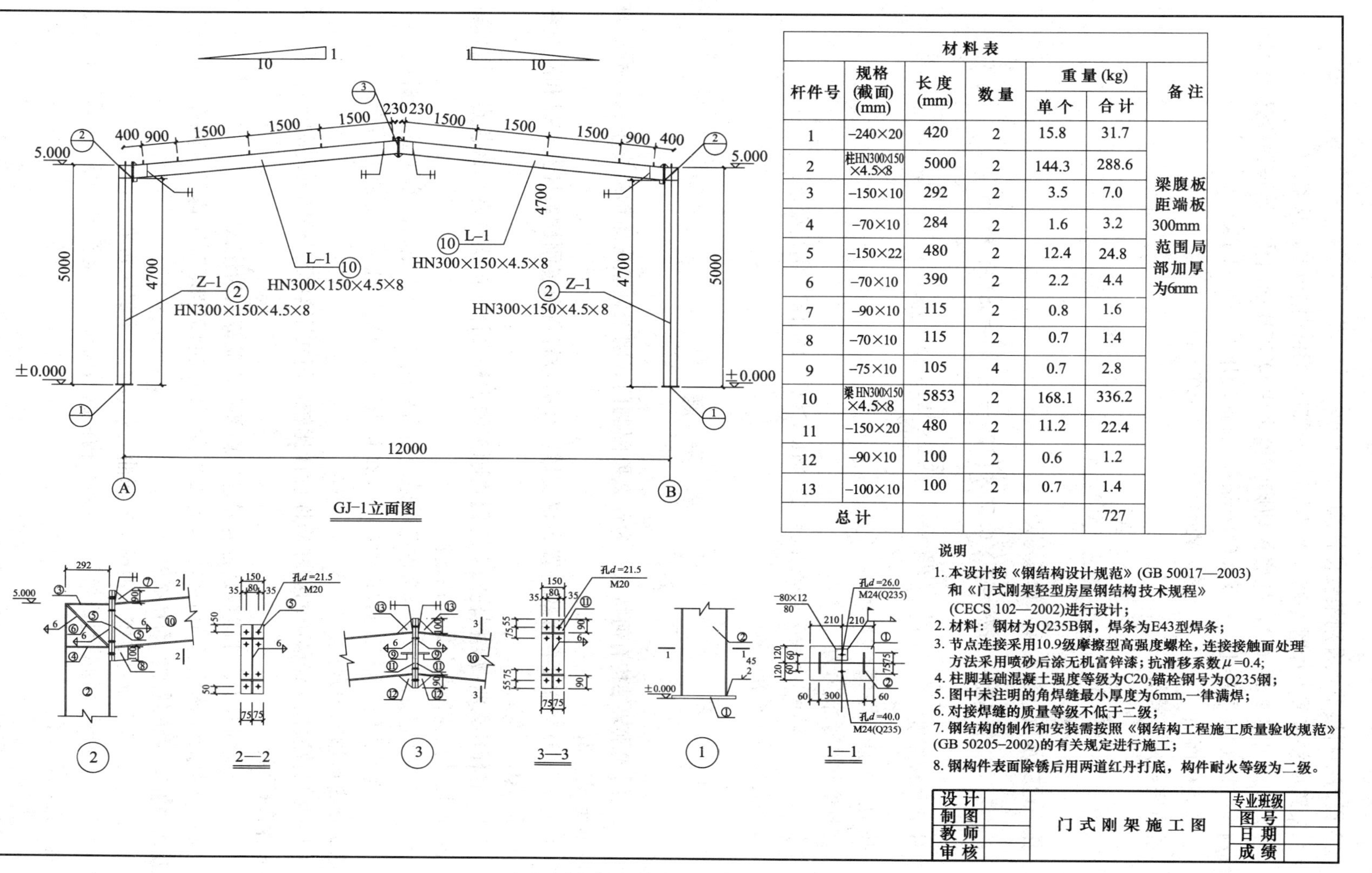

材料表						
杆件号	规格(截面)(mm)	长度(mm)	数量	重量(kg)		备注
				单个	合计	
1	-240×20	420	2	15.8	31.7	
2	柱HN300×150×4.5×8	5000	2	144.3	288.6	
3	-150×10	292	2	3.5	7.0	梁腹板距端板300mm范围局部加厚为6mm
4	-70×10	284	2	1.6	3.2	
5	-150×22	480	2	12.4	24.8	
6	-70×10	390	2	2.2	4.4	
7	-90×10	115	2	0.8	1.6	
8	-70×10	115	2	0.7	1.4	
9	-75×10	105	4	0.7	2.8	
10	梁HN300×150×4.5×8	5853	2	168.1	336.2	
11	-150×20	480	2	11.2	22.4	
12	-90×10	100	2	0.6	1.2	
13	-100×10	100	2	0.7	1.4	
总计					727	

说明

1. 本设计按《钢结构设计规范》(GB 50017—2003)和《门式刚架轻型房屋钢结构技术规程》(CECS 102—2002)进行设计；
2. 材料：钢材为Q235B钢，焊条为E43型焊条；
3. 节点连接采用10.9级摩擦型高强度螺栓，连接接触面处理方法采用喷砂后涂无机富锌漆；抗滑移系数μ=0.4;
4. 柱脚基础混凝土强度等级为C20,锚栓钢号为Q235钢；
5. 图中未注明的角焊缝最小厚度为6mm,一律满焊；
6. 对接焊缝的质量等级不低于二级；
7. 钢结构的制作和安装需按照《钢结构工程施工质量验收规范》(GB 50205-2002)的有关规定进行施工；
8. 钢构件表面除锈后用两道红丹打底，构件耐火等级为二级。

设计		门式刚架施工图	专业班级	
制图			图号	
教师			日期	
审核			成绩	

图 4-39 门式刚架施工图

④ 梁跨中拼接节点及刚架铰接柱脚

横梁跨中拼接节点如图 4-38（c）所示，计算同梁柱连接节点，从略。

柱脚节点见图 4-38（a），柱底板地脚锚栓采用 Q235B 钢制作，地脚锚栓选用 M20，基础材料采用 C20 混凝土，$f_c=9.6\text{N/mm}^2$，柱底轴压力 $N=53.6\text{kN}$。

柱脚底板面积　　　　　　$A=420\times240=100800\text{mm}^2$

柱脚底板应力验算

$$\sigma=\frac{N}{A-A_0}=\frac{53.6\times10^3}{100800-\dfrac{2\times40^2\times\pi}{4}}=0.55\text{N/mm}^2<f_c=9.6\text{N/mm}^2$$

按一边支承板（悬臂板）计算弯矩

$$M_1=\frac{1}{2}ql^2=\frac{1}{2}\times0.55\times\left(120-\frac{4.5}{2}\right)^2=3813\text{N}\cdot\text{mm}$$

柱脚底板厚度　　　$t\geqslant\sqrt{\dfrac{6M_{\max}}{f}}=\sqrt{\dfrac{6\times3813}{215}}=10.32\text{mm}$

按构造取底板厚度 $t=20\text{mm}$。

柱脚的抗剪承载力为：

$$V_f=\mu N=0.4\times53.6=21.44\text{kN}>V=12.1\text{kN}，满足要求。$$

故不需设置抗剪键。

思　考　题

4-1　门式刚架结构有何特点？为什么要限制门式刚架轻型房屋钢结构中悬挂吊车的吨位不能超过 3t？

4-2　门式刚架需要在哪些位置布置支撑？什么位置需布置刚性系杆？支撑和刚性系杆一般采用什么截面？

4-3　解释什么叫做摇摆柱？多跨门式刚架的中柱设计成摇摆柱有什么优点？其两端的铰接连接节点在构造上如何保证？

4-4　门式刚架计算时怎样考虑荷载效应组合？应选择哪些截面作控制截面进行计算？

4-5　变截面门式刚架的侧移计算有什么特点？在规范所建议的近似计算公式中，主要考虑了哪些影响因素？

4-6　与普通框架结构中的梁柱构件设计比较，门式刚架梁、柱的强度和整体稳定验算有什么特点？

4-7　门式刚架梁、柱腹板是否需要进行局部稳定验算？为什么？

4-8　隅撑在结构体系中的作用是什么？除了门式刚架斜梁需考虑设置隅撑外，刚架柱是否也需要设置隅撑？为什么？

4-9　什么叫做冷弯薄壁型钢檩条的屈曲后强度？一个翼缘带卷边的冷弯薄壁 C 型钢和一个翼缘不带卷边的槽型钢相比，若两个构件的截面尺寸完全相同，哪一种截面的有效截面更大？为什么？

第5章　大跨度房屋钢结构

5.1　概　　述

大跨度房屋钢结构主要用于影剧院、展览馆、音乐厅、体育馆、加盖体育场、火车站、航空港等大型公共建筑，这些建筑为了满足使用功能或建筑造型，往往需要较大的结构跨度。

大跨度房屋钢结构也常用于工业建筑。特别是在航空工业和造船工业中，大跨度结构常用于飞机制造厂的总装配车间、飞机库，造船厂的船体结构车间等。这些建筑采用大跨结构是受装配机器（如船舶、飞机）的大型尺寸或工艺过程要求所决定的。

大跨度结构主要是在自重荷载下工作，主要矛盾是减轻结构自重，故最适宜采用钢结构。大跨结构中宜采用高强度钢材或轻质铝合金材料作为承重结构的主材。如在英国哈特菲里杰建造的66m×100m、净高14m的飞机库（图5-1）就是用铝合金建造的大跨框架结构。该飞机库的承重结构为双铰框架，间距9.5m，安装节点采用镀锌钢螺栓连接。框架构件采用专门压制的型材制造。另外，1988年建成的上海国际体操中心主体育馆，为直径68m（最宽处直径77.3m）的穹顶网壳结构，也全部采用了铝合金建筑型材和板材（图5-2）。

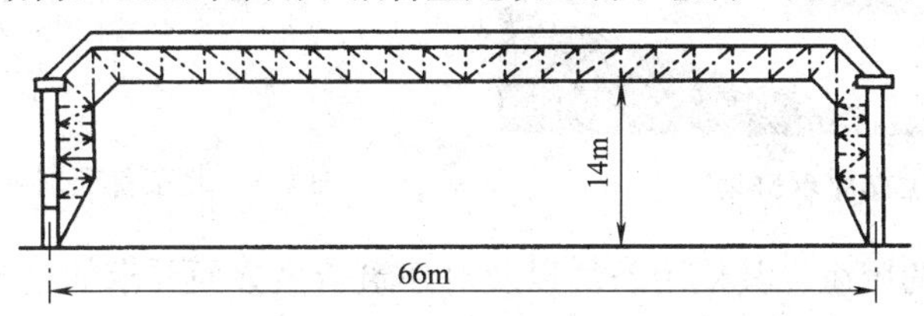

图5-1　用铝合金建造的飞机库框架屋盖结构

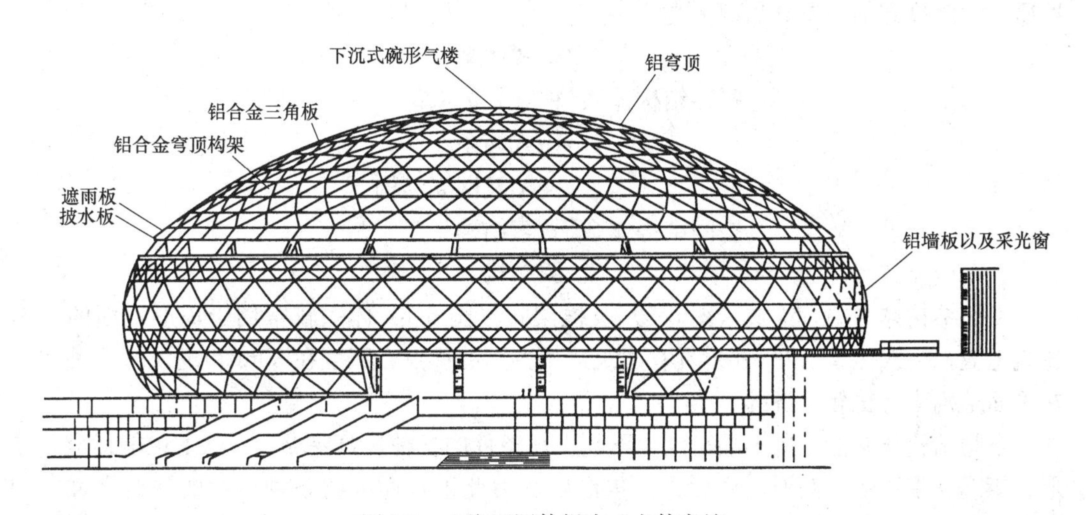

图5-2　上海国际体操中心主体育馆

从减小结构自重考虑，在大跨度屋盖中应尽可能使用轻质屋面材料，如彩色涂层压型钢板、压型铝合金板等。作为承重的屋面板应采用钢筋泡沫混凝土板、钢丝网水泥板，而作为保温层应采用岩棉、纤维板以及其他新型轻质高效材料。

最近 20 年里，国内大跨度结构得到快速发展，设计与施工手段逐步完善，全国各地陆续设计建造了一大批反映我国大跨度结构技术水平的建筑物。如四川省体育馆 73.7m×79.4m 索网屋盖结构、哈尔滨速滑馆 85m×190m 三向桁架结构、北京奥林匹克中心英东游泳馆 78m×118m 斜拉组合结构；建筑面积 38200m^2 的中国远洋南通船务三期船体车间（连续 4 跨 36m）、建筑面积 41000m^2 的上海外高桥船厂曲形分段车间（4 跨：48m＋45m＋42m＋36m）和建筑面积 29952m^2 的山东小松山推联合厂房（设置悬挂吊车 73 台）均采用了网架屋盖结构；上海大剧院钢屋盖（100.4m×94m）采用由箱形和工字形截面制成的两榀纵向主桁架和两榀次桁架与 12 榀横向上反拱月牙形桁架和连系梁组成空间框架屋盖结构；还有上海浦东机场张弦梁结构（图 5-3）、厦门太古维修机库跨度 151.5m×70m 网架拉杆拱架组合结构、首都国际机场 T3 航站楼变厚度双曲面三角锥网架结构（图 5-4）等。

图 5-3　上海浦东机场

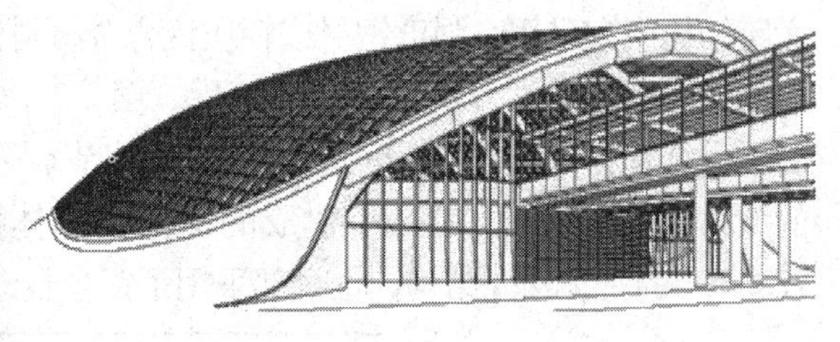

图 5-4　北京首都国际机场 T3 航站楼

大跨度建筑物的用途、其使用条件以及对建筑造型方面要求的差异性，决定了采用结构方案的多样性——梁式的、框架式的、拱式的、空间式的及悬挂-悬索式的。按其受力性质，大跨度结构主要分为两大类：

- 平面结构体系
  - 梁式体系
  - 框架式体系
  - 拱式体系
- 空间结构体系
  - 网架及网壳结构
  - 悬索结构
  - 膜结构

平面结构体系中，梁式（图 5-5）及框架式（图 5-1）体系较常用于矩形平面的大跨建筑屋盖；拱式体系（图 5-6）具有建筑造型方面的优点，跨度在 80m 和更大时这种体系在平面结构中是比较经济的。

空间结构体系能适应不同跨度、不同支承条件的各种建筑要求。形状上也能适应正方形、矩形、多边形、圆形、扇形、三角形以及由此组合而成的各种形状的建筑平面，同时，又有建筑造型轻巧、美观、便于建筑处理和装饰等特点。

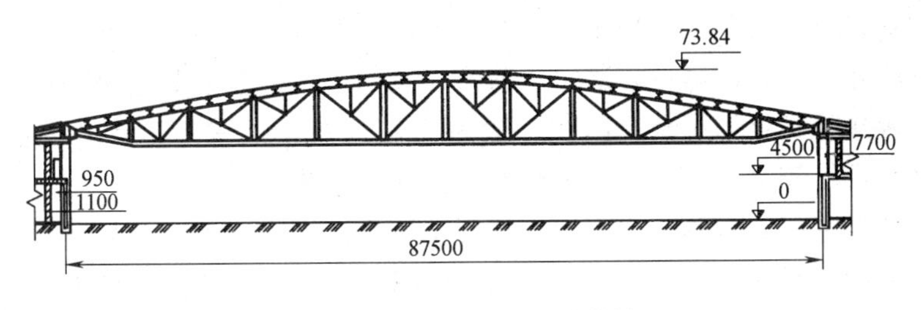

图 5-5　飞机库梁式屋盖结构

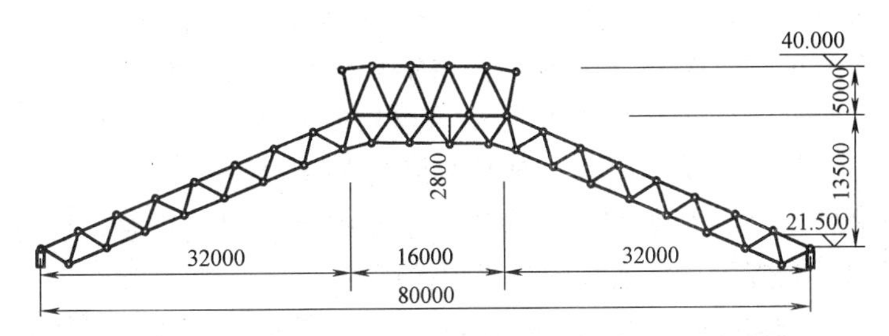

图 5-6　郑州碧波园娱乐中心空间拱形屋盖结构（建筑平面 80m×80m）

在传统平面结构体系（如梁式、框架式及拱式体系）中，屋面荷载的传递路线是顺着次檩、主檩、屋架的顺序层层传递，最后传至基础。每一构件在传递荷载过程中的任务是从比自己次要一级的构件接过荷载，再向比自己重要一级的构件传过去。各类构件所负担荷载的大小和范围都是随上述传递顺序增加，它们的截面大小、分担职能的轻重，相互间形成了鲜明的主次关系。

空间结构的特点是以整个结构的形体来承受外来荷载，空间结构里每一构件均是整体结构的一部分，按照空间的几何特性分担承受荷载的任务，没有平面结构体系中构件之间那种主次关系。因其三维结构体形和多向受力计算特征，空间结构将平面结构体系的受力杆件与支撑体系有机融合在一起，整体性好，能适应各种均布荷载、局部集中荷载、非对称荷载以及悬挂吊车、地震作用等动力荷载，而且在荷载作用下为三向受力，呈空间工作状态并以面内力或轴力为主。这一鲜明特征使得空间结构的杆件截面远较平面结构的为小。除了优良的力学性能以外，大多数空间结构还具有良好的抗震性能。此外，空间结构一般是高次超静定结构，良好的内力重分布能力使其具有额外的安全储备，可靠程度较高。

目前，应用较多的大跨度空间结构主要有平板网架结构、网壳结构、悬索结构及膜结构等。

5.2　平面承重的大跨度屋盖结构

5.2.1　梁式大跨结构

大跨度结构中，梁式大跨体系主要用于公共建筑，如影剧院、音乐厅、体育建筑等。梁式结构体系一般采用简支桁架或悬挑桁架结构形式，桁架的优点是制作与安装都比较简单，其上、下弦及腹杆仅承受拉力或压力，对支座也没有横推力。

梁式结构体系的适用跨度为 40～60m，更大跨度时，梁式体系比框架体系及拱式体系重，虽制造和安装较为简单，但由于耗钢量过大而不经济。

大跨屋盖的外形及腹杆体系，决定于跨度、屋面形式及在公共建筑物里通常设置的吊顶结构。按重量最优确定的屋架高跨比一般为 1/8～1/6，当采用短尺寸屋面材料以及需要吊顶时，必须具有较小节间而设置复杂的再分式腹杆体系。

桁架设计的难点在节点和支座，跨度大于 35～40m 时，梁式结构的支座之一必须做成可移动的，以减小对支承墙体或支柱传递的横向反力，横向反力一般由屋架下弦的弹性变形产生。

近年来，在大型公共建筑中使用的大跨度桁架结构，更多采用了弦杆和腹杆均为圆管和方管（或矩形管）的钢管结构（图 5-7）。用钢管作为桁架结构的构件，其刚度大，抗压和抗扭性能好，且两个方向的回转半径相等或相近，可以做到等稳定性，因而用作屋架、通廊、桥架、支架、厂房柱以及其他特种结构都十分合理。与普通轧制型钢结构相比，可节约钢材 20%以上。圆管可以采用冷弯成型的高频焊接钢管，也可以采用无缝钢管。而方管和矩形管则多为冷弯成型的高频焊接钢管。

图 5-7　钢管结构建造的室内训练场

管形杆件与大气接触表面积小，易于防护。尤其在节点处不加零件各杆件直接焊接，节点形式简单，节约钢材，还可形成封闭空间，没有难于清刷、油漆以及积留湿气及大量灰尘的死角和凹槽，维护更为方便。管形构件在全长和端部封闭后，其内部不会生锈。

在节点处直接焊接的钢管结构，一般称其弦杆为主管，腹杆为支管。过去由于主管与支管的连接构造未能很好解决，因而使钢管结构没有得到合理的应用。近年来，由于焊接技术的发展，特别是出现自动切管机后，圆管结构中主管与支管在相贯连接节点处的焊接质量得到了保证，同时国内外也完成了不少有关的理论分析和试验研究工作，使圆钢管结构的应用日益增加。而直接焊接的方钢管结构，由于支管与主管连接节点的交线在一个或两个平面内，支管杆端的加工制作只需一次或两次平面切割即可完成，因此较圆钢管结构具有施工上的优势，近几年也得到广泛应用。

（1）钢管结构的节点形式

钢管结构的节点形式主要可分为平面的 T 形（或 Y 形）、X 形、K 形（或 N 形）节点（图 5-8、图 5-10）以及空间的 TT 形和 KK 形节点（图 5-9）等两大类。根据支管与支管间的相对关系（不搭接或搭接），又可以分为搭接的 K 形、N 形节点（图 5-10c、d）和有间隙的 K 形、N 形和 KN 形节点（图 5-11）。

（2）管节点的破坏形式

直接焊接的钢管结构，在节点处是空间封闭的薄壳结构，其传力特点是支管将荷载直接传给主管，受力比较复杂。因支管的轴向刚度较大，而主管的横向刚度却相对较小，在支管拉力或压力作用下，对于不同的节点形式、几何尺寸和受力状态，主管可能出现多种

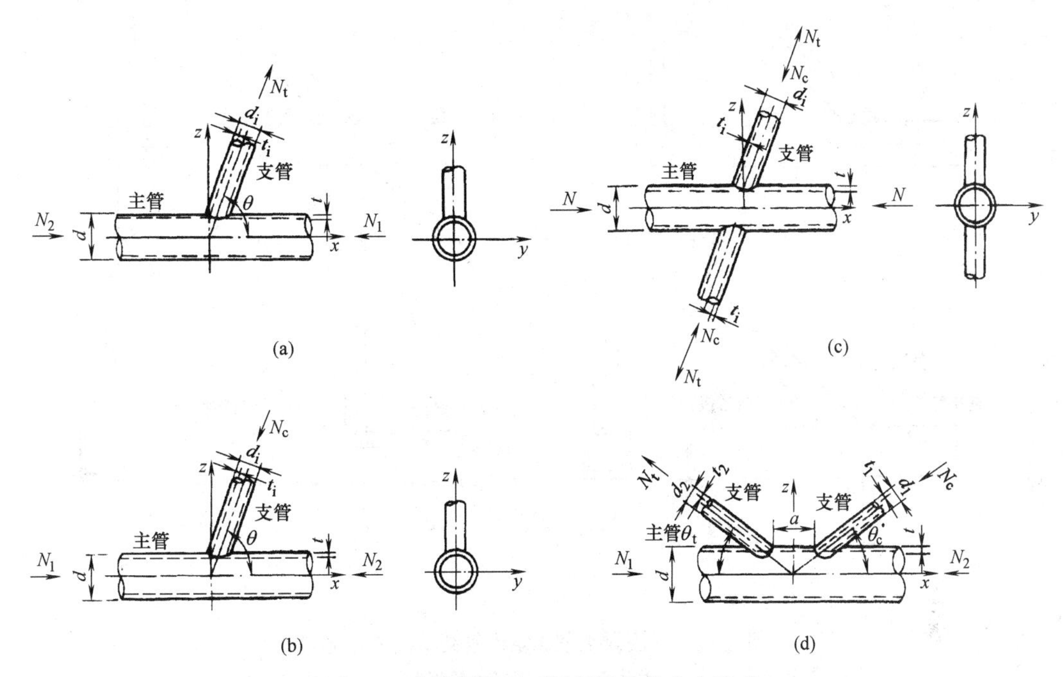

图 5-8　直接焊接平面圆管结构的节点形式

(a) T 形或 Y 形受拉节点；(b) T 形或 Y 形受压节点；(c) X 形节点；(d) K 形节点

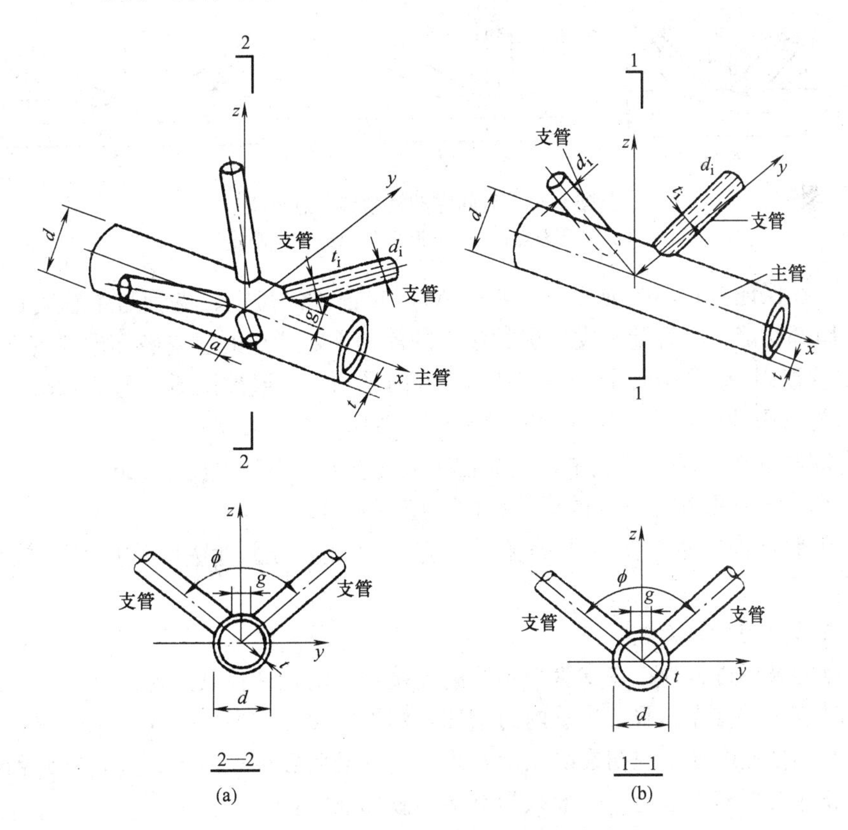

图 5-9　直接焊接空间圆管结构的节点形式

(a) KK 形节点；(b) TT 形节点

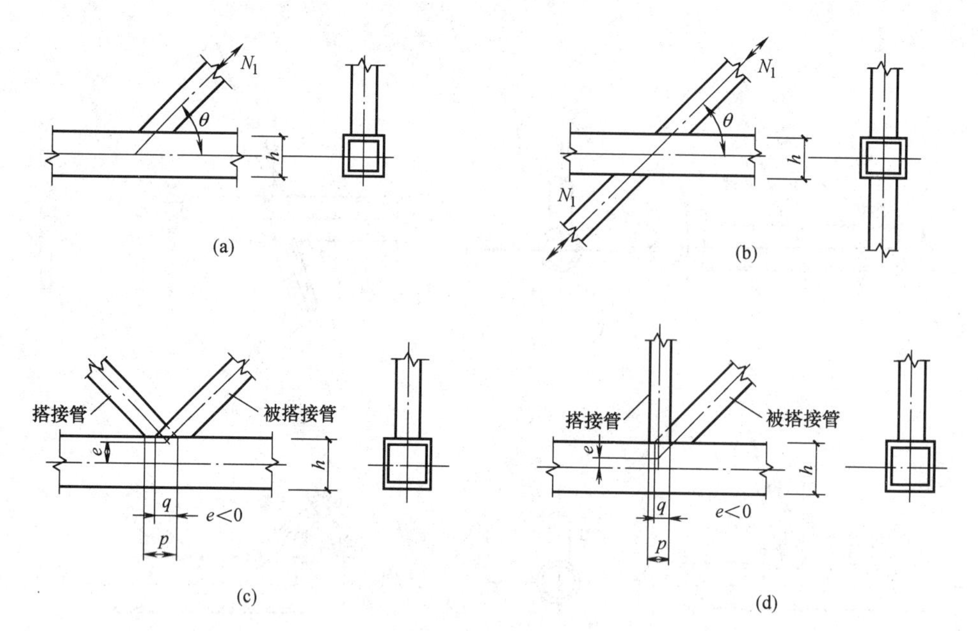

图 5-10　直接焊接平面矩形管结构的节点形式

(a) T、Y 形节点；(b) X 形节点；(c) 搭接的 K 形节点；(d) 搭接的 N 形节点

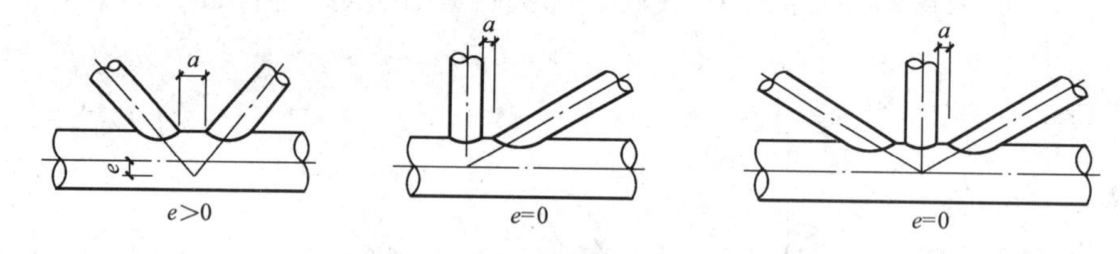

图 5-11　有间隙的管结构节点形式

(a) K 形节点；(b) N 形节点；(c) KN 形节点

破坏形式。在保证支管轴向强度（不被拉断）、支管整体稳定、支管与主管间连接焊缝强度、主管局部稳定、主管壁不发生层状撕裂的前提下，节点的主要破坏形式有下列几种：

① 主管壁因受压局部压溃（图 5-12a）或因受拉主管壁被拉断（图 5-12b）；

② 主管壁因冲切或剪切出现裂缝导致冲剪破坏（图 5-12c）；

③ 有间隙的 K、N 形节点中，主管在间隙处被剪切破坏（图 5-12d）；

④ 受压支管管壁在节点处的局部屈曲（图 5-12e）；

⑤ 矩形管结构支管与主管不等宽时，与支管相连的主管壁因形成塑性铰线而失效（图 5-12f）。

(3) 管节点的计算方法

管节点的破坏过程为：在支管与主管的连接焊缝附近往往某局部区域有很大的应力集中，受力时该区域首先屈服，支管内力增加，塑性区逐渐扩展并使应力重分布，直到节点出现显著的塑性变形或出现初裂缝以后，才会达到最后破坏。因此，到底以何种情况作为管节点的破坏准则颇有争论。一般认为有下列破坏准则：

① 极限荷载准则——节点产生破坏、断裂。

② 极限变形准则——变形过大。

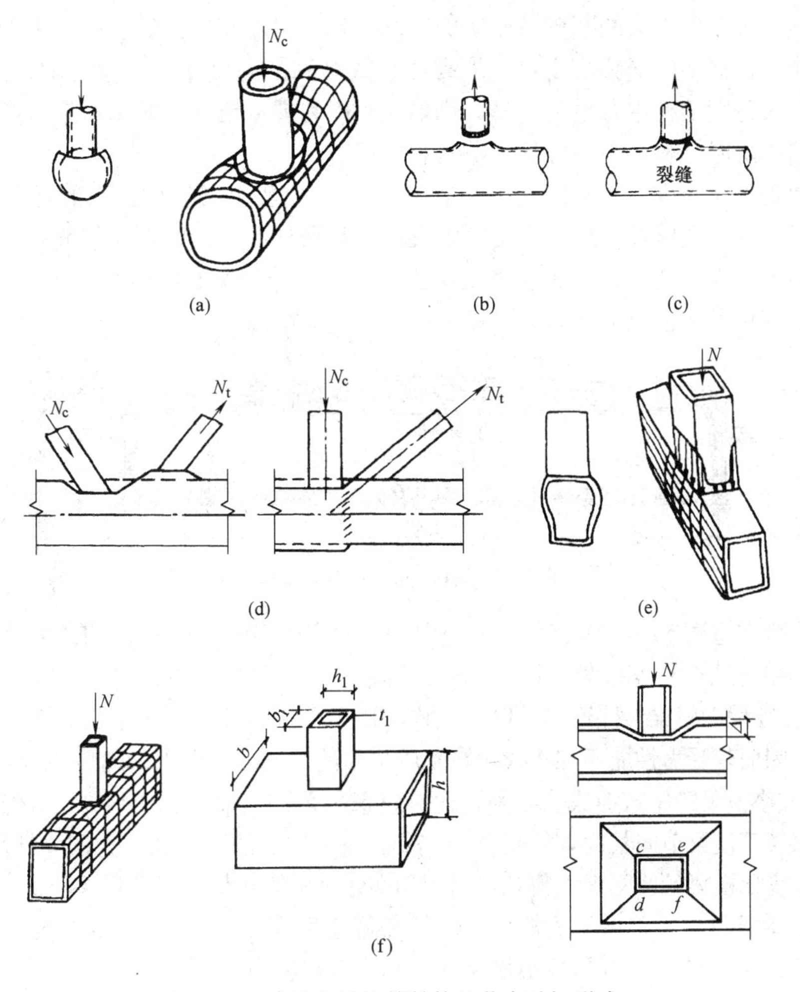

图 5-12　直接焊接钢管结构的节点破坏形式

③ 初裂缝准则——出现肉眼可见的宏观裂缝。

由于裂缝准则一般不易控制，也不便定出标准，而管节点在极限荷载之前往往已产生过度的塑性变形，致使不适于继续承载。因此，目前国际上公认的准则为极限变形准则，即取使主管管壁产生过度的局部变形时管节点的承载力为其最大承载力，并以此来控制支管的最大轴向力。

节点的几种破坏形式，有时会同时发生。从理论上确定主管的最大承载力非常复杂，目前主要通过大量试验再结合理论分析，采用数理统计方法得出经验公式来控制支管的轴心力。我国现行《钢结构设计规范》GB 50017 中有关钢管结构的计算公式及构造要求，就是在比较分析国内外有关试验资料的基础上，通过回归分析归纳得出经验公式，然后采用校准法换算得到的。针对不同的节点形式及破坏模式，规范给出了钢管结构支管在管节点处的承载力限制值，具体计算公式可参见《钢结构设计规范》。

5.2.2　单层大跨度框架结构

(1) 框架常用体系及形式

单层大跨度框架结构常采用两铰及无铰框架。无铰框架刚度好、用钢量省、便于安装，但这种框架需要强大的基础及密实的地基，且对温度作用比较敏感。由于框架支座弯矩的卸载作用，框架的横梁高度可以取得比梁式结构的高度小，一般可取跨度的 1/40～1/30。这在大跨度结构中有重要意义，例如在车库和展览馆里，减小横梁高度可使墙体高度降低、缩小房屋体积，因而降低维护费和使用费。

大跨屋盖仅在跨度不太大时（L＝50～60m）采用实腹式框架，它的优点是用工量较少，可装运性好，还能降低房屋高度。实腹框架常设计成双铰的，为了减轻支座结构的受力，可以在地板水平之下的支座铰处设置拉杆，以承受框架的横向水平力（图 5-13），同时，张紧拉杆可以使框架横梁卸载，以减小框架横梁的高度。

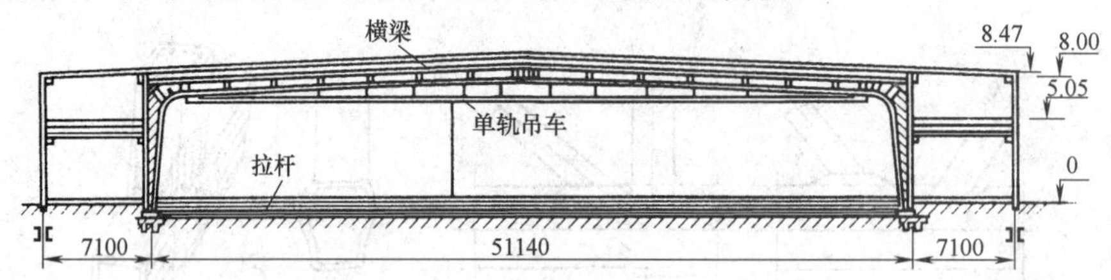

图 5-13　有拉杆的双铰实腹框架

当框架跨度超过 60～120m 时，应采用格构式框架（图 5-14）。格构式框架可以是双铰的——铰设在横梁与柱连接处（图 5-14b）或设在基础顶面（图 5-14a），也可以是无铰的（图 5-14c）。铰设于横梁与柱连接处时，结构安装虽可以简化，但由于没有使横梁卸载的支座负弯矩，因而其受力性能不如将铰设在基础顶面的结构。当框架的跨度更大，达到 120～150m 时，减小横梁跨中弯矩成为必须，此时应采用无铰框架（图 5-14c）。格构式框架立柱的宽度，取等于横梁节间长度，一般为 5～7m。在取这样的宽度及不大的立柱高度情况下，立柱的线刚度比横梁的线刚度大得多，因而支座处弯矩的卸载影响是非常显著的。

为使结构重量最小，格构式框架横梁的高跨比可在 1/20～1/12 范围内选取。为了减小框架横梁跨中的弯矩（也是减小横梁高度），可以通过向框架柱的外部节点传递墙体重量或传递主跨旁偏跨屋盖重量的方法（图 5-15a），或通过使双铰框架中的支座铰向房间内偏离柱轴线的方法（图 5-15b）来实现。在此种情况下支座的垂直反力与框架柱轴压力组成使横梁卸载的附加弯矩。近年来，预应力技术在大跨度结构中有了很好的应用，若采用钢丝绳从下面拉紧横梁或用拉杆给横梁施加预应力的方法，都可以达到调整框架结构的内力分布、降低内力峰值的作用。

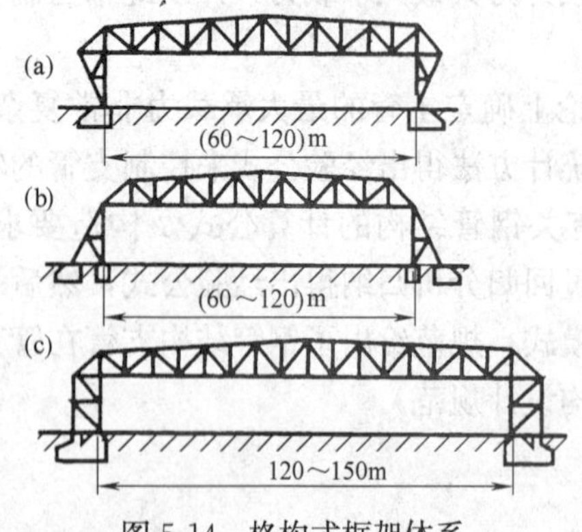

图 5-14　格构式框架体系

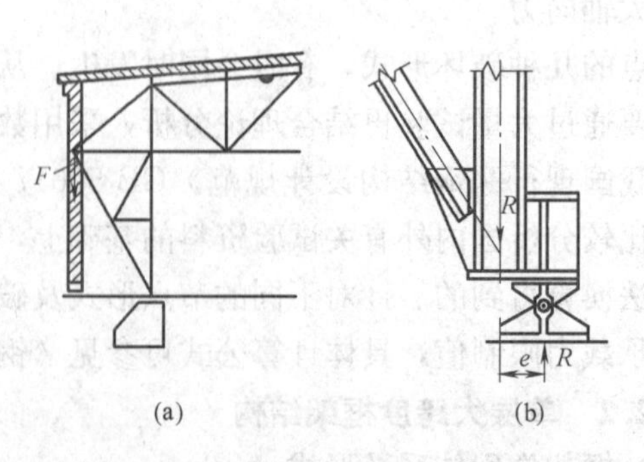

图 5-15　框架横梁卸载的构造作法

（a）墙挂于悬臂；（b）支座铰侧移

格构式框架的横梁可以是梯形外形的（图 5-14），也可以是平行弦外形的。当跨度及荷载都大时，格构式框架的横梁可为双壁式重型桁架。跨度较小时（40～50m），它们的截面和节点可以和普通单壁式桁架一样。

在展览馆、加盖市场、火车站里，当框架结构高度在 15～20m、跨度在 40～50m 时，可以采用具有折线形横梁的格构式框架（图 5-16）。这样外形的框架，横梁及柱通常具有相同的截面高度（一般为跨度的 1/25～1/15）。框架中垂直荷载产生的内力不大，而风的侧压力却有很重要的影响。

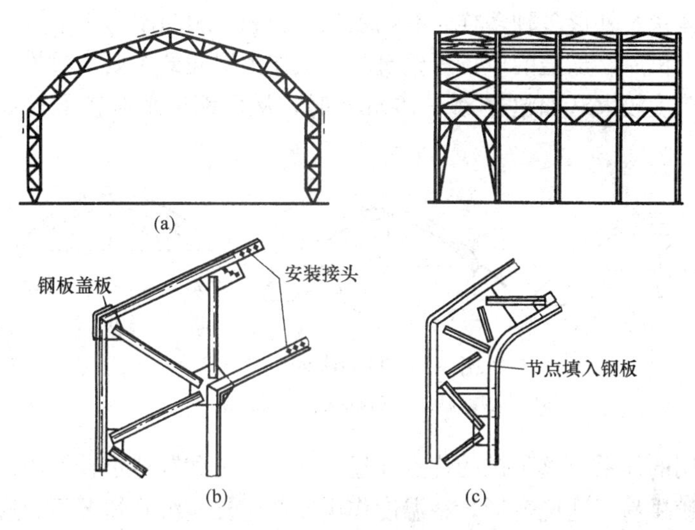

图 5-16　折线形横梁的格构式框架

（a）框架简图；（b）格构式节点；（c）节点填入钢板的构造

（2）计算原则及构造特点

在初步设计阶段，为了简化计算，格构式普通框架可以折算成与其等效的实腹框架，但重型的格构式框架应按格构式体系考虑全部腹杆的变形进行计算。大跨框架的挠度仅用可变荷载求得，永久荷载产生的挠度由相应的结构起拱来抵消。当跨度大于 50m 且刚性柱（支座）不高时，须计入框架的温度应力。实腹框架的横梁与柱设计成焊接工字形截面时其承载能力按压弯构件计算。两铰框架中，框架柱可以做成沿高度变截面的形式（图 5-13），这样能减轻结构自重并使它具有较好的外观。

横梁与柱连接的框架节点内角弯折处应做成平缓曲线以避免应力集中（图 5-17）。由于节点中同时存在弯矩和轴力即复杂应力状态，为使转角处腹板不致失稳，应在其内部受压区设置短加劲肋（图 5-17a）。

大跨格构式框架，其杆件内力大于等于 2000kN 时，应按重型桁架设计。重型桁架的杆件（无论弦杆还是腹杆）在不同节间可以有不同的尺寸，但截面种类相同，其杆件截面通常设计成双腹板的（第 3 章图 3-14c），重型桁架的杆件常采用 H 形截面、两翼缘朝里的槽形截面及 Π 形截面等。

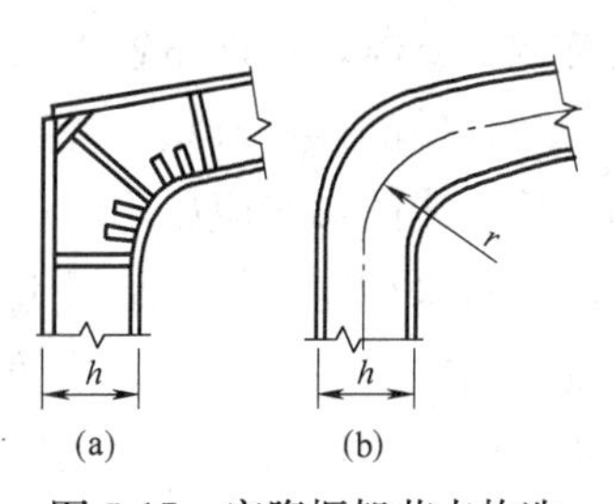

图 5-17　实腹框架节点构造

当反力大于 2500～3000kN 时，框架的支座应设计成辊轴式铰支座（图 5-23b）；反力较小时，可采用单面弧形平板式铰支座（图 5-23a）。

在非重型格构式框架中，横梁与柱连接的节点（图 5-16）是最重要的地方，因此宜使其全部在工厂里制作。弦杆通常要切口并弯折成形后用对接焊缝连接（图 5-16a），再以钢板盖板补强。

5.2.3 拱式结构

(1) 拱的体系

拱式结构外形美观，体现了结构受力与建筑造型的完美结合，是大跨度钢结构中一种重要的形式。拱的体系及外形多种多样，有两铰拱、三铰拱和无铰拱（图 5-18）。当用于展览馆、体育馆、飞机库、加盖的市场等建筑时，拱作为屋盖的主要承重构件，由于拱身主要承受轴力，当跨度较大（如超过 80～100m）时，从用钢量来看较梁式结构和框架式结构更经济。

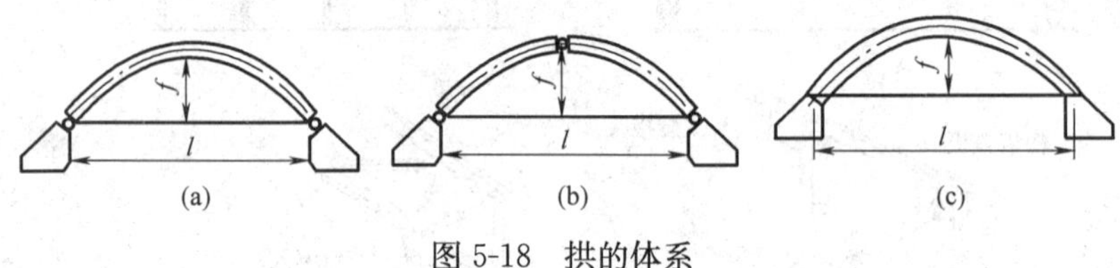

图 5-18 拱的体系

(a) 两铰拱；(b) 三铰拱；(c) 无铰拱

两铰拱是最常用的体系，这种拱的优点除经济外，安装和制造也较简单。因为铰可自由转动的特性，两铰拱易于适应变形，在温度作用或产生支座沉降情况下，应力不会显著地增加。

三铰拱与两铰拱相比无突出的优点，在拱结构有足够的变形适应性情况下，其静定性没有实质性意义。拱钥铰还使拱本身结构及屋面设置复杂化。

无铰拱对于弯矩沿跨度的分配最为有利，因而也最轻，但它需要设置更强大的基础，而且温度应力也比较大。

拱的水平推力较大，对支座的要求较高。对于软弱地基的情况，为减轻水平推力，让设置于地板水平之下的拉杆来承担拱的横向水平力可能更为经济。因为设有拉杆的拱其支座主要承受垂直荷载，在这种情况下支座可以做得比较轻巧。

在加盖的体育场、展览馆以及飞机库里，拱的支座常常是房屋的墙体、看台等。没有横墙或看台的情况下则要求设置拱扶壁以承受拱的水平推力。

拱支承在墙体上时，横向反力也可用在支座铰水平处设置拉杆的办法加以解决。拉杆同时还可以用来吊顶以及给拱施加预应力。为了在不增加房屋高度的情况下增大房间的有效高度，有时将拉杆布置于拱支座铰水平之上（图 5-19）。

(2) 拱的外形形状

拱轴线的形状应尽可能选择与压力曲线接近。当对称并沿拱弦线均布的荷载起主要作用时，宜采用与弯矩图最接近的二次抛物线。抛物线拱也常用圆弧代替，对扁平拱这不会引起内力实质性的变化，但却可以大大简化拱的设计与制造，因而在圆弧曲率不变的情况下可使拱之构件及节点达到最大的标准化。

对于自重很大的高拱，宜采用悬链线外形。高拱中风荷载引起很大的内力，而且风荷

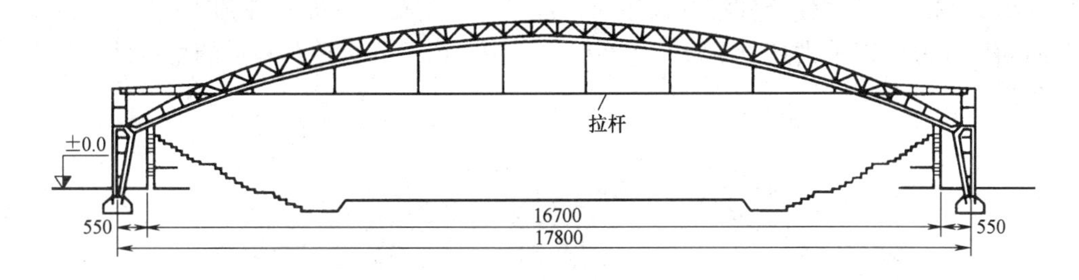

图 5-19　设有抬高拉杆的拱

载有可能自两面作用并给出两条截然离散的风压线。此时拱的外形宜取两条极端风压曲线的中间线（图 5-20）。

当拱支承于地面水平标高处时，在构造上不便沿拱曲线表面布置填充墙壁，门窗设置困难，房屋外形也不美观。此外，支座处拱下的房间由于高度不够而不能充分利用。因此，拱常设计成在拱下有垂直段的形式（图 5-21）。这样的拱按其外形及工作性质接近于框架体系。由于转角处弯矩太大，从用钢量看不太合适。

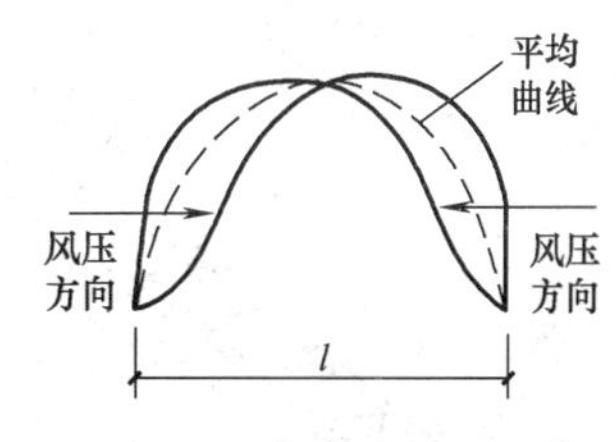

图 5-20　高拱的外形设计

在多跨拱中，相邻跨的横向反力在很大程度上相互抵消掉，并且中间支座仅因来自单方面的垂直活荷载及风荷载才受弯工作。这种拱的支座截面不大，几乎不占房间的面积，因此这种方案适宜用于火车站顶盖、展览馆及其他类似建筑中。

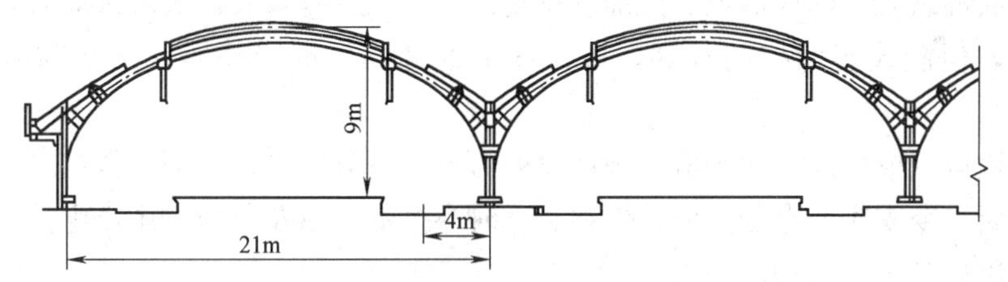

图 5-21　车站月台顶盖的多跨拱

（3）拱的构造特点

拱截面分实腹式和桁架式两种，一般为等截面。拱身所受弯矩较小，因而截面高度不大，实腹式拱的截面高度一般为跨度的 1/80～1/50，格构式拱的截面高度则为跨度的1/60～1/30。

实腹式拱通常设计成焊接的宽翼缘工字钢截面或轧制 H 型钢截面，在扁平拱中纵向力较大，因此拱的腹板设计比实腹框架或梁的腹板厚度更大，内力更大时也可采用双腹板截面。

格构式拱的构造通常类似于轻型桁架。拱的弦杆截面可以采用角钢、T 型钢、轻型槽钢、圆钢管或方钢管。如果压力曲线不超过截面的高度范围，则两弦杆均为受压，这种情况下必须特别注意拱的稳定性。腹杆构件的截面因剪力不大可按长细比确定，选用角钢或小槽钢构成。格构式拱的腹杆，可设计成有附加竖杆的三角形体系（图 5-22a）、无附加竖杆的三角形体系及斜腹杆体系（图 5-22b）。竖杆或者与弦杆正交（图 5-22a），或者垂直布置（图 5-22b）。若想使腹杆沿拱长相同，将竖杆正交布置（尤其在圆拱中）最为合适。拱节间的尺寸取接近于拱高。主檩布置在竖平面中，既可保证单腹板拱的稳定性又可支托屋面构件。

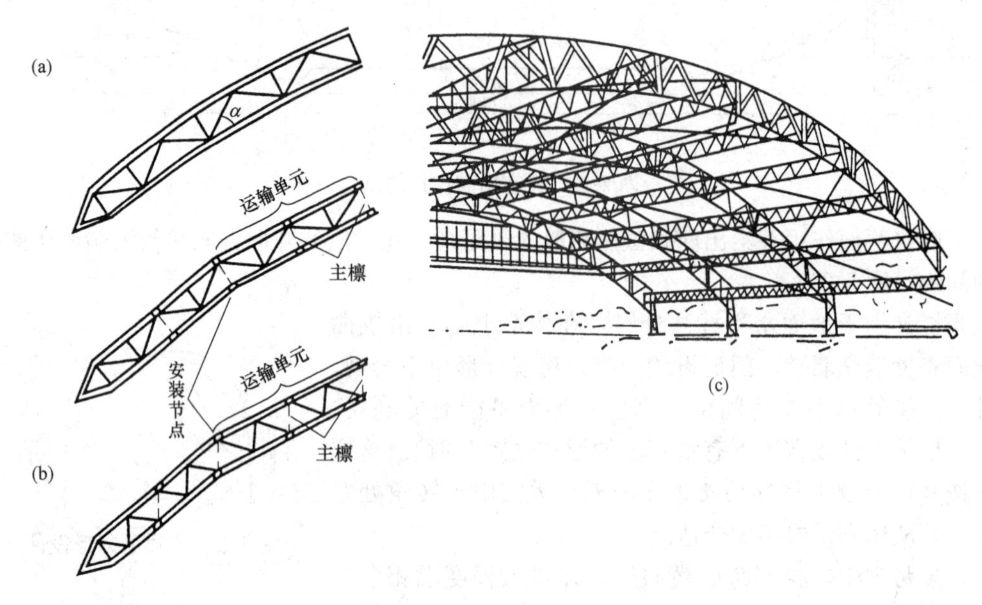

图 5-22　格构式拱构造方案

拱结构安装接头的设置以将拱划分成运输单元（一般为 6～9m 的发运构件）的条件来考虑。拱通常以大型构件形式、大部分是整拱或半拱进行安装。实腹拱的曲线外形使制造比较复杂，但能改善结构的外观。格构式拱也可以取折线外形（图 5-22b），以简化制造。

拱式结构可以成功地采用预应力来调整内力。合理分配内力的简单做法之一是拱在支座上就位以后，令支座节点受迫向外偏移。此时在拱的下弦及斜腹杆中产生拉应力，该拉应力足以抵消外荷载产生的压应力。

拱式结构中最复杂的构造节点，与框架一样也是支座铰及拱钥铰。格构式拱在支座处总要过渡到实腹截面，因此实腹式拱与格构式拱的支座铰具有相同的构造。支座铰可以有很多种形式，常用的形式可参见图 5-23 或查阅有关结构设计资料。

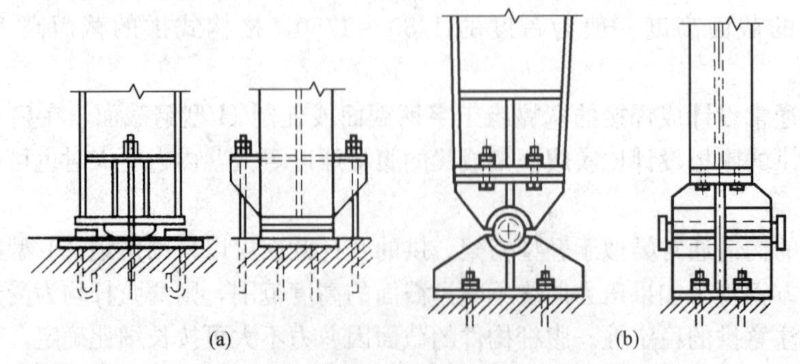

图 5-23　拱与框架的支座（铰）节点

（a）平板（铰）支座的节点构造；（b）辊轴（铰）支座的节点构造

(4) 拱的计算特点

风荷载是拱结构计算中一项非常重要的荷载。为采光和通风设计的（如窗户等）洞口，对风压值影响很大。当拱端部开敞时（如火车站的顶盖、棚盖），平行于端部吹的风从两面绕过建筑物，使内部形成真空，因而拱上的压力增大，吸力减小；当风经过宽阔的（开）洞口进入屋盖下在建筑物内部作用时，会造成负压；除此之外，还应考虑侧风压或端风压作用在建筑物上的情况。

拱本身为一受压曲杆，应按压弯杆件设计，拱在弯矩作用平面内需要验算强度和整体稳定性。因曲杆平衡微分方程的求解比较困难，目前只能按弹性方法近似求解杆件的临界力。拱的计算长度与拱的形状、拱的矢高 f 与拱跨 l 的比值有关，我国现行结构设计规范暂时还没有曲杆计算长度取值的规定。

拱出平面的稳定，由横向支撑及檩条体系提供保证。拱顶结构可分解成单个的平面构件（拱、主檩等），用普通结构力学方法进行内力计算。对于超静定拱式体系，用力法计算内力最为简便，一般用计算机专用程序处理。

支座（铰）节点的计算，可查阅有关结构设计资料或结构设计手册。

5.3 平板网架结构

5.3.1 平板空间网架的形式

空间网架结构是空间网格结构（space frame）的一种，它是以大致相同的格子或尺寸较小的单元重复组成的。目前我国空间结构中以网架结构发展最快，应用最广。在近年来兴建的大型公共建筑特别是体育建筑中，大多数都采用了网架结构。

人们常常将平板型的空间网格结构简称为网架，将曲面型的空间网格结构简称为网壳。网架一般是双层的（以保证必要的刚度），在某些情况下也可做成三层，而网壳有单层和双层两种。平板网架无论在设计、计算、构造还是施工制作等方面均较为简便，因此是近乎“全能”地适用于大、中、小跨度屋盖体系的一种良好的结构形式。

网架结构的形式较多，按结构组成，通常分为双层或三层网架；按支承情况分，有周边支承、点支承、周边支承与点支承混合、三边支承一边开口等形式；按网架组成情况，可分为由两向或三向平面桁架组成的交叉桁架体系、由三角锥体或四角锥体组成的空间桁架角锥体系等，这里只介绍最常用的几种。

(1) 按结构组成分类

① 双层网架

由上、下两个平放的平面桁架及层间杆件相互连系组成。上、下表层的杆件称为网架的上弦杆、下弦杆，位于两层之间的杆件称为腹杆，网架通常采用双层。

② 三层网架

由三个平放的平面桁架及层间杆件组成，三层网架的采用应根据建筑和结构的要求而定。

(2) 按支承情况分类

① 周边支承网架

周边支承网架（图 5-24）的所有节点均搁置在柱或梁上。因其传力直接、受力均匀，是采用较多的一种形式。

当网架周边支承于柱顶时，网格宽度可与柱距一致（图 5-24a)。为保证柱子的侧向刚度，沿柱间侧向应设置边桁架或刚性系杆。

当网架周边支承于圈梁时，网格的划分比较灵活，可不受柱距的约束（图 5-24b)。

② 点支承网架

点支承网架（图 5-25）可置于四个或多个支承上。前者称为四点支承网架（图5-25a)，而后者称为多点支承网架（图 5-25b)。

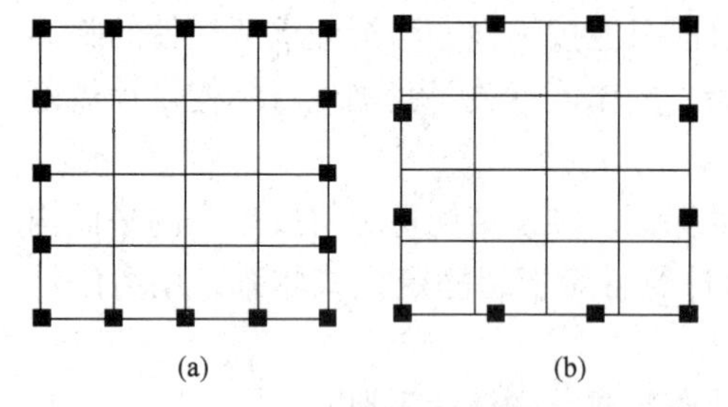

图 5-24 周边支承网架

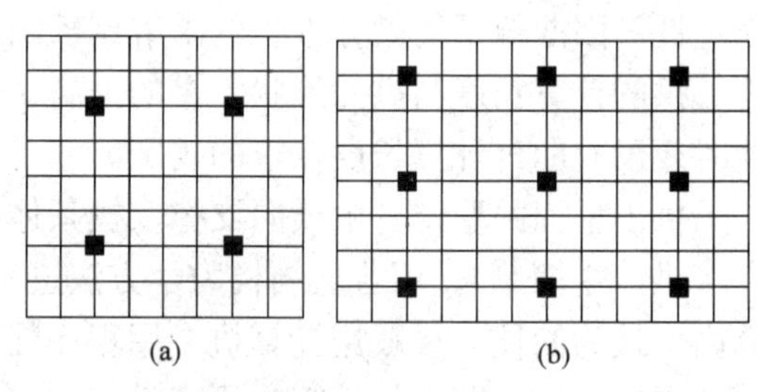

图 5-25 点支承网架

点支承网架主要用于大柱距工业厂房、仓库以及展览厅等大型公共建筑。这种网架由于支承点较少，因此支点反力较大。为了使通过支点的主桁架及支点附近的杆件内力不致过大，宜在支承点处设置柱帽以扩散反力。通常将柱帽设置于下弦平面之下（图 5-26a)，或设置于下弦平面之上（图 5-26b)。也可将上弦节点通过短钢柱直接搁置于柱顶（图5-26c)。点支承网架周边应有适当悬挑以减少网架跨中挠度与杆件的内力。

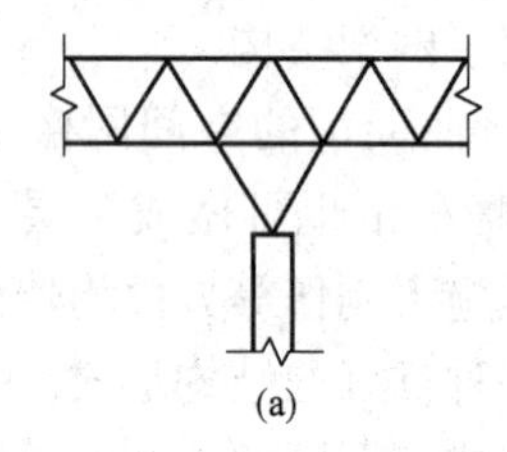

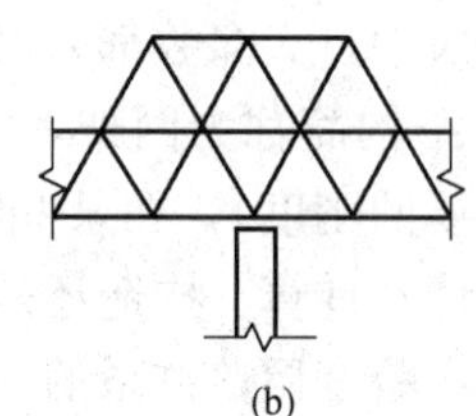

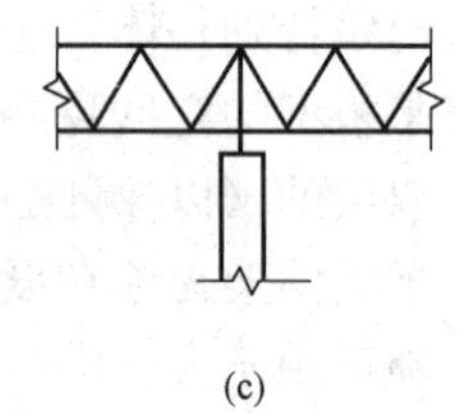

图 5-26 点支承网架的柱帽

③ 周边支承与点支承混合网架

在点支承网架中，当周边设有维护结构和抗风柱时，可采用周边支承与点支承混合的形式（图 5-27)。这种支承方式适用于工业厂房和展览厅等公共建筑。

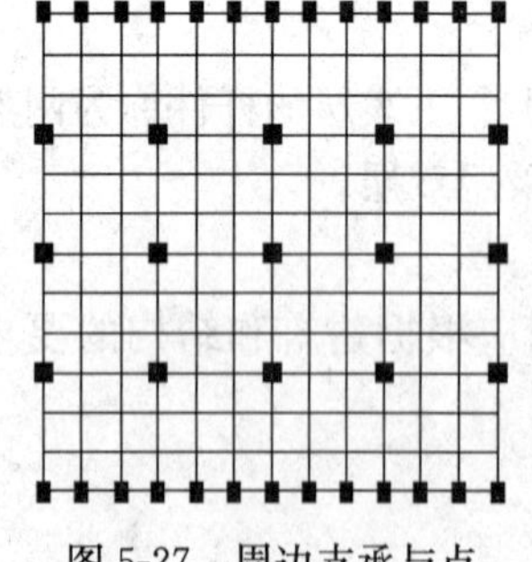

图 5-27 周边支承与点支承混合网架

④ 三边支承或两边支承网架

在矩形平面的建筑中，由于考虑扩建的可能性或由于建筑功能的要求，需要在一边或两对边上开口，因而使网架仅在三边或两对边上支承，另一边或两对边处理成自由边（图 5-28)。自由边的存在对网架的受力是不利的，为此一般应对自由边作出特殊处理。普遍的做法是，在自由边附近增加网架的层数（图 5-29a)，或者在自由边加设托梁、托架（图 5-29b)。对中、小型网架亦可选择增加网架高度或局部加大杆件截面等方法给予改善和加强。

(3) 按网格组成分类

① 交叉桁架体系

这类网架由若干相互交叉的竖向平面桁架所组成。竖向平面桁架的形式与一般平面桁架相似：腹杆的布置一般应使斜腹杆受拉、竖腹杆受压，斜腹杆与弦杆的夹角宜在40°～60°之间。桁架的节间长度即为网格尺寸。平面桁架可沿两个方向或三个方向布置，当为两向交叉时其交角可为90°（正交）或任意角度（斜交）；当为三向交叉时其交角为60°。这些相互交叉的竖向平面桁架当与边界方向平行（或垂直）时称为正放，与边界方向斜交时称为斜放。因此随桁架之间交角的变化和边界相对位置的不同，构成了一些各具特点的网架形式。

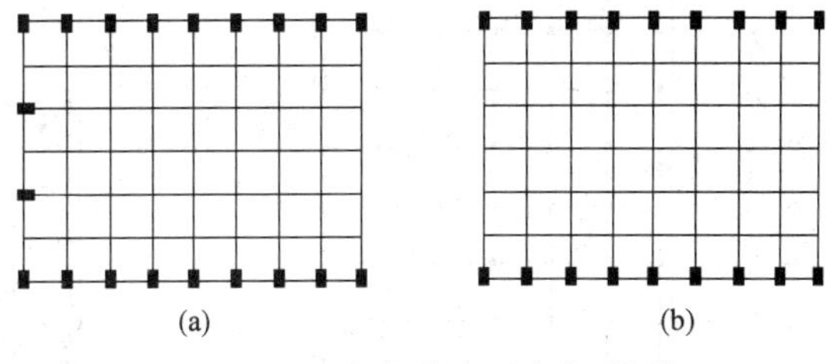

图 5-28　三边支承或两边支承网架

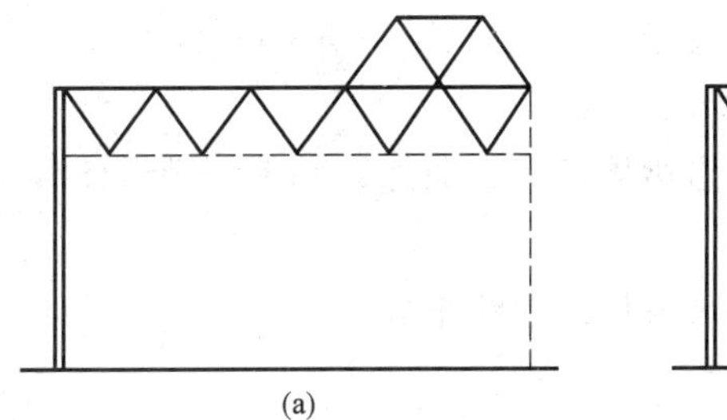

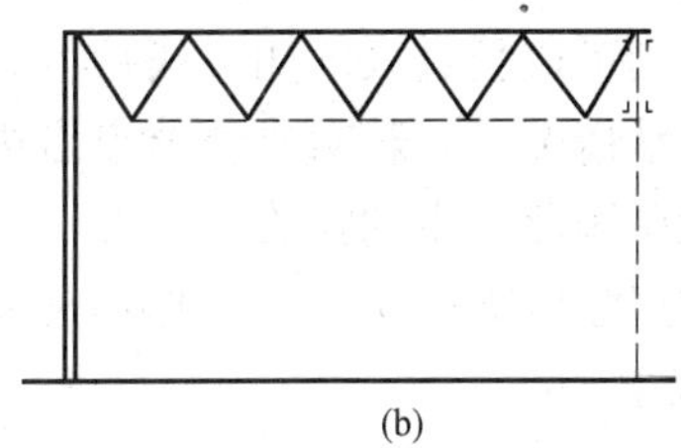

图 5-29　自由边的处理

a. 两向正交正放网架

两向正交正放网架（图 5-30）的构成特点是：两个方向的竖向平面桁架垂直交叉，且分别与边界方向平行。因此不仅上、下弦的网格尺寸相同，而且在同一方向的平面桁架长度一致，使制作、安装较为简便。这种网架的上、下弦平面呈正方形的网格，它的基本单元为一不全由三角形组成的六面体，属几何可变。为保证结构的几何不变性以及增加空间刚度使网架能有效地传递水平荷载，应适当设置水平支撑。对周边支承网架，水平支撑宜在上弦或下弦网格内沿周边设置；对点支承网架，水平支撑则应在通过支承的主桁架附近的四周设置。

两向正交正放网架的受力状况与其平面尺寸及支承情况关系很大。对于周边支承、正方形平面的网架，其受力类似于双向板，两个方向的杆件内力差别不大，受力比较均匀。但随着边长比的变化，单向传力作用渐趋明显，两个方向的杆件内力差别也随之加大。对于点支承网架，支承附近的杆件及主桁架跨中弦杆的内力最大，其他部位杆件的内力很小，两者差别较大。

两向正交正放网架适用于正方形或接近正方形以及狭长矩形的建筑平面。

b. 两向正交斜放网架

两向正交斜放网架（图 5-31）的构成特点是：两个方向的竖向平面桁架垂直交叉，且与边界呈45°夹角。

两向正交斜放网架中平面桁架与边界斜交，各片桁架长短不一，而其高度又基本相同，因

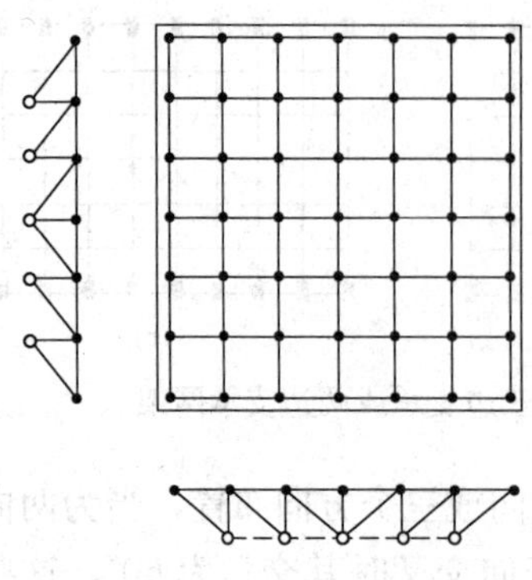
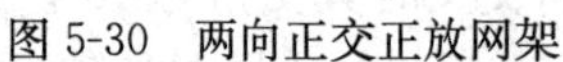
图 5-30　两向正交正放网架

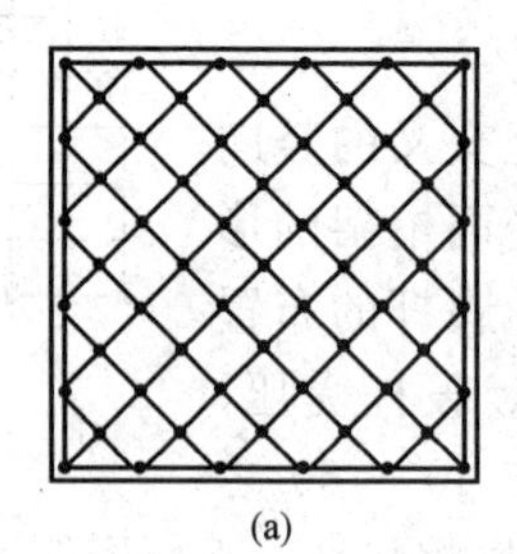
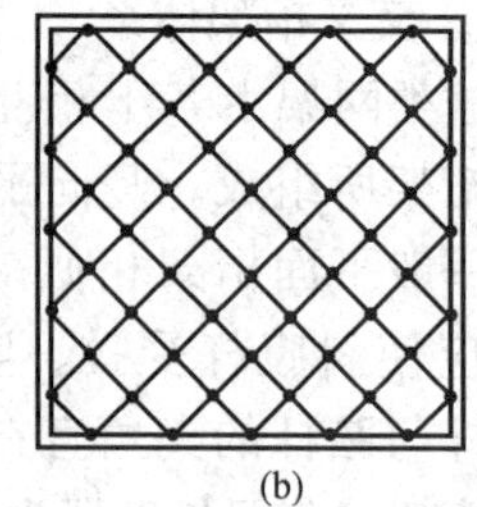

图 5-31　两向正交斜放网架

此靠近角部的短桁架相对刚度较大，对与其垂直的长桁架有一定的弹性支承作用，从而减小了长桁架中部的正弯矩。所以在周边支承情况下，它较两向正交正放网架刚度大、用料省。对矩形平面其受力也比较均匀。当长桁架直通角柱时（图 5-31a），四个角支座会产生较大的向上拉力，设计中应予注意。如采用图 5-31（b）所示的布置方式，因角部拉力由两个支座分担则可避免过大的角支座拉力。

在周边支承情况下，若对支座节点沿边界切线方向加以约束，则设计时应考虑在与支座连接的圈梁中因此产生的拉力。

两向正交斜放网架适用于正方形和长方形的建筑平面。

c. 三向网架

三向网架（图 5-32）的构成特点是：三个方向的竖向平面桁架互呈 60°角斜向交叉。在三向网架中，上、下弦平面的网格均为正三角形，因此这种网架是由若干以稳定的三棱体作为基本单元所组成的几何不变体系。三向网架受力性能好，空间刚度大，并能把力均匀地传至支承系统。不过其汇交于一个节点的杆件可多达 13 根，使节点构造比较复杂，一般以采用圆钢管杆件和焊接空心球节点连接为好。

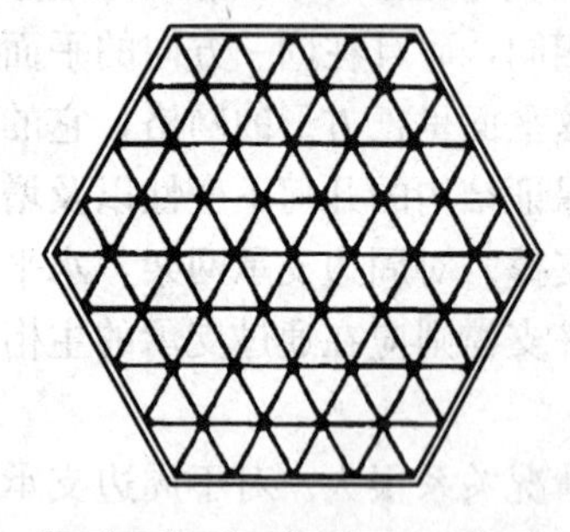
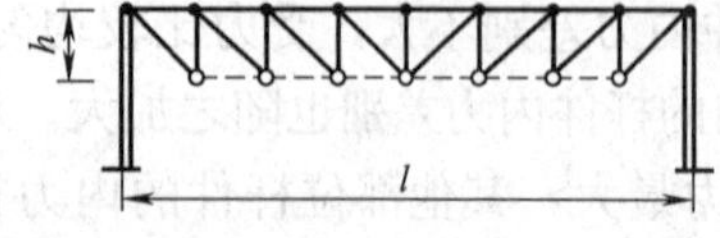

图 5-32　三向网架

三向网架适用于三角形、六边形、多边形和圆形并且跨度较大的建筑平面。当用于圆形平面时，周边将出现一些不规则网格，需另行处理。三向网架的节间一般较大，有时可达 6m 以上。

② 四角锥体系

这类网架以四角锥为其组成单元。网架的上、下弦平面均为正方形网格，上、下弦网格相互错开半格使下弦平面正方形的四个顶点对应于上弦平面正方形的形心，并以腹杆连接上、下弦节点，即形成若干四角锥体。若改变上、下弦错开的平行移动量或相对地旋转上、下弦（一般旋转 45°）并适当地抽去一些弦杆和腹杆，即可获得各种形式的四角锥网架。这类网架的腹杆一般不设竖杆，只有斜杆。仅当部分上、下弦节点在同一竖直直线上时，才需要设置竖腹杆。

a. 正放四角锥网架

正放四角锥网架（图 5-33）的构成特点是：以倒四角锥体为组成单元，锥底的四边为网架的上弦杆，锥棱为腹杆，各锥顶相连即为下弦杆，它的上、下弦杆均与相应边界平行。正放四角锥网架的上、下弦节点均分别连接八根杆件。当取腹杆与下弦平面夹角为45°时，网架的所有杆件（上、下弦杆和腹杆）等长，便于制成统一的预制单元，制造、安装都比较方便。

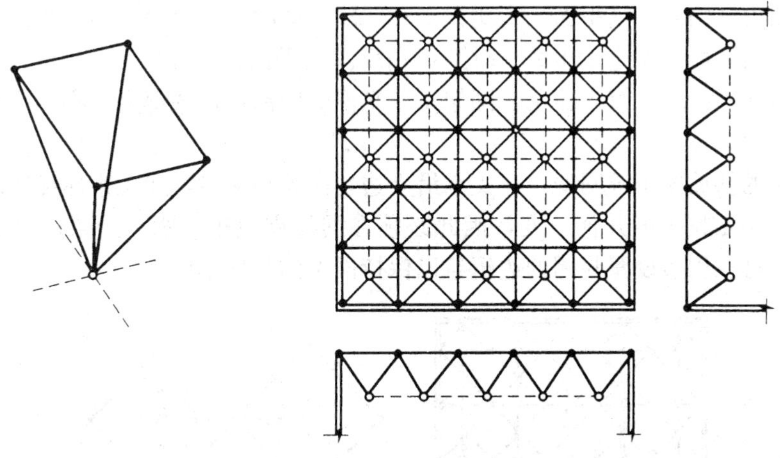

图 5-33　正放四角锥网架

正放四角锥网架的杆件受力比较均匀，空间刚度较其他类型四角锥网架及两向网架为好。当采用钢筋混凝土板作屋面板时，板的规格单一，便于起拱，屋面排水相对容易处理。但因杆件数目较多其用钢量可能略高。

正放四角锥网架一般适用于建筑平面呈正方形或接近于正方形的周边支承、点支承（有柱帽或无柱帽）、大柱距以及设有悬挂吊车的工业厂房与有较大屋面荷载的情况。

b. 正放抽空四角锥网架

正放抽空四角锥网架（图 5-34）的构成特点是：在正放四角锥网架的基础上，除周边网格不动外，适当抽掉一些四角锥单元中的腹杆和下弦杆，使下弦网格尺寸比上弦网格尺寸大一倍。如果将一列锥体视为一根梁，则其受力与正交正放交叉梁系相似。正放抽空四角锥网架的杆件数目较少，构造简单，经济效果好，起拱比较方便。不过抽空以后，下弦杆内力的均匀性较差，刚度比未抽空的正放四角锥网架小些，但能够满足工程要求。

正放抽空四角锥网架适用于中、小跨度或屋面荷载较轻的周边支承、点支承以及周边支承与点支承混合等情况。

c. 斜放四角锥网架

斜放四角锥网架（图 5-35）的构成特点是：以倒四角锥体为组成单元，由锥底构成的上弦杆与边界呈45°夹角，而连接各锥顶的下弦杆则与相应边界平行。这样，它的上弦网格呈正交斜放，下弦网格呈正交正放。

斜放四角锥网架上弦杆长度比下弦杆长度小，在周边支承的情况下，通常是上弦杆受压，下弦杆受拉，因而杆件受力合理。此外，节点处汇交的杆件（上弦节点六根，下弦节点八根）相对较少，用

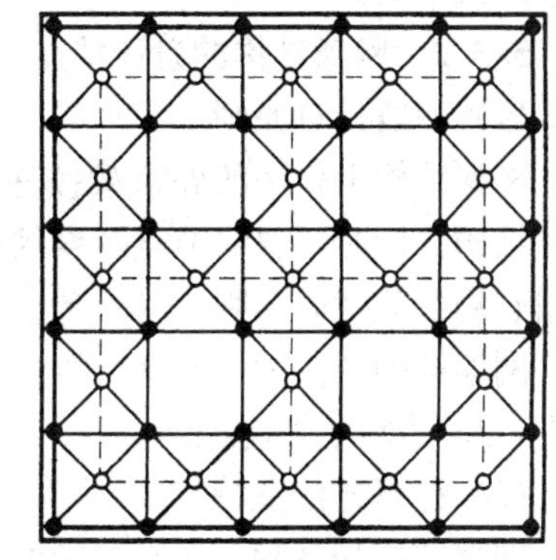

图 5-34　正放抽空四角锥网架

钢量较省。但是，当选用钢筋混凝土屋面板时，因上弦网格呈正交斜放使屋面板的规格较多，屋面排水坡的形成较为困难；若采用金属板材如彩色压型钢板、压型铝合金板作屋面板，此问题要容易处理一些。安装斜放四角锥网架时宜采用整体吊装，如欲分块吊装，需另加设辅助链杆以防止分块单元几何可变。

对斜放四角锥网架，当平面长宽比在1～2.25之间时，长跨跨中的下弦内力大于短跨跨中的内力；当平面长宽比大于2.5时则正相反。当平面长宽比在1～1.5之间时，上弦杆的最大内力并不出现在跨中而是在网架1/4平面的中部，这些都完全不同于对普通简支平板的已有概念。

周边支承的斜放四角锥网架，在支承沿周边切向无约束时，四角锥体可能绕 z 轴旋转（图5-35b）而造成网架的几何可变，因此必须在网架周边布置刚性边梁；点支承的斜放四角锥网架，可在周边设置封闭的边桁架以保持网架的几何不变。

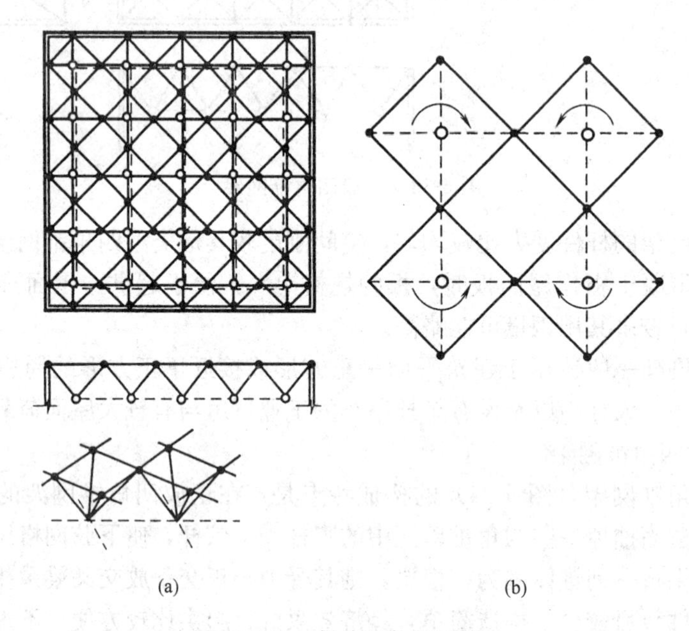

图5-35　斜放四角锥网架

斜放四角锥网架一般适用于中、小跨度的周边支承、周边支承与点支承混合情况下的矩形建筑平面。

5.3.2　网架结构的设计特点

(1) 一般计算原则

网架结构上作用的外荷载按静力等效原则，将节点所辖区域内的荷载汇集到该节点上，结构分析时可忽略节点刚度的影响而假定节点为铰接，杆件只受轴向力。但当杆件上作用有局部荷载时，则应另外考虑局部弯矩的影响。

网架结构的内力和位移可按弹性阶段进行计算。网架的最大挠度限值 $[f]=L_2/250$，式中，L_2 为网架短向跨度。

(2) 计算方法及特点

网架结构是一种高次超静定的空间杆系结构，要完全精确地分析其内力和变形相当复杂，常需采用一些计算假定，忽略某些次要因素以使计算工作得以简化。所采用的计算假定愈接近结构的实际情况，计算结果的精确程度就愈高，但其分析一般较复杂，计算工作量较大。如果在计算假定中忽略较多的因素，可使结构计算得到进一步简化，但计算结果会存在一定的误差。按计算结果的精确程度可将网架结构的计算方法分为精确法和近似法，当然这种精确与近似是相对的。

① 空间桁架位移法

空间桁架位移法又称矩阵位移法，它取网架结构的各杆件作为基本单元，以节点三个线位移作为基本未知量，先对杆件单元进行分析，根据虎克定律建立单元杆件内力与位移之间的关系，形成单元刚度矩阵；然后进行结构整体分析，根据各节点的变形协调条件和静力平衡条件建立节点荷载与节点位移之间的关系，形成结构总刚度矩阵和结构总刚度方程。这样的结构总刚度方程是一组以节点位移为未知量的线性代数方程组。引进给定的边界条件，利用计算机求得各节点的位移值，进而即可由单元杆件的内力与位移关系求得各杆件内力 N。

空间桁架位移法是一种应用于空间杆系结构的精确计算方法，理论和实践都证明这种方法的计算结果最接近于结构的实际受力状况，具有较高计算精度。它的适用范围广泛，不仅可用以计算各种类型、各种平面形状、不同边界条件、不同支承方式的网架，还能考虑网架与下部支承结构间共同工作。它除了可以计算网架在通常荷载下产生的内力和位移以外，还可以根据工程需要计算由于地震作用、温度变化、支座升降等因素引起的内力与变形。目前，有多种较为完善的基于空间桁架位移法编制的空间网架结构商业软件可供设计选用。

② 差分法与拟夹层板法

网架结构的近似计算方法一般以某些特定形式的网架为计算对象，根据不同的对象采用不同的计算假定，因此存在适合不同类型网架的各种近似计算方法。一般说来，这些近似计算方法的适用范围与计算结果的精度均不及空间桁架位移法，但近似法的未知数少，辅以相应的计算图表情况下，其计算比较简便。而这些近似方法所产生的误差，在某些工程设计中或工程设计的某些阶段里还是可以接受的。因而它们在无法利用计算机或者在计算机还未被广泛使用的情况下，曾经是一类具有实用价值的计算方法。

差分法经惯性矩折算，将网架简化为交叉梁系进行差分计算，它适用于跨度 $L \leqslant 40$m 由平面桁架系组成的网架、正放四角锥网架。一般按图表计算，其计算误差不大于 20%。

拟夹层板法将网架简化成正交异性或者各向同性的平板进行计算，它适用于跨度 $L \leqslant 40$m 由平面桁架系或角锥体组成的网架。一般按图表计算，其计算误差不大于 10%。

（3）网架结构选型

网架结构设计首先要选型，通常是根据工程的平面形状、跨度大小、支承情况、荷载大小、屋面构造、建筑设计等诸因素结合以往的工程经验综合确定。网架杆件的布置还必须保证不出现结构几何可变的情况。

网架的标准网格多采用正方形或长方形，网格尺寸可取（1/20～1/6）L_2，网架高度 H（称为网架矢高）可取（1/20～1/10）L_2，这里，L_2 为网架的短向跨度。表 5-1 给出了网格尺寸和网架高度的建议取值。

（4）网架结构体系的屋面

网格尺寸和网架高度的建议取值　　表 5-1

网架的短向跨度 L_2(m)	上弦网格尺寸	网架高度 H
＜30	$(1/12\sim1/6)L_2$	$(1/14\sim1/10)L_2$
30～60	$(1/16\sim1/10)L_2$	$(1/16\sim1/12)L_2$
＞60	$(1/20\sim1/12)L_2$	$(1/20\sim1/14)L_2$

屋面材料的选用直接影响到施工进度、用钢量指标、下部结构（包括基础）及整个房屋的性能，不宜仅考虑某一方面而应以综合指标权衡确定。目前采用得较多的有檩体系与轻质屋面防水材料方案可大大减轻网架结构自身以及梁、柱、墙体、基础构件的荷载，而且跨度愈大综合影响愈大；各种混凝土屋面板、钢丝网水泥板则用于无檩体系中，因为这种体系制作屋面构造层手续多、施工时间长、自重也较大，采用已越来越少。

（5）网架杆件的截面设计

网架杆件截面以圆钢管性能最优、使用最广泛，杆件材料通常选用 Q235 或 Q345 系列钢材。

网架中的弦杆和腹杆为轴心受力杆件，其中的拉杆以强度即 $N/A\leqslant f$ 控制截面设计，而压杆一般按整体稳定即 $N/(\varphi A)\leqslant f$ 进行设计验算。杆件的计算长度 l_0 对螺栓球节点网架，取等于杆件的几何长度 l（因节点接近于铰接），即 $l_0=l$；对焊接球节点网架，因节点有一定的转动刚度且焊接球直径接近于弦杆长度的 1/10，其弦杆及支座腹杆取 $l_0=0.9l$，而腹杆取 $l_0=0.8l$。

对受压杆件，其长细比限值 $[\lambda]=180$；对受拉杆件，支座处及支座附近的杆件长细比限值 $[\lambda]=300$、一般杆件 $[\lambda]=400$，直接承受动力荷载的杆件 $[\lambda]=250$。

为了保证网架杆件的承载力并使其具有必要的刚度，应限制杆件的截面规格不得小于钢管 $\phi48\times2$，角钢∟50×3。

（6）网架的节点设计与构造

网架通过节点把杆件连系在一起组成空间形体，节点的数目随网格大小的变化而变化，节点的重量一般为网架总重量的 20%～25%，所占比例较大，因节点破坏而造成工程事故的例子也不少，所以应予充分重视。

网架的常用节点形式有焊接空心球节点、螺栓球节点，有时也采用焊接钢板节点、焊接短钢管节点等。

① 焊接空心球节点

空心球节点分为不加肋（图 5-36b）和加肋（图 5-36c）两种，所用材料为 Q235 钢或 Q345 钢。空心球的制作工艺为：首先按 1.414 倍的球直径将钢板下料成圆板，再将圆板压制成型做成半球，最后由两个半球对焊而形成一个空心钢球。

焊接空心球节点适用于连接钢管杆件，节点构造是将钢管杆件直接焊接连接于空心球体上，具有自动对中和“万向”性质，因而适应性很强。

直径 D 为 120～500mm 的焊接空心球其受压时的承载力设计值 N_c 可按公式（5-1）计算：

$$N_c\leqslant \eta_c\left(400td-13.3\cdot\frac{t^2d^2}{D}\right) \tag{5-1}$$

式中　N_c——受压空心球轴向压力设计值（N）；

D——空心球外径（mm）；

t——空心球壁厚（mm）；

d——钢管外径（mm）；

η_c——受压空心球加肋承载力提高系数，加肋 $\eta_c=1.4$，不加肋 $\eta_c=1.0$。

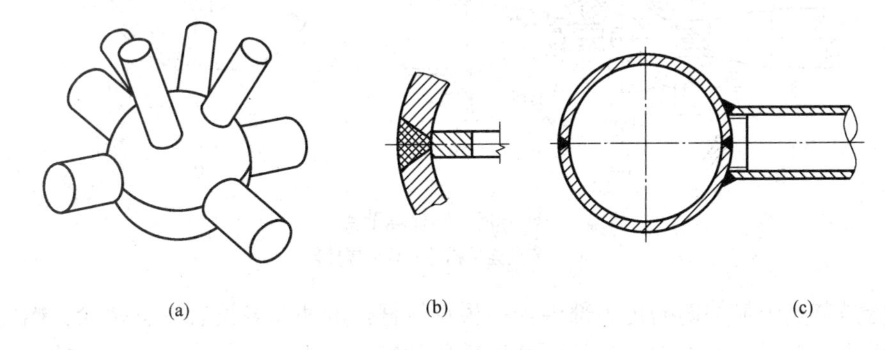

图 5-36　焊接空心球

受拉时的承载力设计值 N_t 可按公式（5-2）计算：

$$N_t \leqslant 0.55\eta_t t d \pi f \tag{5-2}$$

式中　N_t——受拉空心球轴向拉力设计值（N）；

t——空心球壁厚（mm）；

d——钢管外径（mm）；

f——钢管材料强度设计值（N/mm^2）；

η_t——受拉空心球加肋承载力提高系数，加肋 $\eta_t=1.1$，不加肋 $\eta_t=1.0$。

空心球外径 D 与壁厚 t 的比值可按设计要求选用，一般 $D=(25\sim45)t$；空心球壁厚 t 与钢管最大壁厚的比值宜为 1.2～2.0；另外，空心球壁厚 t 不宜小于 4mm。

在确定空心球外径时，球面上网架相邻杆件之间的缝隙 a 不宜小于 10mm。为了保证缝隙 a，空心球直径也可初步按公式（5-3）估算（图 5-37）：

$$D=(d_1+d_2+a)/\theta \tag{5-3}$$

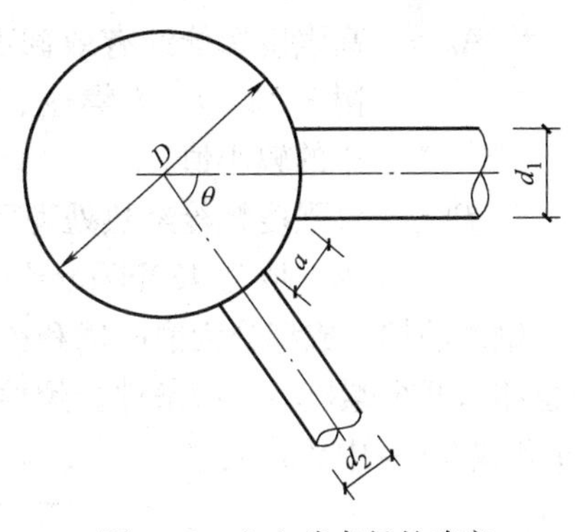

图 5-37　空心球直径的确定

式中　θ——汇集于空心球节点任意两钢管杆件间的夹角（rad）；

d_1、d_2——组成 θ 角的钢管外径（mm）；

a——d_1 与 d_2 两钢管间净距离，一般 $a\geqslant10\sim20$mm。

② 螺栓球节点

螺栓球节点由螺栓、钢球、销子（或止紧螺钉）、套筒和锥头或封板组成（图 5-38），适用于连接钢管杆件。

螺栓球节点的套筒、锥头和封板采用 Q235 和 Q345 系列钢材；钢球采用 45 号钢；螺栓、销子或止紧螺钉采用高强度钢材，如 45 号钢、40B 钢、40Cr 钢、20MnTiB 钢等。

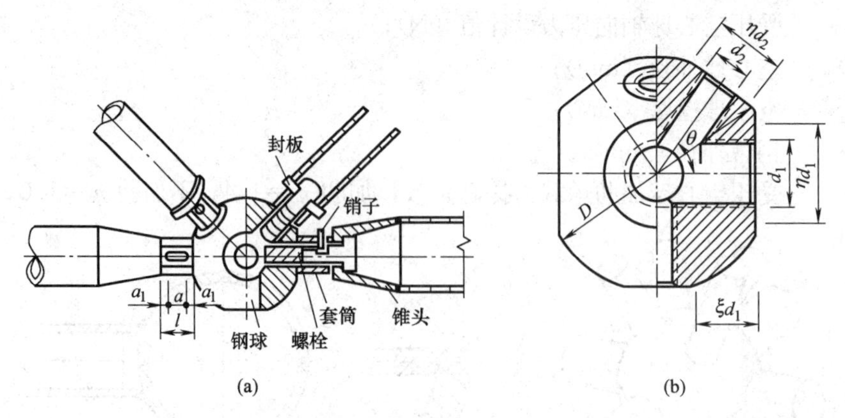

图 5-38 螺栓球节点

(a) 节点连接构造；(b) 螺栓球

螺栓是节点中最关键的传力部件，一根钢管杆件的两端各设置一颗螺栓。螺栓由标准件厂家供货。在同一网架中，连接弦杆所采用的高强度螺栓可以是一种统一的直径，而连接腹杆所采用的高强度螺栓可以是另一种统一的直径，即通常情况下同一网架采用的高强度螺栓的直径规格不少于两种。但在小跨度的轻型网架中，连接球体的弦杆和腹杆可以采用同一规格的直径。螺栓直径一般由网架中最大受拉杆件的内力控制，螺栓受拉承载力设计值按式（5-4）计算：

$$N_t^b \leqslant \psi A_e f_t^b \tag{5-4}$$

式中 N_t^b——高强度螺栓的拉力设计值（N）；

ψ——螺栓直径对承载力影响系数；当螺栓直径小于 30mm 时，$\psi=1.0$；当螺栓直径大于等于 30mm 时，$\psi=0.93$；

A_e——高强度螺栓的有效截面面积（mm^2）；即螺栓螺纹处的截面积（见附录 13 附表 13-1），当螺栓上钻有销孔或键槽时，A_e应取螺纹处或销孔键槽处二者中的较小值；

f_t^b——高强度螺栓经热处理后的抗拉强度设计值；对 40B 钢、40Cr 钢与 20MnTiB 钢，取为 430N/mm^2，对 45 号钢，取为 365N/mm^2。

钢球的加工成型分为锻压球和铸钢球两种。钢球的直径大小要满足按要求拧入球体的任意相邻两个螺栓不相碰条件。螺栓直径根据计算确定后，钢球直径 D 取下面两式（式 5-5 和式 5-6）中的较大值：

$$D \geqslant \sqrt{\left(\frac{d_2}{\sin\theta}+d_1 \cdot \cot\theta+2\xi d_1\right)^2+\eta^2 \cdot d_1^2} \tag{5-5}$$

$$D \geqslant \sqrt{\left(\frac{\eta d_2}{\sin\theta}+\eta d_1 \cdot \cot\theta\right)^2+\eta^2 \cdot d_1^2} \tag{5-6}$$

式中 D——钢球直径（mm）；

θ——两个螺栓之间的最小夹角（rad）；

d_1、d_2——螺栓直径（mm），$d_1>d_2$；

ξ——螺栓拧进钢球长度与螺栓直径的比值；ξ 可取 1.1；

η——套筒外接圆直径与螺栓直径的比值；η 可取 1.8。

套筒是六角形的无纹螺母，主要用以拧紧螺栓和传递杆件轴向压力。套筒壁厚按网架最大压杆内力计算确定，需要验算开槽处截面承压强度。

止紧螺钉（销钉）是套筒与螺栓联系的媒介，使其能通过旋转套筒而拧紧螺栓。为了减少钉孔对螺栓有效截面的削弱，螺钉直径应尽可能小一些，但不得小于3mm。

锥头和封板主要起连接钢管和螺栓的作用，承受杆件传来的拉力或压力。它既是螺栓球节点的组成部分又是网架杆件的组成部分。当网架钢管杆件直径小于76mm时，一般采用封板；当钢管直径大于等于76mm时，一般采用锥头。

③ 支座节点

网架的支座节点分为压力支座节点和拉力支座节点两大类。

压力支座中，平板压力支座常用于较小跨度的情况；单面弧形压力支座适用于中等跨度；双面弧形压力支座适用于大跨度；球铰压力支座可用于大跨度且带悬伸的四支点或多支点网架。

拉力支座中，较常用的有平板拉力支座和单面弧形拉力支座。支座出现拉力情况不多，但在越来越多地采用轻质屋面维护材料以后，反号荷载效应情况应予充分重视。

各种支座节点的具体构造与计算方法，可参考有关设计资料。

5.4 网 壳 结 构

网架结构的受力是一个受弯的平板，而网壳结构属于一种曲面型网格结构，就整体而言是一个主要承受膜内力的壳体。网壳结构有杆系结构构造简单和薄壳结构受力合理的特点。

在大多数情况下，网壳被设计为四边简支，其边界效应就更小，因此，同等条件下，一般网壳结构较网架结构可节约钢材约20%。此外，网壳结构外形美观，能适应各种复杂的建筑造型需要。

5.4.1 网壳结构常用的形式

网壳按曲面形式分有柱面网壳（包括圆柱面和非圆柱面壳）、回转面网壳（包括锥面、球面与椭球面网壳）、双曲扁网壳以及双曲抛物面鞍形网壳（包括单块扭网壳，三块、四块、六块组合型扭网壳）等。其中柱面网壳、球面网壳、双曲抛物面网壳以及由这三种基本几何形式切割组合形成的结构是最常用的网壳结构形式。

（1）柱面网壳

柱面网壳可由不同的几何曲线组成，最常用的是圆弧形，也可以是椭圆形、抛物线、双曲线等。柱面网壳当跨度较小时可以采用单层，一般情况采用双层。

图5-39是单层柱面网壳的常用网格形式，其中联方型柱面网壳（图5-39a）仅用于跨度较小的情况，当跨度较大时，可以通过增加竖向杆件形成三向格子型（图5-39b）。弗普尔型（图5-39c）柱面网壳亦称人字形柱面网壳，结构形式简单，用钢量省，多用于小跨度或荷载较小的情况。

双层柱面网壳的网格形式则比较多，在平板网架结构中曾经讨论过的交叉桁架体系、四角锥以及三角锥体系都是双层柱面网壳的常用网格划分形式。如图5-40所示就是四角锥体系用于柱面网壳的例子。

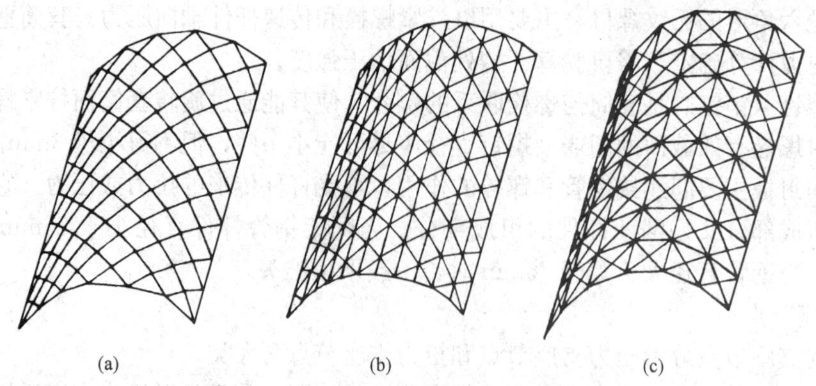

图 5-39　单层柱面网壳的常用网格形式

(a) 联方型；(b) 三向格子型；(c) 弗普尔型

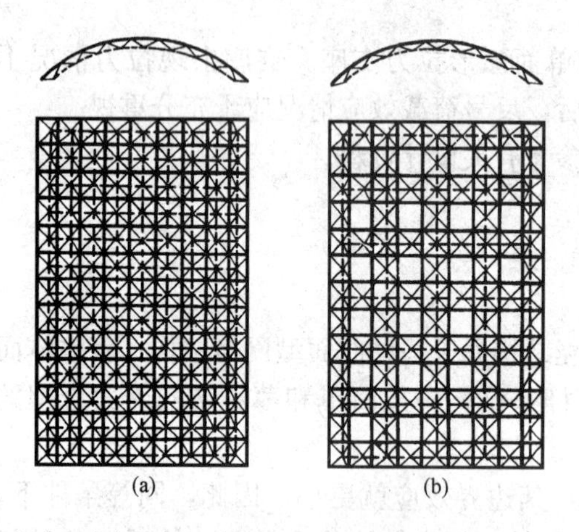

图 5-40　正放四角锥双层柱面网壳

(a) 正放四角锥；(b) 抽空四角锥

(2) 球面网壳

球面网壳当跨度较小时也可以采用单层，跨度较大时整体稳定不易保证，应采用双层。球面网壳的网格分割方法很多，网格形状主要有梯形（如图 5-41a 所示肋环形球面网壳）、菱形（如图 5-41b 所示无纬向杆的联方型球面网壳）以及三角形（如图 5-41c、d、e、f 所示有纬向杆的联方型、施威德勒型、凯威特型等），从受力性能考虑，最好采用三角形网格。

(3) 双曲抛物面网壳（扭壳）

双曲抛物面网壳在几何学上的特点是其曲面的形成方式属移动式，具有直纹性，即其曲面是由无数根斜交的直线组成。通过一定的组合，双曲抛物面网壳还可以发展出不同的造型，如图 5-42 所示。

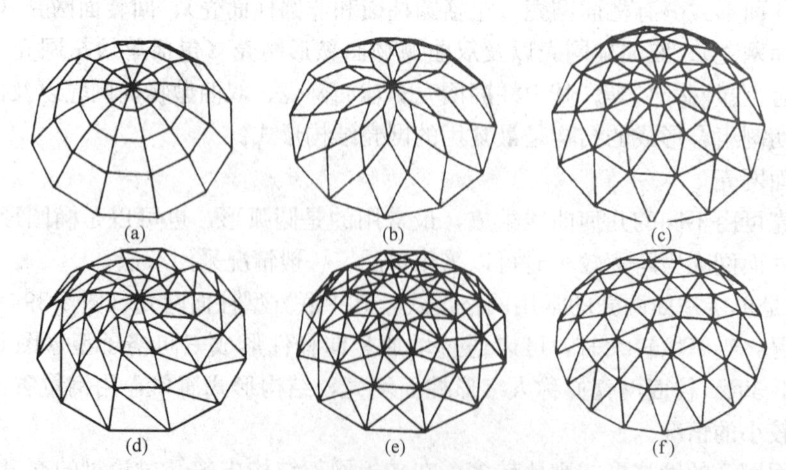

图 5-41　球面网壳的常用网格形式

(a) 肋环形；(b) 无纬向杆的联方型；(c) 有纬向杆的联方型；

(d) 施威德勒型Ⅰ；(e) 施威德勒型Ⅱ；(f) 凯威特型

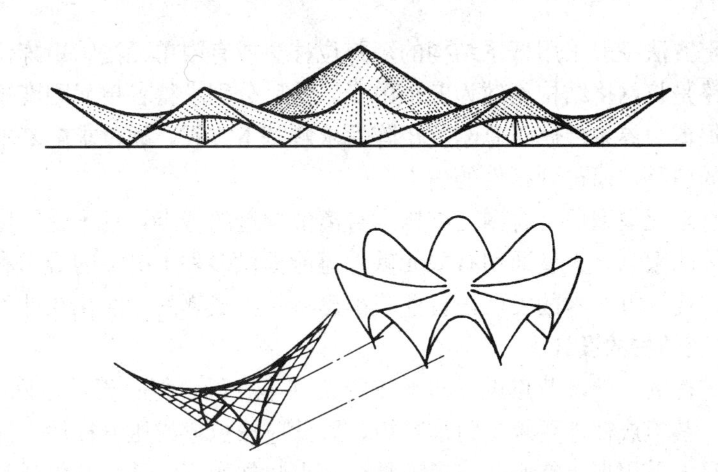

图 5-42　双曲抛物面网壳及其组合造型

5.4.2　网壳结构的选型

网壳结构的选型主要应综合考虑建筑造型、结构跨度、平面形状、支承条件、制作安装及技术经济指标等因素。选型时应注意：

(1) 单层网壳结构仅用于中小跨度，其节点为刚性连接，因此只能采用焊接球。

(2) 网壳的几何尺寸（平面尺寸、矢高、厚度等）应保证受力合理及刚度要求。

(3) 网壳结构的支座处常有较大的水平反力，应注意边缘构件及支座的设计，如球面网壳的外环梁、圆柱面网壳的端部横格及扭网壳四周的边桁架等。

(4) 网壳结构以承受膜内力为主，稳定问题比较突出。为了保证整体结构的刚度从而提高其整体稳定性，应控制网壳结构的最大位移不超过短跨的 1/400 及悬挑长度的 1/200。

5.4.3　网壳结构的内力分析

影响网壳结构静力特性的因素很多，如结构的几何外形、荷载类型及边界条件等。网壳的类型和形式很多，形式不同的网壳，结构的变形规律及内力分布规律相差甚远。即使是同一种形式的网壳，当几何外形尤其是矢跨比不同时，都将有不同的结构反映。此外，网壳结构是一类边界条件敏感型的结构，边界约束条件的细微变化将有可能使结构的静力性能产生相当的变化。

此外，网壳结构的分析不仅仅是强度的分析，通常还必须包括刚度和稳定性。在某些条件下，结构的刚度和稳定性甚至比强度更为重要。

网壳结构分析的基础是经典弹性理论，其力学模型的假定一般有两种方法：

① 连续化假定——拟壳法

连续化假定方法是将网壳结构比拟为一连续的光面实体薄壳，亦称为拟壳法。拟壳法的基本思路是将格构式的球面、柱面或双曲抛物面网壳等代为连续的光面实体球壳、柱壳或双曲抛物面薄壳，然后按弹性薄壳理论分析求得壳体的内力和位移，再根据各截面的应力值折算为球面或柱面网壳的杆件内力。因此，此法须经过连续化再离散化的过程。

拟壳法的局限性在于确定合理的等代刚度较困难，特别是当两方向网格划分不均匀时。同时，等厚度薄壳也不能真实反映各截面杆件的不同变化情况。

② 离散化假定——矩阵位移法或有限单元法

离散化假定方法一般采用杆系结构的矩阵位移法或有限单元法。矩阵位移法或有限单元法的基本思路是将网格结构离散为各个单元，然后分别求得各单元刚度矩阵及结构的总刚度矩阵，再根据边界条件修正总刚度矩阵后求解基本方程，通过求解基本方程，可以得到各单元节点的位移进而得到杆件的内力。

离散性的有限元模型更符合网壳结构本身离散构造的特点，且不受结构形式、荷载条件及边界条件等的限制，大型通用有限元软件还能提供多种工况下的最不利内力计算等功能。随着建筑结构计算技术的发展，目前我国已有一批成熟的专业化软件可供设计使用。

5.4.4 网壳结构的设计

双层网壳结构的杆件及节点设计与平板网架基本相同，但对于单层网壳结构的杆件，由于节点刚接，其组成杆件要承受附加弯矩，因此应按拉弯或压弯杆件设计。单层网壳结构的连接节点只能采用焊接空心球，考虑承受节点附加弯矩，其承载力设计按公式（5-7）计算：

$$N_m = \eta_m N_R \tag{5-7}$$

$$N_R = \left(0.32 + 0.6\frac{d}{D}\right) \cdot \eta_d t d \pi f \tag{5-8}$$

式中，η_d 为焊接球加肋承载力提高系数；η_m 为考虑空心球受压弯或拉弯作用的影响系数，可取 0.8；其余符号同公式（5-1）。

5.5 悬索结构

悬索结构是一种理想的大跨度屋盖结构形式，它是以只能受拉的钢索（钢丝、钢绞线或钢丝绳）作为主要承重构件，通过索的轴向拉力抵抗外荷载。悬索结构最早用于桥梁，20世纪50年代开始用于房屋建筑。因为受拉构件的承载能力决定于强度而不是稳定性，因此受拉构件中高强材料能得到最充分地利用，加之材料的强度高，使承重结构的重量较小，因而悬索结构使用的效果随跨度增大而提高。

常用的悬索结构有单层悬索体系（图 5-43）、双层悬索体系（图 5-45）、鞍形索网以及各种组合悬挂体系。

5.5.1 单层悬索体系

单层悬索体系的结构组成特点是由许多平行的单根拉索组成（图 5-43a、b、c），拉索两端悬挂在稳定的支承结构上。单层悬索的工作与单根悬索相似，是一种可变体系，在恒载作用下呈悬链线形式，在不对称荷载或局部荷载作用下产生大的位移（机构性位移）。索的张紧程度与索的稳定性（抵抗机构位移的能力）成正比。单层悬索结构的抗风能力差，在风吸力作用下悬索内的拉力下降，稳定性进一步降低。

悬索结构的拉索在安装时必须牵拉张紧，因此会产生较大的横向反力，需设置较强的支承结构以承受此支座力。支承结构可以是钢筋混凝土支柱（图 5-43a 、b），也可以是设置于房屋端部的水平桁架（图 5-43c），由于支承结构的受力较大，其造价可能占整个房屋造价的很大部分。

为了保证在风吸力的作用下悬索的拉力不至于下降太多，单层悬索结构宜采用重屋面，如装配式钢筋混凝土板。另一种方法是设置横向加劲梁。加劲梁的作用是分配局部荷

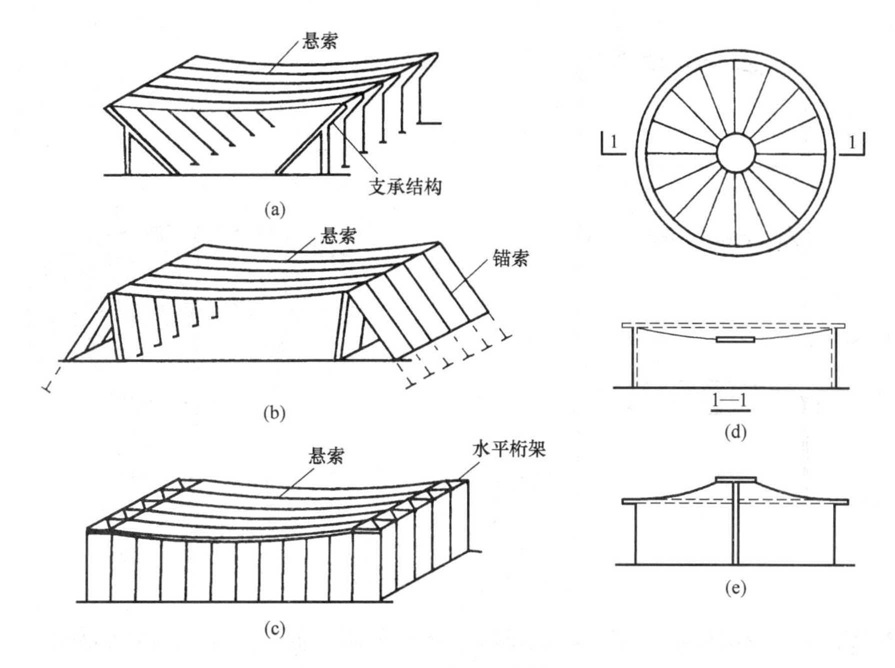

图 5-43 单层悬索体系

(a) 拉索悬挂于支承结构；(b) 设置锚索；(c) 拉索悬挂于端部水平结构；

(d) 圆形悬索结构；(e) 伞形悬索结构

载及将索连成整体（图 5-44）。

5.5.2 双层悬索体系

双层悬索体系由一系列承重索和相反曲率的稳定索组成。每对索之间通过受拉钢索或受压撑杆连系，构成如桁架形式的平面体系，称索桁架（图 5-45）。

双层悬索体系中的稳定索可以抵抗风吸力的作用，同时，相反曲率的稳定索和相应的索杆能对体系施加预应力，使每对索均保持足够大的张紧力，提高了整个结构的稳定性。

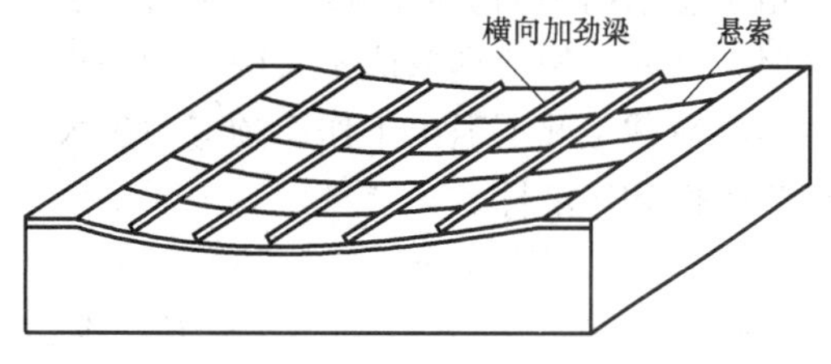

图 5-44 单层悬索体系中设置横向加劲梁

5.5.3 悬索结构的受力特点

① 结构索通常采用钢丝束、钢绞线或钢丝绳等柔性材料，这些材料的基本特性是只能承受拉力。从常规结构构成原则来看属于几何可变的不稳定体系，当预应力较小（或为零）时，其形状将随荷载分布而发生变化，属大变形受力状态，通常将其定义为“柔性结构”。

② 悬索结构的计算一般按弹性理论，假定索是理想柔性的，既不能受压，也不能抗弯，但承重索和稳定索之间的连杆绝对刚性。在基本假定的基础上可建立索曲线的平衡微分方程，再根据荷载及边界条件求出索的张力。

③ 悬索结构在荷载作用下的变形与变形前的结构相比不能认为是小量，导致结构的位移与构件应变之间不再成线性关系，需考虑几何非线性的影响。因此，小变形假定不再

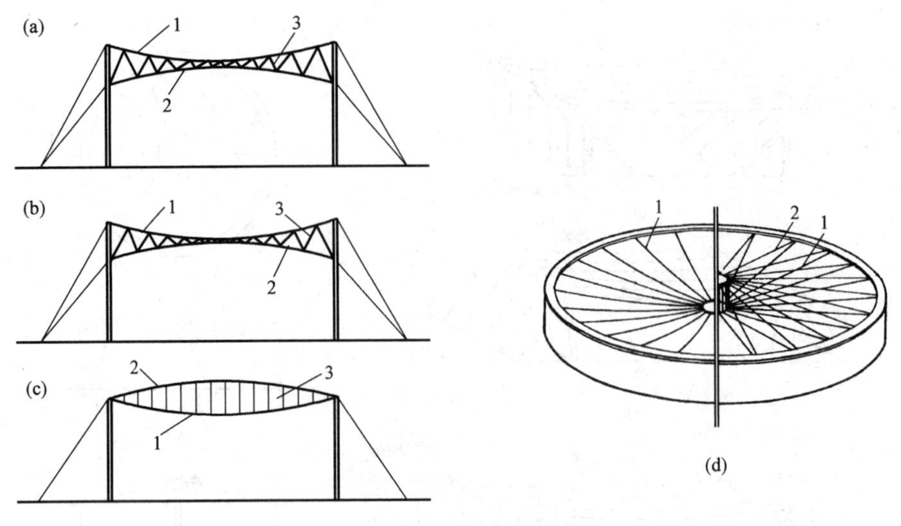

图 5-45　双层悬索体系

1—承重索；2—稳定索；3—受压撑杆

成立，悬索结构的荷载效应分析不再满足线性迭加原则，同时，结构分析的基本方程式是非线性方程，需要迭代求解。

④ 由于属几何可变体系，按照小变形假定进行结构分析将带来结构刚度的奇异。为保证其成为稳定的受力体系，就必须通过施加预应力以对结构位移的高阶分量效应产生几何刚度（即二阶效应），来控制结构变形和保证结构的稳定性。因此，悬索结构自身能否维持预应力是确定结构体系首先要考虑的问题。一般双层悬索结构是可以维持预应力的结构，而单层悬索结构的预应力通常需与支承结构共同工作才能维持。

由于悬索结构的竖向刚度主要来自于预应力所提供的几何刚度，因此在进行悬索结构设计时，预应力的合理取值是关键。如果预应力的取值过小使结构的变形过大，有可能使索在某些荷载工况下退出工作。预应力过大又会增加支承系统的负担，直接影响到周边构件的安全性和经济性。

5.6　膜　结　构

膜结构是伴随着当代高新技术的不断创新而发展起来的一种新的大跨度空间结构形式，是现代高科技在建筑领域中的体现。其特点在于一般钢结构屋顶的屋面材料皆不承受结构力，但膜结构中的膜材本身就承受活荷载（包括风压、温度应力等），因此膜既是覆盖物，亦是结构的一部分。

索膜建筑之所以能满足大跨度自由空间的技术要求，最关键的一点就是其有效的空间预张力系统。有人把索膜建筑称为“预应力软壳”，预张力使“软壳”各个部分（索、膜）在各种最不利荷载下的内力始终大于零，即永远处于拉伸状态，使膜材的强度能得到充分的利用。

5.6.1　膜结构用膜材及其特性

以材质分类，结构用膜材主要有以下两种：

(1) 平面不织膜

平面不织膜是由各种塑料在加热液化状态下挤出的膜，它有不同厚度、透明度及颜色，最通用的是聚乙烯膜，或以聚乙烯和聚氯乙烯热熔后制成的复合膜，其抗紫外线及自洁性强。但此种膜张力强度不大，属于半结构性的膜材。

(2) 织布合成膜

织布合成膜以织物纤维织成基布，双面再用热熔法覆盖上涂层材料构成（图 5-46）。因布心的张力强度较大，跨度可达 8～10m，织布合成膜可以使用于多种张拉型结构。

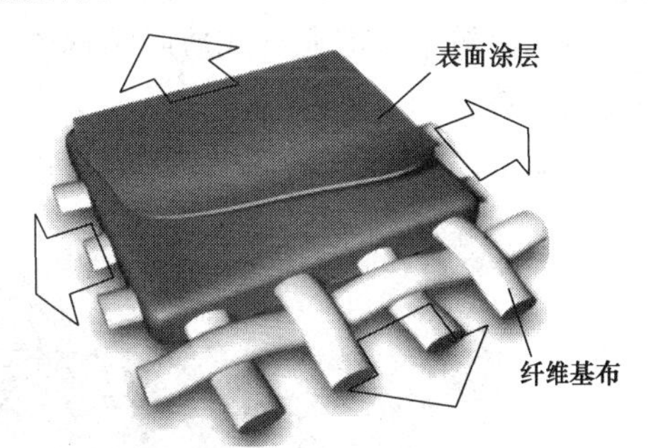

图 5-46 织布合成膜的构成

织布合成膜基层常用织物纤维，多采用聚酯丝纤维（极限抗拉强度约为 1000～1300N/mm^2）和玻璃纤维（极限抗拉强度可达 3400～3700N/mm^2），表面所用涂层材料多为聚氯乙烯（PVC）和聚四氟乙烯（PTFE），前者的稳定期较低，一般在 10 年以下，而后者则可高达 30 年以上。

5.6.2 膜结构的分类

膜结构从结构方式上可以分为张拉式、骨架式、充气式三大类。

(1) 张拉式薄膜结构

张拉式薄膜结构亦称帐篷结构，或预应力薄膜结构。由于膜材很轻，为了保证结构的稳定性，必须在薄膜内施加较大的预应力，因此，薄膜曲面总有负高斯曲率。

张拉膜结构的边界可以是刚性边缘构件，也可以是柔性索。张拉式索膜体系富于表现力、结构性能强，但造价稍高，施工精度要求也高。图 5-47 是张拉式薄膜结构在工程中应用的一些实例。

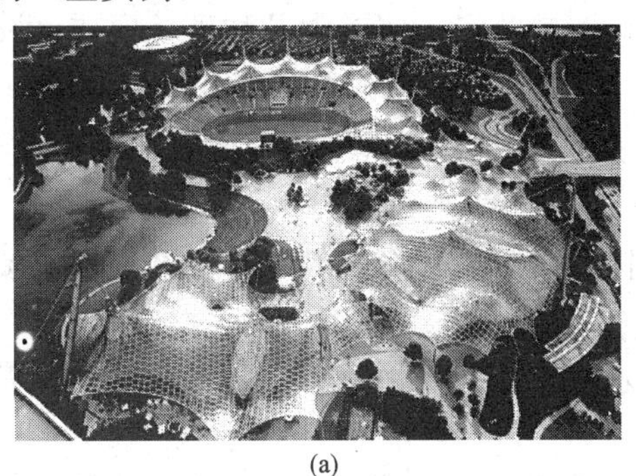
(a)

(b)

图 5-47 张拉式薄膜结构的工程应用
(a) 慕尼黑奥林匹克公园；(b) 威海体育场

(2) 骨架式薄膜结构

骨架式薄膜结构中，膜材为覆盖材料，膜材主要起围护结构的作用，骨架式薄膜结构实质为依靠下部的钢骨架承受荷载。因膜材自身的强大结构作用发挥不足，因此又被称为二次重复结构。但膜材重量轻，较之于其他屋面材料，可以减轻下部钢结构的自重。我国为 2008 年奥林匹克运动会建造的国家体育场“鸟巢”就是采用了骨架式薄膜结构的形式。

就膜结构本身而言，骨架式薄膜结构体系的造价低于张拉式薄膜结构体系。

（3）充气式薄膜结构

充气式薄膜结构是利用薄膜内外的空气压力差来稳定薄膜以承受外荷载。充气式薄膜结构建筑历史较长，但因其在使用功能上明显的局限性，如形象单一、空间要求气闭等，使其应用面较窄。但充气式薄膜结构体系造价较低，施工速度快，在特定的条件下又有其明显的优势。

图 5-48 是充气式薄膜结构在工程中的应用。

(a)

(b)

图 5-48 充气式薄膜结构的工程应用

(a) 大阪世界博览会富士馆；(b) 国家游泳中心“水立方”

习　题

5-1 大跨度结构为什么适合采用钢结构?

5-2 平面结构体系和空间结构体系在传力方式上有什么区别?

5-3 直接连接的圆钢管及方钢管桁架结构，其节点主要有哪几种破坏模式，设计时如何避免其发生破坏?

5-4 无铰拱和两铰拱在受力上有什么区别? 如果有一拱结构，放置在软弱地基上，采用哪一种拱结构比较合理?

5-5 平板网架结构和曲面网壳结构在整体受力上有什么区别? 平板网架结构是否需要进行整体稳定计算? 为什么?

5-6 两向正交正放网架为什么需要设置水平支撑? 水平支撑应设置在什么位置比较合理?

5-7 双层悬索结构体系中，稳定索的作用是什么? 在悬索结构的受力分析中，为什么小变形假定不再适用?

5-8 如图 5-49 所示正放四角锥网架，周边支撑，网架厚度为 2m，试将其网格形式改为两向正交正放网架（作图表示），同时，分析这两种网格形式各自的特点。

5-9 如图 5-50 所示为某网架结构中的一个上弦节点，采用焊接球连接，如果弦杆的轴力 $N_1=-720$ kN，$N_2=-1050$ kN，腹杆所受的轴力 $N_3=460$ kN，$N_4=-350$kN，各杆之间的空间夹角及截面型号如图所示，试通过计算确定此节点所需焊接球的直径及壁厚。

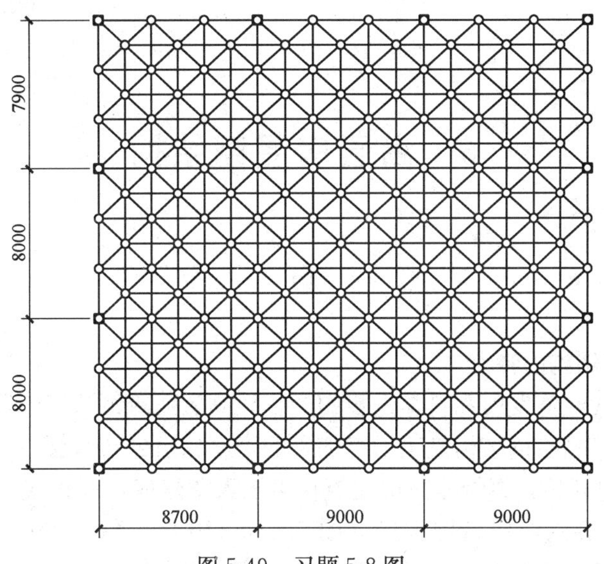

图 5-49　习题 5-8 图

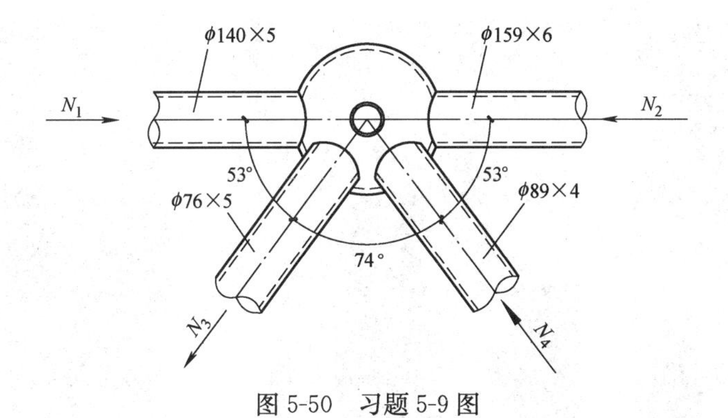

图 5-50　习题 5-9 图

6 高层房屋钢结构

6.1 概　　述

6.1.1 高层钢结构的特点

高层建筑是近代经济发展和科学进步的产物。高层建筑钢结构的发展已有100多年的历史，世界上第一幢高层钢结构是美国芝加哥的家庭保险公司大楼（10层，55m高），建于1884年。20世纪开始，钢结构高层建筑在美国大量建成，最具代表性的几幢高层钢结构如102层、381m高的纽约帝国大厦（图6-1），110层、411m高的世界贸易中心以及110层、443m高的芝加哥西尔斯大厦（图6-2）等，均为当时世界最高建筑。

图6-1　纽约帝国大厦

图6-2　美国芝加哥西尔斯大厦

图6-3　上海金茂大厦

我国现代高层建筑钢结构自20世纪80年代中期起步，第一幢高层建筑钢结构为43层、165m高的深圳发展中心大厦。此后，在北京、上海、深圳、大连等地又陆续有高层建筑钢结构建成。较具代表性的如60层、208m高的北京京广中心，81层、325m高的深圳地王大厦，44层、144m高的上海希尔顿饭店以及91层、365m高的金茂大厦（图6-3）等。1998年底，我国正式颁布了《高层民用建筑钢结构技术规程》(JGJ 99—98)，为我国高层建筑钢结构的健康发展奠定了基础。

高层建筑采用钢结构具有良好的综合经济效益和力学性能，其特点主要表现在：

（1）自重轻。钢材的抗拉、抗压、抗剪强度高，因而钢结构构件结构断面小、自重轻。采用钢结构承重骨架，可比钢筋混凝土结构减轻自重约1/3以上。结构自重轻，可以减少运输和吊装费用，基础的负载也相应减少，在地质条件较差地区，可以降低基础造价。

（2）抗震性能好。钢材良好的弹塑性性能，可使承重骨架及节点等在地震作用下具有良好的延性。此外，钢结构自重轻也可显著减少地震作用，一般情况下，地震作用可减少40%左右。

（3）有效使用面积高。高层建筑钢结构的结构断面小，因而结构占地面积小，同时还可适当降低建筑层高。与同类钢筋混凝土高层结构相比，可相应增加建筑使用面积约4%。

（4）建造速度快。高层钢结构的构件一般在工厂制造，现场安装，因而可提供较宽敞的现场施工作业面。钢梁和钢柱的安装、钢筋混凝土核心筒的浇筑以及组合楼盖的施工等可实施平行立体交叉作业。与同类钢筋混凝土高层结构相比，一般可缩短建设周期约1/4～1/3。

（5）防火性能差。不加耐火防护的钢结构构件，其平均耐火时限约15min左右，明显低于钢筋混凝土结构。故当有防火要求时，钢构件表面必须用专门的防火涂料防护，以满足高层建筑防火的要求。

6.1.2 高层建筑钢结构的结构体系

常用的高层建筑钢结构结构体系主要有：框架结构体系、框架—剪力墙结构体系、框架—支撑结构体系、框架—核心筒结构体系及筒体体系。

（1）框架结构体系

纯框架结构（图6-4）一般适用于层数不高于30层的高层钢结构。但在8度及9度抗震设防地区，其最大高度需满足表6-1的要求。

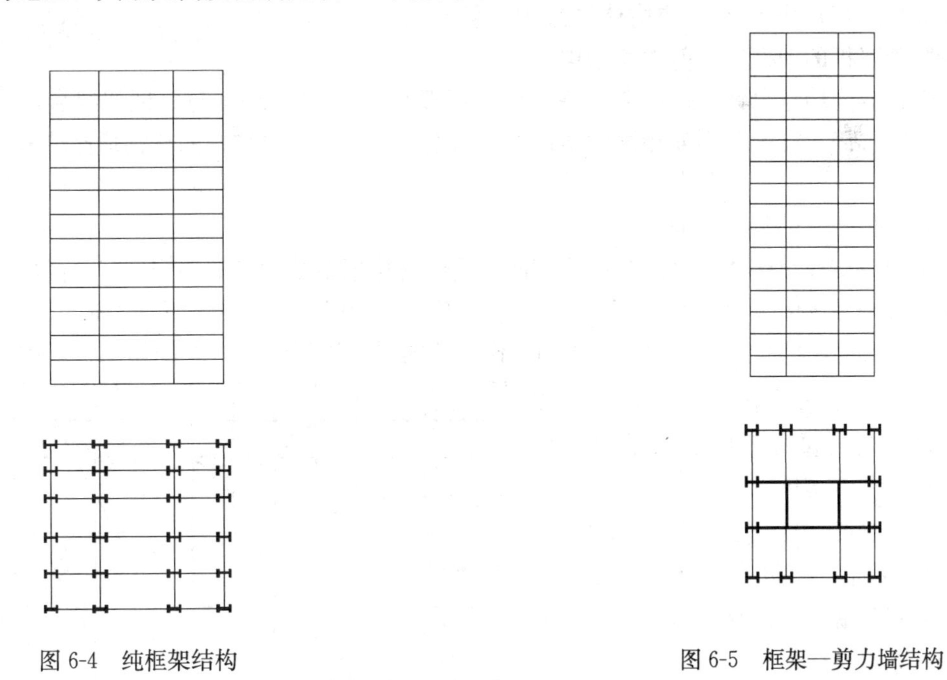

图6-4 纯框架结构

图6-5 框架—剪力墙结构

框架结构的平面布置灵活，可为建筑提供较大的室内空间，且结构各部分刚度比较均匀。框架结构有较大延性，自震周期较长，因而对地震作用不敏感，抗震性能好。但框架结构的侧向刚度小，由于侧向位移大，易引起非结构构件的破坏。

钢结构房屋适用的最大高度 **表 6-1**

结构类型	6、7度	8度	9度
框架	110	90	50
框架—支撑(抗震墙板)	220	200	140
筒体(框筒、筒中筒、桁架筒、束筒)和巨型框架	300	260	180

(2) 框架—剪力墙结构体系

在框架结构中布置一定数量的剪力墙可以组成框架—剪力墙结构体系（图 6-5）。这种结构以剪力墙作为抗侧力结构，既具有框架结构平面布置灵活、使用方便的特点，又有较大的刚度，可用于 40～60 层的高层钢结构。

剪力墙按其材料和结构的形式可分为钢筋混凝土剪力墙、钢筋混凝土带缝剪力墙和钢板剪力墙等。钢筋混凝土剪力墙刚度较大，地震时易发生应力集中，导致墙体产生斜向大裂缝而脆性破坏。为避免这种现象，可采用带缝剪力墙，即在钢筋混凝土墙体中按一定间距设置竖缝（图 6-6）。这样墙体成了许多并列的壁柱，在风载和小震下处于弹性阶段，可确保结构的使用功能。在强震时进入塑性状态，能吸收大量地震能量，而各壁柱继续保持其承载能力，以防止建筑物倒塌。我国北京的京广中心大厦结构体系采用的就是这种带竖缝墙板的钢框架—剪力墙结构。

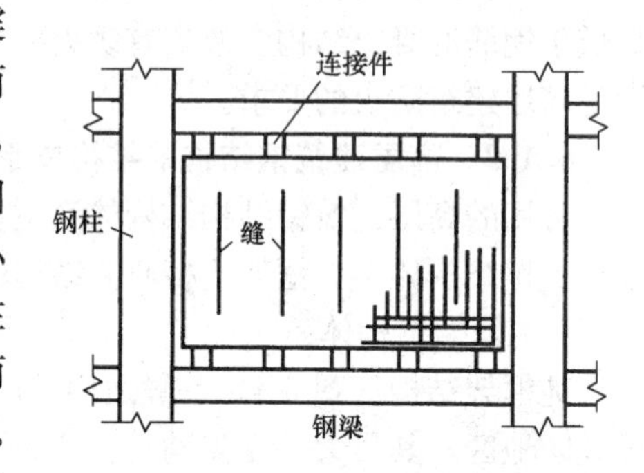

图 6-6 钢筋混凝土带缝剪力墙

钢板剪力墙是以钢板作成剪力墙结构，钢板厚约 8～10mm，与钢框架组合，起到刚性构件的作用。在水平刚度相同的条件下，框架—钢板剪力墙结构的耗钢量比纯框架结构要省。

(3) 框架—支撑结构体系

框架—支撑结构体系由沿竖向或横向布置的支撑桁架结构和框架构成，是高层建筑钢结构中应用最多的一种结构体系，一般适用于 40～60 层的高层建筑（其适用高度见表 6-1）。它的特点是框架与支撑系统协同工作，竖向支撑桁架起剪力墙的作用，承担大部分水平剪力。罕遇地震中若支撑系统破坏，尚可内力重分布由框架承担水平力，即所谓两道抗震设防。

支撑应沿房屋的两个方向布置，狭长形截面的建筑也可布置在短边。设计时可根据建筑物高度及水平力作用情况调整支撑的数量、刚度及形式。

支撑一般沿同一竖向柱距内连续布置（图 6-7a）。这种布置方式层间刚度变化较均匀，适合地震区。当不考虑抗震时，若立面布置需要，亦可交

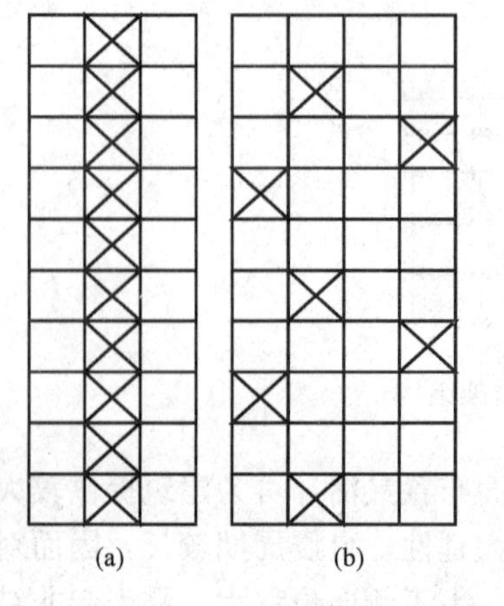

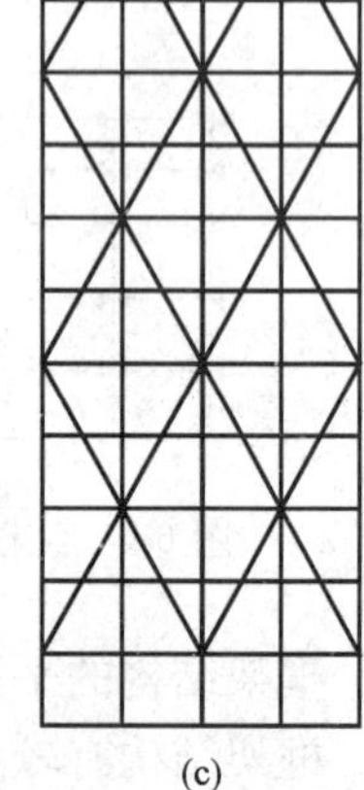

图 6-7 结构竖向支撑的布置

错布置（图 6-7b）。在高度较大的建筑中，若支撑桁架的高宽比太大，为增加支撑桁架的宽度，亦可布置在几个跨间（图 6-7c）。

就钢支撑的布置而言，可分为中心支撑和偏心支撑两大类，如图 6-8 所示。中心支撑框架（图 6-8a）是指支撑的两端都直接连接在梁柱节点上，而偏心支撑就是支撑至少有一端偏离了梁柱节点而直接连在梁上，则此支撑连接点与柱之间的一段梁形成消能梁段。中心支撑框架体系在大震作用下支撑易屈曲失稳，造成刚度及耗能能力急剧下降，直接影响结构的整体性能，但其在小震作用下侧向刚度很大，构造相对简单，实际工程应用较多。偏心支撑框架结构是一种新型的结构形式，它较好地结合了纯框架和中心支撑框架两者的长处，与纯框架相比，它每层加有支撑，具有更大的侧向刚度及极限承载力。与中心支撑框架相比，它在支撑的一端有消能梁段，在大震作用下，消能梁段在巨大剪力作用下先发生剪切屈服，从而保证支撑的稳定，使得结构的延性好，滞回环稳定，具有良好的耗能能力。近年来，在美国的高烈度地震区，已被数十栋高层建筑采用这种结构形式作为主要抗震结构，我国北京中国工商银行总行也采用了这种结构体系。

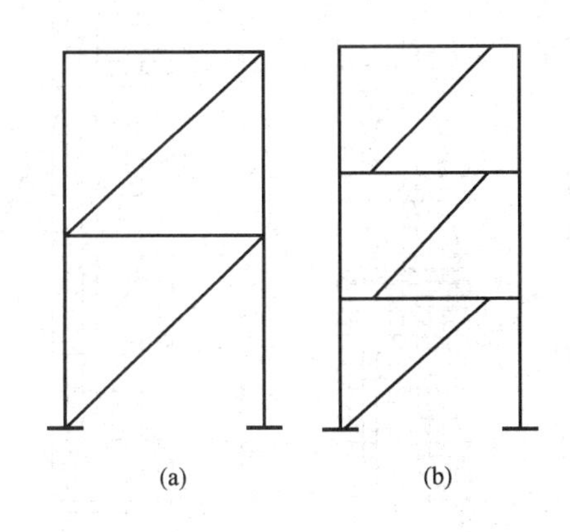

图 6-8　框架—支撑结构体系中钢支撑的形式
（a）中心支撑；（b）偏心支撑

当竖向支撑桁架设置在建筑中部时，外围柱一般不参加抵抗水平力。同时，若竖向支撑的高宽比过大，在水平力作用下，支撑顶部将产生很大的水平变位。此时可在建筑的顶层设置帽桁架（图 6-9），必要时还可在中间某层设置腰桁架。帽桁架和腰桁架使外围柱与核心抗剪结构共同工作，可有效减小结构的侧向变位，刚度也有很大提高。

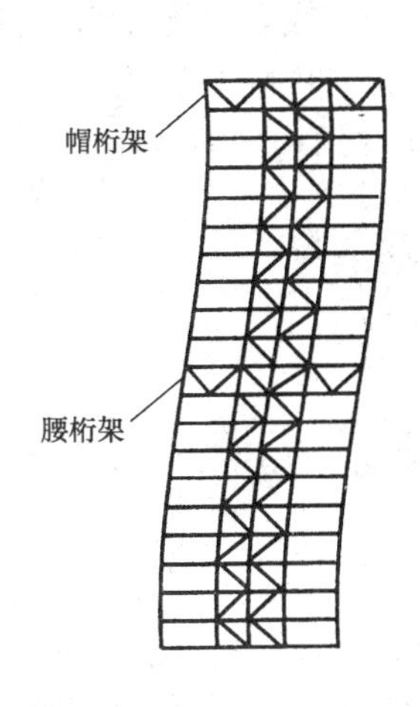

图 6-9　带腰架及帽架的框架—支撑结构

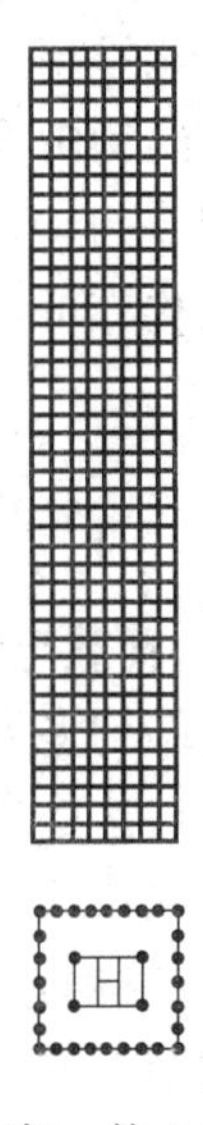
图 6-10　框架—核心筒结构体系

腰架的间距一般为12～15层，腰架越密整个结构的筒体作用越强（这种结构通常被称为部分筒体结构体系），当仅设一道腰架时，最佳位置是在离建筑顶端0.455H（H为建筑物高）高度处。

(4) 框架—核心筒结构体系

若将框架—剪力墙结构体系中的剪力墙结构设置于内筒的四周形成封闭的核心筒体，而外围钢框架柱柱网较密，就形成了框架—核心筒体系（图6-10）。

这种结构形式在高层建筑钢结构中被大量采用，中心筒体既可采用钢结构亦可采用钢筋混凝土结构，核心筒体承担全部或大部分水平力及扭转力。楼面多采用钢梁、压型钢板与现浇混凝土组成的组合结构，与内外筒均有较好的连接，水平荷载将通过刚性楼面传递到核心筒。

钢与钢筋混凝土筒体结构的水平刚度取决于核心筒的高宽比。核心筒的高宽比太大将很难满足《高层民用建筑钢结构技术规程》对结构水平位移的限制值。

框架—核心筒结构体系的适用高度见表6-1。由于内筒平面尺寸较小，侧向刚度有限，对抗震不利，因而框架—核心筒结构体系不宜用于强震地区。

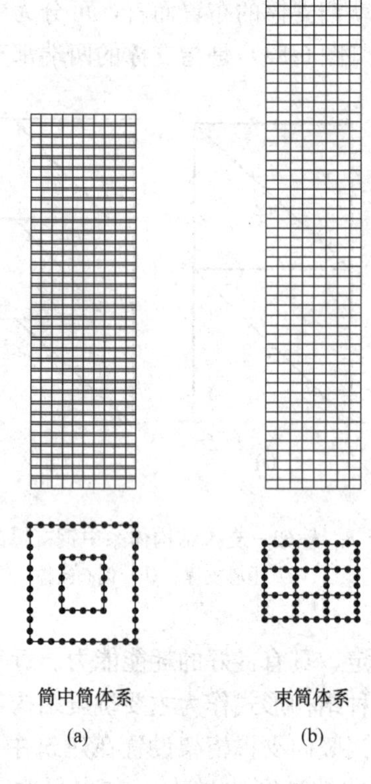

图6-11 筒体结构体系

(5) 筒体结构体系

筒体结构是超高层建筑中受力性能较好的结构体系，适用于90层左右的高层钢结构建筑。筒体结构由内外两个筒体（亦称筒中筒体系，图6-11a）或多个筒体结构（亦称束筒体系，图6-11b）组合而成，共同抵抗水平力，具有很好的空间整体作用。

筒体结构亦可设置帽架与腰架加强筒体间的连接，以增强结构的整体性。

6.2 高层钢结构的计算特点

6.2.1 荷载与作用

高层钢结构多为超高层建筑，水平荷载——即风荷载和地震作用对结构设计起着主要的控制作用，这是高层钢结构荷载设计的特点。

(1) 竖向荷载

高层钢结构的竖向荷载主要是永久荷载（结构自重）和活荷载。

高层钢结构的楼面和屋面活荷载以及雪荷载的标准值及其准永久值系数应按《建筑结构荷载规范》的有关条文取值，对某些未作具体规定的屋面或楼面活荷载如直升机平台荷载等，应根据《高层民用建筑钢结构技术规程》以及其他有关规定采用。

高层建筑中，活荷载值与永久荷载值相比不大，因而计算时，一般对楼面和屋面活荷载可不作最不利布置工况的选择，即按各跨满载简化计算。但当活荷载较大时，需将简化算得的框架梁的跨中弯矩计算值乘以 1.1～1.2 的系数；梁端弯矩值乘以 1.05～1.1 的系数予以提高。

当施工中采用附墙塔、爬塔等对结构有影响的起重机械或其他设备时，在结构设计中应进行施工阶段验算。

(2) 风荷载

作用在高层建筑任意高度处的风荷载标准值 w_k，应按第 1 章式 (1-16) 计算。对于基本周期 T_1 大于 0.25s 的工程结构，以及对于高度大于 30m 且高宽比大于 1.5 的高柔建筑，我国《建筑结构荷载规范》规定，应考虑风压脉动对结构发生顺风向风振的影响。

风振计算应按随机振动理论进行，对于高度大于 30m 且高宽比大于 1.5、可以忽略扭转的高柔建筑，第一振型起到绝对影响，此时可以仅考虑结构的第一振型，并通过风振系数来表达，对于外形和重量沿高度无变化的等截面结构，若只考虑第一振型的影响，结构在 z 高度处的风振系数可按下式计算：

$$\beta_z = 1 + \frac{\xi \nu \varphi_z}{\mu_z} \tag{6-1}$$

式中 ξ——脉动增大系数，可按表 6-2 采用；

ν——脉动影响系数，可参考《建筑结构荷载规范》的取值；

φ_z——结构的振型系数，在结构动力分析时确定，为了简化计算，我国《建筑结构荷载规范》给出了简化计算式及附表，可参考规范取值；

μ_z——风压高度变化系数。

脉动增大系数 ξ 值 **表 6-2**

$w_0 T_1^2$ (kNs²/m²)	0.01	0.02	0.04	0.06	0.08	0.10	0.20	0.40	0.60
钢结构	1.47	1.57	1.69	1.77	1.83	1.88	2.04	2.24	2.36
有填充墙的钢结构	1.26	1.32	1.39	1.44	1.47	1.50	1.61	1.73	1.81
$w_0 T_1^2$ (kNs²/m²)	0.80	1.00	2.00	4.00	6.00	8.00	10.00	20.00	30.00
钢结构	2.46	2.53	2.80	3.09	3.28	3.42	3.54	3.91	4.14
有填充墙的钢结构	1.88	1.93	2.10	2.30	2.43	2.52	2.60	2.85	3.01

结构的自振周期 T_1 应按结构动力学计算。对高层建筑钢结构，结构的基本自振周期 T_1 可按下列经验公式计算：

$$T_1 = (0.10 \sim 0.15)n \tag{6-2}$$

式中 n——建筑的层数。

(3) 地震作用

按三水准设防的抗震设计原则，高层建筑钢结构的抗震设计采用两阶段设计方法，即第一阶段设计按多遇地震烈度对应的地震作用效应和其他荷载效应的组合验算结构构件的承载能力和结构的弹性变形；第二阶段设计按罕遇地震烈度对应的地震作用效应验算结构的弹塑性变形，目的是保证结构满足第三水准的抗震设防要求；采用提高一度的抗震构造措施要求，可基本保证第二水准的实现。

第一阶段设计时，地震作用应考虑下列原则：

① 通常情况下，应在结构的两个主轴方向分别计入水平地震作用，各方向的水平地震作用应全部由该方向的抗侧力构件承担；

② 当有斜交抗侧力构件，且相交角度大于15°时，应分别计算各抗侧力构件方向的水平地震作用；

③ 质量和刚度分布明显不均匀、不对称的结构，应计入双向水平地震作用下的扭转效应；

④ 按9度抗震设防的高层建筑钢结构，或者按8度和9度抗震设防的大跨度和长悬臂构件，应计入竖向地震作用。

6.2.2 结构设计

6.2.2.1 一般原则

(1) 高层建筑钢结构的内力与位移一般采用弹性方法计算。对有抗震设防要求的结构，除进行地震作用下的弹性效应计算外，还应考虑在罕遇地震作用下结构可能进入弹塑性状态，采用弹塑性方法进行分析。

(2) 高层建筑钢结构通常采用现浇组合楼盖，其在自身平面内的刚度是相当大的，一般可假定楼面在自身平面内为绝对刚性。但在设计中应采取保证楼面整体刚度的构造措施，如加设楼板与钢梁之间的抗剪件、非刚性楼面加整浇层等。对整体性较差、楼面有大开孔、有较长外伸段或相邻层刚度有突变的楼面，当不能保证楼面的整体刚度时，宜采用楼板平面内的实际刚度，或对刚性楼面假定计算所得结果进行调整。

(3) 由于楼板与钢梁连接在一起，当进行高层建筑钢结构的弹性分析时，宜考虑现浇钢筋混凝土楼板与钢梁的共同工作，此时应保证楼板与钢梁间有可靠连接。当进行弹塑性分析时，楼板可能严重开裂，因此不宜考虑楼板与钢梁的共同工作。

在进行框架弹性分析时，压型钢板组合楼盖中梁的惯性矩可取为：当两侧有楼板时，$1.5I_b$，当仅一侧有楼板时$1.2I_b$，I_b为钢梁的惯性矩。

(4) 高层建筑钢结构的计算模型应视具体结构形式和计算内容确定。一般情况下可采用平面抗侧力结构的空间协同计算模型。当结构布置规则、质量及刚度沿高度分布均匀、不计扭转效应时，可采用平面结构计算模型；当结构平面或立面不规则、体形复杂、无法划分成平面抗侧力单元或为筒体结构时，应采用空间结构计算模型。

(5) 高层建筑钢结构梁柱构件的跨高比较小，在计算结构的内力和位移时，除考虑梁、柱的弯曲变形和柱的轴向变形外，尚应考虑梁、柱的剪切变形。由于梁的轴力很小，一般不考虑梁的轴向变形，但当梁同时作为腰桁架或帽桁架的弦杆时，应计入轴力的影响。

(6) 钢框架—剪力墙体系中，现浇竖向连续钢筋混凝土剪力墙的计算是钢筋混凝土结构设计中大家所熟悉的，应计入墙的弯曲变形、剪切变形和轴向变形。

当钢筋混凝土剪力墙具有比较规则的开孔时，可按带刚域的框架计算；当具有复杂开孔时，宜采用平面有限元法计算。

(7) 柱间支撑两端应为刚性连接，但可按两端铰接连接计算，其端部连接的刚度通过支撑构件的计算长度加以考虑。若采用偏心支撑，由于耗能梁段在大震时将首先屈服，计算时应取为单独单元。

6.2.2.2　内力与位移计算

高层建筑钢结构功能复杂、体形多样、受力复杂且杆件数量众多。因此，在进行结构的静、动力分析时，一般都应借助电子计算机来完成。

若是在初设阶段进行截面的预估，也可参考有关资料和手册采用一些近似计算方法，如分层法、D 值法、空间协同工作分析、等效角柱法、等效截面法以及展开平面框架法等。

在进行高层钢结构的内力与位移分析时，尚应注意以下几个问题：

(1) 高层建筑钢结构的梁、柱杆件一般采用 H 形和箱形，梁柱连接节点域的剪切变形对内力的影响较小，计算时可以不考虑。但是，此剪切变形对结构水平位移的影响较大，一般可达 10%～20%。因此，分析时应计入梁柱节点域剪切变形对高层建筑钢结构侧移的影响。由于用精确方法计算比较困难，在工程设计中，可采用近似方法考虑其影响。即可将梁柱节点域当作一个单独的单元进行结构分析，也可按下列规定作近似计算：

① 对于箱形截面柱框架，可将梁柱节点域当作刚域，刚域的尺寸取节点域尺寸的一半。

② 对工字形截面柱框架，可先按结构轴线尺寸进行分析，然后进行修正。

(2) 高层建筑钢结构（特别是钢框架结构）的 $P\text{-}\Delta$ 效应较强，一般应验算结构的整体稳定性。但根据理论分析和实例计算，若将结构的层间位移、柱的轴压比和长细比限制在一定范围内，就能控制二阶效应对结构极限承载能力的影响。故《高层民用建筑钢结构技术规程》规定，当同时符合下列条件时，可不验算结构的整体稳定。

① 结构各楼层柱的平均长细比和平均轴压比满足下式：

$$\frac{N_m}{N_{pm}}+\frac{\lambda_m}{80}\leqslant 1 \tag{6-3}$$

式中　λ_m——楼层柱的平均长细比；

N_m——楼层柱的平均轴压力设计值；

N_{pm}——楼层柱的平均全塑性轴压力：

$$N_{pm}=f_y A_m$$

f_y——钢材的屈服强度；

A_m——柱截面面积的平均值。

② 结构按一阶线性弹性计算所得的各楼层层间相对侧移值满足下列公式要求：

$$\frac{\Delta u}{h}\leqslant 0.12\frac{\sum F_h}{\sum F_v} \tag{6-4}$$

式中　Δu——按一阶线性弹性计算所得的质心处层间侧移；

h——楼层层高；

$\sum F_h$——计算楼层以上全部水平作用之和；

$\sum F_v$——计算楼层以上全部竖向作用之和。

对不符合以上两个条件的高层建筑钢结构，需验算整体稳定。

6.2.2.3　变形验算

(1) 高层建筑钢结构不考虑地震作用时，结构在风荷载作用下，顶点质心位置的侧移不宜超过建筑高度的 1/500，质心层间侧移不宜超过楼层高度的 1/400。对于以钢筋混凝土结构为主要抗侧力构件的高层钢结构的位移，应符合现行国家标准《钢筋混凝土高层建筑结构设计与施工规程》的有关规定，但在保证主体结构不开裂和装修材料不出现较大破坏的情况下，可适当放宽。

结构平面端部构件最大侧移不得超过质心侧移的1.2倍。

（2）高层建筑钢结构在多遇地震作用时，其楼层内最大的弹性层间位移标准值不得超过结构层高的1/300。对于以钢筋混凝土结构为主要抗侧力构件的结构，其侧移值应符合现行国家标准《钢筋混凝土高层建筑结构设计与施工规程》的规定，但在保证主体结构不开裂和装修材料不出现较大破坏的情况下，可适当放宽。

结构平面端部构件最大侧移不得超过质心侧移的1.3倍。

（3）高层建筑钢结构的第二阶段抗震设计，应进行结构在罕遇地震作用下薄弱层的弹塑性变形验算，其结构薄弱层（部位）弹塑性层间位移不得超过层高的1/50，结构层间侧移延性比不得大于表6-3的规定。

结构层间侧移延性比 **表6-3**

结构类别	层间侧移延性比	结构类别	层间侧移延性比
钢框架	3.5	中心支撑框架	2.5
偏心支撑框架	3.0	有混凝土剪力墙的钢框架	2.0

6.3 压型钢板组合楼（屋）盖结构

在高层建筑钢结构中，楼（屋）盖的工程量占有很大的比例，其对结构的工作性能、造价及施工速度等都有着重要的影响。在确定楼盖结构方案时，应考虑以下要求：

（1）保证楼盖有足够的平面整体刚度；

（2）减轻结构的自重及减小结构层的高度；

（3）有利于现场安装方便及快速施工；

（4）较好的防火、隔声性能，并便于管线的敷设。

高层建筑钢结构的常用楼面做法有：压型钢板组合楼板、预制楼板、叠合楼板和普通现浇楼板等。目前最常用的做法为在钢梁上铺设压型钢板，再浇筑整体钢筋混凝土板，即形成组合楼板。此时的楼面梁亦相应形成钢与混凝土组合梁。

6.3.1 组合楼板的设计要求

压型钢板组合楼板的主要特点除有利于各种复杂管线系统的铺设外，在施工过程中，还具有无传统模板支模拆模的烦琐作业，楼板浇灌混凝土可独立进行不影响钢结构施工，浇灌混凝土后可很快形成其他后续工程的作业面等优点。

组合楼盖常用的压型钢板一般由厚0.8～1.0mm的热镀锌薄板成型，长度为8～12m。各块压型钢板之间应用紧固件将其连成整体。安装时，压型钢板表面的油污应清除，避免长期暴露而生锈。对处于较严重腐蚀环境下的建筑，不宜采用压型钢板组合楼盖体系。

设计时，根据在楼盖结构体系中的作用，压型钢板可以有三种形式。即，①压型钢板只作为永久性模板使用；②压型钢板既是模板又作为底面受拉配筋，即组合楼板；③压型钢板承受全部静荷载和活荷载。其中①、②两种是目前采用最多的。楼板的形式不同，其受力状态亦不同，设计时应有不同的考虑。

当仅作为永久性模板使用时，压型钢板承受施工荷载和混凝土的重量。混凝土达到设计强度后，单向密肋钢筋混凝土板即承受全部荷载，压型钢板已无结构功能。这种形式的楼板在使用阶段属非组合板，可按一般钢筋混凝土楼板进行设计。

对同时兼作模板和受拉配筋的压型钢板组合楼板的设计，应分阶段验算，即施工阶段和使用阶段。

6.3.1.1　施工阶段压型钢板的验算

施工阶段压型钢板作为浇筑混凝土的模板，应按弹性设计方法验算压型钢板的强度和刚度。若不满足要求，应考虑设置临时支撑。

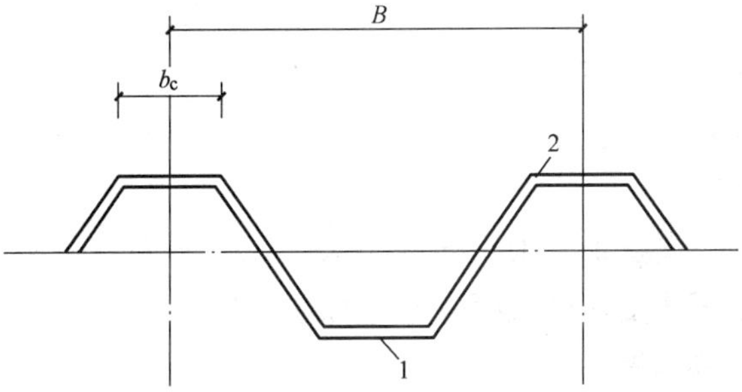

图 6-12　压型钢板的计算单元

施工阶段作用于压型钢板的荷载有压型钢板自重、湿混凝土重、施工荷载及附加荷载。施工荷载指工人和施工机具设备的重量，并考虑到施工时可能产生的冲击与振动，一般不小于 1.0kN/m²。此外，尚应以工地实际荷载为依据。

（1）抗弯强度验算

$$\sigma_{s1}=\frac{M_1}{W_{s1}}\leqslant f \tag{6-5}$$

$$\sigma_{s2}=\frac{M_1}{W_{s2}}\leqslant f \tag{6-6}$$

式中　M_1——单元宽度 B（压型钢板波峰中心点之间的距离，如图 6-12 所示）范围内，由混凝土和钢板自重以及施工荷载作用引起的弯矩设计值；

W_{s1}、W_{s2}——分别为压型钢板在单元宽度 B 范围内对 1 点和 2 点的截面模量（图 6-12）；当压型钢板受压部分的宽度 b_c 超过有效宽度 b_e（$b_e=50t$，t 为压型钢板的厚度）时，受压部分取有效宽度 b_e 计算截面模量；

f——压型钢板的抗弯强度设计值。对 $Q215$ 钢，$f=190\text{N/mm}^2$；对 $Q235$ 钢，$f=205\text{N/mm}^2$。

（2）刚度验算

压型钢板在施工阶段荷载标准值作用下的挠度 w 不得超过 $l/180$（l 为板的跨度）和 20mm，取其中较小值。

当压型钢板在自重与湿混凝土荷载下的跨中挠度 w 按正常使用状态计算大于 20mm 时，因压型钢板变形的“坑凹”效应将增加混凝土的厚度，故在单位板宽内应考虑沿全跨增加 $0.7w$ 的相应线荷载进行计算，或增设临时支撑。

6.3.1.2　使用阶段压型钢板的验算

在使用阶段，压型钢板与混凝土面层结合为整体形成组合板，应验算组合板在全部荷载作用下的强度和刚度。

(1) 组合楼板的强度计算

① 抗弯强度计算

组合板在跨中正弯矩作用下的横截面抗弯强度一般采用塑性设计法，假定截面受拉区和受压区材料均达到强度设计值。考虑到作为受拉钢筋的压型钢板没有混凝土保护层，同时，中和轴附近材料强度的发挥也不够充分，因而压型钢板和混凝土的强度设计值均应乘以折减系数 0.8。计算时分两种情况考虑：

a. 当$A_p f \leqslant h_c B f_c$时，塑性中和轴位于组合板的混凝土内（图 6-13a），组合板的正截面受弯承载力按下式计算：

$$M \leqslant 0.8 x B f_c y_p \tag{6-7}$$

$$x=\frac{A_p f}{B f_c} \tag{6-8}$$

$$y_p=h_0-\frac{x}{2} \tag{6-9}$$

式中 M——组合板全部荷载产生的弯矩设计值；

h_0——组合板有效高度，见图 6-13；

x——组合板受压区高度，当 $x>0.55h_0$ 时，取 $x=0.55h_0$；

y_p——压型钢板截面应力合力至混凝土受压区截面应力合力的距离；

h_c——压型钢板顶面以上混凝土计算厚度；

B——压型钢板的单元宽度（波距）；

A_p——压型钢板单元宽度内的截面面积；

f——压型钢板材料的抗拉强度设计值；

f_c——混凝土材料的抗压强度设计值。

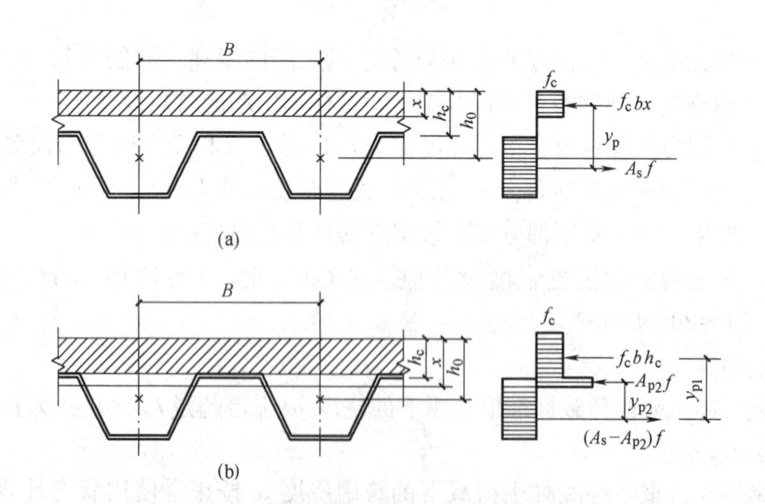

图 6-13 正截面受弯承载力计算简图

(a) 塑性中和轴在压型钢板顶面以上的混凝土内；(b) 塑性中和轴在压型钢板截面内

b. 当$A_p f > h_c B f_c$时，塑性中和轴位于组合板的压型钢板内（图 6-13b），组合板的正截面受弯承载力按下式计算：

$$M \leqslant 0.8 \times (h_c B f_c y_{p1} + A_{p2} f y_{p2}) \tag{6-10}$$

$$A_{p2}=0.5(A_p-h_cBf_c/f) \tag{6-11}$$

式中　A_{p2}——塑性中和轴以上的压型钢板单元宽度内截面面积；

y_{p1}、y_{p2}——分别为压型钢板受拉区截面拉应力合力至受压区混凝土板截面和压型钢板截面压应力合力的距离。

② 斜截面抗剪强度计算

组合板斜截面受剪承载力应符合下式要求：

$$V_{in}\leqslant 0.07f_tbh_0 \tag{6-12}$$

式中　V_{in}——组合板一个波距内斜截面最大剪力设计值；

f_t——混凝土轴心抗拉强度设计值。

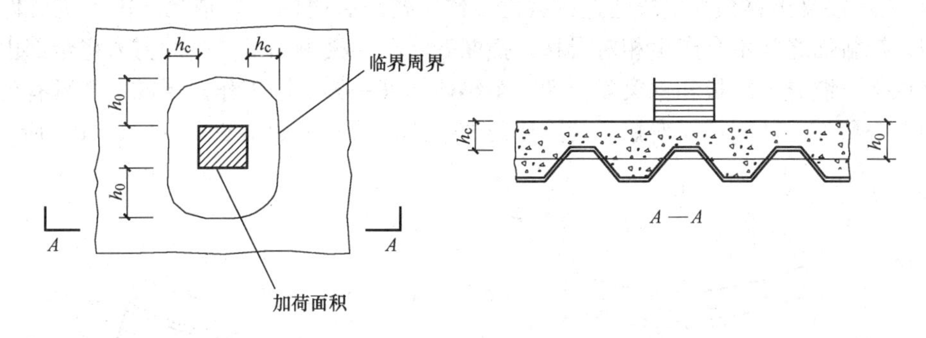

图 6-14　剪力临界周界

③ 抗冲切强度计算

在集中荷载作用下，需验算组合板的抗冲切强度。组合板的抗冲切力 V_1 应符合下式要求：

$$V_1\leqslant 0.6f_tu_{cr}h_c \tag{6-13}$$

式中　u_{cr}——临界周界长度，如图 6-14 所示。

（2）组合楼板的刚度及裂缝宽度验算

① 组合板的挠度可用换算截面刚度按结构力学公式计算，此时，单元宽度内的截面惯性矩可近似地取为 $I_0=\dfrac{Bh_0^3}{12}$。组合板应分别按荷载短期效应组合和荷载长期效应组合计算挠度，其挠度值不应超过计算跨度的 1/360。

② 组合板负弯矩区的最大裂缝宽度，可按现行国家标准《混凝土结构设计规范》的规定计算。

6.3.2　组合梁的设计要求

压型钢板上现浇混凝土翼板并通过抗剪连接件与钢梁连接组合成整体后，钢梁与楼板成为共同受力的组合梁结构。组合梁能更好地发挥钢和混凝土各自的材质特点，较多地节约钢材，提高稳定性和抗扭性能，增大刚度，增强防锈和耐火性能，从而取得较大的经济效益。

6.3.2.1　组合梁的组成及其工作原理

压型钢板组合梁通常由三部分组成，即：钢筋混凝土翼板、抗剪连接件和钢梁。

钢筋混凝土翼板是组合梁的受压翼缘，同时还可以保证梁的整体稳定。

抗剪连接件是混凝土翼板与钢梁共同工作的基础，主要用来承受翼板与钢梁接触面之间的纵向剪力，防止二者相对滑动；同时可承受翼板与钢梁之间的掀起力，防止二者分离。

钢梁在组合梁中主要承受拉力和剪力，在施工翼板时，钢梁还用作支承结构。钢梁的上翼缘用作混凝土翼板的支座并用来固定抗剪连接件，在组合梁受弯时，抵抗弯曲应力的作用远不及下翼缘，故钢梁宜设计成上翼缘截面小于下翼缘截面的不对称截面。

组合梁的组合作用及工作原理如图 6-15 所示。图 6-15（a）、（c）为混凝土翼板与钢梁相互独立时的工作情况及弹性阶段的应力应变图。当梁挠曲变形时，两者接触面之间产生相对滑移，各自承担一部分弯矩，即混凝土翼板承担弯矩 M_c，钢梁承担弯矩 M_s。图 6-15（b）表示混凝土翼板与钢梁通过抗剪连接件紧密结合时的工作情况。由于抗剪件的阻碍作用，接触面之间不会产生相对滑移。挠曲变形时，接触面上产生的剪力将全部由抗剪连接件承受，混凝土翼板和钢梁就会像一个整体构件一样共同工作，形成一个具有公共中和轴的组合截面，共同承受弯矩。其应变及弹性阶段的应力如图 6-15（b）、（d）所示。

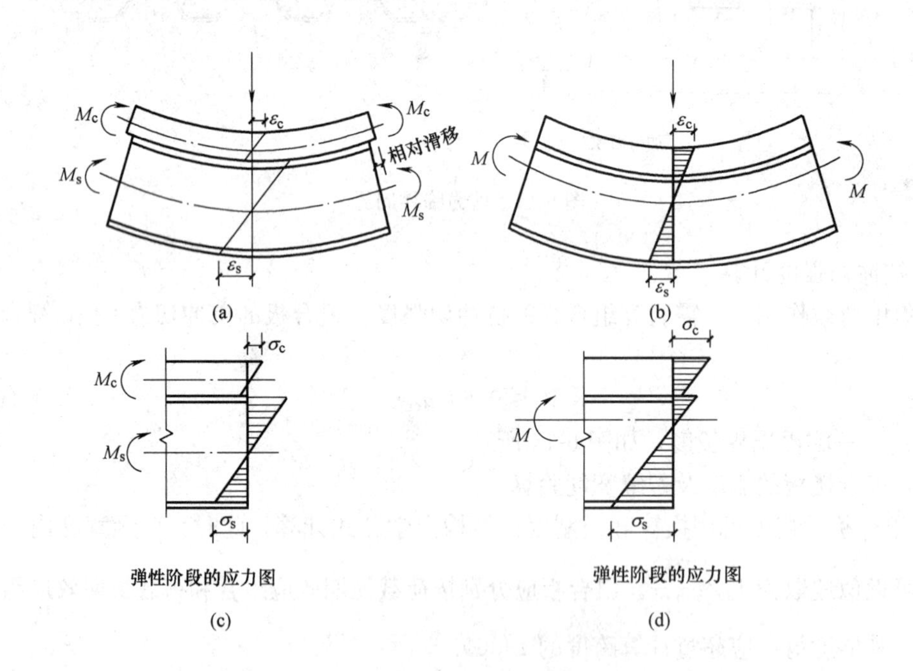

图 6-15 组合梁的工作原理

6.3.2.2 组合梁截面的基本假定及混凝土翼板的有效宽度

（1）组合梁截面的基本假定

① 组合梁截面变形符合平截面假定，即截面受弯后仍保持平面。

② 钢梁与混凝土翼板之间的相互连接是可靠的，虽然有微小的相对位移，但可忽略不计。

③ 钢材与混凝土均为理想的弹塑性体。位于塑性中和轴一侧的受拉混凝土因为开裂而不参加工作，而混凝土受压区假定为均匀受压，并达到抗压强度设计值 f_c；钢梁可能全部受拉或部分受压部分受拉，但都假定为均匀受力并达到钢材的强度设计值 f。

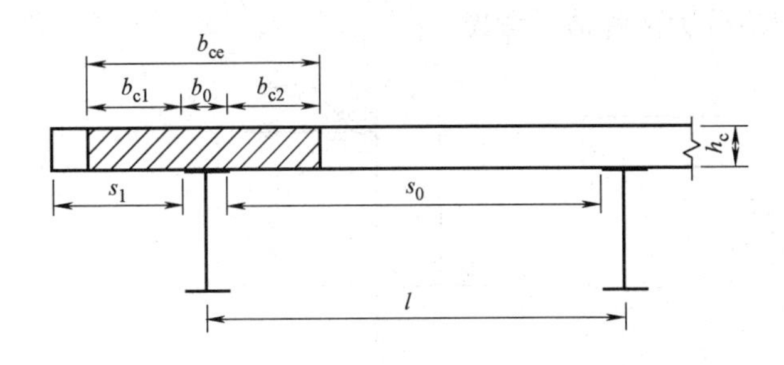

图 6-16 组合梁混凝土翼板的有效宽度

④ 忽略钢筋混凝土翼板受压区中钢筋的作用。

⑤ 假定剪力全部由钢梁承受，同时，不考虑剪力对组合梁抗弯承载力的影响。

(2) 混凝土翼板的有效宽度

组合梁中钢筋混凝土翼板的有效宽度 b_{ce}（图 6-16）应按下列公式计算，并取其中的最小值：

$$b_{ce}=l_0/3 \tag{6-14}$$

$$b_{ce}=b_0+12h_c \tag{6-15}$$

$$b_{ce}=b_0+b_{c1}+b_{c2} \tag{6-16}$$

式中 b_0——钢梁上翼缘宽度；

l_0——钢梁计算跨度；

h_c——混凝土翼板计算厚度；

b_{c1}、b_{c2}——相邻钢梁间净距 s_0 的 1/2，b_{c1} 尚不应超过混凝土翼板实际外伸长度 s_1。

6.3.2.3 组合梁的截面设计

组合梁的截面高度一般为跨度的 1/16～1/15，为使钢梁的抗剪强度与组合梁的抗弯强度相协调，钢梁截面高度不宜小于组合梁截面总高度 h 的 1/2.5。

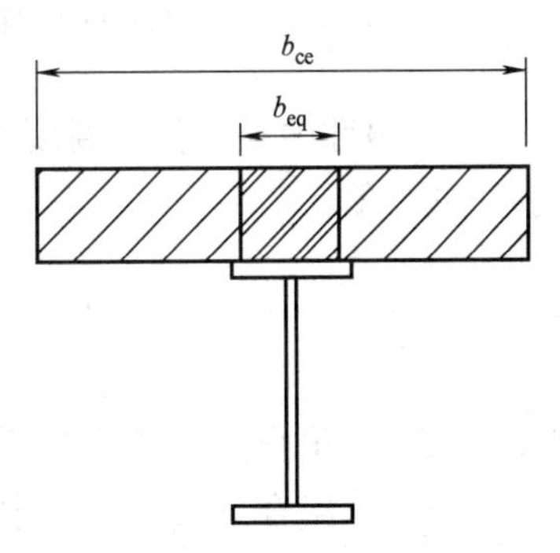

图 6-17 组合梁的换算截面

组合梁的截面计算有弹性分析法和塑性分析法两种。组合梁的承载能力一般用塑性分析法计算。而在进行正常使用极限状态下的挠度计算时，可将受压区混凝土翼板的有效宽度 b_{ce} 折算为与钢材等效的换算宽度 b_{eq}，构成单质的换算截面（图 6-17），然后按弹性分析法计算，换算宽度 b_{eq} 可按下式计算：

对荷载的短期效应组合

$$b_{eq}=b_{ce}/\alpha_E \tag{6-17}$$

对荷载的长期效应组合

$$b_{eq}=b_{ce}/2\alpha_E \tag{6-18}$$

式中 b_{eq}——混凝土翼板的换算宽度；

b_{ce}——混凝土翼板的有效宽度，按公式（6-14)～式（6-16）计算；

α_E——钢材弹性模量与混凝土弹性模量的比值。

组合梁的计算一般分为两个阶段，即施工阶段和使用阶段。

组合梁的施工阶段，若钢梁下未设临时支撑，则浇灌混凝土翼板时，钢梁承受混凝土和钢梁的自重以及施工活荷载，钢梁应按第 2 章的规定计算其强度、稳定性和刚度。

组合梁的使用阶段，钢梁上的混凝土翼板已终凝与其形成组合梁，将承受在使用期间的荷载。此时，应按钢与混凝土组合梁进行截面的强度、刚度及裂缝宽度计算。

(1) 组合梁在正弯矩作用下的抗弯强度计算

在正弯矩作用下，组合梁的塑性中和轴可能位于钢筋混凝土翼板内（图 6-18a），也可能位于钢梁截面内（图 6-18b），计算时应分为两种情况考虑。

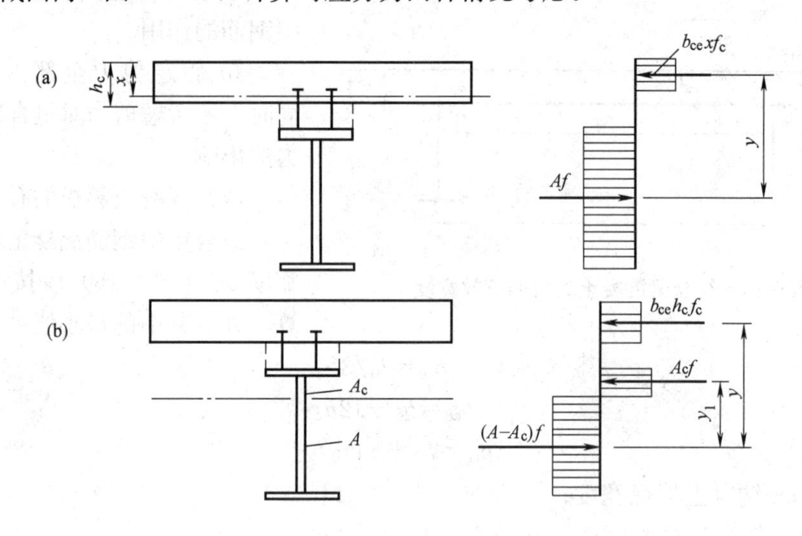

图 6-18 组合梁截面及应力计算简图

（a）塑性中和轴在混凝土翼板内；（b）塑性中和轴在钢梁内

① 当塑性中和轴位于混凝土受压翼板内（图 6-18a），即 $Af \leqslant b_{ce}h_cf_c$时，梁的抗弯强度按下式计算：

$$M \leqslant b_{ce}xf_cy \tag{6-19}$$

$$x=\frac{Af}{b_{ce}f_c} \tag{6-20}$$

式中 M——组合梁全部荷载产生的正弯矩设计值；

x——组合梁截面塑性中和轴至混凝土翼板顶面的距离；

A——钢梁截面面积；

y——钢梁截面应力合力至混凝土受压区截面应力合力的距离；

f——钢梁的强度设计值；

f_c——混凝土抗压强度设计值。

② 当塑性中和轴位于钢梁截面内（图 6-18b），即 $Af > b_{ce}h_cf_c$时，梁的抗弯强度按下式计算：

$$M \leqslant b_{ce}h_cf_cy+A_cfy_1 \tag{6-21}$$

$$A_c=0.5(A-b_{ce}h_cf_c/f) \tag{6-22}$$

式中 A_c——钢梁受压区截面面积；

y——钢梁受拉区截面应力合力至混凝土翼板截面应力合力的距离；

y_1——钢梁受拉区截面应力合力至钢梁受压区截面应力合力的距离。

（2）组合梁在负弯矩作用下的抗弯强度计算

在负弯矩作用区段，组合梁受拉区位于翼板一侧，其受力状态类似于钢筋混凝土梁，假设混凝土开裂退出工作，拉力全部由翼板内配置的纵向钢筋承受（图 6-19）。此时，梁

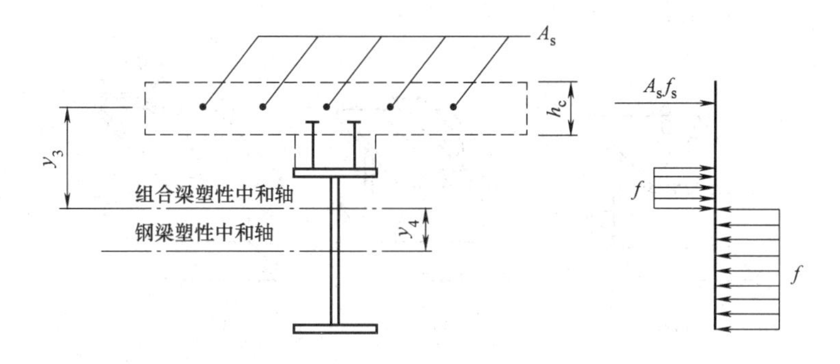

图 6-19　负弯矩作用时组合梁截面及计算简图

的抗弯强度应满足下式的要求：

$$M'=M_p+A_sf_s(y_3+y_4/2) \tag{6-23}$$

$$M_p=(S_1+S_2)f \tag{6-24}$$

式中　M'——组合梁的负弯矩设计值；

M_p——钢梁截面的全塑性弯矩；

S_1、S_2——钢梁截面塑性中和轴（平分钢梁截面积）以上和以下截面对中和轴的面积矩；

A_s——混凝土翼板有效宽度范围内纵向钢筋的截面面积；

y_3——纵向钢筋截面形心至组合梁塑性中和轴的距离；

y_4——组合梁塑性中和轴至钢梁塑性中和轴的距离，当组合梁塑性中和轴在钢梁腹板内时，取 $y_4=A_sf_s/(2t_wf)$，当塑性中和轴在钢梁翼缘内时，可取 y_4 等于钢梁塑性中和轴至腹板上边缘的距离；

f_s——钢筋抗拉强度设计值。

在负弯矩作用下，组合梁的混凝土翼板应进行最大裂缝宽度计算。因为连续组合梁负弯矩区混凝土翼板的工作状态接近于轴心受拉构件，故其最大裂缝宽度的计算可参照《混凝土结构设计规范》进行。

(3) 组合梁的抗剪强度计算

组合梁截面的剪力假定全部由钢梁腹板承受并沿腹板均匀分布，即抗剪承载能力应按下式计算：

$$V\leqslant h_wt_wf_v \tag{6-25}$$

式中　h_w、t_w——钢梁腹板的高度和厚度；

f_v——钢材的抗剪强度设计值。

6.3.2.4　组合梁抗剪连接件的设计

组合梁的抗剪连接件主要传递钢筋混凝土翼板与钢梁间的纵向水平剪力，并承受竖向掀拉力。抗剪连接件可以采用圆柱头栓钉（图 6-20a）、槽钢（图 6-20b）或弯起钢筋（图 6-20c）。圆柱头栓钉连接件主要靠栓杆抗剪来承受剪力，用圆头抵抗掀拉力。槽钢连接件一般用于无板托或板托高度较小的情况，槽钢主要靠抗剪来承受水平剪力，槽钢的上翼缘可用来抵抗掀拉力。弯起钢筋连接件利用钢筋受拉以承受水平剪力和掀拉力，通过粘接力将拉力传给混凝土，弯筋的倾倒方向应顺向受力方向。

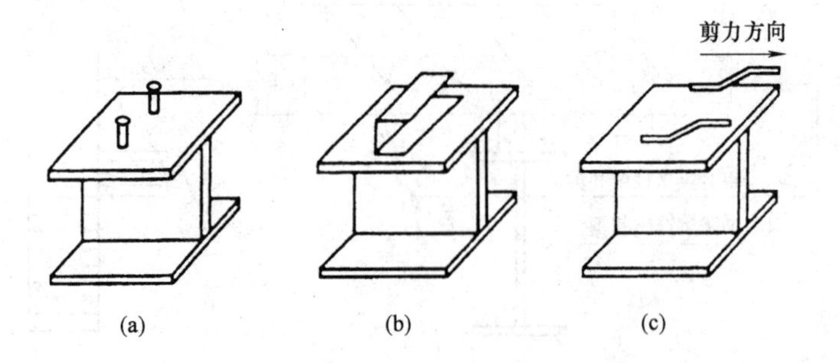

图 6-20 常用的组合梁抗剪连接件

(a) 栓钉连接件；(b) 槽钢连接件；(c) 弯筋连接件

组合梁抗剪连接件的数量通过计算确定，设计时，一般假定钢梁与混凝土翼板之间的纵向水平剪力全部由连接件承受，求出一个连接件的抗剪承载力设计值，即可根据截面内力大小确定所需抗剪连接件数量。

(1) 一个圆柱头栓钉连接件的抗剪承载力设计值可按下式计算：

$$N_v^c = 0.43A_s\sqrt{E_c f_c} \leqslant 0.7A_s\gamma f \tag{6-26}$$

式中 E_c——混凝土的弹性模量；

A_s——圆柱头栓钉钉杆截面面积；

f——圆柱头栓钉抗拉强度设计值；

γ——栓钉材料抗拉强度最小值与屈服强度之比；

f_c——混凝土抗压强度设计值。

(2) 一个槽钢连接件的抗剪承载力设计值可按下式计算：

$$N_v^c = 0.26(t + 0.5t_w)l_c\sqrt{E_c f_c} \tag{6-27}$$

式中 t——槽钢翼缘的平均厚度；

t_w——槽钢腹板的厚度；

l_c——槽钢的长度。

(3) 一个弯起钢筋连接件的抗剪承载力设计值可按下式计算：

$$N_v^c = A_{st}f_{st} \tag{6-28}$$

式中 A_{st}——弯起钢筋的截面面积；

f_{st}——弯起钢筋的抗拉强度设计值。

6.4 构件及连接的设计特点

一般多、高层房屋钢结构中的构件，如钢梁、钢柱、支撑系统等，可按《钢结构基本原理》中有关基本构件的设计方法进行截面设计。但在进行多遇地震作用下第一阶段抗震设计时，构件的承载力尚应满足第 2 章公式 (2-17) 的要求。

6.4.1 梁的设计

多、高层房屋结构中的钢框架梁一般采用工字形截面或窄翼缘 H 型钢截面。当按非抗震设计时，应遵守第 2 章的规定，当按抗震设计时，尚应满足以下几方面的要求：

（1）梁的抗弯强度

框架梁在罕遇地震下允许出现塑性铰，在多遇地震下应保证不破坏和不需修理，故抗震设计时不考虑截面应力的塑性发展，即取 $\gamma_x=1.0$。梁的抗弯强度按下式计算：

$$\frac{M_x}{W_{nx}}\leqslant f/\gamma_{RE} \tag{6-29}$$

式中 M_x——考虑地震作用效应时梁对 x 轴的弯矩设计值；

W_{nx}——梁对 x 轴的净截面模量；

f——钢材的强度设计值；

γ_{RE}——钢梁承载力的抗震调整系数，按第 2 章表 2-3 的规定选用。

（2）梁的整体稳定

框架梁的整体稳定性通常通过梁上的刚性铺板或支撑体系加以保证。压型钢板组合楼面及钢筋混凝土楼板都可视为刚性铺板，单纯压型钢板必须在平面内具有相当的抗剪刚度时才能视为刚性铺板。

当梁上设有支撑体系并符合《钢结构设计规范》规定的受压翼缘自由长度与其宽度之比的限值时，可不计算整体稳定。但 7 度以上设防的高层钢结构，对罕遇地震下可能出现塑性铰的部位，如梁端、集中荷载作用点，应有侧向支撑点。由于地震作用方向变化，塑性铰弯矩的方向也变化，故应在梁上、下翼缘均设支撑。这些支撑和相邻支撑点间的距离，应符合《钢结构设计规范》关于塑性设计时的长细比要求。

（3）梁的局部稳定

框架梁翼缘和腹板的局部稳定在一般情况下应符合《钢结构设计规范》的规定，但处于地震设防烈度等于或大于 7 度地区的高层建筑，对框架梁中可能出现塑性铰的区段，其组成板件的宽厚比不应超过表 6-4 和表 6-5 规定的限值。

不超过 12 层框架的梁板件宽厚比限值 **表 6-4**

板件名称	7 度	8 度	9 度
工字形截面和箱形截面梁翼缘外伸部分 b/t	11	10	9
箱形截面梁翼缘在两腹板之间的部分 b_0/t	36	32	30
工字形截面和箱形截面梁腹板 h_0/t_w：$N/Af<0.37$	$85-120\dfrac{N}{Af}$	$80-110\dfrac{N}{Af}$	$72-100\dfrac{N}{Af}$
$N/Af\geqslant0.37$	40	39	35

注：1. 表中，N 为梁的轴向力，A 为梁的截面面积，f 为梁的钢材强度设计值；

2. 表列值适用于 $f_y=235\text{N/mm}^2$ 的 Q235 钢，当钢材为其他牌号时，应乘以 $\sqrt{235/f_y}$。

超过 12 层框架的梁板件宽厚比限值 **表 6-5**

板件名称	6 度	7 度	8 度、9 度
工字形截面和箱形截面梁翼缘外伸部分 b/t	11	10	9
箱形截面梁翼缘在两腹板之间的部分 b_0/t	36	32	30
工字形截面和箱形截面梁腹板 h_0/t_w	$85-120\dfrac{N}{Af}$	$80-110\dfrac{N}{Af}$	$72-100\dfrac{N}{Af}$

注：1. 表中，N 为梁的轴向力，A 为梁的截面面积，f 为梁的钢材强度设计值；

2. 表列值适用于 $f_y=235\text{N/mm}^2$ 的 Q235 钢，当钢材为其他牌号时，应乘以 $\sqrt{235/f_y}$。

6.4.2 柱的设计

多、高层建筑钢结构中的框架柱截面可以采用H形、箱形、十字形及圆形等，箱形截面柱与梁的连接较简单，受力性能与经济效果也较好，因而是应用最广的一种柱截面形式。在箱形或圆形钢管中浇筑混凝土而形成的钢管混凝土组合柱，可大大提高柱的承载能力且避免管壁局部失稳，也是高层建筑中一种常用的截面形式。

高层建筑框架柱的主要特点是组成板件的厚度可能超过40mm，有时甚至超过100mm。当板件太厚时，厚度方向的残余应力将降低柱的整体稳定承载力，因而当进行柱的整体稳定计算时，轴心受压构件的整体稳定系数φ一般应按d曲线取值。

框架柱的强度和稳定性当按非抗震设计时，应遵守《钢结构设计规范》的规定，当按抗震设计时，尚应满足以下各条的要求：

(1) 对抗震设防的框架柱，为了实现强柱弱梁的设计概念，使塑性铰出现在梁端而不是柱端，在框架的任一节点处，柱截面的塑性抵抗矩和梁截面的塑性抵抗矩宜满足下式的要求：

$$\sum W_{pc}(f_{yc}-N/A_c)\geqslant\eta\sum W_{pb}f_{yb} \tag{6-30}$$

式中 W_{pc}、W_{pb}——分别为计算平面内交汇于节点的柱和梁的截面塑性模量；

f_{yc}、f_{yb}——分别为柱和梁钢材的屈服强度；

N——按多遇地震作用组合得出的柱轴力；

A_c——框架柱的截面面积；

η——强柱系数，超过6层的钢框架，6度IV类场地和7度时可取1.0，8度时可取1.05，9度时可取1.15。

在罕遇地震作用下不可能出现塑性铰的部分，框架柱可按下式计算：

$$N\leqslant 0.6A_c f/\gamma_{RE} \tag{6-31}$$

式中 f——柱钢材的抗压强度设计值；

γ_{RE}——柱的承载力抗震调整系数，按第2章表2-3的规定选用。

(2) 按6度和6度以上抗震设防的框架柱，其板件的宽厚比限值应较非抗震设计时更严，即必须满足表6-6和表6-7的要求。

不超过12层框架的柱板件宽厚比限值 **表6-6**

板件名称	7度	8度	9度
工字形截面柱翼缘外伸部分	13	12	11
箱形截面柱壁板	40	36	36
工字形截面柱腹板	52	48	44

注：表列值适用于$f_y=235\text{N/mm}^2$的Q235钢，当钢材为其他牌号时，应乘以$\sqrt{235/f_y}$。

超过12层框架的柱板件宽厚比限值 **表6-7**

板件名称	6度	7度	8度	9度
工字形截面柱翼缘外伸部分	13	11	10	9
箱形截面柱壁板	39	37	35	33
工字形截面柱腹板	43	43	43	43

注：表列值适用于$f_y=235\text{N/mm}^2$的Q235钢，当钢材为其他牌号时，应乘以$\sqrt{235/f_y}$。

（3）高层建筑中不超过12层的钢框架柱的长细比，6～8度时不应大于$120\sqrt{235/f_y}$，9度时不应大于$100\sqrt{235/f_y}$。

超过12层的钢框架柱的长细比，当按6度设防时不应大于$120\sqrt{235/f_y}$，按7度设防时不应大于$80\sqrt{235/f_y}$，8度及9度时不宜大于$60\sqrt{235/f_y}$。

6.4.3 抗侧力结构的设计

高层建筑的抗侧力结构包括各种竖向支撑体系、钢筋混凝土剪力墙以及钢板剪力墙等。有关钢筋混凝土剪力墙的设计和构造，应参照《钢筋混凝土高层建筑结构设计与施工规程》的规定和要求。本节主要讨论竖向垂直支撑体系的设计特点。

沿高层建筑高度方向布置的垂直支撑，其工作状态类似于一竖向桁架系统。结构体系中的立柱即为桁架的弦杆，斜腹杆则需专门设置。竖向支撑可沿建筑的纵向或横向单向布置，也可双向布置。支撑布置的数量及位置应尽量与结构的刚心和重心相一致。

垂直支撑中的支撑斜杆与框架柱的夹角应在45°左右。当支撑斜杆的轴线通过框架梁与柱中线的交点时为中心支撑（图6-21），当支撑斜杆的轴线设计为偏离梁与柱轴线的交点时为偏心支撑（图6-22）。在高烈度地震区，宜采用偏心支撑。

6.4.3.1 中心支撑的设计特点

中心支撑的形式可以采用十字交叉斜杆（图6-21a）、单斜杆（图6-21b）、人字形斜杆（图6-21c）或V形斜杆体系。K形支撑体系在地震作用下可能因受压斜杆失稳或受拉斜杆屈服而引起较大的侧向变形，故不应在抗震设计中采用。

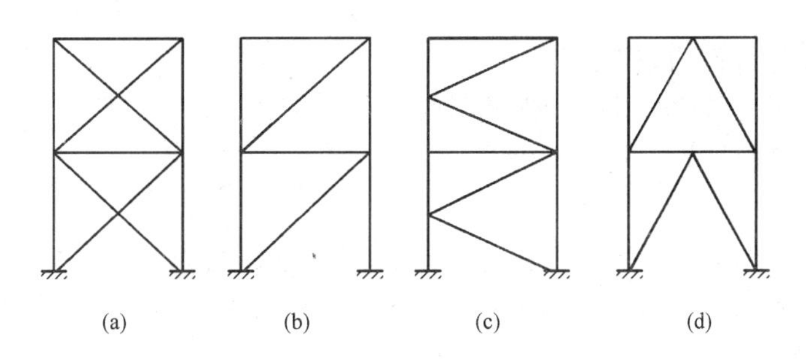

图6-21 中心支撑的常用形式
（a）十字形；（b）单斜杆形；（c）人字形；（d）K形

（1）内力计算特点

多、高层建筑杆件数量巨大，对支撑杆件的内力分析一般采用大型结构分析程序。但在初步设计阶段，也可采用近似计算方法。当采用近似方法时，应注意各受力构件的变形对支撑内力的影响，按下述方法确定支撑杆件的内力。

① 垂直支撑作为竖向桁架的斜杆，主要承受水平荷载（风荷载或多遇地震作用）引起的剪力。但由于高层建筑在水平荷载下变形较大，在重力和水平力下，还承受水平位移和重力荷载产生的附加弯曲效应。水平位移主要由两部分引起，即楼层安装初始倾斜率和荷载作用下楼层的侧移。故计算支撑的内力时，还应计入附加剪力的影响。

② 框架柱在重力荷载作用下的弹性压缩变形将在十字交叉支撑、人字形支撑和V形支撑的斜杆中引起附加压应力，故在计算此类形式的支撑截面时，应计入附加压应力的

影响。

③ 人字形支撑的受压斜杆若受压屈曲，将导致框架横梁产生较大变形，并使整个体系的抗剪能力发生退化。因此，在进行多遇地震作用下支撑的设计时，对人字形支撑和V形支撑斜杆的内力应乘以增大系数1.5。同时，十字交叉支撑和单斜杆式支撑的斜杆内力，也应乘以增大系数1.3，以提高斜撑的承载力。

(2) 截面设计及构造要求

支撑斜杆可设计为只能承受拉力，也可设计为既能受拉又能受压。当按非抗震设计时，杆件截面的设计可参考轴心受力构件的设计方法。但在多遇地震效应组合作用下，支撑斜杆的截面还应满足下列要求：

① 整体稳定承载力

在多遇地震作用下，支撑斜杆反复受到拉力和压力的作用。由于杆件受压屈曲后变形增长很大，当转为受拉时变形不能完全拉直，造成再受压时承载力降低，即出现退化现象。杆件的长细比越大，退化现象越严重。故在多遇地震作用下计算支撑斜杆的整体稳定性时，钢材的强度设计值应降低，即按下式计算：

$$\frac{N}{\varphi A_{br}} \leqslant \eta f/\gamma_{RE} \tag{6-32}$$

$$\eta = \frac{1}{1+0.35\lambda_n} \tag{6-33}$$

$$\lambda_n = \frac{\lambda}{\pi}\sqrt{\frac{f_y}{E}} \tag{6-34}$$

式中 A_{br}——支撑杆件的截面面积；

η——受循环荷载时的设计强度降低系数；

λ_n——支撑斜杆的正则化长细比。

② 刚度

地震作用下支撑体系的滞回性能，主要取决于其受压行为。支撑长细比较大者，滞回圈较小，吸收能量的能力也较弱。因而对抗震设防建筑中支撑杆件的长细比，限制应更严，并满足下列要求：

当6、7度设防时 $\lambda \leqslant 120\sqrt{235/f_y}$

8度设防 $\lambda \leqslant 80\sqrt{235/f_y}$

9度设防 $\lambda \leqslant 40\sqrt{235/f_y}$

③ 局部稳定

板件若丧失局部稳定将影响支撑斜杆的承载能力和消能能力，因而对7度以上抗震设防的支撑斜杆，其板件宽厚比应满足以下要求：

一边简支一边自由时，不得大于 $8\sqrt{235/f_y}$；两边简支时，不得大于 $25\sqrt{235/f_y}$。

6.4.3.2 偏心支撑的设计特点

偏心支撑在构造上设计为使支撑斜杆的轴线偏离梁和柱轴线的交点，其优点是当水平荷载较小时具有足够的刚度，而在遇大震严重超载时又具有良好的延性。

图6-22为常用偏心支撑的构造形式。偏心支撑框架中的支撑斜杆，至少应有一端交在框架梁上，而不是交在梁与柱的交点或相对方向的另一支撑节点上。这样，在支撑与柱

之间或支撑与支撑之间形成一耗能梁段（即图 6-22 中的 a 段），在大震作用下通过耗能梁段的非弹性变形耗能，而使支撑不屈曲。

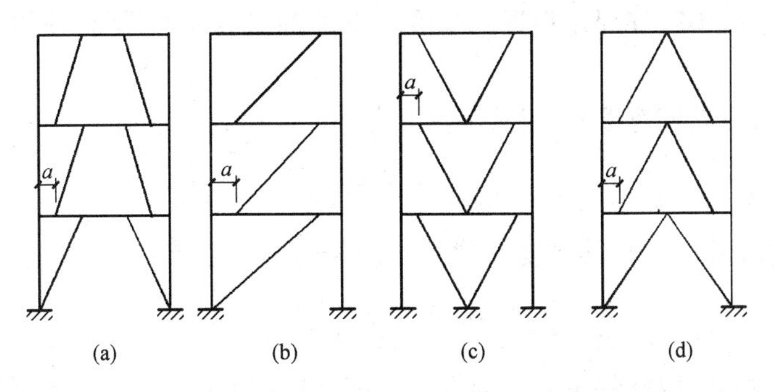

图 6-22　偏心支撑框架

(a) 门架式；(b) 单斜杆式；(c) V 字形；(d) 人字形

耗能梁段的净长 $a \leqslant M_p/V_p$时为短梁段，其非弹性变形主要为剪切屈服型；净长 $a > M_p/V_p$时为长梁段，非弹性变形主要为弯曲变形，属弯曲屈服型。其中 $M_p = W_p f_y$，为耗能梁段的塑性受弯承载力；$V_p = 0.58 f_y h_0 t_w$，为梁段的塑性受剪承载力。剪切屈服型耗能梁段的耗能能力和滞回性能优于弯曲屈服型，因而耗能梁段宜设计成剪切屈服型。

耗能梁段承受轴向力时，塑性受弯承载力有所下降，此时，梁段的塑性受弯承载力 M_{pc}应按下式计算：

$$M_{pc} = W_p (f_y - \sigma_N) \tag{6-35}$$

当耗能梁段净长 $a < 2.2 M_p/V_p$时

$$\sigma_N = \frac{V_p}{V_{lb}} \cdot \frac{N_{lb}}{2 b_f t_f} \tag{6-36}$$

当耗能梁段净长 $a \geqslant 2.2 M_p/V_p$时

$$\sigma_N = \frac{N_{lb}}{A_{lb}} \tag{6-37}$$

式中　W_p——梁段截面的塑性截面模量；

σ_N——轴力产生的梁段翼缘平均正应力，当 $\sigma_N < 0.15 f_y$时，取 $\sigma_N = 0$；

V_{lb}、N_{lb}——梁段的剪力设计值和轴力设计值；

b_f、t_f——梁段翼缘的宽度和厚度。

A_{lb}——梁段截面面积。

偏心支撑结构的设计主要应进行耗能梁段的强度计算和支撑斜杆的承载力设计。

耗能梁段的截面一般与同一跨内框架梁相同，在多遇地震作用效应组合下，梁的腹板及翼缘强度应符合下列要求：

(1) 腹板的设计剪力不超过受剪承载力的 80%，即：

$$\frac{V_{lb}}{0.8 \times 0.58 h_0 t_w} \leqslant f/\gamma_{RE} \tag{6-38}$$

(2) 耗能梁段的翼缘强度应满足下式：

当 $a < 2.2 M_p/V_p$时：

$$\left(\frac{M_{lb}}{h_{lb}} + \frac{N_{lb}}{2}\right)\frac{1}{b_f t_f} \leqslant f/\gamma_{RE} \tag{6-39}$$

当 $a \geqslant 2.2 M_p/V_p$时：

$$\frac{M_{lb}}{W} + \frac{N_{lb}}{A_{lb}} \leqslant f/\gamma_{RE} \tag{6-40}$$

式中　W——耗能梁段的截面模量；

M_{lb}——耗能梁段的弯矩设计值。

耗能梁段的腹板不得加焊贴板提高强度，也不得在腹板上开洞，同时，其翼缘和腹板还应符合下列规定：

（1）翼缘板自由外伸宽度 b_1 与其厚度 t_f之比，应符合下式要求：

$$\frac{b_1}{t_f}\leqslant 8\sqrt{235/f_y}$$

（2）腹板计算高度 h_0 与其厚度 t_w之比，应符合下式要求：

$$\frac{h_0}{t_w}\leqslant (72-100N_{lb}/A_{lb}f)\sqrt{235/f_y}$$

支撑斜杆按轴心受压杆件设计。为保证耗能梁段屈服时支撑不发生屈曲，支撑的抗压整体稳定承载力设计值，至少应为耗能梁段达屈服强度时支撑轴力的 1.6 倍，即：

$$\frac{N_{br}}{\varphi A_{br}}\leqslant f \tag{6-41}$$

$$N_{br}=1.6\frac{V_p}{V_{lb}}N_{br,com} \tag{6-42}$$

$$N_{br}=1.6\frac{M_p}{M_{lb}}N_{br,com} \tag{6-43}$$

式中　A_{br}——支撑截面面积；

φ——由支撑长细比确定的轴心受压构件整体稳定系数；

N_{br}——支撑轴力设计值，取式（6-42）和式（6-43）中的较小值；

$N_{br,com}$——在跨间梁竖向荷载和水平作用最不利组合下的支撑轴力。

偏心支撑框架柱的承载力，应按第 2 章的规定计算。但进行抗震设计时，为了体现强柱弱梁的设计原则，使塑性铰出现在梁中，柱的设计内力应适当提高，即取其弯矩设计值 M_c和轴力设计值 N_c为下列公式中的较小值：

$$M_c=2.0\frac{V_p}{V_{lb}}M_{c,com} \tag{6-44}$$

$$M_c=2.0\frac{M_{pc}}{M_{lb}}M_{c,com} \tag{6-45}$$

$$N_c=2.0\frac{V_p}{V_{lb}}N_{c,com} \tag{6-46}$$

$$N_c=2.0\frac{M_{pc}}{M_{lb}}N_{c,com} \tag{6-47}$$

式中　$N_{c,com}$——竖向荷载和水平作用最不利组合下的柱轴力；

$M_{c,com}$——竖向荷载和水平作用最不利组合下的柱弯矩。

6.4.4 连接节点的设计

6.4.4.1　节点设计的一般要求

多、高层建筑钢结构的节点设计应满足传力可靠、构造简单、具有抗震延性及施工方便的要求。当按非抗震设计时，结构主要受风荷载控制，节点连接处于弹性受力状态，故按弹性受力阶段设计。当按抗震设计时，应考虑大震下结构已进入弹塑性受力阶段，按照结构抗震设计遵循的原则，节点连接的承载力要高于构件本身的承载力，即：

$$M_u \geqslant 1.2M_p \tag{6-48}$$

$$V_u \geqslant 1.3(2M_p/l) \tag{6-49}$$

式中 M_u——仅由翼缘连接（焊缝或螺栓）承担的最大受弯承载力；

M_p——梁的全塑性受弯承载力；

V_u——由腹板连接（焊缝或螺栓）承担的最大受剪承载力，若为栓焊混合连接，腹板高强度螺栓的抗剪强度应考虑焊接热影响使预拉力损失而乘以0.9的折减系数；

l——梁的净跨。

6.4.4.2 节点的连接

多、高层钢结构的节点连接可采用焊接、高强度螺栓连接，也可以采用焊接与高强度螺栓的混合连接。

（1）焊接连接

焊接连接的传力最充分，有足够的延性，但焊接连接存在较大的残余应力，对节点的抗震设计不利。焊接连接可采用全熔透或部分熔透焊缝。但对要求与母材等强的连接和框架节点塑性区段的焊接连接，必须采用全熔透的焊接连接。

焊接连接节点的计算可参照《钢结构基本原理》第7章的内容。

（2）高强度螺栓连接

高层钢结构承重构件的高强度螺栓连接应采用摩擦型。高强度螺栓连接施工方便，但连接尺寸过大，材料消耗较多，因而造价较高，且在大震下容易产生滑移。

摩擦型高强度螺栓连接的设计可参照《钢结构基本原理》第7章的内容，但对于抗震设计的结构，在罕遇地震作用下，考虑高强度螺栓连接间的摩擦力已被克服，此时连接的抗剪承载力取决于螺栓的抗剪能力，故高强度螺栓的最大抗剪承载力应按下式计算：

$$N_v^b = 0.75nA_n^b f_u^b \tag{6-50}$$

式中 N_v^b——一个高强度螺栓的最大抗剪承载力；

n——连接的剪切面数目；

A_n^b——螺栓螺纹处的净截面面积；

f_u^b——螺栓钢材的极限抗拉强度最小值。

（3）栓—焊混合连接

栓—焊混合连接在高层钢结构中应用最普遍，一般受力较大的翼缘部分采用焊接，腹板采用高强度螺栓。这种连接可以兼顾两者的优点，在施工上也具有优越性。由于施工时一般先用螺栓定位然后对翼缘施焊，翼缘焊接时会对螺栓预拉力有一定降低，因而腹板连接的高强度螺栓数目应留有富裕。

6.4.4.3 梁与柱的连接

多、高层钢结构中梁与柱的连接一般采用刚性连接（第2章图2-19），其构造形式有柱贯通式和梁贯通式两种，一般采用柱贯通式。

框架梁与柱刚性连接时，应在梁翼缘的对应位置设置柱的水平加劲肋。对抗震设防的结构，水平加劲肋应与梁翼缘等厚。对非抗震设防的结构，水平加劲肋应能传递梁翼缘的集中力，其厚度不得小于梁翼缘厚度的1/2，并应符合板件宽厚比限值。水平加劲肋的中心线应与梁翼缘的中心线对齐。当柱两侧的梁高不等时，对应两个方向的梁翼缘处均应设置柱的水平加劲肋（图 6-23）。加劲肋间距不应小于 150mm，且不应小于水平加劲肋的宽度（图 6-23a）。当不能满足此要求时，应调整梁的端部高度，将截面高度较小的梁腹板高度局部加大（图 6-23b）。当与柱相连的梁在柱的两个互相垂直的方向高度不等时，同样也应分别设置柱的水平加劲肋（图 6-23c）。

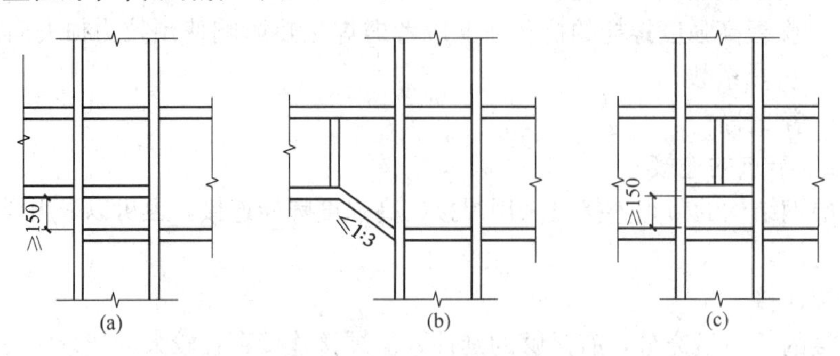

图 6-23　柱两侧梁高不等时的水平加劲肋

梁与柱的连接设计除须验算节点处在弯矩和剪力作用下的承载力外，尚需进行节点域的抗剪强度计算。

（1）节点连接的最大承载力

当梁翼缘的抗弯承载力大于梁整个截面全塑性抗弯承载力的 70%时，可以采用简化设计方法计算，即考虑梁翼缘的连接（焊缝或螺栓）承受梁端全部弯矩，梁腹板的连接（焊缝或螺栓）承受梁端全部剪力。否则，梁端弯矩应按梁翼缘和腹板的刚度比进行分配。

（2）梁柱节点域的计算

由上下水平加劲肋和柱翼缘所包围的柱腹板简称为节点域。在周边弯矩和剪力的作用下，H 形截面柱节点域的剪应力为（图 6-24）：

$$\tau=\frac{M_{b1}+M_{b2}}{h_b h_c t_p}-\frac{Q_{c1}+Q_{c2}}{2h_c t_p} \tag{6-51}$$

或

$$\tau=\frac{M_{c1}+M_{c2}}{h_c h_b t_p}-\frac{Q_{b1}+Q_{b2}}{2h_b t_p} \tag{6-52}$$

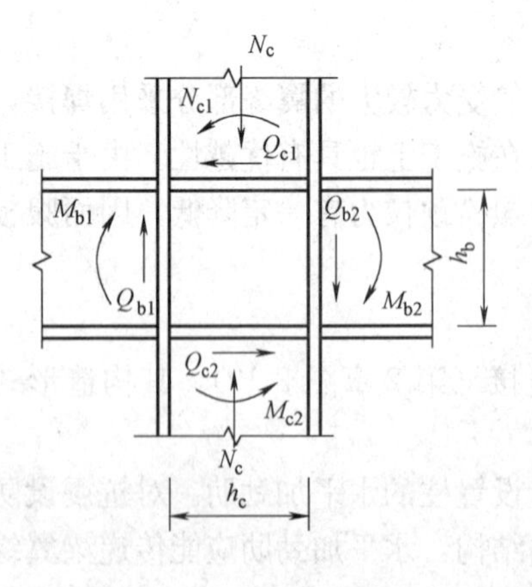

图 6-24　节点域周边的内力

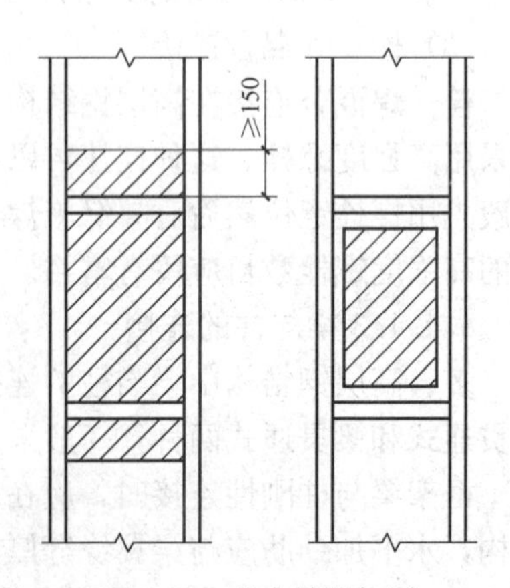

图 6-25　节点域的加厚

由于两式等效，为简化计，取第一式并略去其中的第二项（略去第二项虽使所得剪应力偏高，但考虑边缘构件的存在，节点域的抗剪强度有较大提高），则节点域的抗剪强度按下式计算：

$$\tau=\frac{M_{b1}+M_{b2}}{h_b h_c t_p}\leqslant\frac{4}{3}f_v \tag{6-53}$$

式中 M_{b1}、M_{b2}——节点域两侧梁端弯矩设计值；

M_{c1}、M_{c2}——节点域两侧柱端弯矩设计值；

h_b——梁的截面高度；

h_c——柱的截面高度；

t_p——节点板域厚度；

f_v——钢材的抗剪强度设计值。

按 7 度及 7 度以上抗震设计的结构尚应符合下列公式的要求：

$$\tau=\frac{\alpha(M_{pb1}+M_{pb2})}{h_b h_c t_p}\leqslant\frac{4}{3}f_v \tag{6-54}$$

式中 M_{pb1}、M_{pb2}——节点域两侧梁端截面全塑性受弯承载力；

α——系数，按 7 度设防的结构取 0.6，按 8、9 度设防的结构取 0.7。

当节点域的厚度不满足上两式的要求时，应将节点域的柱腹板局部加厚或加焊贴板（图 6-25）。

6.4.4.4 柱与柱的连接

柱的连接主要指工地拼接，常用的连接方法有对齐坡口焊接以及高强度螺栓与焊缝的混合连接。

非抗震设防的高层建筑钢结构，当柱的弯矩较小且不产生拉力时，若将柱的上下端磨平顶紧，则可通过接触面直接传递 25%的压力和 25%的弯矩，因而可采用部分熔透焊缝。但坡口焊缝的有效深度 t_c不宜小于厚度的 1/2（图 6-26）。

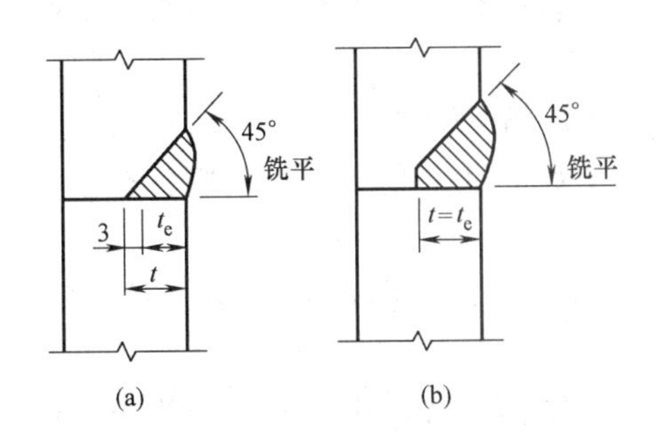

图 6-26 柱接头的部分熔透焊缝

全熔透焊缝与母材等强，用于抗震设防的结构。

柱截面改变时，应优先采用保持截面高度不变而只改变翼缘厚度的方法。若必须改变截面高度时，对边柱宜采用图 6-27（a）的做法，不影响贴挂外墙板，但应考虑上、下柱偏心产生的附加弯矩。对内柱宜采用图 6-27（b）的做法。变截面的上、下端均应设置隔板。当变截面段位于梁柱接头时，可采用图 6-27（c）的做法，变截面两端距梁翼缘不宜小于 150mm。

6.4.4.5 梁与梁的连接

梁与梁的连接主要指主梁的工地接头和主梁与次梁的连接。主梁的工地接头主要采用柱带悬臂梁段与梁的连接形式（图 2-19c）。次梁与主梁的连接宜采用铰接连接（图 2-17a、b、c）。

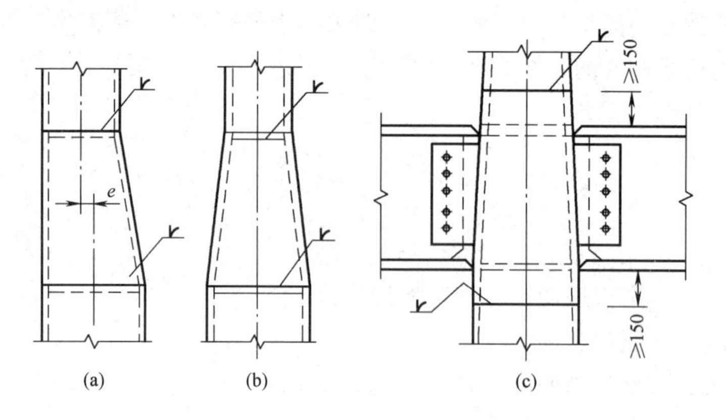

图 6-27 柱的变截面连接

思考题

6-1 高层建筑钢结构有哪几种主要的结构体系？它们各有何特点？适用于何种范围？

6-2 框架—支撑结构体系中，竖向支撑应怎样布置？帽桁架和腰桁架的作用是什么？应怎样布置？

6-3 一钢筋混凝土高层建筑，结构自振周期 $T_1=1.19$s，场地特征周期 $T_g=0.4$s，按底部剪力法计算得出与结构的总水平地震作用等效的底部剪力标准值 $F_{Ek}=650$kN。若改为高层钢结构，在结构自振周期 T_1 不变的情况下，若结构的等效总重力荷载减小为原结构的 65%，其余条件不变，此时底部剪力标准值为多少？

6-4 什么叫做高层建筑钢结构的 P-Δ 效应？在哪些情况可不计算结构的整体稳定性？为什么？

6-5 高层建筑钢结构的常用楼盖结构有哪些？组合楼板在施工阶段和使用阶段的受力有何特点？

6-6 组合梁混凝土翼板的有效宽度如何取值？换算截面怎样计算？

6-7 框架—支撑结构体系中，中心支撑与偏心支撑的区别是什么？它们各有何受力特点？K 形支撑为什么不宜用于地震区？

6-8 框架—支撑结构体系中，框架柱的弹性压缩变形对支撑体系的受力有何影响？设计时怎么考虑？

6-9 在地震作用下，耗能梁段的受力有何特点？罕遇地震作用下的耗能梁段怎样进行合理设计？

6-10 抗震设计的结构如何才能实现强柱弱梁及强节点弱构件的设计思想？

6-11 节点域的受力怎样计算？当节点域截面的抗剪强度不满足要求时，可采取哪些构造措施予以加强？

附　　录

附录1　钢材和连接的强度设计值

钢材的强度设计值（N/mm²）　　**附表1-1**

钢材		抗拉、抗压和抗弯 f	抗剪 f_v	端面承压（刨平顶紧）f_{ce}
牌号	厚度或直径（mm）			
Q235钢	≤16	215	125	325
	>16～40	205	120	
	>40～60	200	115	
	>60～100	190	110	
Q345钢	≤16	310	180	400
	>16～35	295	170	
	>35～50	265	155	
	>50～100	250	145	
Q390钢	≤16	350	205	415
	>16～35	335	190	
	>35～50	315	180	
	>50～100	295	170	
Q420钢	≤16	380	220	440
	>16～35	360	210	
	>35～50	340	195	
	>50～100	325	185	

注：表中厚度系指计算点的厚度，对轴心受力构件系指截面中较厚板件的厚度。

焊缝的强度设计值（N/mm²）　　**附表1-2**

焊接方法和焊条型号	构件钢材		对接焊缝				角焊缝
	牌号	厚度或直径（mm）	抗压 f_c^w	焊缝质量为下列等级时，抗拉 f_t^w		抗剪 f_v^w	抗拉、抗压和抗剪 f_f^w
				一级、二级	三级		
自动焊、半自动焊和E43型焊条的手工焊	Q235钢	≤16	215	215	185	125	160
		>16～40	205	205	175	120	
		>40～60	200	200	170	115	
		>60～100	190	190	160	110	
自动焊、半自动焊和E50型焊条的手工焊	Q345钢	≤16	310	310	265	180	200
		>16～35	295	295	250	170	
		>35～50	265	265	225	155	
		>50～100	250	250	210	145	
自动焊、半自动焊和E55型焊条的手工焊	Q390钢	≤16	350	350	300	205	220
		>16～35	335	335	285	190	
		>35～50	315	315	270	180	
		>50～100	295	295	250	170	
自动焊、半自动焊和E55型焊条的手工焊	Q420钢	≤16	380	380	320	220	220
		>16～35	360	360	305	210	
		>35～50	340	340	290	195	
		>50～100	325	325	275	185	

注：1. 自动焊和半自动焊所采用的焊丝和焊剂，应保证其熔敷金属抗拉强度不低于现行国家标准《埋弧焊用碳钢焊丝和焊剂》GB/T 5293和《埋弧焊用低合金钢焊丝和焊剂》GB/T 12470中相关的规定；
2. 焊缝质量等级应符合现行国家标准《钢结构工程施工质量验收规范》的规定；
3. 对接焊缝在受压区强度设计值取 f_c^w，在受拉区强度设计值取 f_t^w。

螺栓连接的强度设计值（N/mm²） **附表 1-3**

螺栓的钢材牌号（或性能等级）和构件的钢材牌号		普通螺栓						锚栓	承压型连接高强度螺栓		
		C级螺栓			A级、B级螺栓						
		抗拉 f_t^b	抗剪 f_v^b	承压 f_c^b	抗拉 f_t^b	抗剪 f_v^b	承压 f_c^b	抗拉 f_t^a	抗拉 f_t^b	抗剪 f_v^b	承压 f_c^b
普通螺栓	4.6级、4.8级	170	140	—	—	—	—	—	—	—	—
	5.6级	—	—	—	210	190	—	—	—	—	—
	8.8级	—	—	—	400	320	—	—	—	—	—
锚栓	Q235钢	—	—	—	—	—	—	140	—	—	—
	Q345钢	—	—	—	—	—	—	180	—	—	—
承压型连接高强度螺栓	8.8级	—	—	—	—	—	—	—	400	250	—
	10.9级	—	—	—	—	—	—	—	500	310	—
构件	Q235钢	—	—	305	—	—	405	—	—	—	470
	Q345钢	—	—	385	—	—	510	—	—	—	590
	Q390钢	—	—	400	—	—	530	—	—	—	615
	Q420钢	—	—	425	—	—	560	—	—	—	655

注：1. A级螺栓用于 $d \leqslant 24$mm 和 $l \leqslant 10d$ 或 $l \leqslant 150$mm（按较小值）的螺栓；B级螺栓用于 $d > 24$mm 或 $l > 10d$ 或 $l > 150$mm（按较小值）的螺栓；d 为公称直径，l 为螺杆公称长度；

2. A、B级螺栓孔的精度和孔壁表面粗糙度、C级螺栓孔的允许偏差和孔壁表面粗糙度，均应符合现行国家标准《钢结构工程施工质量验收规范》GB 50205—2001 的要求。

结构构件或连接设计强度的折减系数 **附表 1-4**

项次	情　况	折减系数
1	单面连接的单角钢 (1)按轴心受力计算强度和连接 (2)按轴心受压计算稳定性 　等边角钢 　短边相连的不等边角钢 　长边相连的不等边角钢	 0.85 $0.6+0.0015\lambda$，但不大于1.0 $0.5+0.0025\lambda$，但不大于1.0 0.70
2	无垫板的单面施焊对接焊缝	0.85
3	施工条件较差的高空安装焊缝和铆钉连接	0.90
4	沉头和半沉头铆钉连接	0.80

注：1. λ——长细比，对中间无连系的单角钢压杆，应按最小回转半径计算；当 $\lambda < 20$ 时，取 $\lambda = 20$；

2. 当几种情况同时存在时，其折减系数应连乘。

附录2　受拉、受压构件的容许长细比

受拉构件的容许长细比　　附表2-1

项次	构件名称	承受静力荷载或间接承受动力荷载的结构		直接承受动力荷载的结构
		一般建筑结构	有重级工作制吊车的厂房	
1	桁架的杆件	350	250	250
2	吊车梁或吊车桁架以下的柱间支撑	300	200	—
3	其他拉杆、支撑、系杆等（张紧的圆钢除外）	400	350	—

注：1. 承受静力荷载的结构中，可仅计算受拉构件在竖向平面内的长细比；
2. 在直接或间接承受动力荷载的结构中，计算单角钢受拉构件的长细比时，应采用角钢的最小回转半径；但在计算交叉杆件平面外的长细比时，可采用与角钢肢边平行轴的回转半径；
3. 中、重级工作制吊车桁架下弦杆的长细比不宜超过200；
4. 在设有夹钳吊车或刚性料耙等硬钩吊车的厂房中，支撑（表中第2项除外）的长细比不宜超过300；
5. 受拉构件在永久荷载与风荷载组合作用下受压时，其长细比不宜超过250；
6. 跨度等于或大于60m的桁架，其受拉弦杆和腹杆的长细比不宜超过300（承受静力荷载或间接承受动力荷载）或250（直接承受动力荷载）。

受压构件的容许长细比　　附表2-2

项次	构件名称	容许长细比
1	柱、桁架和天窗架中的杆件	150
	柱的缀条、吊车梁或吊车桁架以下的柱间支撑	
2	支撑（吊车梁或吊车桁架以下的柱间支撑除外）	200
	用以减小受压构件长细比的杆件	

注：1. 桁架（包括空间桁架）的受压腹杆，当其内力等于或小于承载能力的50%时，容许长细比值可取200；
2. 计算单角钢受压构件的长细比时，应采用角钢的最小回转半径；但在计算交叉杆件平面外的长细比时，可采用与角钢肢边平行轴的回转半径；
3. 跨度等于或大于60m的桁架，其受压弦杆和端压杆的容许长细比值宜取100，其他受压腹杆可取150（承受静力荷载或间接承受动力荷载）或120（直接承受动力荷载）。

附录3　轴心受压构件的截面分类

轴心受压构件的截面分类（板厚 $t<40$mm）　　**附表 3-1**

截面形式	对 x 轴	对 y 轴
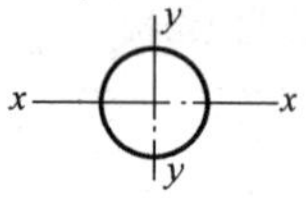 轧制	a类	b类
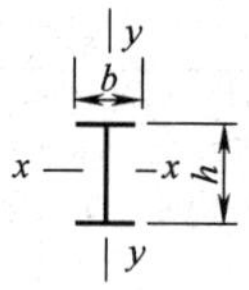 轧制，$b/h \leqslant 0.8$	a类	b类
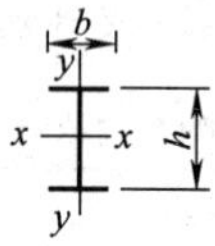 轧制，$b/h>0.8$；焊接，翼缘为焰切边；焊接 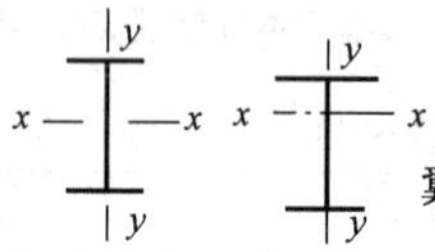 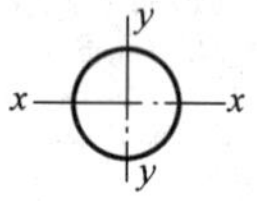	b类	b类
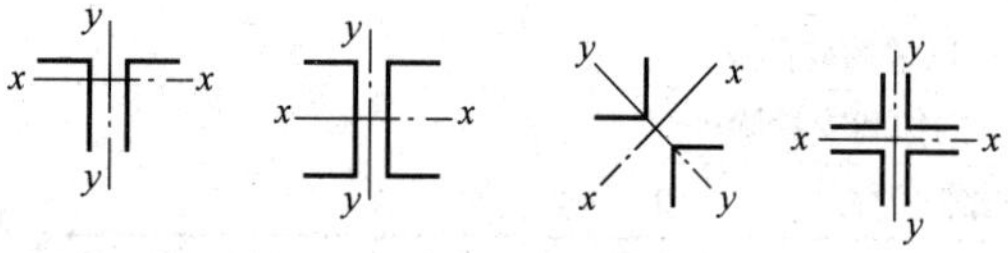 轧制；轧制等边角钢 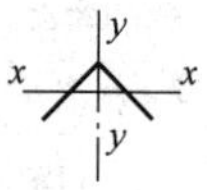		
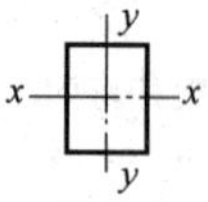 轧制，焊接（板件宽厚比>20）；轧制或焊接 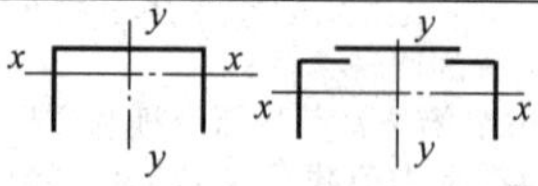		
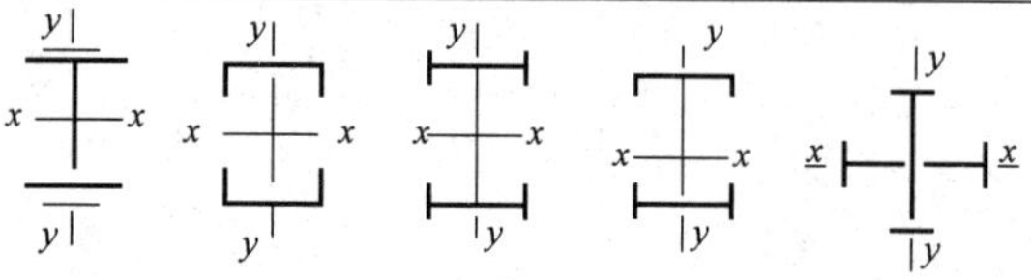 焊接；轧制截面和翼缘为焰切边的焊接截面 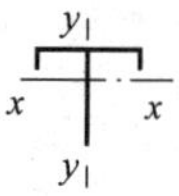		
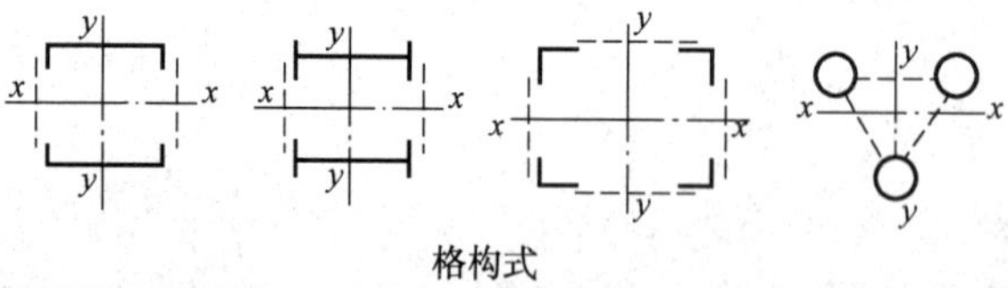 格构式；焊接，板件边缘焰切 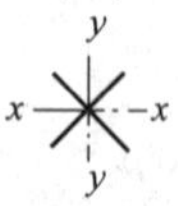		
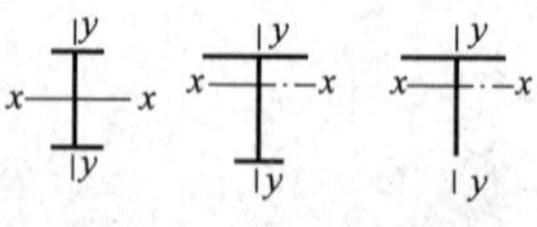 焊接，翼缘为轧制或剪切边	b类	c类
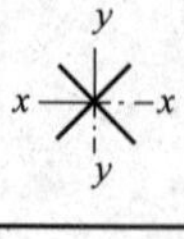 焊接，板件边缘轧制或剪切；焊接，板件宽厚比≤20 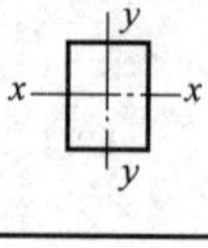	c类	c类

轴心受压构件的截面分类（板厚 $t \geqslant 40$mm） 附表 3-2

截面情况		对 x 轴	对 y 轴
轧制工字形或 H 形截面	$t<80$mm	b 类	c 类
	$t \geqslant 80$mm	c 类	d 类
焊接工字形截面	翼缘为焰切边	b 类	b 类
	翼缘为轧制或剪切边	c 类	d 类
焊接箱形截面	板件宽厚比 >20	b 类	b 类
	板件宽厚比 $\leqslant 20$	c 类	c 类

附录4 受压构件板件的宽厚比限值

轴心受压构件板件宽厚比限值 **附表 4-1**

截面及板件尺寸	宽厚比限值
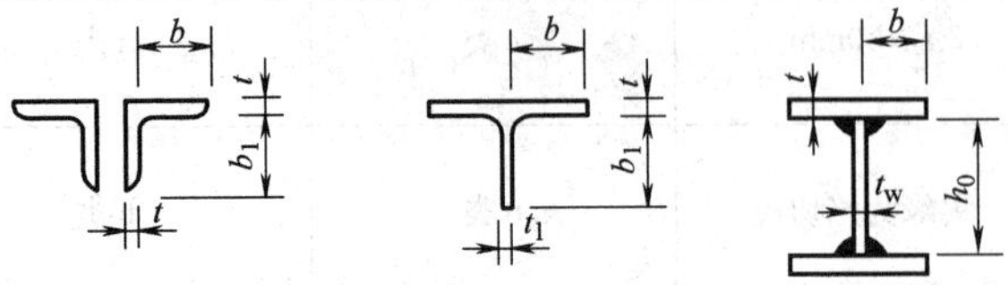	$\frac{b}{t}\left(或\frac{b_1}{t}\right)\leqslant(10+0.1\lambda)\sqrt{\frac{235}{f_y}}$ $\frac{b_1}{t_1}\leqslant(15+0.2\lambda)\sqrt{\frac{235}{f_y}}$ $\frac{h_0}{t_w}\leqslant(25+0.5\lambda)\sqrt{\frac{235}{f_y}}$
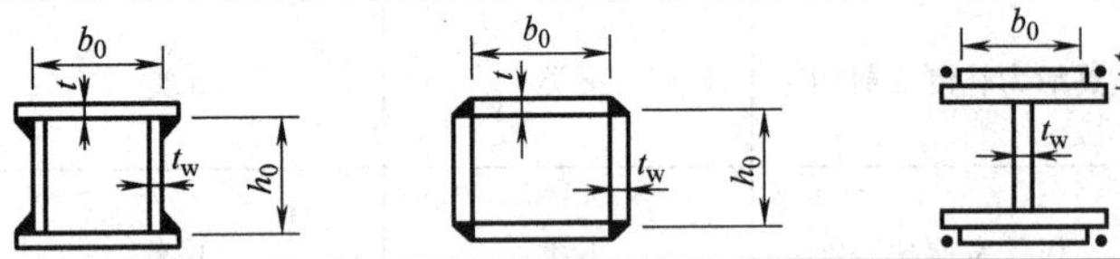	$\frac{b_0}{t}\left(或\frac{h_0}{l_w}\right)\leqslant 40\sqrt{\frac{235}{f_y}}$
	$\frac{d}{t}\leqslant 100\left(\frac{235}{f_y}\right)$

注：对两板焊接T形截面，其腹板高厚比应满足 $b_1/t_1\leqslant(13+0.17\lambda)\sqrt{235/f_y}$。

压弯构件（弯矩作用在截面的竖直平面）的板件宽厚比限值 **附表 4-2**

项次	截　面	宽厚比限值
1	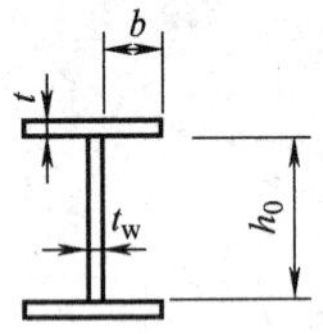	$\frac{b}{t}\leqslant 13\sqrt{235/f_y}$
2		工字形和H形截面： 当 $0\leqslant\alpha_0\leqslant 1.6$ 时： $\frac{h_0}{t_w}\leqslant(16\alpha_0+0.5\lambda+25)\sqrt{\frac{235}{f_y}}$ 当 $1.6<\alpha_0\leqslant 2.0$ 时： $\frac{h_0}{t_w}\leqslant(48\alpha_0+0.5\lambda-26.2)\sqrt{\frac{235}{f_y}}$
3	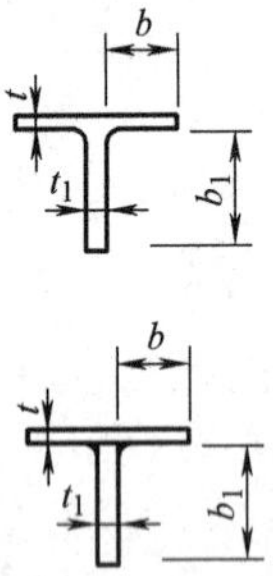	T形截面： 1. 弯矩使腹板自由边受拉： 热轧部分T型钢：$\frac{b_1}{t_1}\leqslant(15+0.2\lambda)\sqrt{235/f_y}$ 焊接T型钢：$\frac{b_1}{t_1}\leqslant(13+0.17\lambda)\sqrt{235/f_y}$ 2. 弯矩使腹板自由边受压： 当 $\alpha_0\leqslant 1.0$ 时；$\frac{b_1}{t_1}\leqslant 15\sqrt{235/f_y}$ 当 $\alpha_0>1.0$ 时；$\frac{b_1}{t_1}\leqslant 18\sqrt{235/f_y}$
4	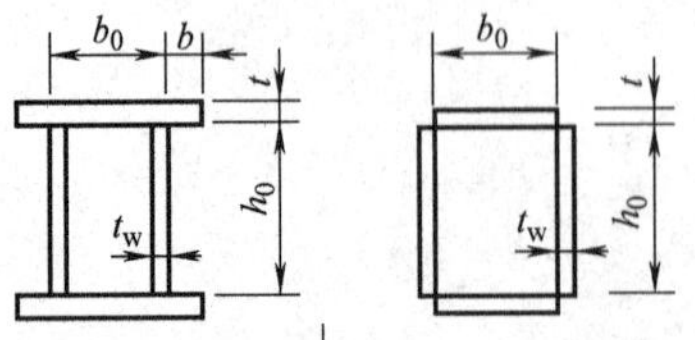	$\frac{b}{t}\leqslant 13\sqrt{235/f_y}$
5		$\frac{b_0}{t}\leqslant 40\sqrt{235/f_y}$
6		$\frac{h_0}{t_w}$不应超过项次2右侧乘以0.8后的值 （当此值小于 $40\sqrt{235/f_y}$ 时，应采用 $40\sqrt{235/f_y}$）
7		$\frac{d}{t}\leqslant 100\frac{235}{f_y}$

注：1. λ 为构件在弯矩作用平面内的长细比，当 $\lambda<30$ 时，取 $\lambda=30$；当 $\lambda>100$ 时，取 $\lambda=100$；

2. $\alpha_0=(\sigma_{max}-\sigma_{min})/\sigma_{max}$，$\sigma_{max}$ 和 σ_{min} 分别为腹板计算高度边缘的最大压应力和另一边缘的应力（压应力取正值，拉应力取负值），按构件的强度公式进行计算，且不考虑塑性发展系数；

3. 当强度和稳定计算中应取 $\gamma_x=1.0$ 时，b/t 可放宽至 $15\sqrt{235/f_y}$。

附录 5　轴心受压构件的稳定系数

a 类截面轴心受压构件的稳定系数 φ　　**附表 5-1**

$\lambda\sqrt{\frac{f_y}{235}}$	0	1	2	3	4	5	6	7	8	9
0	1.000	1.000	1.000	1.000	0.999	0.999	0.998	0.998	0.997	0.996
10	0.995	0.994	0.993	0.992	0.991	0.989	0.988	0.986	0.985	0.983
20	0.981	0.979	0.977	0.976	0.974	0.972	0.970	0.968	0.966	0.964
30	0.963	0.961	0.959	0.957	0.955	0.952	0.950	0.948	0.946	0.944
40	0.941	0.939	0.937	0.934	0.932	0.929	0.927	0.924	0.921	0.919
50	0.916	0.913	0.910	0.907	0.904	0.900	0.897	0.894	0.890	0.886
60	0.883	0.879	0.875	0.871	0.867	0.863	0.858	0.854	0.849	0.844
70	0.839	0.834	0.829	0.824	0.818	0.813	0.807	0.801	0.795	0.789
80	0.783	0.776	0.770	0.763	0.757	0.750	0.743	0.736	0.728	0.721
90	0.714	0.706	0.699	0.691	0.684	0.676	0.668	0.661	0.653	0.645
100	0.638	0.630	0.622	0.615	0.607	0.600	0.592	0.585	0.577	0.570
110	0.563	0.555	0.548	0.541	0.534	0.527	0.520	0.514	0.507	0.500
120	0.494	0.488	0.481	0.475	0.469	0.463	0.457	0.451	0.445	0.440
130	0.434	0.429	0.423	0.418	0.412	0.407	0.402	0.397	0.392	0.387
140	0.383	0.378	0.373	0.369	0.364	0.360	0.356	0.351	0.347	0.343
150	0.339	0.335	0.331	0.327	0.323	0.320	0.316	0.312	0.309	0.305
160	0.302	0.298	0.295	0.292	0.289	0.285	0.282	0.279	0.276	0.273
170	0.207	0.267	0.264	0.262	0.259	0.256	0.253	0.251	0.248	0.246
180	0.243	0.241	0.238	0.236	0.233	0.231	0.229	0.226	0.224	0.222
190	0.220	0.218	0.215	0.213	0.211	0.209	0.207	0.205	0.203	0.201
200	0.199	0.198	0.196	0.194	0.192	0.190	0.189	0.187	0.185	0.183
210	0.182	0.180	0.179	0.177	0.175	0.174	0.172	0.171	0.169	0.168
220	0.166	0.165	0.164	0.162	0.161	0.159	0.158	0.157	0.155	0.154
230	0.153	0.152	0.150	0.149	0.148	0.147	0.146	0.144	0.143	0.142
240	0.141	0.140	0.139	0.138	0.136	0.135	0.134	0.133	0.132	0.131
250	0.130									

b 类截面轴心受压构件的稳定系数 φ　　**附表 5-2**

$\lambda\sqrt{\frac{f_y}{235}}$	0	1	2	3	4	5	6	7	8	9
0	1.000	1.000	1.000	0.999	0.999	0.998	0.997	0.996	0.995	0.994
10	0.992	0.991	0.989	0.987	0.985	0.983	0.981	0.978	0.976	0.973
20	0.970	0.967	0.963	0.960	0.957	0.953	0.950	0.946	0.943	0.939
30	0.936	0.932	0.929	0.925	0.922	0.918	0.914	0.910	0.906	0.903
40	0.899	0.895	0.891	0.887	0.882	0.878	0.874	0.870	0.865	0.861
50	0.856	0.852	0.847	0.842	0.838	0.833	0.828	0.823	0.818	0.813
60	0.807	0.802	0.797	0.791	0.786	0.780	0.774	0.769	0.163	0.757
70	0.751	0.745	0.739	0.732	0.726	0.720	0.714	0.707	0.701	0.694
80	0.688	0.681	0.675	0.668	0.661	0.655	0.648	0.641	0.635	0.628
90	0.621	0.614	0.608	0.601	0.594	0.588	0.581	0.575	0.568	0.561
100	0.555	0.549	0.542	0.536	0.529	0.523	0.517	0.511	0.505	0.499
110	0.493	0.487	0.481	0.475	0.470	0.464	0.458	0.453	0.447	0.442
120	0.437	0.432	0.426	0.421	0.416	0.411	0.406	0.402	0.397	0.392
130	0.387	0.383	0.378	0.374	0.370	0.365	0.361	0.357	0.353	0.349
140	0.345	0.341	0.337	0.333	0.329	0.326	0.322	0.318	0.315	0.311
150	0.308	0.304	0.301	0.298	0.295	0.291	0.288	0.285	0.282	0.279

续表

$\lambda\sqrt{\frac{f_y}{235}}$	0	1	2	3	4	5	6	7	8	9
160	0.276	0.273	0.270	0.267	0.265	0.262	0.259	0.256	0.254	0.251
170	0.249	0.246	0.244	0.241	0.239	0.236	0.234	0.232	0.229	0.227
180	0.225	0.223	0.220	0.218	0.216	0.214	0.212	0.210	0.208	0.206
190	0.204	0.202	0.200	0.198	0.197	0.195	0.193	0.191	0.190	0.188
200	0.186	0.184	0.183	0.181	0.180	0.178	0.176	0.175	0.173	0.172
210	0.170	0.169	0.167	0.166	0.165	0.163	0.162	0.160	0.159	0.158
220	0.156	0.155	0.154	0.153	0.151	0.150	0.149	0.148	0.146	0.145
230	0.144	0.143	0.142	0.141	0.140	0.138	0.137	0.136	0.135	0.134
240	0.133	0.132	0.131	0.130	0.129	0.128	0.127	0.126	0.125	0.124
250	0.123									

c类截面轴心受压构件的稳定系数 φ 　　附表 5-3

$\lambda\sqrt{\frac{f_y}{235}}$	0	1	2	3	4	5	6	7	8	9
0	1.000	1.000	1.000	0.999	0.999	0.998	0.997	0.996	0.995	0.993
10	0.992	0.990	0.988	0.986	0.983	0.981	0.978	0.976	0.973	0.970
20	0.966	0.959	0.953	0.947	0.940	0.934	0.928	0.921	0.915	0.909
30	0.902	0.896	0.890	0.884	0.877	0.871	0.865	0.858	0.852	0.846
40	0.839	0.833	0.826	0.820	0.814	0.807	0.801	0.794	0.788	0.781
50	0.775	0.768	0.762	0.755	0.748	0.742	0.735	0.729	0.722	0.715
60	0.709	0.702	0.695	0.689	0.682	0.676	0.669	0.662	0.656	0.649
70	0.643	0.636	0.629	0.623	0.616	0.610	0.604	0.597	0.591	0.584
80	0.578	0.572	0.566	0.559	0.553	0.547	0.541	0.535	0.529	0.523
90	0.517	0.511	0.505	0.500	0.494	0.488	0.483	0.477	0.472	0.467
100	0.463	0.458	0.454	0.449	0.445	0.441	0.436	0.432	0.428	0.423
110	0.419	0.415	0.411	0.407	0.403	0.399	0.395	0.391	0.387	0.383
120	0.379	0.375	0.371	0.367	0.364	0.360	0.356	0.353	0.349	0.346
130	0.342	0.339	0.335	0.332	0.328	0.325	0.322	0.319	0.315	0.312
140	0.309	0.306	0.303	0.300	0.297	0.294	0.291	0.288	0.285	0.282
150	0.280	0.277	0.274	0.271	0.269	0.266	0.264	0.261	0.258	0.256
160	0.254	0.251	0.249	0.246	0.244	0.242	0.239	0.237	0.235	0.233
170	0.230	0.228	0.226	0.224	0.222	0.220	0.218	0.216	0.214	0.212
180	0.210	0.208	0.206	0.205	0.203	0.201	0.199	0.197	0.196	0.194
190	0.192	0.190	0.189	0.187	0.186	0.184	0.182	0.181	0.179	0.178
200	0.176	0.175	0.173	0.172	0.170	0.169	0.168	0.166	0.165	0.163
210	0.162	0.161	0.159	0.158	0.157	0.156	0.154	0.153	0.152	0.151
220	0.150	0.148	0.147	0.146	0.145	0.144	0.143	0.142	0.140	0.139
230	0.138	0.137	0.136	0.135	0.134	0.133	0.132	0.131	0.130	0.129
240	0.128	0.127	0.126	0.125	0.124	0.124	0.123	0.122	0.121	0.120
250	0.119									

d 类截面轴心受压构件的稳定系数 φ　　附表 5-4

$\lambda\sqrt{\frac{f_y}{235}}$	0	1	2	3	4	5	6	7	8	9
0	1.000	1.000	0.999	0.999	0.998	0.996	0.994	0.992	0.990	0.987
10	0.984	0.981	0.978	0.974	0.969	0.965	0.960	0.955	0.949	0.944
20	0.937	0.927	0.918	0.909	0.900	0.891	0.883	0.874	0.865	0.857
30	0.848	0.840	0.831	0.823	0.815	0.807	0.799	0.790	0.782	0.774
40	0.766	0.759	0.751	0.743	0.735	0.728	0.720	0.712	0.705	0.697
50	0.690	0.683	0.675	0.668	0.661	0.654	0.646	0.639	0.632	0.625
60	0.618	0.612	0.605	0.598	0.591	0.585	0.578	0.572	0.565	0.559
70	0.552	0.546	0.540	0.534	0.528	0.522	0.516	0.510	0.504	0.498
80	0.493	0.487	0.481	0.476	0.470	0.465	0.460	0.454	0.449	0.444
90	0.439	0.434	0.429	0.424	0.419	0.414	0.410	0.405	0.401	0.397
100	0.394	0.390	0.387	0.383	0.380	0.376	0.373	0.370	0.366	0.363
110	0.359	0.356	0.353	0.350	0.346	0.343	0.340	0.337	0.334	0.331
120	0.328	0.325	0.322	0.319	0.316	0.313	0.310	0.307	0.304	0.301
130	0.299	0.296	0.293	0.290	0.288	0.285	0.282	0.280	0.277	0.275
140	0.272	0.270	0.267	0.265	0.262	0.260	0.258	0.255	0.253	0.251
150	0.248	0.246	0.244	0.242	0.240	0.237	0.235	0.233	0.231	0.229
160	0.227	0.225	0.223	0.22	0.219	0.217	0.215	0.213	0.212	0.210
170	0.208	0.206	0.204	0.203	0.201	0.199	0.197	0.196	0.194	0.192
180	0.191	0.189	0.188	0.186	0.184	0.183	0.181	0.180	0.178	0.177
190	0.176	0.174	0.173	0.171	0.170	0.168	0.167	0.166	0.164	0.163
200	0.162									

附录6　结构或构件的变形容许值

受弯构件的容许挠度　　附表 6-1

项次	构件类别	挠度容许值	
		$[v_T]$	$[v_Q]$
1	吊车梁和吊车桁架(按自重和起重量最大的一台吊车计算挠度)		
	(1)手动吊车和单梁吊车(含悬挂吊车)	$l/500$	
	(2)轻级工作制桥式吊车	$l/800$	
	(3)中级工作制桥式吊车	$l/1000$	
	(4)重级工作制桥式吊车	$l/1200$	
2	手动或电动葫芦的轨道梁	$l/400$	
3	有重轨(重量≥38kg/m)轨道的工作平台梁	$l/600$	—
	有轻轨(重量≥24kg/m)轨道的工作平台梁	$l/400$	
4	楼(屋)盖梁或桁架,工作平台梁(第3项除外)和平台板		
	(1)主梁或桁架(包括设有悬挂起重设备的梁和桁架)	$l/400$	$l/500$
	(2)抹灰顶棚的次梁	$l/250$	$l/350$
	(3)除(1)、(2)外的其他梁(包括楼梯梁)	$l/250$	$l/300$
	(4)屋盖檩条		
	支承无积灰的瓦楞铁和石棉瓦屋面者	$l/150$	
	支承压型金属板、有积灰的瓦楞铁和石棉瓦等屋面者	$l/200$	
	支承其他屋面材料者	$l/200$	
	(5)平台板	$l/150$	
5	墙梁构件(风荷载不考虑阵风系数)		
	(1)支柱		$l/400$
	(2)抗风桁架(作为连续支柱的支承时)		$l/1000$
	(3)砌体墙的横梁(水平方向)		$l/300$
	(4)支承压型金属板、瓦楞铁和石棉瓦墙面的横梁(水平方向)		$l/200$
	(5)带有玻璃窗的横梁(竖直和水平方向)	$l/200$	$l/200$

注：1. l 为受弯构件的跨度（对悬臂梁和伸臂梁为悬伸长度的2倍）；

2. $[v_T]$ 为全部荷载标准值产生的挠度（如有起拱应减去拱度）的容许值；

$[v_Q]$ 为可变荷载标准值产生的挠度的容许值。

附 6.2　框架结构的水平位移容许值

附 6.2.1　在风荷载标准值作用下，框架柱顶水平位移和层间相对位移不宜超过下列数值：

1. 无桥式吊车的单层框架的柱顶位移　　$H/150$
2. 有桥式吊车的单层框架的柱顶位移　　$H/400$
3. 多层框架的柱顶位移　　$H/500$
4. 多层框架的层间相对位移　　$h/400$

H 为自基础顶面至柱顶的总高度；h 为层高。

注：1. 对室内装修要求较高的民用建筑多层框架结构，层间相对位移宜适当减小。无墙壁的多层框架结构，层间相对位移可适当放宽。

2. 对轻型框架结构的柱顶水平位移和层间位移均可适当放宽。

附 6.2.2　在冶金工厂或类似车间中设有 A7、A8 级吊车的厂房柱和设有中级和重级工作制吊车的露天栈桥柱，在吊车梁或吊车桁架的顶面标高处，由一台最大吊车水平荷载（按荷载规范取值）所产生的计算变形值，不宜超过附表 6-2 所列的容许值。

柱水平位移（计算值）的容许值　　**附表 6-2**

项次	位移的种类	按平面结构图形计算	按空间结构图形计算
1	厂房柱的横向位移	$H_c/1250$	$H_c/2000$
2	露天栈桥柱的横向位移	$H_c/2500$	—
3	厂房和露天栈桥柱的纵向位移	$H_c/4000$	—

注：1. H_c 为基础顶面至吊车梁或吊车桁架顶面的高度。
2. 计算厂房或露天栈桥柱的纵向位移时，可假定吊车的纵向水平制动力分配在温度区段内所有柱间支撑或纵向框架上。
3. 在设有 A8 级吊车的厂房中，厂房柱的水平位移容许值宜减小 10%。
4. 在设有 A6 级吊车的厂房柱的纵向位移宜符合表中的要求。

附录7　截面塑性发展系数

截面塑性发展系数 γ_x、γ_y 值　　表7-1

截面形式	γ_x	γ_y	截面形式	γ_x	γ_y
	1.05	1.2		1.2	1.2
		1.05		1.15	1.15
	$\gamma_{x1}=1.05$	1.2		1.0	1.05
	$\gamma_{x2}=1.2$	1.05			1.0

附录 8 梁的整体稳定系数

附 8.1 焊接工字形等截面简支梁

焊接工字形等截面（附图 8-1）简支梁的整体稳定系数 φ_b 应按下式计算：

$$\varphi_b=\beta_b\frac{4320}{\lambda_y^2}\cdot\frac{Ah}{W_x}\left[\sqrt{1+\left(\frac{\lambda_y t_1}{4.4h}\right)^2}+\eta_b\right]\frac{235}{f_y}\qquad \text{附 (8-1)}$$

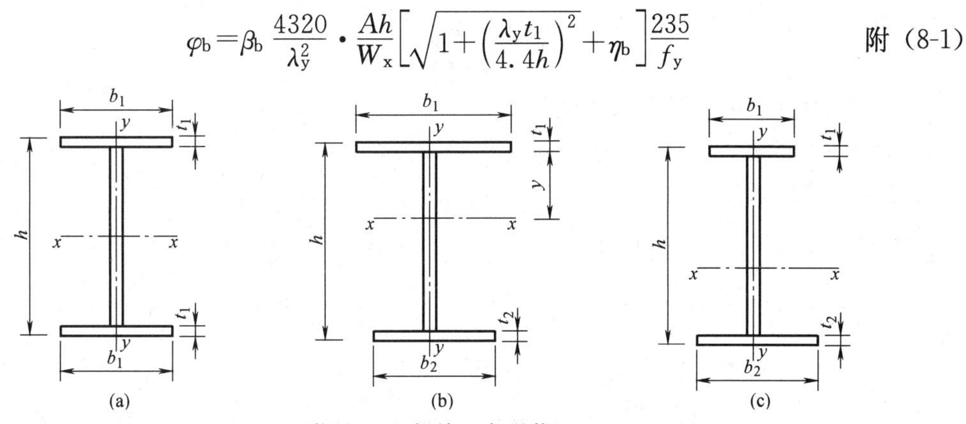

附图 8-1 焊接工字形截面

（a）双轴对称工字形截面；（b）加强受压翼缘的单轴对称工字形截面；（c）加强受拉翼缘的单轴对称工字形截面

式中 β_b——梁整体稳定的等效弯矩系数，按附表 8-1 采用；

工字形截面简支梁系数 β_b **附表 8-1**

项次	侧向支承	荷载		$\xi=\frac{l_1t_1}{b_1h}$ $\xi\leqslant2.0$	$\xi>2.0$	适用范围
1	跨中无侧向支承	均布荷载作用在	上翼缘	$0.69+0.13\xi$	0.95	附图 8-1(a)、(b)的截面
2			下翼缘	$1.73-0.20\xi$	1.33	
3		集中荷载作用在	上翼缘	$0.73+0.18\xi$	1.09	
4			下翼缘	$2.23-0.28\xi$	1.67	
5	跨度中点有一个侧向支承点	均布荷载作用在	上翼缘	1.15		附图 8-1 中的所有截面
6			下翼缘	1.40		
7		集中荷载作用在截面高度上任意位置		1.75		
8	跨中点有不少于两个等距离侧向支承点	任意荷载作用在	上翼缘	1.20		
9			下翼缘	1.40		
10	梁端有弯矩，但跨中无荷载作用			$1.75-1.05\left(\frac{M_2}{M_1}\right)^2+0.3\left(\frac{M_2}{M_1}\right)^2$，但$\leqslant2.3$		

注：1. $\xi=\frac{l_1t_1}{b_1h}$参数；

2. M_1 和 M_2 为梁的端弯矩，使梁产生同向曲率时 M_1 和 M_2 取同号，产生反向曲率时，取异号，$|M_1|\geqslant|M_2|$；

3. 表中项次 3、4 和 7 的集中荷载是指一个或少数几个集中荷载位于跨中央附近的情况，对其他情况的集中荷载，应按表中项次 1、2、5、6 内的数值采用；

4. 表中项次 8、9 的 β_b，当集中荷载作用在侧向支承点处时，取 $\beta_b=1.20$；

5. 荷载作用在上翼缘系指荷载作用点在翼缘表面，方向指向截面形心；荷载作用在下翼缘系指荷载作用点在翼缘表面，方向背向截面形心；

6. 对 $\alpha_b>0.8$ 的加强受压翼缘工字形截面，下列情况的 β_b 值应乘以相应的系数：

项次 1 当 $\xi\leqslant1.0$ 时 0.95

项次 3 当 $\xi\leqslant0.5$ 时 0.90

当 $0.5<\xi\leqslant1.0$ 时 0.95

$\lambda_y = l/i_y$——梁在侧向支承点间对截面弱轴 y-y 的长细比，i_y 为梁毛截面对 y 轴的截面回转半径；

A——梁的毛截面面积；

h、t_1——梁截面的全高和受压翼缘厚度；

η_b——截面不对称影响系数；

对双轴对称工字形截面（附图 8-1a）

$$\eta_b = 0$$

对单轴对称工字形截面（附图 8-1b、c）

加强受压翼缘　　$\eta_b = 0.8\ (2\alpha_b - 1)$

加强受拉翼缘　　$\eta_b = 2\alpha_b - 1$

$\alpha_b = \dfrac{I_1}{I_1 + I_2}$——$I_1$ 和 I_2 分别为受压翼缘和受拉翼缘对 y 轴的惯性矩。

当按附式（8-1）算得的 φ_b 值大于 0.60 时，应按下式计算的 φ_b' 代替 φ_b 值：

$$\varphi_b' = 1.07 - \frac{0.282}{\varphi_b} \leqslant 1.0 \qquad 附（8\text{-}2）$$

注：附式（8-1）亦适用于等截面铆接（或高强度螺栓连接）简支梁，其受压翼缘厚度 t_1 包括翼缘角钢厚度在内。

附 8.2　轧制 H 型钢简支梁

轧制 H 型钢简支梁整体稳定系数 φ_b 应按附式（8-1）计算，取 η_b 等于零，当所得的 φ_b 值大于 0.60 时，应按附式（8-2）算得相应的 φ_b' 代替 φ_b 值。

附 8.3　轧制普通工字钢简支梁

轧制普通工字钢简支梁整体稳定系数 φ_b 应按附表 8-2 采用，当所得的 φ_b 值大于 0.60 时，应按附式（8-2）算得相应的 φ_b' 代替 φ_b 值。

轧制普通工字钢简支梁的 φ_b　　**附表 8-2**

项次	荷载情况			工字钢型号	自由长度 l_1(m)								
					2	3	4	5	6	7	8	9	10
1	跨中无侧向支承点的梁	集中荷载作用于	上翼缘	10～20	2.00	1.30	0.99	0.80	0.68	0.58	0.53	0.48	0.43
				22～32	2.40	1.48	1.09	0.86	0.72	0.62	0.54	0.49	0.45
				36～63	2.80	1.60	1.07	0.83	0.56	0.56	0.50	0.45	0.40
2	跨中无侧向支承点的梁	集中荷载作用于	下翼缘	10～20	3.10	1.95	1.34	1.01	0.82	0.69	0.63	0.57	0.52
				22～40	5.50	2.80	1.84	1.37	0.86	0.86	0.73	0.64	0.56
				45～63	7.30	3.60	2.30	1.62	1.20	0.96	0.80	0.69	0.60
3		均布荷载作用于	上翼缘	10～20	1.70	1.12	0.84	0.68	0.57	0.50	0.45	0.41	0.37
				22～40	2.10	1.30	0.93	0.73	0.60	0.51	0.45	0.40	0.36
				45～63	2.60	1.45	0.97	0.73	0.59	0.50	0.44	0.38	0.35
4			下翼缘	10～20	2.50	1.55	1.08	0.83	0.68	0.56	0.52	0.47	0.42
				22～40	4.00	2.20	1.45	1.10	0.85	0.70	0.60	0.52	0.46
				45～63	5.60	2.80	1.80	1.25	0.95	0.78	0.65	0.55	0.49
5	跨中有侧向支承点的梁（不论荷载作用点在截面高度上的位置）			10～20	2.20	1.39	1.01	0.79	0.66	0.57	0.52	0.47	0.42
				22～40	3.00	1.80	1.24	0.96	0.76	0.65	0.56	0.49	0.43
				45～63	4.00	2.20	1.38	1.01	0.80	0.66	0.56	0.49	0.43

注：1. 同附表 8.1 的注 3、注 5；

2. 表中的 φ_b 适用于 Q235 钢，对其他钢号，表中数值应乘以 $235/f_y$。

附 8.4　轧制槽钢简支梁

轧制槽钢简支梁的整体稳定系数，不论荷载形式和荷载作用点在截面高度上的位置均可按下式计算：

$$\varphi_b=\frac{570bt}{l_1h}\cdot\frac{235}{f_y} \qquad \text{附 (8-3)}$$

式中　h、b、t——分别为槽钢截面的高度、翼缘宽度和平均厚度。

按附式（8-3）算得的 φ_b 值大于 0.6 时，应按附式（8-2）算得相应的 φ_b' 代替 φ_b 值。

附 8.5　双轴对称工字形等截面（含 H 型钢）悬臂梁

双轴对称工字形等截面（含 H 型钢）悬臂梁的整体稳定系数，可按附式（8-1）计算，但式中系数 β_b 应按附表 8-3 查得，$\lambda_y=l_1/i_y$（l_1 为悬臂梁的悬伸长度）。当求得的 φ_b 值大于 0.6 时，应按附式（8-2）算得相应的 φ_b' 值代替 φ_b 值。

双轴对称工字形等截面（含 H 型钢）悬臂梁的系数 β_b　　　　附表 8-3

项次	荷载形式		$\xi=\frac{l_1t}{bh}$		
			$0.60\leqslant\xi\leqslant1.24$	$1.24<\xi\leqslant1.96$	$1.96<\xi\leqslant3.10$
1	自由端一个集中荷载作用在	上翼缘	$0.21+0.67\xi$	$0.72+0.26\xi$	$1.17+0.03\xi$
2		下翼缘	$2.94-0.65\xi$	$2.64-0.40\xi$	$2.15-0.15\xi$
3	均布荷载作用在上翼缘		$0.62+0.82\xi$	$1.25+0.31\xi$	$1.66+0.10\xi$

注：本表是按支承端为固定的情况确定的，当用于由邻跨延伸出来的伸臂梁时，应在构造上采取措施加强支承处的抗扭能力。

附 8.6　受弯构件整体稳定系数的近似计算

均匀弯曲的受弯构件，当 $\lambda_y\leqslant120\sqrt{235/f_y}$ 时，其整体稳定系数 φ_b 可按下列近似公式计算：

1　工字形截面（含 H 型钢）：

双轴对称时：

$$\varphi_b=1.07-\frac{\lambda_y^2}{44000}\cdot\frac{f_y}{235} \qquad \text{附 (8-4)}$$

单轴对称时：

$$\varphi_b=1.07-\frac{W_x}{(2\alpha_b+0.1)Ah}\cdot\frac{\lambda_y^2}{14000}\cdot\frac{f_y}{235} \qquad \text{附 (8-5)}$$

2　T 形截面（弯矩作用在对称轴平面，绕 x 轴）：

1）弯矩使翼缘受压时：

双角钢 T 形截面：

$$\varphi_b=1-0.0017\lambda_y\sqrt{f_y/235} \qquad \text{附 (8-6)}$$

部分 T 型钢和两板组合 T 形截面：

$$\varphi_b=1-0.0022\lambda_y\sqrt{f_y/235} \qquad \text{附 (8-7)}$$

2）弯矩使翼缘受拉且腹板宽厚比不大于 $18\sqrt{235/f_y}$ 时：

$$\varphi_b=1-0.0002\lambda_y\sqrt{f_y/235} \qquad \text{附 (8-8)}$$

按附式（8-4）～附式（8-8）算得的 φ_b 值大于 0.6 时，不需按附式（8-2）换算成 φ_b' 值；当按附式（8-4）和附式（8-5）算得的 φ_b 值大于 1.0 时，取 $\varphi_b=1.0$。

附录9 柱的计算长度系数

有侧移框架柱的计算长度系数 μ **附表 9-1**

K_2 \ K_1	0	0.05	0.1	0.2	0.3	0.4	0.5	1	2	3	4	5	≥10
0	∞	6.02	4.46	3.42	3.01	2.78	2.64	2.33	2.17	2.11	2.08	2.07	2.03
0.05	6.02	4.16	3.47	2.86	2.58	2.42	2.31	2.07	1.94	1.90	1.87	1.86	1.83
0.1	4.46	3.47	3.01	2.56	2.33	2.20	2.11	1.90	1.79	1.75	1.73	1.72	1.70
0.2	3.42	2.86	2.56	2.23	2.05	1.94	1.87	1.70	1.60	1.57	1.55	1.54	1.52
0.3	3.01	2.58	2.33	2.05	1.90	1.80	1.74	1.58	1.49	1.46	1.45	1.44	1.42
0.4	2.78	2.42	2.20	1.94	1.80	1.71	1.65	1.50	1.42	1.39	1.37	1.37	1.35
0.5	2.64	2.31	2.11	1.87	1.74	1.65	1.59	1.45	1.37	1.34	1.32	1.32	1.30
1	2.33	2.07	1.90	1.70	1.58	1.50	1.45	1.32	1.24	1.21	1.20	1.19	1.17
2	2.17	1.94	1.79	1.60	1.49	1.42	1.37	1.24	1.16	1.14	1.12	1.12	1.10
3	2.11	1.90	1.75	1.57	1.46	1.39	1.34	1.21	1.14	1.11	1.10	1.09	1.07
4	2.08	1.87	1.73	1.55	1.45	1.37	1.32	1.20	1.12	1.10	1.08	1.08	1.06
5	2.07	1.86	1.72	1.54	1.44	1.37	1.32	1.19	1.12	1.09	1.08	1.07	1.05
≥10	2.03	1.83	1.70	1.52	1.42	1.35	1.30	1.17	1.10	1.07	1.06	1.05	1.03

注：1. 表中的计算长度系数 μ 值系按下式算得：

$$\left[36K_1K_2-\left(\frac{\pi}{\mu}\right)^2\right]\sin\frac{\pi}{\mu}+6(K_1+K_2)\frac{\pi}{\mu}\cdot\cos\frac{\mu}{\mu}=0$$

式中，K_1、K_2 分别为相交于柱上端、柱下端的横梁线刚度之和与柱线刚度之和的比值。当横梁远端为铰接时，应将横梁线刚度乘以 0.5；当横梁远端为嵌固时，则应乘以 2/3。

2. 当横梁与柱铰接时，取横梁线刚度为零。

3. 对底层框架柱：当柱与基础铰接时，取 $K_2=0$（对平板支座可取 $K_2=0.1$）；当柱与基础刚接时，取 $K_2=10$。

4. 当与柱刚性连接的横梁所受轴心压力 N_b 较大时，横梁线刚度应乘以折减系数 α_N：

横梁远端与柱刚接时： $\alpha_N=1-N_b/(4N_{Eb})$

横梁远端铰支时： $\alpha_N=1-N_b/N_{Eb}$

横梁远端嵌固时： $\alpha_N=1-N_b/(2N_{Eb})$

式中，$N_{Eb}=\pi^2EI_b/l^2$，I_b 为横梁截面惯性矩，l 为横梁长度。

无侧移框架柱的计算长度系数 μ **附表 9-2**

K_2 \ K_1	0	0.05	0.1	0.2	0.3	0.4	0.5	1	2	3	4	5	≥10
0	1.000	0.990	0.981	0.964	0.949	0.935	0.922	0.875	0.820	0.791	0.773	0.760	0.732
0.05	0.990	0.981	0.971	0.955	0.940	0.926	0.914	0.867	0.814	0.784	0.766	0.754	0.726
0.1	0.981	0.971	0.962	0.946	0.931	0.918	0.906	0.860	0.807	0.778	0.760	0.748	0.721
0.2	0.964	0.955	0.946	0.930	0.916	0.903	0.891	0.846	0.795	0.767	0.749	0.737	0.711
0.3	0.949	0.940	0.931	0.916	0.902	0.889	0.878	0.834	0.784	0.756	0.739	0.728	0.701
0.4	0.935	0.926	0.918	0.903	0.889	0.877	0.866	0.823	0.774	0.747	0.730	0.719	0.693
0.5	0.922	0.914	0.906	0.891	0.878	0.866	0.855	0.813	0.765	0.738	0.721	0.710	0.685
1	0.875	0.867	0.860	0.846	0.834	0.823	0.813	0.774	0.729	0.704	0.688	0.677	0.654
2	0.820	0.814	0.807	0.795	0.784	0.774	0.765	0.729	0.686	0.663	0.648	0.638	0.615
3	0.791	0.784	0.778	0.767	0.756	0.747	0.738	0.704	0.663	0.640	0.625	0.616	0.593
4	0.773	0.766	0.760	0.749	0.739	0.730	0.721	0.688	0.648	0.625	0.611	0.601	0.580
5	0.760	0.754	0.748	0.737	0.728	0.719	0.710	0.677	0.638	0.616	0.601	0.592	0.570
≥10	0.732	0.726	0.721	0.711	0.701	0.693	0.685	0.654	0.615	0.593	0.580	0.570	0.549

注：1. 表中的计算长度系数 μ 值系按下式计算：

$$\left[\left(\frac{\pi}{\mu}\right)^2+2(K_1+K_2)-4K_1K_2\right]\frac{\pi}{\mu}\cdot\sin\frac{\pi}{\mu}-2\left[(K_1+K_2)\left(\frac{\pi}{\mu}\right)^2+4K_1K_2\right]\cos\frac{\pi}{\mu}+8K_1K_2=0$$

式中，K_1，K_2 分别为相交于柱上端、柱下端的横梁线刚度之和与柱线刚度之和的比值。当横梁远端为铰接时，应将横梁线刚度乘以 1.5；当横梁远端为嵌固时，则将横梁线刚度乘以 2.0。

2. 当横梁与柱铰接时，取横梁线刚度为零。

3. 对底层框架柱，当柱与基础铰接时，取 $K_2=0$（对平板支座可取 $K_2=0.1$）；当柱与基础刚接时，取 $K_2=10$。

4. 当与柱刚性连接的横梁所受轴心压力 N_b 较大时，横梁线刚度应乘以折减系数 α_N：

横梁远端与柱刚接和横梁远端铰支时：$\alpha_N=1-N_b/N_{Eb}$

横梁远端嵌固时： $\alpha_N=1-N_b/(2N_{Eb})$

N_{Eb}的计算式见附表 9-1 注 4。

柱上端为自由的单阶柱下段的计算长度系数 μ_2　　附表 9-3

简图	η_1 \ K_1	0.06	0.08	0.10	0.12	0.14	0.16	0.18	0.20	0.22	0.24	0.26	0.28	0.3	0.4	0.5	0.6	0.7	0.8
	0.2	2.00	2.01	2.01	2.01	2.01	2.01	2.01	2.02	2.02	2.02	2.02	2.02	2.02	2.03	2.04	2.05	2.06	2.07
	0.3	2.01	2.02	2.02	2.02	2.03	2.03	2.03	2.04	2.04	2.05	2.05	2.05	2.06	2.08	2.10	2.12	2.13	2.15
	0.4	2.02	2.03	2.04	2.04	2.05	2.06	2.07	2.07	2.08	2.09	2.09	2.10	2.11	2.14	2.18	2.21	2.25	2.28
	0.5	2.04	2.05	2.06	2.07	2.09	2.10	2.11	2.12	2.13	2.15	2.16	2.17	2.18	2.24	2.29	2.35	2.40	2.45
I_1　H_1 I_2　H_2	0.6	2.06	2.08	2.10	2.12	2.14	2.16	2.18	2.19	2.21	2.23	2.25	2.26	2.28	2.36	2.44	2.52	2.59	2.66
	0.7	2.10	2.13	2.16	2.18	2.21	2.24	2.26	2.29	2.31	2.34	2.36	2.38	2.41	2.52	2.62	2.72	2.81	2.90
	0.8	2.15	2.20	2.24	2.27	2.31	2.34	2.38	2.41	2.44	2.47	2.50	2.53	2.56	2.70	2.82	2.94	3.06	3.16
	0.9	2.24	2.29	2.35	2.39	2.44	2.48	2.52	2.56	2.60	2.63	2.67	2.71	2.74	2.90	3.05	3.19	3.32	3.44
	1.0	2.36	2.43	2.48	2.54	2.59	2.64	2.69	2.73	2.77	2.82	2.86	2.90	2.94	3.12	3.29	3.45	3.59	3.74
	1.2	2.69	2.76	2.83	2.89	2.95	3.01	3.07	3.12	3.17	3.22	3.27	3.32	3.37	3.59	3.80	3.99	4.17	4.34
$K=\frac{I_1}{I_2}\cdot\frac{H_2}{H_1}$	1.4	3.07	3.14	3.22	3.29	3.36	3.42	3.48	3.55	3.61	3.66	3.72	3.78	3.83	4.09	4.33	4.56	4.77	4.97
	1.6	3.47	3.55	3.63	3.71	3.78	3.85	3.92	3.99	4.07	4.12	4.18	4.25	4.31	4.61	4.88	5.14	5.38	5.62
$\eta_1=\frac{H_1}{H_2}\sqrt{\frac{N_1}{N_2}\cdot\frac{I_2}{I_1}}$	1.8	3.88	3.97	4.05	4.13	4.21	4.29	4.37	4.44	4.52	4.59	4.66	4.73	4.80	5.13	5.44	5.73	6.00	6.26
	2.0	4.29	4.39	4.48	4.57	4.65	4.74	4.82	4.90	4.99	5.07	5.14	5.22	5.30	5.66	6.00	6.32	6.63	6.92
N_1—上段柱的轴心力；	2.2	4.71	4.81	4.91	5.00	5.10	5.19	5.28	5.37	5.46	5.54	5.63	5.71	5.80	6.19	6.57	6.92	7.26	7.58
N_2—下段柱的轴心力	2.4	5.13	5.24	5.34	5.44	5.54	5.64	5.74	5.84	5.93	6.03	6.12	6.21	6.30	6.73	7.14	7.52	7.89	8.24
	2.6	5.55	5.66	5.77	5.88	5.99	6.10	6.20	6.31	6.41	6.51	6.61	6.71	6.80	7.27	7.71	8.13	8.52	8.90
	2.8	5.97	6.09	6.21	6.33	6.44	6.55	6.67	6.78	6.89	6.99	7.10	7.21	7.31	7.81	8.28	8.73	9.16	9.57
	3.0	6.39	6.52	6.64	6.77	6.89	7.01	7.13	7.25	7.37	7.48	7.59	7.71	7.82	8.35	8.86	9.34	9.80	10.24

注：表中的计算长度系数 μ_2 值系按下式计算；

$$\eta_1 K_1 \cdot \tan\frac{\pi}{\mu_2} \cdot \tan\frac{\pi\eta_1}{\mu_2} - 1 = 0$$

柱上端可移动但不转动的单阶柱下段的计算长度系数 μ_2　　附表 9-4

简图	η_1 \ K_1	0.06	0.08	0.10	0.12	0.14	0.16	0.18	0.20	0.22	0.24	0.26	0.28	0.3	0.4	0.5	0.6	0.7	0.8
	0.2	1.96	1.94	1.93	1.91	1.90	1.89	1.88	1.86	1.85	1.84	1.83	1.82	1.81	1.76	1.72	1.68	1.65	1.62
	0.3	1.96	1.94	1.93	1.92	1.91	1.89	1.88	1.87	1.86	1.85	1.84	1.83	1.82	1.77	1.73	1.70	1.66	1.63
	0.4	1.96	1.95	1.94	1.92	1.91	1.90	1.89	1.88	1.87	1.86	1.85	1.84	1.83	1.79	1.75	1.72	1.68	1.66
	0.5	1.96	1.95	1.94	1.93	1.92	1.91	1.90	1.89	1.88	1.87	1.86	1.85	1.85	1.81	1.77	1.74	1.71	1.69
I_1　H_1 I_2　H_2	0.6	1.97	1.96	1.95	1.94	1.93	1.92	1.91	1.90	1.90	1.89	1.88	1.87	1.87	1.83	1.80	1.78	1.75	1.73
	0.7	1.97	1.97	1.96	1.95	1.94	1.94	1.93	1.92	1.92	1.91	1.90	1.90	1.89	1.86	1.84	1.82	1.80	1.78
	0.8	1.98	1.98	1.97	1.96	1.96	1.95	1.95	1.94	1.94	1.93	1.93	1.93	1.92	1.90	1.88	1.87	1.86	1.84
	0.9	1.99	1.99	1.98	1.98	1.98	1.97	1.97	1.97	1.97	1.96	1.96	1.96	1.96	1.95	1.94	1.93	1.92	1.92
	1.0	2.00	2.00	2.00	2.00	2.00	2.00	2.00	2.00	2.00	2.00	2.00	2.00	2.00	2.00	2.00	2.00	2.00	2.00
	1.2	2.03	2.04	2.04	2.05	2.06	2.07	2.07	2.08	2.08	2.09	2.10	2.10	2.11	2.13	2.15	2.17	2.18	2.20
	1.4	2.07	2.09	2.11	2.12	2.14	2.16	2.17	2.18	2.20	2.21	2.22	2.23	2.24	2.29	2.33	2.37	2.40	2.42
$K=\frac{I_1}{I_2}\cdot\frac{H_2}{H_1}$	1.6	2.13	2.16	2.19	2.22	2.25	2.27	2.30	2.32	2.34	2.36	2.37	2.39	2.41	2.48	2.54	2.59	2.63	2.67
	1.8	2.22	2.27	2.31	2.35	2.39	2.42	2.45	2.48	2.50	2.53	2.55	2.57	2.59	2.69	2.76	2.83	2.88	2.93
$\eta_1=\frac{H_1}{H_2}\sqrt{\frac{N_1}{N_2}\cdot\frac{I_2}{I_1}}$	2.0	2.35	2.41	2.46	2.50	2.55	2.59	2.62	2.66	2.69	2.72	2.75	2.77	2.80	2.91	3.00	3.08	3.14	3.20
N_1—上段柱的轴心力；	2.2	2.51	2.57	2.63	2.68	2.73	2.77	2.81	2.85	2.89	2.92	2.95	2.98	3.01	3.14	3.25	3.33	3.41	3.47
N_2—下段柱的轴心力	2.4	2.68	2.75	2.81	2.87	2.92	2.97	3.01	3.05	3.09	3.13	3.17	3.20	3.24	3.38	3.50	3.59	3.68	3.75
	2.6	2.87	2.94	3.00	3.06	3.12	3.17	3.22	3.27	3.31	3.35	3.39	3.43	3.46	3.62	3.75	3.86	3.95	4.03
	2.8	3.06	3.14	3.20	3.27	3.33	3.38	3.43	3.48	3.53	3.58	3.62	3.66	3.70	3.87	4.01	4.13	4.23	4.32
	3.0	3.26	3.34	3.41	3.47	3.54	3.60	3.65	3.70	3.75	3.80	3.85	3.89	3.93	4.12	4.27	4.40	4.51	4.61

注：表中的计算长度系数 μ_2 值系按下式计算；

$$\tan\frac{\pi\eta_1}{\mu_2} + \eta_1 K_1 \cdot \tan\frac{\pi}{\mu_2} = 0$$

柱上端为自由的双阶柱下段的计算长度系数 μ_3

附表 9-5

简图	η_1	η_2 \ K_1	0.05											0.10										
		K_2	0.2	0.3	0.4	0.5	0.6	0.7	0.8	0.9	1.0	1.1	1.2	0.2	0.3	0.4	0.5	0.6	0.7	0.8	0.9	1.0	1.1	1.2
	0.2	0.2	2.02	2.03	2.04	2.05	2.05	2.06	2.07	2.08	2.09	2.10	2.10	2.03	2.03	2.04	2.05	2.06	2.07	2.08	2.08	2.09	2.10	2.11
		0.4	2.08	2.11	2.15	2.19	2.22	2.25	2.29	2.32	2.35	2.39	2.42	2.09	2.12	2.16	2.19	2.23	2.26	2.29	2.33	2.36	2.39	2.42
		0.6	2.20	2.29	2.37	2.45	2.52	2.60	2.67	2.73	2.80	2.87	2.93	2.21	2.30	2.38	2.46	2.53	2.60	2.67	2.74	2.81	2.87	2.93
		0.8	2.42	2.57	2.71	2.83	2.95	3.06	3.17	3.27	3.37	3.47	3.56	2.44	2.58	2.71	2.84	2.96	3.07	3.17	3.28	3.37	3.47	3.56
		1.0	2.75	2.95	3.13	3.30	3.45	3.60	3.74	3.87	4.00	4.13	4.25	2.76	2.96	3.14	3.30	3.46	3.60	3.74	3.88	4.01	4.13	4.25
		1.2	3.13	3.38	3.60	3.80	4.00	4.18	4.35	4.51	4.67	4.82	4.97	3.15	3.39	3.61	3.81	4.00	4.18	4.35	4.52	4.68	4.83	4.98
	0.4	0.2	2.04	2.05	2.05	2.06	2.07	2.08	2.09	2.09	2.10	2.11	2.12	2.07	2.07	2.08	2.08	2.09	2.10	2.11	2.12	2.12	2.13	2.14
		0.4	2.10	2.14	2.17	2.20	2.24	2.27	2.31	2.34	2.37	2.40	2.43	2.14	2.17	2.20	2.23	2.26	2.30	2.33	2.36	2.39	2.42	2.46
		0.6	2.24	2.32	2.40	2.47	2.54	2.62	2.68	2.75	2.82	2.88	2.94	2.28	2.36	2.43	2.50	2.57	2.64	2.71	2.77	2.84	2.90	2.96
		0.8	2.47	2.60	2.73	2.85	2.97	3.08	3.19	3.29	3.38	3.48	3.57	2.53	2.65	2.77	2.88	3.00	3.10	3.21	3.31	3.40	3.50	3.59
$K_1=\frac{I_1}{I_3}\cdot\frac{H_3}{H_1}$		1.0	2.99	2.98	3.15	3.32	3.47	3.62	3.75	3.89	4.02	4.14	4.26	2.85	3.02	3.19	3.34	3.49	3.64	3.77	3.91	4.03	4.16	4.28
$K_2=\frac{I_2}{I_3}\cdot\frac{H_3}{H_2}$		1.2	3.18	3.41	3.62	3.82	4.01	4.19	4.36	4.52	4.68	4.83	4.98	3.24	3.45	3.65	3.85	4.03	4.21	4.38	4.54	4.70	4.85	4.99
$\eta_1=\frac{H_1}{H_3}\sqrt{\frac{N_1}{N_3}\cdot\frac{I_3}{I_1}}$	0.6	0.2	2.09	2.09	2.10	2.10	2.11	2.12	2.12	2.13	2.14	2.15	2.15	2.22	2.19	2.18	2.17	2.18	2.18	2.19	2.19	2.20	2.20	2.21
$\eta_2=\frac{H_2}{H_3}\sqrt{\frac{N_2}{N_3}\cdot\frac{I_3}{I_2}}$		0.4	2.17	2.19	2.22	2.25	2.28	2.31	2.34	2.38	2.41	2.44	2.47	2.31	2.30	2.31	2.33	2.35	2.38	2.41	2.44	2.47	2.49	2.52
N_1——上段柱的轴心力；		0.6	2.32	2.38	2.45	2.52	2.59	2.66	2.72	2.79	2.85	2.91	2.97	2.48	2.49	2.54	2.60	2.66	2.72	2.78	2.84	2.90	2.96	3.02
N_2——中段柱的轴心力；		0.8	2.56	2.67	2.79	2.90	3.01	3.11	3.22	3.32	3.41	3.50	3.60	2.72	2.78	2.87	2.97	3.07	3.17	3.27	3.36	3.46	3.55	3.64
N_3——下段柱的轴心力		1.0	2.88	3.04	3.20	3.36	3.50	3.65	3.78	3.91	4.04	4.16	4.26	3.04	3.15	3.28	3.42	3.56	3.70	3.83	3.95	4.08	4.20	4.31
		1.2	3.26	3.46	3.66	3.86	4.04	4.22	4.38	4.55	4.70	4.85	5.00	3.40	3.56	3.74	3.91	4.09	4.26	4.42	4.58	4.73	4.88	5.03
	0.8	0.2	2.29	2.24	2.22	2.21	2.21	2.22	2.22	2.22	2.23	2.23	2.24	2.63	2.49	2.43	2.40	2.38	2.37	2.37	2.36	2.36	2.37	2.37
		0.4	2.37	2.34	2.34	2.36	2.38	2.40	2.43	2.45	2.48	2.51	2.54	2.71	2.59	2.55	2.54	2.54	2.55	2.57	2.59	2.61	2.63	2.65
		0.6	2.52	2.52	2.56	2.61	2.67	2.73	2.79	2.85	2.91	2.96	3.02	2.86	2.76	2.76	2.78	2.82	2.86	2.91	2.96	3.01	3.07	3.12
		0.8	2.74	2.79	2.88	2.98	3.08	3.17	3.27	3.36	3.46	3.55	3.63	3.06	3.02	3.06	3.13	3.20	3.29	3.37	3.46	3.54	3.63	3.71
		1.0	3.04	3.15	3.28	3.42	3.56	3.69	3.82	3.95	4.07	4.19	4.31	3.33	3.35	3.44	3.55	3.67	3.79	3.90	4.03	4.15	4.26	4.37
		1.2	3.39	3.55	3.73	3.91	4.08	4.25	4.42	4.58	4.73	4.88	5.02	3.65	3.73	3.86	4.02	4.18	4.34	4.49	4.64	4.79	4.94	5.08
	1.0	0.2	2.69	2.57	2.51	2.48	2.46	2.45	2.45	2.44	2.44	2.44	2.44	3.18	2.95	2.84	2.77	2.73	2.70	2.68	2.67	2.66	2.65	2.65
		0.4	2.75	2.64	2.60	2.59	2.59	2.59	2.60	2.62	2.63	2.65	2.67	3.24	3.03	2.93	2.88	2.85	2.84	2.84	2.84	2.85	2.86	2.87
		0.6	2.86	2.78	2.77	2.79	2.83	2.87	2.91	2.96	3.01	3.06	3.10	3.36	3.16	3.09	3.07	3.08	3.09	3.12	3.15	3.19	3.23	3.27
		0.8	3.04	3.01	3.05	3.11	3.19	3.27	3.35	3.44	3.52	3.61	3.69	3.52	3.37	3.34	3.36	3.41	3.46	3.53	3.60	3.67	3.75	3.82
		1.0	3.29	3.32	3.41	3.52	3.64	3.76	3.89	4.01	4.13	4.24	4.35	3.74	3.64	3.67	3.74	3.83	3.93	4.03	4.14	4.25	4.35	4.46
		1.2	3.60	3.69	3.83	3.99	4.15	4.31	4.47	4.62	4.77	4.92	5.06	4.00	3.97	4.05	4.17	4.31	4.45	4.59	4.73	4.87	5.01	5.14
	1.2	0.2	3.16	3.00	2.92	2.87	2.84	2.81	2.80	2.79	2.78	2.77	2.77	3.77	3.47	3.32	3.23	3.17	3.12	3.09	3.07	3.05	3.04	3.03
		0.4	3.21	3.05	2.98	2.94	2.92	2.90	2.90	2.90	2.90	2.91	2.92	3.82	3.53	3.39	3.31	3.26	3.22	3.20	3.19	3.19	3.19	3.19
		0.6	3.30	3.15	3.10	3.08	3.08	3.10	3.12	3.15	3.18	3.22	3.26	3.91	3.64	3.51	3.45	3.42	3.42	3.42	3.43	3.45	3.48	3.50
		0.8	3.43	3.32	3.30	3.33	3.37	3.43	3.49	3.56	3.63	3.71	3.78	4.04	3.80	3.71	3.68	3.69	3.72	3.76	3.81	3.86	3.92	3.98
		1.0	3.62	3.57	3.60	3.68	3.77	3.87	3.98	4.09	4.20	4.31	4.42	4.21	4.02	3.97	3.99	4.05	4.12	4.20	4.29	4.39	4.48	4.58
		1.2	3.88	3.88	3.98	4.11	4.25	4.39	4.54	4.68	4.83	4.97	5.10	4.43	4.30	4.31	4.38	4.48	4.60	4.72	4.85	4.98	5.11	5.24
	1.4	0.2	3.66	3.46	3.36	3.29	3.25	3.23	3.20	3.19	3.18	3.17	3.16	4.37	4.01	3.82	3.71	3.63	3.58	3.54	3.51	3.49	3.47	3.45
		0.4	3.70	3.50	3.40	3.35	3.31	3.29	3.27	3.26	3.26	3.26	3.26	4.41	4.06	3.88	3.77	3.70	3.66	3.63	3.60	3.59	3.58	3.57
		0.6	3.77	3.58	3.49	3.45	3.43	3.42	3.42	3.43	3.45	3.47	3.49	4.48	4.15	3.98	3.89	3.83	3.80	3.79	3.78	3.79	3.80	3.81
		0.8	3.87	3.70	3.64	3.63	3.64	3.67	3.70	3.75	3.81	3.86	3.92	4.59	4.28	4.13	4.07	4.04	4.04	4.06	4.08	4.12	4.16	4.21
		1.0	4.02	3.89	3.87	3.90	3.96	4.04	4.12	4.22	4.31	4.41	4.51	4.74	4.45	4.35	4.32	4.34	4.38	4.43	4.50	4.58	4.66	4.74
		1.2	4.23	4.15	4.19	4.27	4.39	4.51	4.64	4.77	4.91	5.04	5.17	4.92	4.69	4.63	4.65	4.72	4.80	4.90	5.10	5.13	5.24	5.36

续表

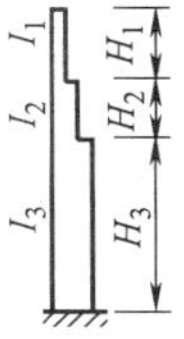

简图

$K_1=\frac{I_1}{I_3}\cdot\frac{H_3}{H_1}$

$K_2=\frac{I_2}{I_3}\cdot\frac{H_3}{H_2}$

$\eta_1=\frac{H_1}{H_3}\sqrt{\frac{N_1}{N_3}\cdot\frac{I_3}{I_1}}$

$\eta_2=\frac{H_2}{H_3}\sqrt{\frac{N_2}{N_3}\cdot\frac{I_3}{I_2}}$

N_1——上段柱的轴心力；

N_2——中段柱的轴心力；

N_3——下段柱的轴心力

η_1	η_2 \ K_1	0.20											0.30										
	K_2	0.2	0.3	0.4	0.5	0.6	0.7	0.8	0.9	1.0	1.1	1.2	0.2	0.3	0.4	0.5	0.6	0.7	0.8	0.9	1.0	1.1	1.2
0.2	0.2	2.04	2.04	2.05	2.06	2.07	2.08	2.08	2.09	2.10	2.11	2.12	2.05	2.05	2.06	2.07	2.08	2.09	2.09	2.10	2.11	2.12	2.13
	0.4	2.10	2.13	2.17	2.20	2.24	2.27	2.30	2.34	2.37	2.40	2.43	2.12	2.15	2.18	2.21	2.25	2.28	2.31	2.35	2.38	2.41	2.44
	0.6	2.23	2.31	2.39	2.47	2.54	2.61	2.68	2.75	2.82	2.88	2.94	2.25	2.33	2.41	2.48	2.56	2.63	2.69	2.76	2.83	2.89	2.95
	0.8	2.46	2.60	2.73	2.85	2.97	3.08	3.18	3.29	3.38	3.48	3.57	2.49	2.62	2.75	2.87	2.98	3.09	3.20	3.30	3.39	3.49	3.58
	1.0	2.79	2.98	3.15	3.32	3.47	3.61	3.75	3.89	4.02	4.14	4.26	3.82	3.00	3.17	3.33	3.48	3.63	3.76	3.90	4.02	4.15	4.27
	1.2	3.18	3.41	3.62	3.82	4.01	4.19	4.36	4.52	4.68	4.83	4.98	3.20	3.43	3.64	3.83	4.02	4.20	4.37	4.53	4.69	4.84	4.99
0.4	0.2	2.15	2.13	2.13	2.14	2.14	2.15	2.15	2.16	2.17	2.17	2.18	2.26	2.21	2.20	2.19	2.19	2.20	2.20	2.21	2.21	2.22	2.23
	0.4	2.24	2.24	2.26	2.29	2.32	2.35	2.38	2.41	2.44	2.47	2.50	2.36	2.33	2.33	2.35	2.38	2.40	2.43	2.46	2.49	2.51	2.54
	0.6	2.40	2.44	2.50	2.56	2.63	2.69	2.76	2.82	2.88	2.94	3.00	2.54	2.54	2.58	2.63	2.69	2.75	2.81	2.87	2.93	2.99	3.04
	0.8	2.66	2.74	2.84	2.95	3.05	3.15	3.25	3.35	3.44	3.53	3.62	2.79	2.83	2.91	3.01	3.10	3.20	3.30	3.39	3.48	3.57	3.66
	1.0	2.98	3.12	3.25	3.40	3.54	3.68	3.81	3.94	4.07	4.19	4.30	3.11	3.20	3.32	3.46	3.59	3.72	3.85	3.98	4.10	4.22	4.33
	1.2	3.35	3.53	3.71	3.90	4.08	4.25	4.41	4.57	4.73	4.87	5.02	3.47	3.60	3.77	3.95	4.12	4.28	4.45	4.60	4.75	4.90	5.04
0.6	0.2	2.57	2.42	2.37	2.34	2.33	2.32	2.32	2.32	2.32	2.32	2.33	2.93	2.68	2.57	2.52	2.49	2.47	2.46	2.45	2.45	2.45	2.45
	0.4	2.67	2.54	2.50	2.50	2.51	2.52	2.54	2.56	2.58	2.61	2.63	3.02	2.79	2.71	2.67	2.66	2.66	2.67	2.69	2.70	2.72	2.74
	0.6	2.83	2.74	2.73	2.76	2.80	2.85	2.90	2.96	3.01	3.06	3.12	3.17	2.98	2.93	2.93	2.95	2.98	3.02	3.07	3.11	3.16	3.21
	0.8	3.06	3.01	3.05	3.12	3.20	3.29	3.38	3.46	3.55	3.63	3.72	4.37	3.24	3.23	3.27	3.33	3.41	3.48	3.56	3.64	3.72	3.80
	1.0	3.34	3.35	3.44	3.56	3.68	3.80	3.92	4.04	4.15	4.27	4.38	3.63	3.56	3.60	3.69	3.79	3.90	4.01	4.12	4.23	4.34	4.45
	1.2	3.67	3.74	3.88	4.03	4.19	4.35	4.50	4.65	4.80	4.94	5.08	3.94	3.92	4.02	4.15	4.29	4.43	4.58	4.72	4.87	5.01	5.14
0.8	0.2	3.25	2.96	2.82	2.74	2.69	2.66	2.64	2.62	2.61	2.61	2.60	3.78	3.38	3.18	3.06	2.98	2.93	2.89	2.86	2.84	2.83	2.82
	0.4	3.33	3.05	2.93	2.87	2.84	2.83	2.83	2.83	2.84	2.85	2.87	3.85	3.47	3.28	3.18	3.12	3.09	3.07	3.06	3.06	3.06	3.06
	0.6	3.45	3.21	3.12	3.10	3.10	3.12	3.14	3.18	3.22	3.26	3.30	3.96	3.61	3.46	3.39	3.36	3.35	3.36	3.38	3.41	3.44	3.47
	0.8	3.63	3.44	3.39	3.41	3.45	3.51	3.57	3.64	3.71	3.79	3.86	4.12	3.82	3.70	3.67	3.68	3.72	3.76	3.82	3.88	3.94	4.01
	1.0	3.86	3.73	3.73	3.80	3.88	3.98	4.08	4.18	4.29	4.39	4.50	4.32	4.07	4.01	4.03	4.08	4.16	4.24	4.33	4.43	4.52	4.62
	1.2	4.13	4.07	4.13	4.24	4.36	4.50	4.64	4.78	4.91	5.05	5.18	4.57	4.38	4.38	4.44	4.54	4.66	4.78	4.90	5.03	5.16	5.29
1.0	0.2	4.00	3.60	3.39	3.26	3.18	3.13	3.08	3.05	3.03	3.01	3.00	4.68	4.15	3.86	3.69	3.57	3.49	3.43	3.38	3.35	3.32	3.30
	0.4	4.06	3.67	3.48	3.37	3.30	3.26	3.23	3.21	3.21	3.20	3.20	4.73	4.21	3.94	3.78	3.68	3.61	3.57	3.54	3.51	3.50	3.49
	0.6	4.15	3.79	3.63	3.54	3.50	3.48	3.49	3.50	3.51	3.54	3.57	4.82	4.33	4.08	3.95	3.87	3.83	3.80	3.80	3.80	3.81	3.83
	0.8	4.29	3.97	3.84	3.80	3.79	3.81	3.85	3.90	3.95	4.01	4.07	4.94	4.49	4.28	4.18	4.14	4.13	4.14	4.17	4.20	4.25	4.29
	1.0	4.48	4.21	4.13	4.13	4.17	4.23	4.31	4.39	4.48	4.57	4.66	5.10	4.70	4.53	4.48	4.48	4.51	4.56	4.62	4.70	4.77	4.85
	1.2	4.70	4.49	4.47	4.52	4.60	4.71	4.82	4.94	5.07	5.19	5.31	5.30	4.95	4.84	4.83	4.88	4.96	5.05	5.15	5.26	5.37	5.48
1.2	0.2	4.76	4.26	4.00	3.83	3.72	3.65	3.59	3.54	3.51	3.48	3.46	5.58	4.93	4.57	4.35	4.20	4.10	4.01	3.95	3.90	3.86	3.83
	0.4	4.81	4.32	4.07	3.91	3.82	3.75	3.70	3.67	3.65	3.63	3.62	5.62	4.98	4.64	4.43	4.29	4.19	4.12	4.07	4.03	4.01	3.98
	0.6	4.89	4.43	4.19	4.05	3.98	3.93	3.91	3.89	3.89	3.90	3.91	5.70	5.08	4.75	4.56	4.44	4.37	4.32	4.29	4.27	4.26	4.26
	0.8	5.00	4.57	4.36	4.26	4.21	4.20	4.21	4.23	4.26	4.30	4.34	5.80	5.21	4.91	4.75	4.66	4.61	4.59	4.59	4.60	4.62	4.65
	1.0	5.15	4.76	4.59	4.53	4.53	4.55	4.60	4.66	4.73	4.80	4.88	5.93	5.38	5.12	5.00	4.95	4.94	4.95	4.99	5.03	5.09	5.15
	1.2	5.34	5.00	4.88	4.87	4.91	4.98	5.07	5.17	5.27	5.38	5.49	6.10	5.59	5.38	5.31	5.30	5.33	5.39	5.46	5.54	5.63	5.73
1.4	0.2	5.53	4.94	4.62	4.42	4.29	4.19	4.12	4.06	4.02	3.98	3.95	6.49	5.72	5.30	5.03	4.85	4.72	4.62	4.54	4.48	4.43	4.38
	0.4	5.57	4.99	4.68	4.49	4.36	4.27	4.21	4.16	4.13	4.10	4.08	6.53	5.77	5.35	5.10	4.93	4.80	4.71	4.64	4.59	4.55	4.51
	0.6	5.64	5.07	4.78	4.60	4.49	4.42	4.38	4.35	4.33	4.32	4.32	6.59	5.85	5.45	5.21	5.05	4.95	4.87	4.82	4.78	4.76	4.74
	0.8	5.74	5.19	4.92	4.77	4.69	4.64	4.62	4.62	4.63	4.65	4.67	6.68	5.96	5.59	5.37	5.24	5.15	5.10	5.08	5.06	5.06	5.07
	1.0	5.86	5.35	5.12	5.00	4.95	4.94	4.96	4.99	5.03	5.09	5.15	6.79	6.10	5.76	5.58	5.48	5.43	5.41	5.41	5.44	5.47	5.51
	1.2	6.02	5.55	5.36	5.29	5.28	5.31	5.37	5.44	5.52	5.61	5.71	6.93	6.28	5.98	5.84	5.78	5.76	5.79	5.83	5.89	5.95	6.03

注：表中的计算长度系数 μ_3 值系按下式算得：

$$\frac{\eta_1 K_1}{\eta_2 K_2}\cdot\tan\frac{\pi\eta_1}{\mu_3}\cdot\tan\frac{\pi\eta_2}{\mu_3}+\eta_1 K_1\cdot\tan\frac{\pi\eta_1}{\mu_3}\cdot\tan\frac{\pi}{\mu_3}+\eta_2 K_2\cdot\tan\frac{\pi\eta_2}{\mu_3}\cdot\tan\frac{\pi}{\mu_3}-1=0$$

柱顶可移动但不转动的双阶柱下段的计算长度系数 μ_3 **附表 9-6**

η_1	η_2 \ K_1	0.05											0.10										
	K_2	0.2	0.3	0.4	0.5	0.6	0.7	0.8	0.9	1.0	1.1	1.2	0.2	0.3	0.4	0.5	0.6	0.7	0.8	0.9	1.0	1.1	1.2
0.2	0.2	1.99	1.99	2.00	2.00	2.01	2.02	2.02	2.03	2.04	2.05	2.06	1.96	1.96	1.97	1.97	1.98	1.98	1.99	2.00	2.00	2.01	2.02
	0.4	2.03	2.06	2.09	2.12	2.16	2.19	2.22	2.25	2.29	2.32	2.35	2.00	2.02	2.05	2.08	2.11	2.14	2.17	2.20	2.23	2.26	2.29
	0.6	2.12	2.20	2.28	2.36	2.43	2.50	2.57	2.64	2.71	2.77	2.83	2.07	2.14	2.22	2.29	2.36	2.43	2.50	2.56	2.63	2.69	2.75
	0.8	2.28	2.43	2.57	2.70	2.82	2.94	3.04	3.15	3.25	3.34	3.43	2.20	2.35	2.48	2.61	2.73	2.84	2.94	3.05	3.14	3.24	3.33
	1.0	2.53	2.76	2.96	3.13	3.29	3.44	3.59	3.72	3.85	3.98	4.10	2.41	2.64	2.83	3.01	3.17	3.32	3.46	3.59	3.72	3.85	3.97
	1.2	2.86	3.15	3.39	3.61	3.80	3.99	4.16	4.33	4.49	4.64	4.79	2.70	2.99	3.23	3.45	3.65	3.84	4.01	4.18	4.34	4.49	4.64
0.4	0.2	1.99	1.99	2.00	2.01	2.01	2.02	2.03	2.04	2.04	2.05	2.06	1.96	1.97	1.97	1.98	1.98	1.99	2.00	2.00	2.01	2.02	2.03
	0.4	2.03	2.06	2.09	2.13	2.16	2.19	2.23	2.26	2.29	2.32	2.35	2.00	2.03	2.06	2.09	2.12	2.15	2.18	2.21	2.24	2.27	2.30
	0.6	2.12	2.20	2.28	2.36	2.44	2.51	2.58	2.64	2.71	2.77	2.84	2.08	2.15	2.23	2.30	2.37	2.44	2.51	2.57	2.64	2.70	2.76
	0.8	2.29	2.44	2.58	2.71	2.83	2.94	3.05	3.15	3.25	3.35	3.44	2.21	2.36	2.49	2.62	2.73	2.85	2.95	3.05	3.15	3.24	3.34
	1.0	2.54	2.77	2.96	3.14	3.30	3.45	3.59	3.73	3.85	3.98	4.10	2.43	2.65	2.84	3.02	3.18	3.33	3.47	3.60	3.73	3.85	3.97
	1.2	2.87	3.15	3.40	2.61	3.81	3.99	4.17	4.33	4.49	4.65	4.79	2.71	3.00	3.24	3.46	3.66	3.85	4.02	4.19	4.34	4.49	4.64
0.6	0.2	1.99	1.98	2.00	2.01	2.02	2.03	2.04	2.04	2.05	2.06	2.07	1.97	1.98	1.98	1.99	2.00	2.00	2.01	2.02	2.02	2.03	2.04
	0.4	2.04	2.07	2.10	2.14	2.17	2.20	2.23	2.27	2.30	2.33	2.36	2.01	2.04	2.07	2.10	2.13	2.16	2.19	2.22	2.26	2.29	2.32
	0.6	2.13	2.21	2.29	2.37	2.45	2.52	2.59	2.65	2.72	2.78	2.84	2.09	2.17	2.24	2.32	2.39	2.46	2.52	2.59	2.65	2.71	2.77
	0.8	2.30	2.45	2.59	2.72	2.84	2.95	3.06	3.16	3.26	3.35	3.44	2.23	2.38	2.51	2.64	2.75	2.86	2.97	3.07	3.16	3.26	3.35
	1.0	2.56	2.78	2.97	3.15	3.31	3.46	3.60	3.73	3.86	3.99	4.11	2.45	2.68	2.86	3.03	3.19	3.34	3.48	3.61	3.74	3.86	3.98
	1.2	2.89	3.17	3.41	3.62	3.82	4.00	4.17	4.34	4.50	4.65	4.80	2.74	3.02	3.26	3.48	3.67	3.86	4.03	4.20	4.35	4.50	4.65
0.8	0.2	2.00	2.01	2.02	2.02	2.03	2.04	2.05	2.05	2.06	2.07	2.08	1.99	1.99	2.00	2.01	2.01	2.02	2.03	2.04	2.04	2.05	2.06
	0.4	2.05	2.08	2.12	2.15	2.18	2.21	2.25	2.28	2.31	2.34	2.37	2.03	2.06	2.09	2.12	2.15	2.19	2.22	2.25	2.28	2.31	2.34
	0.6	2.15	2.23	2.31	2.39	2.46	2.53	2.60	2.67	2.73	2.79	2.85	2.12	2.19	2.27	2.34	2.41	2.48	2.55	2.61	2.67	2.73	2.79
	0.8	2.32	2.47	2.61	2.73	2.85	2.96	3.07	3.17	3.27	3.36	3.45	2.27	2.41	2.54	2.66	2.78	2.89	2.99	3.09	3.18	3.28	3.37
	1.0	2.59	2.80	2.99	3.16	3.32	3.47	3.61	3.74	3.87	3.99	4.11	2.49	2.70	2.89	3.06	3.21	3.36	3.50	3.63	3.76	3.88	4.00
	1.2	2.92	3.19	3.42	3.63	3.83	4.01	4.18	4.35	4.51	4.66	4.81	2.78	3.05	3.29	3.50	3.69	3.88	4.05	4.21	4.37	4.52	4.66
1.0	0.2	2.02	2.02	2.03	2.04	2.05	2.05	2.06	2.07	2.08	2.09	2.09	2.01	2.02	2.03	2.04	2.04	2.05	2.06	2.07	2.07	2.08	2.09
	0.4	2.07	2.10	2.14	2.17	2.20	2.23	2.26	2.30	2.33	2.36	2.39	2.06	2.10	2.13	2.16	2.19	2.22	2.25	2.28	2.31	2.34	2.37
	0.6	2.17	2.26	2.33	2.41	2.48	2.55	2.62	2.68	2.75	2.81	2.87	2.16	2.24	2.31	2.38	2.45	2.51	2.58	2.64	2.70	2.76	2.82
	0.8	2.36	2.50	2.63	2.76	2.87	2.98	3.08	3.19	3.28	3.38	3.47	2.32	2.46	2.58	2.70	2.81	2.92	3.02	3.12	3.21	3.30	3.39
	1.0	2.62	2.82	3.01	3.18	3.34	3.48	3.62	3.75	3.88	4.01	4.12	2.55	2.75	2.93	3.09	3.25	3.39	3.53	3.66	3.78	3.90	4.02
	1.2	2.95	3.21	3.44	3.65	3.82	4.02	4.20	4.36	4.52	4.67	4.81	2.84	3.10	3.32	3.53	3.72	3.90	4.07	4.23	4.39	4.54	4.68
1.2	0.2	2.04	2.05	2.06	2.06	2.07	2.08	2.09	2.09	2.10	2.11	2.12	2.07	2.08	2.08	2.09	2.09	2.10	2.11	2.11	2.12	2.13	2.13
	0.4	2.10	2.13	2.17	2.20	2.23	2.26	2.29	2.32	2.35	2.38	2.41	2.13	2.16	2.18	2.21	2.24	2.27	2.30	2.33	2.35	2.38	2.41
	0.6	2.22	2.29	2.37	2.44	2.51	2.58	2.64	2.71	2.77	2.83	2.89	2.24	2.30	2.37	2.43	2.50	2.56	2.63	2.68	2.74	2.80	2.86
	0.8	2.41	2.54	2.67	2.78	2.90	3.00	3.11	3.20	3.30	3.39	3.48	2.41	2.53	2.64	2.75	2.86	2.96	3.06	3.15	3.24	3.33	3.42
	1.0	2.68	2.87	3.04	3.21	3.36	3.50	3.64	3.77	3.90	4.02	4.14	2.64	2.82	2.98	3.14	3.29	3.43	3.56	3.69	3.81	3.93	4.04
	1.2	3.00	3.25	3.47	3.67	3.86	4.04	4.21	4.37	4.53	4.68	4.83	2.92	3.16	3.37	3.57	3.76	3.93	4.10	4.26	4.41	4.56	4.70
1.4	0.2	2.10	2.10	2.10	2.11	2.11	2.12	2.13	2.13	2.14	2.15	2.15	2.20	2.18	2.17	2.17	2.17	2.18	2.18	2.19	2.19	2.20	2.20
	0.4	2.17	2.19	2.21	2.24	2.27	2.30	2.33	2.36	2.39	2.41	2.44	2.26	2.26	2.27	2.29	2.32	2.34	2.37	2.39	2.42	2.44	2.47
	0.6	2.29	2.35	2.41	2.48	2.55	2.61	2.67	2.74	2.80	2.86	2.91	2.37	2.41	2.46	2.51	2.57	2.63	2.68	2.74	2.80	2.85	2.91
	0.8	2.48	2.60	2.71	2.82	2.93	3.03	3.13	3.23	3.32	3.41	3.50	2.53	2.62	2.72	2.82	2.92	3.01	3.11	3.20	3.29	3.37	3.46
	1.0	2.74	2.92	3.08	3.24	3.39	3.53	3.66	3.79	3.92	4.04	4.15	2.75	2.90	3.05	3.20	3.34	3.47	3.60	3.72	3.84	3.96	4.07
	1.2	3.06	3.29	3.50	3.70	3.89	4.06	4.23	4.39	4.55	4.70	4.84	3.02	3.23	3.43	3.62	3.80	3.97	4.13	4.29	4.44	4.59	4.73

简图

I_1, I_2, I_3; H_1, H_2, H_3

$$K_1=\frac{I_1}{I_3}\cdot\frac{H_3}{H_1}$$

$$K_2=\frac{I_2}{I_3}\cdot\frac{H_3}{H_2}$$

$$\eta_1=\frac{H_1}{H_3}\sqrt{\frac{N_1}{N_3}\cdot\frac{I_3}{I_1}}$$

$$\eta_2=\frac{H_2}{H_3}\sqrt{\frac{N_2}{N_3}\cdot\frac{I_3}{I_2}}$$

N_1——上段柱的轴心力；

N_2——中段柱的轴心力；

N_3——下段柱的轴心力

续表

简图：

$K_1=\frac{I_1}{I_3}\cdot\frac{H_3}{H_1}$

$K_2=\frac{I_2}{I_3}\cdot\frac{H_3}{H_2}$

$\eta_1=\frac{H_1}{H_3}\sqrt{\frac{N_1}{N_3}\cdot\frac{I_3}{I_1}}$

$\eta_2=\frac{H_2}{H_3}\sqrt{\frac{N_2}{N_3}\cdot\frac{I_3}{I_2}}$

N_1——上段柱的轴心力；

N_2——中段柱的轴心力；

N_3——下段柱的轴心力

η_1	η_2 \ K_1	0.20											0.30										
	K_2	0.2	0.3	0.4	0.5	0.6	0.7	0.8	0.9	1.0	1.1	1.2	0.2	0.3	0.4	0.5	0.6	0.7	0.8	0.9	1.0	1.1	1.2
0.2	0.2	1.94	1.93	1.93	1.93	1.93	1.93	1.94	1.94	1.95	1.95	1.96	1.92	1.91	1.90	1.89	1.89	1.89	1.90	1.90	1.90	1.90	1.91
	0.4	1.96	1.98	1.99	2.02	2.04	2.07	2.09	2.12	2.15	2.17	2.20	1.95	1.95	1.96	1.97	1.99	2.01	2.04	2.06	2.08	2.11	2.13
	0.6	2.02	2.07	2.13	2.19	2.26	2.32	2.38	2.44	2.50	2.56	2.62	1.99	2.03	2.08	2.13	2.18	2.24	2.29	2.35	2.41	2.46	2.52
	0.8	2.12	2.23	2.35	2.47	2.58	2.68	2.78	2.88	2.98	3.07	3.15	2.07	2.16	2.27	2.37	2.47	2.57	2.66	2.75	2.84	2.93	3.01
	1.0	2.28	2.47	2.65	2.82	2.97	3.12	3.26	3.39	3.51	3.63	3.75	2.20	2.37	2.53	2.69	2.83	2.97	3.10	3.23	3.35	3.46	3.57
	1.2	2.50	2.77	3.01	3.22	3.42	3.60	3.77	3.93	4.09	4.23	4.38	2.39	2.63	2.85	3.05	3.24	3.42	3.58	3.74	3.89	4.03	4.17
0.4	0.2	1.93	1.93	1.93	1.93	1.94	1.94	1.95	1.95	1.96	1.96	1.97	1.92	1.91	1.91	1.90	1.90	1.91	1.91	1.91	1.92	1.92	1.92
	0.4	1.97	1.98	2.00	2.03	2.05	2.08	2.11	2.13	2.16	2.19	2.22	1.95	1.96	1.97	1.99	2.01	2.03	2.05	2.08	2.10	2.12	2.15
	0.6	2.03	2.08	2.14	2.21	2.27	2.33	2.40	2.46	2.52	2.58	2.63	2.00	2.04	2.09	2.14	2.20	2.26	2.31	2.37	2.42	2.48	2.53
	0.8	2.13	2.25	2.37	2.48	2.59	2.70	2.80	2.90	2.99	3.08	3.17	2.08	2.18	2.28	2.39	2.49	2.59	2.68	2.77	2.86	2.95	3.03
	1.0	2.29	2.49	2.67	2.83	2.99	3.13	3.27	3.40	3.53	3.64	3.76	2.22	2.39	2.55	2.71	2.85	2.99	3.12	3.24	3.36	3.48	3.59
	1.2	2.52	2.79	3.02	3.23	3.43	3.61	3.78	3.94	4.10	4.24	4.39	2.41	2.65	2.87	3.07	3.26	3.43	3.60	3.75	3.90	4.04	4.18
0.6	0.2	1.95	1.95	1.95	1.95	1.96	1.96	1.97	1.97	1.98	1.98	1.99	1.93	1.93	1.92	1.92	1.93	1.93	1.93	1.94	1.94	1.95	1.95
	0.4	1.98	2.00	2.02	2.05	2.08	2.10	2.13	2.16	2.19	2.21	2.24	1.96	1.97	1.99	2.01	2.03	2.06	2.08	2.11	2.13	2.16	2.18
	0.6	2.04	2.10	2.17	2.23	2.30	2.36	2.42	2.48	2.54	2.60	2.66	2.02	2.06	2.12	2.17	2.23	2.29	2.35	2.40	2.46	2.51	2.57
	0.8	2.15	2.27	2.39	2.51	2.62	2.72	2.82	2.92	3.01	3.10	3.19	2.11	2.21	2.32	2.42	2.52	2.62	2.71	2.80	2.89	2.98	3.06
	1.0	2.32	2.52	2.70	2.86	3.01	3.16	3.29	3.42	3.55	3.66	3.78	2.25	2.42	2.59	2.74	2.88	3.02	3.15	3.27	3.39	3.50	3.61
	1.2	2.55	2.82	3.05	3.26	3.45	3.63	3.80	3.96	4.11	4.26	4.40	2.44	2.69	2.91	3.11	3.29	3.46	3.62	3.78	3.93	4.07	4.20
0.8	0.2	1.97	1.97	1.98	1.98	1.99	1.99	2.00	2.01	2.01	2.02	2.03	1.96	1.95	1.96	1.96	1.97	1.97	1.98	1.98	1.99	1.99	2.00
	0.4	2.00	2.03	2.06	2.08	2.11	2.14	2.17	2.20	2.22	2.25	2.28	1.99	2.01	2.03	2.05	2.08	2.10	2.13	2.15	2.18	2.21	2.23
	0.6	2.08	2.14	2.21	2.27	2.34	2.40	2.46	2.52	2.58	2.64	2.69	2.05	2.10	2.16	2.22	2.28	2.34	2.40	2.45	2.51	2.56	2.81
	0.8	2.19	2.32	2.44	2.55	2.66	2.76	2.86	2.96	3.05	3.13	3.22	2.15	2.26	2.37	2.47	2.57	2.67	2.76	2.85	2.94	3.02	3.10
	1.0	2.37	2.57	2.74	2.90	3.05	3.19	3.33	3.45	3.58	3.69	3.81	2.30	2.48	2.64	2.79	2.93	3.07	3.19	3.31	3.43	3.54	3.65
	1.2	2.61	2.87	3.09	3.30	3.49	3.66	3.83	3.99	4.14	4.29	4.42	2.50	2.74	2.96	3.15	3.33	3.50	3.66	3.81	3.96	4.10	4.23
1.0	0.2	2.01	2.02	2.03	2.03	2.04	2.05	2.05	2.06	2.07	2.07	2.08	2.01	2.02	2.02	2.03	2.04	2.04	2.05	2.06	2.06	2.07	2.07
	0.4	2.06	2.09	2.11	2.14	2.17	2.20	2.23	2.25	2.28	2.31	2.33	2.05	2.08	2.10	2.13	2.16	2.18	2.21	2.23	2.26	2.28	2.31
	0.6	2.14	2.21	2.27	2.34	2.40	2.46	2.52	2.58	2.63	2.69	2.74	2.13	2.19	2.25	2.30	2.36	2.42	2.47	2.53	2.58	2.63	2.68
	0.8	2.27	2.39	2.51	2.62	2.72	2.82	2.91	3.00	3.09	3.18	3.26	2.24	2.35	2.45	2.55	2.65	2.74	2.83	2.92	3.00	3.08	3.16
	1.0	2.46	2.64	2.81	2.96	3.10	3.24	3.37	3.50	3.61	3.73	3.84	2.40	2.57	2.72	2.86	3.00	3.13	3.25	3.37	3.48	3.59	3.70
	1.2	2.69	2.94	3.15	3.35	3.53	3.71	3.87	4.02	4.17	4.32	4.46	2.60	2.83	3.03	3.22	3.39	3.56	3.71	3.86	4.01	4.14	4.28
1.2	0.2	2.13	2.12	2.12	2.13	2.13	2.14	2.14	2.15	2.15	2.16	2.16	2.17	2.16	2.16	2.16	2.16	2.16	2.17	2.17	2.18	2.18	2.19
	0.4	2.18	2.19	2.21	2.24	2.26	2.29	2.31	2.34	2.36	2.38	2.41	2.22	2.22	2.24	2.26	2.28	2.30	2.32	2.34	2.36	2.39	2.41
	0.6	2.27	2.32	2.37	2.43	2.49	2.54	2.60	2.65	2.70	2.76	2.81	2.29	2.33	2.38	2.43	2.48	2.53	2.58	2.62	2.67	2.72	2.77
	0.8	2.41	2.50	2.60	2.70	2.80	2.89	2.98	3.07	3.15	3.23	3.32	2.41	2.49	2.58	2.67	2.75	2.84	2.92	3.00	3.08	3.16	3.23
	1.0	2.59	2.74	2.89	3.04	3.17	3.30	3.43	3.55	3.66	3.78	3.89	2.56	2.69	2.83	2.96	3.09	3.21	3.33	3.44	3.55	3.66	3.76
	1.2	2.81	3.03	3.23	3.42	3.59	3.76	3.92	4.07	4.22	4.36	4.49	2.74	2.94	3.13	3.30	3.47	3.63	3.78	3.92	4.06	4.20	4.33
1.4	0.2	2.35	2.31	2.29	2.28	2.27	Z.27	2.27	2.27	2.27	2.28	2.28	2.45	2.40	2.37	2.35	2.35	2.34	2.34	2.34	2.34	2.34	2.34
	0.4	2.40	2.37	2.37	2.38	2.39	2.41	2.43	2.45	2.47	2.49	2.51	2.48	2.45	2.44	2.44	2.45	2.46	2.48	2.49	2.51	2.53	2.55
	0.6	2.48	2.49	2.52	2.56	2.61	2.65	2.70	2.75	2.80	2.85	2.89	2.55	2.54	2.56	2.60	2.63	2.67	2.71	2.75	2.80	2.84	2.88
	0.8	2.60	2.66	2.73	2.82	2.90	2.98	3.07	3.15	3.23	3.31	3.38	2.64	2.68	2.74	2.81	2.89	2.96	3.04	3.11	3.18	3.25	3.33
	1.0	2.77	2.88	3.01	3.14	3.26	3.38	3.50	3.62	3.73	3.84	3.94	2.77	2.87	2.98	3.09	3.20	3.32	3.43	3.53	3.64	3.74	3.84
	1.2	2.97	3.15	3.33	3.50	3.67	3.83	3.98	4.13	4.27	4.41	4.54	2.94	3.09	3.26	3.41	3.57	3.72	3.86	4.00	4.13	4.26	4.39

注：表中的计算长度系数 μ_3 值系按下式算得：

$$\frac{\eta_1 K_1}{\eta_2 K_2}\cdot\cot\frac{\pi\eta_1}{\mu_3}\cdot\cot\frac{\pi\eta_2}{\mu_3}+\frac{\eta_1 K_1}{(\eta_2 K_2)^2}\cdot\cot\frac{\pi\eta_1}{\mu_3}\cdot\cot\frac{\pi}{\mu_3}+\frac{1}{\eta_2 K_2}\cdot\cot\frac{\pi\eta_2}{\mu_3}\cdot\cot\frac{\pi}{\mu_3}-1=0$$

附录10　疲劳计算的构件和连接分类

构件和连接分类　　**附表10-1**

项次	简　图	说　明	类别
1	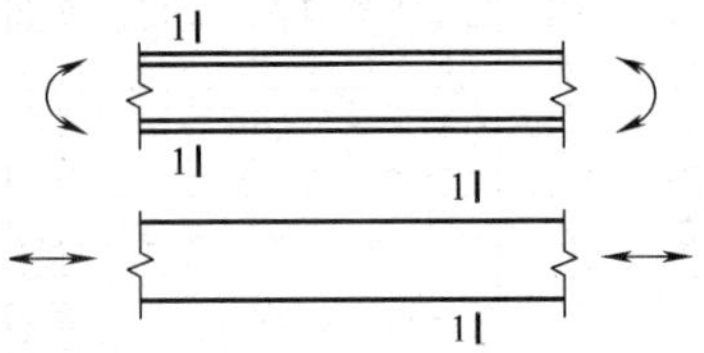	无连接处的主体金属 (1)轧制型钢 (2)钢板 a. 两边为轧制边或刨边； b. 两侧为自动、半自动切割边(切割质量标准应符合《钢结构工程施工质量验收规范》(GB 50205))	 1 1 2
2	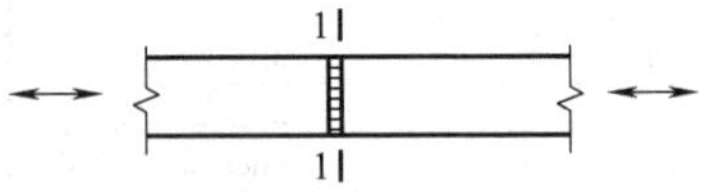	横向对拉焊缝附近的主体金属 (1)符合现行国家标准《钢结构工程施工质量验收规范》(GB 50205)的一级焊缝 (2)经加工、磨平的一级焊缝	 3 2
3	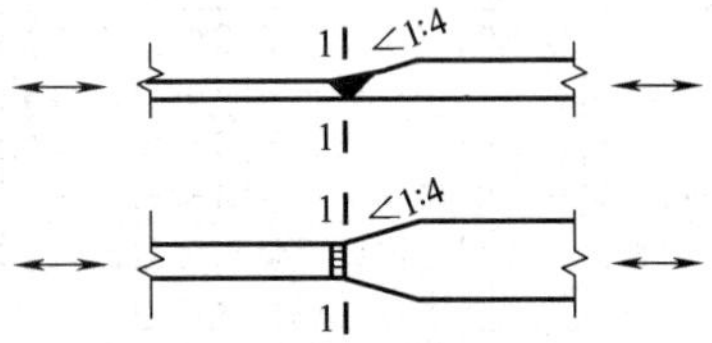	不同厚度(或宽度)横向对接焊缝附近的主体金属，焊缝加工成平滑过渡并符合一级焊缝标准	2
4	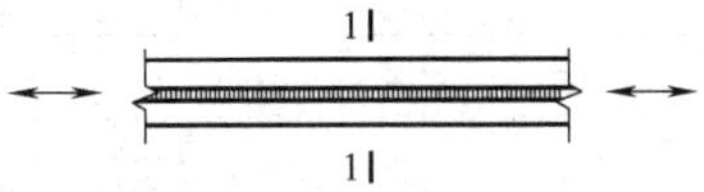	纵向对接焊缝附近的主体金属，焊缝符合二级焊缝标准	2
5	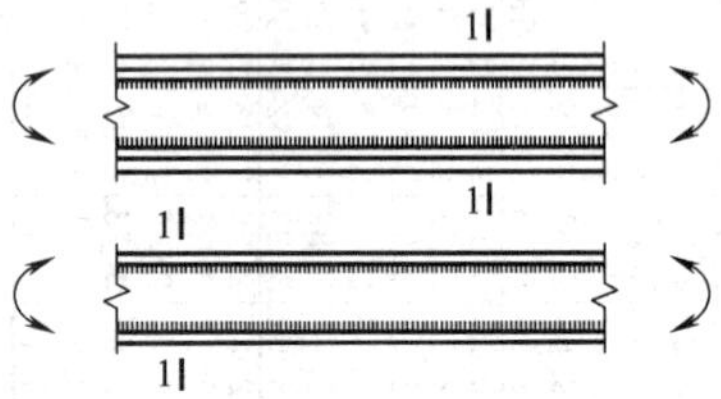	翼缘连接焊缝附近的主体金属 (1)翼缘板与腹板的连接焊缝 a. 自动焊，二级T形对接和角接组合焊缝 b. 自动焊，角焊缝，外观质量标准符合二级 c. 手工焊，角焊缝，外观质量标准符合二级 (2)双层翼缘板之间的连接焊缝 a. 自动焊，角焊缝，外观质量标准符合二级 b. 手工焊，角焊缝，外观质量标准符合二级	 2 3 4 3 4
6	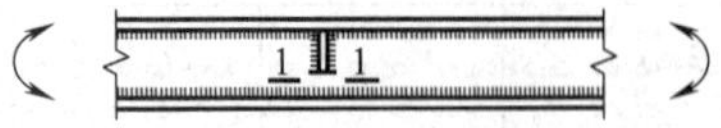	横向加劲肋端部附近的主体金属 (1)肋端不断弧(采用回焊) (2)肋端断弧	 4 5
7	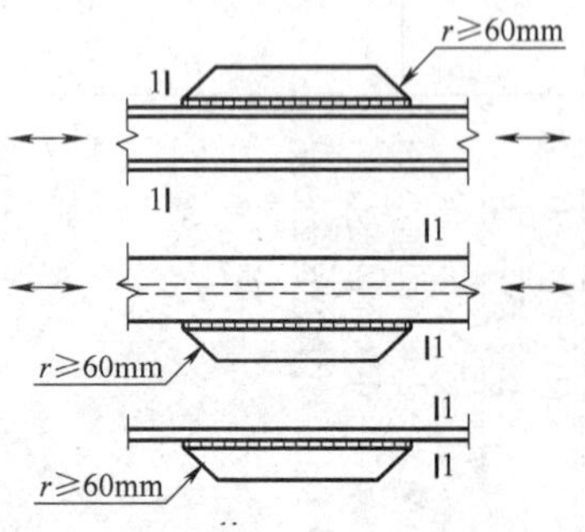	梯形节点板用对接焊缝焊于梁翼缘、腹板以及桁架构件处的主体金属，过渡处在焊后铲平、磨光、圆滑过渡，不得有焊接起弧、灭弧缺陷	5

续表

项次	简图	说明	类别
8	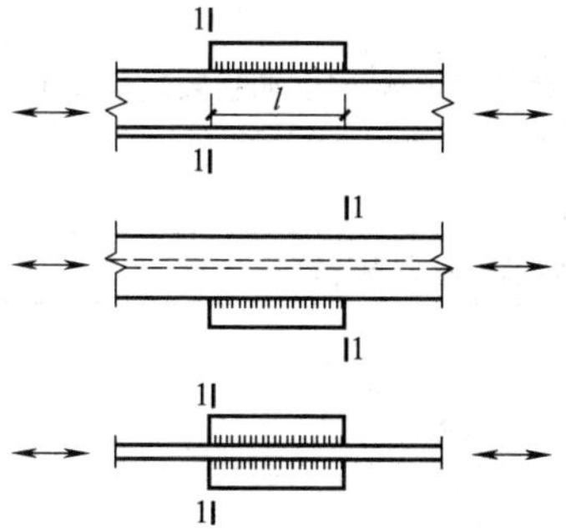	矩形节点板焊接于构件翼缘或腹板处的主体金属，$l>150$mm	7
9	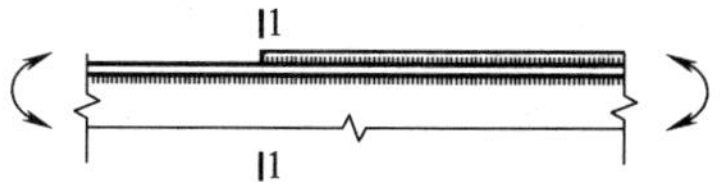	翼缘板中断处的主体金属(板端有正面焊缝)	7
10		向正面角焊缝过渡处的主体金属	6
11	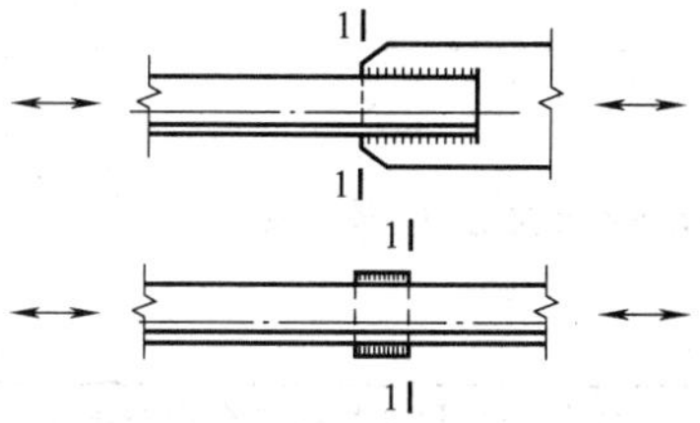	两侧面角焊缝连接端部的主体金属	8
12	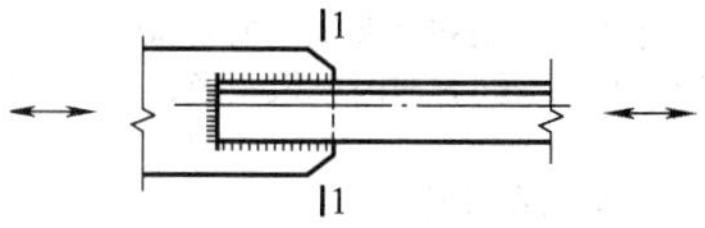	三面围焊的角焊缝端部主体金属	7
13	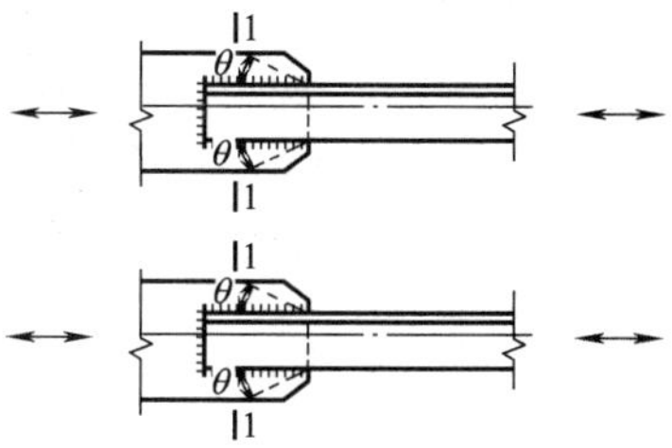	三面围焊或两侧面角焊缝连接的节点板主体金属(节点板计算宽度按应力扩散角 $\theta=30°$ 考虑)	7
14	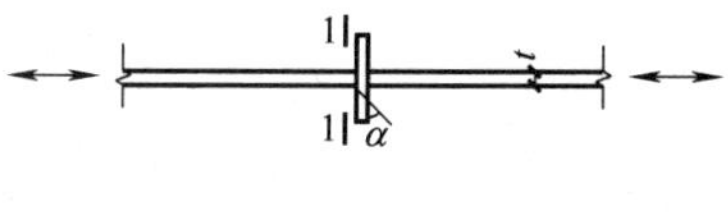	K形坡口T形对接与角接组合焊缝处的主体金属，两板轴线偏离小于0.15t，焊缝为二级，焊趾角 $\alpha\leqslant45°$	5

续表

项次	简图	说明	类别
15	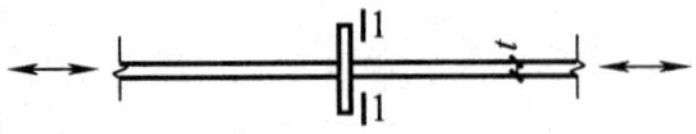	十字接头角焊缝处的主体金属，两板轴线偏离小于0.15t	7
16	角焊缝	按有效截面确定的剪应力幅计算	8
17	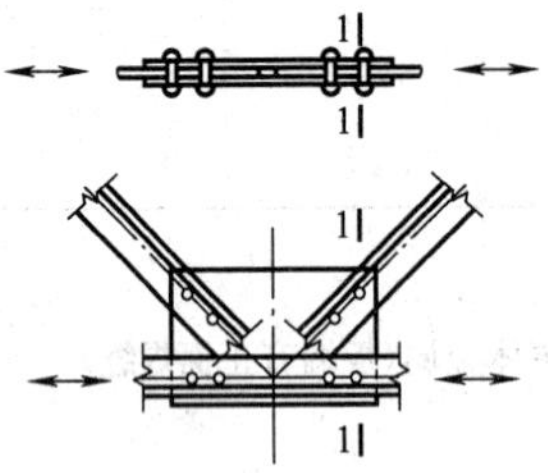	铆钉连接处的主体金属	3
18	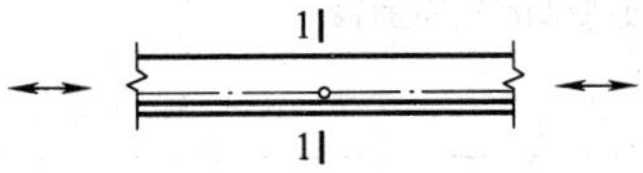	连系螺栓和虚孔处的主体金属	3
19	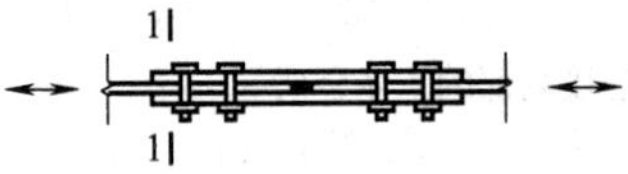	高强度螺栓摩擦型连接处的主体金属	2

注：1. 所有对接焊缝及T形对接和角接组合焊缝均需焊透。所有焊缝的外形尺寸均应符合现行国家标准《钢结构焊缝外形尺寸》（JB 7949）的规定。

2. 角焊缝应符合现行《钢结构设计规范》（GB 50017—2003）第8.2.7条和8.2.8条的要求。

3. 项次16中的剪应力幅 $\Delta\tau=\tau_{max}-\tau_{min}$，其中 τ_{min} 的正负值为：与 τ_{max} 同方向时，取正值；与 τ_{max} 反方向时，取负值。

4. 第17、18项中的应力应以净截面面积计算，第19项应以毛截面面积计算。

附录 11　型　钢　表

普通工字钢

附表 11-1

符号　h—高度；
b—翼缘宽度；
t_w—腹板厚；
t—翼缘平均厚；
I—惯性矩；
W—截面模量

i—回转半径；
S—半截面的静力矩。
长度：型号 10～18，长 5～19m；
型号 20～63，长 6～19m

型号	尺寸					截面积	重量	x—x 轴				y—y 轴		
	h	b	t_w	t	R	(cm²)	(kg/m)	I_x	W_x	i_x	I_x/S_x	I_y	W_y	i_y
	(mm)							(cm⁴)	(cm³)	(cm)		(cm⁴)	(cm³)	(cm)
10	100	68	4.5	7.6	6.5	14.3	11.2	245	49	4.14	8.69	33	9.6	1.51
12.6	126	74	5.0	8.4	7.0	18.1	14.2	488	77	5.19	11.0	47	12.7	1.61
14	140	80	5.5	9.1	7.5	21.5	16.9	712	102	5.75	12.2	64	16.1	1.73
16	160	88	6.0	9.9	8.0	26.1	20.5	1127	141	6.57	13.9	93	21.1	1.89
18	180	94	6.5	10.7	8.5	30.7	24.1	1699	185	7.37	15.4	123	26.2	2.00
20a	200	100	7.0	11.4	9.0	35.5	27.9	2369	237	8.16	17.4	158	31.6	2.11
20b		102	9.0			39.5	31.1	2502	250	7.95	17.1	169	33.1	2.07
22a	220	110	7.5	12.3	9.5	42.1	33.0	3406	310	8.99	19.2	226	41.1	2.32
22b		112	9.5			46.5	36.5	3583	326	8.78	18.9	240	42.9	2.27
25a	250	116	8.0	13.0	10.0	48.5	38.1	5017	401	10.2	21.7	280	48.4	2.40
25b		118	10.0			53.5	42.0	5278	422	9.93	21.4	297	50.4	2.36
28a	280	122	8.5	13.7	10.5	55.4	43.5	7115	508	11.3	24.3	344	56.4	2.49
28b		124	10.5			61.0	47.9	7481	534	11.1	24.0	364	58.7	2.44
32a	320	130	9.5	15.0	11.5	67.1	52.7	11080	692	12.8	27.7	459	70.6	2.62
32b		132	11.5			73.5	57.7	11626	727	12.6	27.3	484	73.3	2.57
32c		134	13.5			79.9	62.7	12173	761	12.3	26.9	510	76.1	2.53

符号 h—高度；
b—翼缘宽度；
t_w—腹板厚；
t—翼缘平均厚；
I—惯性矩；
W—截面模量

i—回转半径；
S—半截面的静力矩。
长度：型号 10～18，长 5～19m；
型号 20～63，长 6～19m

型号	尺寸 h	b	t_w	t	R	截面积	重量	x—x 轴 I_x	W_x	i_x	I_x/S_x	y—y 轴 I_y	W_y	i_y
	(mm)					(cm²)	(kg/m)	(cm⁴)	(cm³)	(cm)		(cm⁴)	(cm³)	(cm)
a		136	10.0			76.4	60.0	15796	878	14.4	31.0	555	81.6	2.69
36b	360	138	12.0	15.8	12.0	83.6	65.6	16574	921	14.1	30.6	584	84.6	2.64
c		140	14.0			90.8	71.3	17351	964	13.8	30.2	614	87.7	2.60
a		142	10.5			86.1	67.6	21714	1086	15.9	34.4	660	92.9	2.77
40b	400	144	12.5	16.5	12.5	94.1	73.8	22781	1139	15.6	33.9	693	96.2	2.71
c		146	14.5			102	80.1	23847	1192	15.3	33.5	727	99.7	2.67
a		150	11.5			102	80.4	32241	1433	17.7	38.5	855	114	2.89
45b	450	152	13.5	18.0	13.5	111	87.4	33759	1500	17.4	38.1	895	118	2.84
c		154	15.5			120	94.5	35278	1568	17.1	37.6	938	122	2.79
a		158	12.0			119	93.6	46472	1859	19.7	42.9	1122	142	3.07
50b	500	160	14.0	20	14	129	101	48556	1942	19.4	42.3	1171	146	3.01
c		162	16.0			139	109	50639	2026	19.1	41.9	1224	151	2.96
a		166	12.5			135	106	65576	2342	22.0	47.9	1366	165	3.18
56b	560	168	14.5	21	14.5	147	115	68503	2447	21.6	47.3	1424	170	3.12
c		170	16.5			158	124	71430	2551	21.3	46.8	1485	175	3.07
a		176	13.0			155	122	94004	2984	24.7	53.8	1702	194	3.32
63b	630	178	15.0	22	15	167	131	98171	3117	24.2	53.2	1771	199	3.25
c		180	17.0			180	141	102339	3249	23.9	52.6	1842	205	3.20

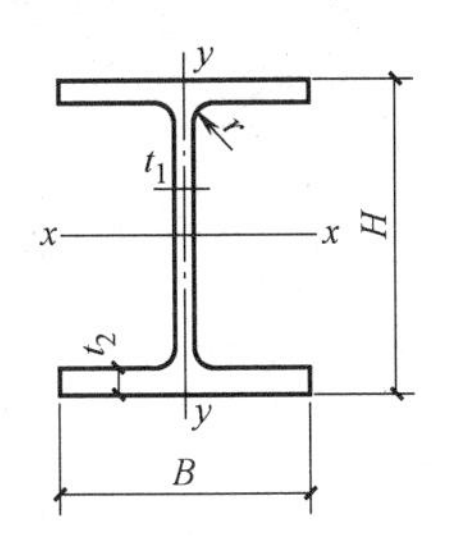

H—截面高度； b—翼缘宽度；
t_1—腹板厚度； t_2—翼缘厚度；
I—截面惯性矩； W—截面模量；
i—截面回转半径。
HW、HM、HN 分别代表宽翼缘、中翼缘、窄翼缘 H 型钢

类别	型号（高度×宽度）	尺寸(mm)				截面面积（cm^2）	重量（kg/m）	x—x 轴			y—y 轴		
		H×B	t_1	t_2	r			I_x（cm^4）	W_x（cm^3）	i_x（cm）	I_y（cm^4）	W_y（cm^3）	i_y（cm）
HW	100×100	100×100	6	8	10	21.90	17.2	383	76.5	4.18	134	26.7	2.47
	125×125	125×125	6.5	9	10	30.31	23.8	847	126	5.29	294	47.0	3.11
	150×150	150×150	7	10	13	40.55	31.9	1660	221	6.39	564	75.1	3.73
	175×175	175×175	7.5	11	13	51.43	40.3	2900	331	7.50	984	112	4.37
	200×200	200×200	8	12	16	64.28	50.5	4770	477	8.61	1600	160	4.99
		#200×204	12	12	16	72.28	56.7	5030	503	8.35	1700	167	4.85
	250×250	250×250	9	14	16	92.18	72.4	10800	867	10.8	3650	292	6.29
		#250×255	14	14	16	104.7	82.2	11500	919	10.5	3880	304	6.09
	300×300	#294×302	12	12	20	108.3	85.0	17000	1160	12.5	5520	365	7.14
		300×300	10	15	20	120.4	94.5	20500	1370	13.1	6760	450	7.49
		300×305	15	15	20	135.4	106	21600	1440	12.6	7100	466	7.24
	350×350	#344×348	10	16	20	146.0	115	33300	1940	15.1	11200	646	8.78
		350×350	12	19	20	173.9	137	40300	2300	15.2	13600	776	8.84
	400×400	#388×402	15	15	24	179.2	141	49200	2540	16.6	16300	809	9.52
		#394×398	11	18	24	187.6	147	56400	2860	17.3	18900	951	10.0
		400×400	13	21	24	219.5	172	66900	3340	17.5	22400	1120	10.1
		#400×408	21	21	24	251.5	197	71100	3560	16.8	23800	1170	9.73
		#414×405	18	28	24	296.2	233	93000	4490	17.7	31000	1530	10.2
		#428×407	20	35	24	361.4	284	119000	5580	18.2	39400	1930	10.4
		#458×417	30	50	24	529.3	415	187000	8180	18.8	60500	2900	10.7
		#498×432	45	70	24	770.8	605	298000	12000	19.7	94400	4370	11.1
HM	150×100	148×100	6	9	13	27.25	21.4	1040	140	6.17	151	30.2	2.35
	200×150	194×150	6	9	16	39.76	31.2	2740	283	8.30	508	67.7	3.57
	250×175	244×175	7	11	16	56.24	44.1	6120	502	10.4	985	113	4.18
	300×200	294×200	8	12	20	73.03	57.3	11400	779	12.5	1600	160	4.69
	350×250	340×250	9	14	20	101.5	79.7	21700	1280	14.6	3650	292	6.00
	400×300	390×300	10	16	24	136.7	107	38900	2000	16.9	7210	481	7.26
	450×300	440×300	11	18	24	157.4	124	56100	2550	18.9	8110	541	7.18
	500×300	482×300	11	15	28	146.4	115	60800	2520	20.4	6770	451	6.80
		488×300	11	18	28	164.4	129	71400	2930	20.8	8120	541	7.03
	600×300	582×300	12	17	28	174.5	137	103000	3530	24.3	7670	511	6.63
		588×300	12	20	28	192.5	151	118000	4020	24.8	9020	601	6.85
		#594×302	14	23	28	222.4	175	137000	4620	24.9	10600	701	6.90

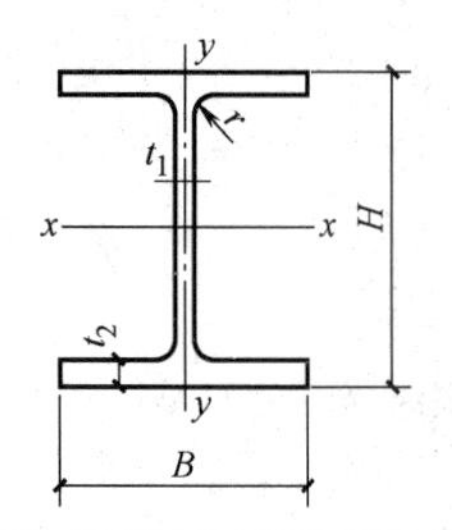

H—截面高度； b—翼缘宽度；
t_1—腹板厚度； t_2—翼缘厚度；
I—截面惯性矩； W—截面模量；
i—截面回转半径。
HW、HM、HN分别代表宽翼缘、中翼缘、窄翼缘H型钢

类别	型号（高度×宽度）	尺寸(mm)				截面面积（cm^2）	重量（kg/m）	x—x轴			y—y轴		
		$H\times B$	t_1	t_2	r			I_x（cm^4）	W_x（cm^3）	i_x（cm）	I_y（cm^4）	W_y（cm^3）	i_y（cm）
HN	100×50	100×50	5	7	10	12.16	9.54	192	38.5	3.98	14.9	5.96	1.11
	125×60	125×60	6	8	10	17.01	13.3	417	66.8	4.95	29.3	9.75	1.31
	150×75	150×75	5	7	10	18.16	14.3	679	90.6	6.12	49.6	13.2	1.65
	160×90	160×90	5	8	10	22.46	17.6	999	125	6.67	97.6	21.7	2.08
	175×90	175×90	5	8	10	23.21	18.2	1220	140	7.26	97.6	21.7	2.05
	200×100	198×99	4.5	7	13	23.59	18.5	1610	163	8.27	114	23.0	2.20
		200×100	5.5	8	13	27.57	21.7	1880	188	8.25	134	26.8	2.21
	250×125	248×124	5	8	13	32.89	25.8	3560	287	10.4	255	41.1	2.78
		250×125	6	9	13	37.87	29.7	4080	326	10.4	294	47.0	2.79
	280×125	280×125	6	9	13	39.67	31.1	5270	376	11.5	294	47.0	2.72
	300×150	298×149	5.5	8	16	41.55	32.6	6460	433	12.4	443	59.4	3.26
		300×150	6.5	9	16	47.53	37.3	7350	490	12.4	508	67.7	3.27
	350×175	346×174	6	9	16	53.19	41.8	11200	649	14.5	792	91.0	3.86
		350×175	7	11	16	63.66	50.0	13700	782	14.7	985	113	3.93
	#400×150	#400×150	8	13	16	71.12	55.8	18800	942	16.3	734	97.9	3.21
	400×200	396×199	7	11	16	72.16	56.7	20000	1010	16.7	1450	145	4.48
		400×200	8	13	16	84.12	66.0	23700	1190	16.8	1740	174	4.54
	#450×150	#450×150	9	14	20	83.41	65.5	27100	1200	18.0	793	106	3.08
	450×200	446×199	8	12	20.	84.95	66.72	29000	1300	18.5	1580	159	4.31
		450×200	9	14	20	97.41	76.5	33700	1500	18.6	1870	187	4.38
	#500×150	#500×150	10	16	20	98.23	77.1	38500	1540	19.8	907	121	3.04
	500×200	496×199	9	14	20	101.3	79.5	41900	1690	20.3	1840	185	4.27
		500×200	10	16	20	114.2	89.6	47800	1910	20.5	2140	214	4.33
		#506×201	11	19	20	131.3	103	56500	2230	20.8	2580	257	4.43
	600×200	596×199	10	15	24	121.2	95.1	69300	2330	23.9	1980	199	4.04
		600×200	11	17	24	135.2	106	78200	2610	24.1	2280	228	4.11
		#606×201	12	20	24	153.3	120	91000	3000	24.4	2720	271	4.21
	700×300	#692×300	13	20	28	211.5	166	172000	4980	28.6	9020	602	6.53
		700×300	13	24	28	235.5	185	201000	5760	29.3	10800	722	6.78
	*800×300	*792×300	14	22	28	243.4	191	254000	6400	32.3	9930	662	6.39
		*800×300	14	26	28	267.4	210	292000	7290	33.0	11700	782	6.62
	*900×300	*890×299	15	23	28	270.9	213	345000	7760	35.7	10300	688	6.16
		*900×300	16	28	28	309.8	243	411000	9140	36.4	12600	843	6.39
		*912×302	18	34	28	364.0	286	498000	10900	37.0	15700	1040	6.56

注：1. “#”表示为非常用规格。
2. “*”表示的规格，目前国内尚未生产。
3. 型号属同一范围的产品，其内侧尺寸高度相同。
4. 截面面积计算公式为：$t_1(H-2T_2)+2Bt_2+0.858r^2$。

附表 11-3

剖分 T 型钢

H—截面高度；　b—翼缘宽度；
t_1—腹板厚度；　t_2—翼缘厚度；
I—截面惯性矩；　W—截面模量；
i—截面回转半径。
TW、TM、TN 分别代表各自 H 型钢剖分的 T 型钢

类别	型号（高度×宽度）	尺寸 (mm) h	B	t_1	t_2	r	截面面积 (cm^2)	重量 (kg/m)	x—x 轴 I_x (cm^4)	W_x (cm^3)	i_x (cm)	y—y 轴 I_y (cm^4)	W_y (cm^3)	i_y (cm)	C_x (cm)	对应 H 型钢系列型号
TW	500×100	50	100	6	8	10	10.95	8.56	16.1	4.03	1.21	66.9	13.4	2.47	1.00	100×100
	62.5×125	62.5	125	6.5	9	10	15.16	11.9	35.0	6.91	1.52	147	23.5	3.11	1.19	125×125
	75×150	75	150	7	10	13	20.28	15.9	66.4	10.8	1.81	282	37.6	3.73	1.37	150×150
	87.5×175	87.5	175	7.5	11	13	25.71	20.2	115	15.9	2.11	492	56.2	4.37	1.55	175×175
	100×200	100	200	8	12	16	32.14	25.2	185	22.3	2.40	801	80.1	4.99	1.73	200×200
		#100	204	12	12	16	36.14	28.3	256	32.4	2.66	851	83.5	4.85	2.09	
	125×250	125	250	9	14	16	46.09	36.2	412	39.5	2.99	1820	146	6.29	2.08	250×250
		#125	255	14	14	16	52.34	41.1	589	59.4	3.36	1940	152	6.09	2.58	
	150×300	#147	302	12	12	20	54.16	42.5	858	72.3	3.98	2760	183	7.14	2.83	300×300
		150	300	10	15	20	60.22	47.3	798	63.7	3.64	3380	225	7.49	2.47	
		150	305	15	15	20	67.72	53.1	1110	92.5	4.05	3550	233	7.24	3.02	
	175×350	#172	348	10	16	20	73.00	57.3	1230	84.7	4.11	5620	323	8.78	2.67	350×350
		175	350	12	19	20	86.94	68.2	1520	104	4.18	6790	388	8.84	2.86	
	200×400	#194	402	15	15	24	89.62	70.3	2480	158	5.26	8130	405	9.52	3.69	400×400
		#197	398	11	18	24	93.80	73.6	2050	123	4.67	9460	476	10.0	3.01	
		200	400	13	21	24	109.7	86.1	2480	147	4.75	11200	560	10.1	3.21	
		#200	408	21	21	24	125.7	98.7	3650	229	5.39	11900	584	9.73	4.07	
		#207	405	18	28	24	148.1	116	3620	213	4.95	15500	766	10.2	3.68	
		#214	407	20	35	24	180.7	142	4380	250	4.92	19700	967	10.4	3.90	

续表

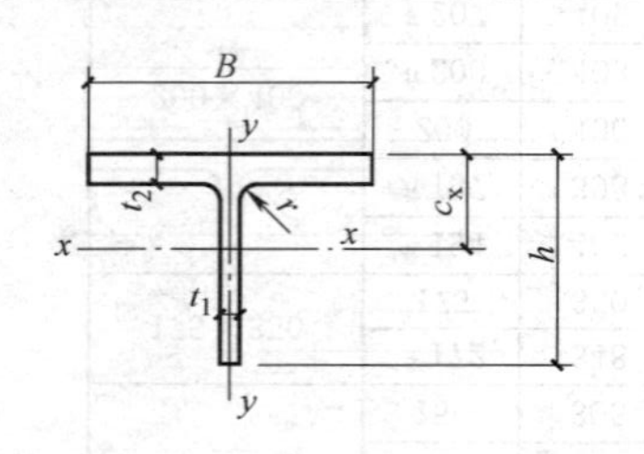

H—截面高度；　b—翼缘宽度；
t_1—腹板厚度；　t_2—翼缘厚度；
I—截面惯性矩；　W—截面模量；
i—截面回转半径。
TW、TM、TN 分别代表各自 H 型钢剖分的 T 型钢

类别	型号（高度×宽度）	尺寸 (mm)					截面面积 (cm^2)	重量 (kg/m)	x—x 轴			y—y 轴			C_x (cm)	对应 H 型钢系列型号
		h	B	t_1	t_2	r			I_x (cm^4)	W_x (cm^3)	i_x (cm)	I_y (cm^4)	W_y (cm^3)	i_y (cm)		
TM	74×100	74	100	6	9	13	13.63	10.7	51.7	8.80	1.95	75.4	15.1	2.35	1.55	150×150
	97×150	97	150	6	9	16	19.88	15.6	125	15.8	2.50	254	33.9	3.57	1.78	200×150
	122×175	122	175	7	11	16	28.12	22.1	289	29.1	3.20	492	56.3	4.18	2.27	250×175
	147×200	147	200	8	12	20	36.52	28.7	572	48.2	3.96	802	80.2	4.69	2.82	300×200
	170×250	170	250	9	14	20	50.76	39.9	1020	73.1	4.48	1830	146	6.00	3.09	350×250
	200×300	195	300	10	16	24	68.37	53.7	1730	108	5.03	3600	240	7.26	3.40	400×300
	220×300	220	300	11	18	24	78.69	61.8	2680	150	5.84	4060	270	7.18	4.05	450×300
	250×300	241	300	11	15	28	73.23	57.5	3420	178	6.83	3380	226	6.80	4.90	500×300
		244	300	11	18	28	82.23	64.5	3620	184	6.64	4060	271	7.03	4.65	
	300×300	291	300	12	17	28	87.25	68.5	6360	280	8.54	3830	256	6.63	6.39	600×300
		294	300	12	20	28	96.25	75.5	6710	288	8.35	4510	301	6.85	6.08	
TN	50×50	50	50	5	7	10	6.079	4.79	11.9	3.18	1.40	7.45	2.98	1.11	1.27	100×50
	62.5×60	62.5	60	6	8	10	8.499	6.67	27.5	5.96	1.80	14.6	4.88	1.31	1.63	125×60
	75×75	75	75	5	7	10	9.079	7.14	42.7	7.46	2.17	24.8	6.61	1.65	1.78	150×75
	87.5×90	87.5	90	5	8	10	11.60	9.11	70.7	10.4	2.47	48.8	10.8	2.05	1.92	175×90

续表

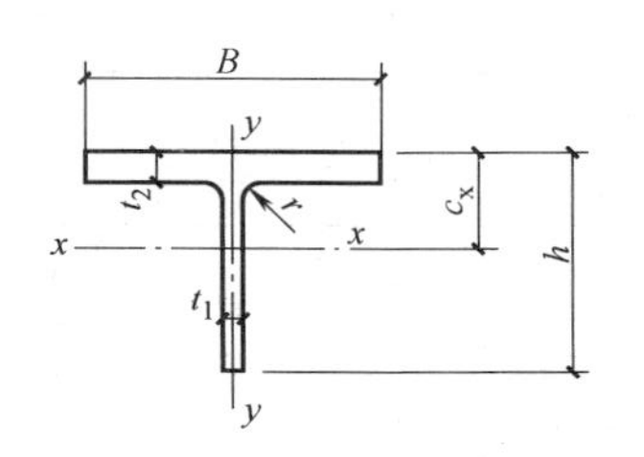

H—截面高度；　b—翼缘宽度；
t_1—腹板厚度；　t_2—翼缘厚度；
I—截面惯性矩；　W—截面模量；
i—截面回转半径。
TW、TM、TN 分别代表各自 H 型钢剖分的 T 型钢

类别	型号（高度×宽度）	尺寸（mm）					截面面积（cm^2）	重量（kg/m）	x—x 轴			y—y 轴			C_x（cm）	对应 H 型钢系列型号
		h	B	t_1	t_2	r			I_x（cm^4）	W_x（cm^3）	i_x（cm）	I_y（cm^4）	W_y（cm^3）	i_y（cm）		
TN	100×100	99	99	4.5	7	13	11.80	9.26	94.0	12.1	2.82	56.9	11.5	2.20	2.13	200×100
		100	100	5.5	8	13	13.79	10.8	115	14.8	2.88	67.1	13.4	2.21	2.27	
	125×125	124	124	5	8	13	16.45	12.9	208	21.3	3.56	128	20.6	2.78	2.62	250×125
		125	125	6	9	13	18.94	14.8	249	25.6	3.62	147	23.5	2.79	2.78	
	150×150	149	149	5.5	8	16	20.77	16.3	395	33.8	4.36	221	29.7	3.26	3.22	300×150
		150	150	6.5	9	16	23.76	18.7	465	40.0	4.42	254	33.9	3.27	3.38	
	175×175	173	174	6	9	16	26.60	20.9	681	50.0	5.06	396	45.5	3.86	3.68	350×175
		175	175	7	11	16	31.83	25.0	816	59.3	5.06	492	56.3	3.93	3.74	
	200×200	198	199	7	11	16	36.08	28.3	1190	76.4	5.76	724	72.7	4.48	4.17	400×200
		200	200	8	13	16	42.06	33.0	1400	88.6	5.76	868	86.8	4.54	4.23	
	225×200	223	199	8	12	20	42.54	33.4	1880	109	6.65	790	79.4	4.31	5.07	450×200
		225	200	9	14	20	48.71	38.2	2160	124	6.66	936	93.6	4.38	5.13	
	250×200	248	199	9	14	20	50.64	39.7	2840	150	7.49	922	92.7	4.27	5.90	500×200
		250	200	10	16	20	57.12	44.8	3210	169	7.50	1070	107	4.33	5.96	
		#253	201	11	19	20	65.65	51.5	3670	190	7.48	1290	128	4.43	5.95	
	300×200	298	199	10	15	24	60.62	47.6	5200	236	9.27	991	100	4.04	7.76	600×200
		300	200	11	17	24	67.60	53.1	5820	262	9.28	1140	114	4.11	7.81	
		#300	201	12	20	24	76.63	60.1	6580	292	9.26	1360	135	4.21	7.76	

注："#" 表示为非常用规格。

普通槽钢

附表 11-4

符号　同普通工字型钢，但 W_y 为对应于翼缘肢尖的截面模量

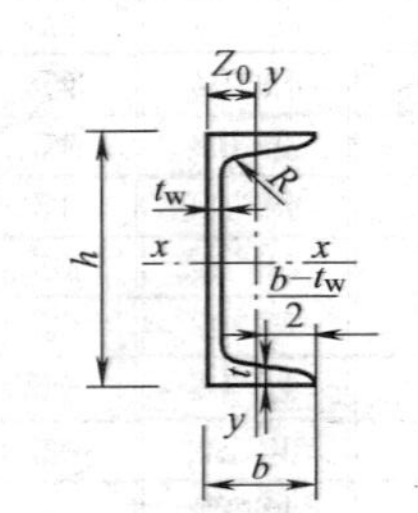

长度：型号 5～8，长 5～12m；
型号 10～18，长 5～19m；
型号 20～40，长 6～19m

型号	尺寸					截面积	重量	x—x 轴			y—y 轴			y_1—y_1 轴	Z_0
	h	b	t_w	t	R			I_x	W_x	i_x	I_y	W_y	i_y	I_{y1}	
	(mm)					(cm²)	(kg/m)	(cm⁴)	(cm³)	(cm)	(cm⁴)	(cm³)	(cm)	(cm⁴)	(cm)
5	50	37	4.5	7.0	7.0	6.92	5.44	26	10.4	1.94	8.3	3.5	1.10	20.9	1.35
6.3	63	40	4.8	7.5	7.5	8.45	6.63	51	16.3	2.46	11.9	4.6	1.19	28.3	1.39
8	80	43	5.0	8.0	8.0	10.24	8.04	101	25.3	3.14	16.6	5.8	1.27	37.4	1.42
10	100	48	5.3	8.5	8.5	12.74	10.00	198	39.7	3.94	25.6	7.8	1.42	54.9	1.52
12.6	126	53	5.5	9.0	9.0	15.69	12.31	389	61.7	4.98	38.0	10.3	1.56	77.8	1.59
14a	140	58	6.0	9.5	9.5	18.51	14.53	564	80.5	5.52	53.2	13.0	1.70	107.2	1.71
14b		60	8.0	9.5	9.5	21.31	16.73	609	87.1	5.35	61.2	14.1	1.69	120.6	1.67
16a	160	63	6.5	10.0	10.0	21.95	17.23	866	108.3	6.28	73.4	16.3	1.83	144.1	1.79
16b		65	8.5	10.0	10.0	25.15	19.75	935	116.8	6.10	83.4	17.6	1.82	160.8	1.75
18a	180	68	7.0	10.5	10.5	25.69	20.17	1273	141.4	7.04	98.6	20.0	1.96	189.7	1.88
18b		70	9.0	10.5	10.5	29.29	22.99	1370	152.2	6.84	111.0	21.5	1.95	210.1	1.84
20a	200	73	7.0	11.0	11.0	28.83	22.63	1780	178.0	7.86	128.0	24.2	2.11	244.0	2.01
20b		75	9.0	11.0	11.0	32.83	25.77	1914	191.4	7.64	143.6	25.9	2.09	268.4	1.95
22a	220	77	7.0	11.5	11.5	31.84	24.99	2394	217.6	8.67	157.8	28.2	2.23	298.2	2.10
22b		79	9.0	11.5	11.5	36.24	28.45	2571	233.8	8.42	176.5	30.1	2.21	326.3	2.03

符号　同普通工字型钢，但 W_y 为对应于翼缘肢尖的截面模量

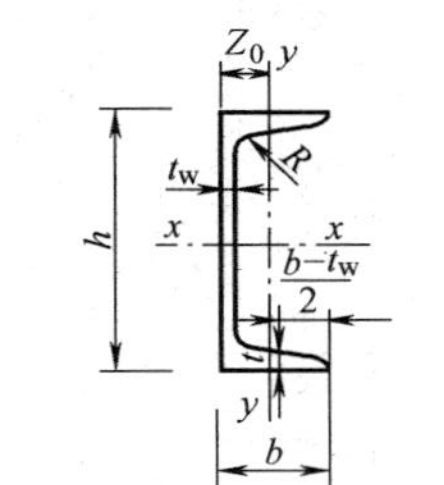

长度：型号 5～8，长 5～12m；
型号 10～18，长 5～19m
型号 20～40，长 6～19m

型号	尺寸					截面积	重量	x—x 轴			y—y 轴			y_1—y_1 轴	Z_0
	h	b	t_w	t	R	(cm²)	(kg/m)	I_x	W_x	i_x	I_y	W_y	i_y	I_{y1}	
	(mm)							(cm⁴)	(cm³)	(cm)	(cm⁴)	(cm³)	(cm)	(cm⁴)	(cm)
a	250	78	7.0	12.0	12.0	34.91	27.40	3359	268.7	9.81	175.9	30.7	2.24	324.8	2.07
25b		80	9.0	12.0	12.0	39.91	31.33	3619	289.6	9.52	196.4	32.7	2.22	355.1	1.99
c		82	11.0	12.0	12.0	44.91	35.25	3880	310.4	9.30	215.9	34.6	2.19	388.6	1.96
a	280	82	7.5	12.5	12.5	40.02	31.42	4753	339.5	10.90	217.9	35.7	2.33	393.3	2.09
28b		84	9.5	12.5	12.5	45.62	35.81	5118	365.6	10.59	241.5	37.9	2.30	428.5	2.02
c		86	11.5	12.5	12.5	51.22	40.21	5484	391.7	10.35	264.1	40.0	2.27	467.3	1.99
a	320	88	8.0	14.0	14.0	48.50	38.07	7511	469.4	12.44	304.7	46.4	2.51	547.5	2.24
32b		90	10.0	14.0	14.0	54.90	43.10	8057	503.5	12.11	335.6	49.1	2.47	592.9	2.16
c		92	12.0	14.0	14.0	61.30	48.12	8603	537.7	11.85	365.0	51.6	2.44	642.7	2.13
a	360	96	9.0	16.0	16.0	60.89	47.80	11874	659.7	13.96	455.0	63.6	2.73	818.5	2.44
36b		98	11.0	16.0	16.0	68.09	53.45	12652	702.9	13.63	496.7	66.9	2.70	880.5	2.37
c		100	13.0	16.0	16.0	75.29	59.10	13429	746.1	13.36	536.6	70.0	2.67	948.0	2.34
a	400	100	10.5	18.0	18.0	75.04	58.91	17578	878.9	15.30	592.0	78.8	2.81	1057.9	2.49
40b		102	12.5	18.0	18.0	83.04	65.19	18644	932.2	14.98	640.6	82.6	2.78	1135.8	2.44
c		104	14.5	18.0	18.0	91.04	71.47	19711	985.6	14.71	687.8	86.2	2.75	1220.3	2.42

等边角钢

附表 11-5

角钢型号	单角钢										双角钢				
	圆角 R	重心矩 Z_0	截面积 A	质量	惯性矩 I_x	截面模量		回转半径			i_y，当 a 为下列数值				
						W_x^{max}	W_x^{min}	i_x	i_{x0}	i_{y0}	6mm	8mm	10mm	12mm	14mm
	mm		cm^2	kg/m	cm^4	cm^3		cm			cm				
∟20×3	3.5	6.0	1.13	0.89	0.40	0.66	0.29	0.59	0.75	0.39	1.08	1.17	1.25	1.34	1.43
∟20×4		6.4	1.46	1.15	0.50	0.78	0.36	0.58	0.73	0.38	1.11	1.19	1.28	1.37	1.46
∟25×3	3.5	7.3	1.43	1.12	0.82	1.12	0.46	0.76	0.95	0.49	1.27	1.36	1.44	1.53	1.61
∟25×4		7.6	1.86	1.46	1.03	1.34	0.59	0.74	0.93	0.48	1.30	1.38	1.47	1.55	1.64
∟30×3	4.5	8.5	1.75	1.37	1.46	1.72	0.68	0.91	1.15	0.59	1.47	1.55	1.63	1.71	1.80
∟30×4		8.9	2.28	1.79	1.84	2.08	0.87	0.90	1.13	0.58	1.49	1.57	1.65	1.74	1.82
∟36×3	4.5	10.0	2.11	1.66	2.58	2.59	0.99	1.11	1.39	0.71	1.70	1.78	1.86	1.94	2.03
∟36×4		10.4	2.76	2.16	3.29	3.18	1.28	1.09	1.38	0.70	1.73	1.80	1.89	1.97	2.05
∟36×5		10.7	3.38	2.65	3.95	3.68	1.56	1.08	1.36	0.70	1.75	1.83	1.91	1.99	2.08
∟40×3	5	10.9	2.36	1.85	3.59	3.28	1.23	1.23	1.55	0.79	1.86	1.94	2.01	2.09	2.18
∟40×4		11.3	3.09	2.42	4.60	4.05	1.60	1.22	1.54	0.79	1.88	1.96	2.04	2.12	2.20
∟40×5		11.7	3.79	2.98	5.53	4.72	1.96	1.21	1.52	0.78	1.90	1.98	2.06	2.14	2.23
∟45×3	5	12.2	2.66	2.09	5.17	4.25	1.58	1.39	1.76	0.90	2.06	2.14	2.21	2.92	2.37
∟45×4		12.6	3.49	2.74	6.65	5.29	2.05	1.38	1.74	0.89	2.08	2.16	2.24	2.32	2.40
∟45×5		13.0	4.29	3.37	8.04	6.20	2.51	1.37	1.72	0.88	2.10	2.18	2.26	2.34	2.42
∟45×6		13.3	5.08	3.99	9.33	6.99	2.95	1.36	1.71	0.88	2.12	2.20	2.28	2.36	2.44
∟50×3	5.5	13.4	2.97	2.33	7.18	5.36	1.96	1.55	1.96	1.00	2.26	2.33	2.41	2.48	2.56
∟50×4		13.8	3.90	3.06	9.26	6.70	2.56	1.54	1.94	0.99	2.28	2.36	2.43	2.51	2.59
∟50×5		14.2	4.80	3.77	11.21	7.90	3.13	1.53	1.92	0.98	2.30	2.38	2.45	2.53	2.61
∟50×6		14.6	5.69	4.46	13.05	8.95	3.68	1.51	1.91	0.98	2.32	2.40	2.48	2.56	2.64
∟56×3	6	14.8	3.34	2.62	10.19	6.86	2.48	1.75	2.20	1.13	2.50	2.57	2.64	2.72	2.80
∟56×4		15.3	4.39	3.45	13.18	8.63	3.24	1.73	2.18	1.11	2.52	2.59	2.67	2.74	2.82
∟56×5		15.7	5.42	4.25	16.02	10.22	3.97	1.72	2.17	1.10	2.54	2.61	2.69	2.77	2.85
∟56×8		16.8	8.37	6.57	23.63	14.06	6.03	1.68	2.11	1.09	2.60	2.67	2.75	2.83	2.91

续表

角钢型号	单角钢										双角钢				
	圆角 R	重心矩 Z_0	截面积 A	质量	惯性矩 I_x	截面模量		回转半径			i_y，当 a 为下列数值				
						W_x^{max}	W_x^{min}	i_x	i_{x0}	i_{y0}	6mm	8mm	10mm	12mm	14mm
	mm		cm^2	kg/m	cm^4	cm^3		cm			cm				
4		17.0	4.98	3.91	19.03	11.22	4.13	1.96	2.46	1.26	2.79	2.87	2.94	3.02	3.09
5		17.4	6.14	4.82	23.17	13.33	5.08	1.94	2.45	1.25	2.82	2.89	2.96	3.04	3.12
└63×6	7	17.8	7.29	5.72	27.12	15.26	6.00	1.93	2.43	1.24	2.83	2.91	2.98	3.06	3.14
8		18.5	9.51	7.47	34.45	18.59	7.75	1.90	2.39	1.23	2.87	2.95	3.03	3.10	3.18
10		19.3	11.66	9.15	41.09	21.3	9.39	1.88	2.36	1.22	2.91	2.99	3.07	3.15	3.23
4		18.6	5.57	4.37	26.39	14.16	5.14	2.18	2.74	1.40	3.07	3.14	3.21	3.29	3.36
5		19.1	6.88	5.40	32.31	16.89	6.32	2.16	2.73	1.39	3.09	3.16	3.24	3.31	3.39
└70×6	8	19.5	8.16	6.41	37.77	19.39	7.48	2.15	2.71	1.38	3.11	3.18	3.26	3.33	3.41
7		19.9	9.42	7.40	43.09	21.68	8.59	2.14	2.69	1.38	3.13	3.20	3.28	3.36	3.43
8		20.3	10.67	8.37	48.17	23.79	9.68	2.13	2.68	1.37	3.15	3.22	3.30	3.38	3.46
5		20.3	7.41	5.82	39.96	19.73	7.30	2.32	2.92	1.50	3.29	3.36	3.43	3.50	3.58
6		20.7	8.80	6.91	46.91	22.69	8.63	2.31	2.91	1.49	3.31	3.38	3.45	3.53	3.60
└75×7	9	21.1	10.16	7.98	53.57	25.42	9.93	2.30	2.89	1.48	3.33	3.40	3.47	3.55	3.63
8		21.5	11.50	9.03	59.96	27.93	11.20	2.28	2.87	1.47	3.35	3.42	3.50	3.57	3.65
10		22.2	14.13	11.09	71.98	32.40	13.64	2.26	2.84	1.46	3.38	3.46	3.54	3.61	3.69
5		21.5	7.91	6.21	48.79	22.70	8.34	2.48	3.13	1.60	3.49	3.56	3.63	3.71	3.78
6		21.9	9.40	7.38	57.35	26.16	9.87	2.47	3.11	1.59	3.51	3.58	3.65	3.73	3.80
└80×7	9	22.3	10.86	8.53	65.58	29.38	11.37	2.46	3.10	1.58	3.53	3.60	3.67	3.75	3.83
8		22.7	12.30	9.66	73.50	32.36	12.83	2.44	3.08	1.57	3.55	3.62	3.70	3.77	3.85
10		23.5	15.13	11.87	88.43	37.68	15.64	2.42	3.04	1.56	3.58	3.66	3.74	3.81	3.89

续表

角钢型号	圆角 R	重心矩 Z_0	截面积 A	质量	惯性矩 I_x	截面模量 W_x^{max}	截面模量 W_x^{min}	回转半径 i_x	回转半径 i_{x0}	回转半径 i_{y0}	i_y,当 a 为下列数值 6mm	8mm	10mm	12mm	14mm
	mm	mm	cm²	kg/m	cm⁴	cm³	cm³	cm	cm	cm	cm	cm	cm	cm	cm
∟90×6	10	24.4	10.64	8.35	82.77	33.99	12.61	2.79	3.51	1.80	3.91	3.98	4.05	4.12	4.20
7		24.8	12.30	9.66	94.83	38.28	14.54	2.78	3.50	1.78	3.93	4.00	4.07	4.14	4.22
8		25.2	13.94	10.95	106.5	42.30	16.42	2.76	3.48	1.78	3.95	4.02	4.09	4.17	4.24
10		25.9	17.17	13.48	128.6	49.57	20.07	2.74	3.45	1.76	3.98	4.06	4.13	4.21	4.28
12		26.7	20.31	15.94	149.2	55.93	23.57	2.71	3.41	1.75	4.02	4.09	4.17	4.25	4.32
∟100×6	12	26.7	11.93	9.37	115.0	43.04	15.68	3.10	3.91	2.00	4.30	4.37	4.44	4.51	4.58
7		27.1	13.80	10.83	131.9	48.57	18.10	3.09	3.89	1.99	4.32	4.39	4.46	4.53	4.61
8		27.6	15.64	12.28	148.2	53.78	20.47	3.08	3.88	1.98	4.34	4.41	4.48	4.55	4.63
10		28.4	19.26	15.12	179.5	63.29	25.06	3.05	3.84	1.96	4.38	4.45	4.52	4.60	4.67
12		29.1	22.80	17.90	208.9	71.72	29.47	3.03	3.81	1.95	4.41	4.49	4.56	4.64	4.71
14		29.9	26.26	20.61	236.5	79.19	33.73	3.00	3.77	1.94	4.45	4.53	4.60	4.68	4.75
16		30.6	29.63	23.26	262.5	85.81	37.82	2.98	3.74	1.93	4.49	4.56	4.64	4.72	4.80
∟110×7	12	29.6	15.20	11.93	177.2	59.78	22.05	3.41	4.30	2.20	4.72	4.79	4.86	4.94	5.01
8		30.1	17.24	13.53	199.5	66.36	24.95	3.40	4.28	2.19	4.74	4.81	4.88	4.96	5.03
10		30.9	21.26	16.69	242.2	78.48	30.60	3.38	4.25	2.17	4.78	4.85	4.92	5.00	5.07
12		31.6	25.20	19.78	282.6	89.34	36.05	3.35	4.22	2.15	4.82	4.89	4.96	5.04	5.11
14		32.4	29.06	22.81	320.7	99.07	41.31	3.32	4.18	2.14	4.85	4.93	5.00	5.08	5.15
∟125×8	14	33.7	19.75	15.50	297.0	88.20	32.52	3.88	4.88	2.50	5.34	5.41	5.48	5.55	5.62
10		34.4	24.37	19.13	361.7	104.8	39.97	3.85	4.85	2.48	5.38	5.45	5.52	5.59	5.66
12		35.3	28.91	22.70	423.2	119.9	47.17	3.83	4.82	2.46	5.41	5.48	5.56	5.63	5.70
14		36.1	33.37	26.19	481.7	133.6	54.16	3.80	4.78	2.45	5.45	5.52	5.59	5.67	5.74

单角钢 (columns Z_0 to i_{y0}); 双角钢 (columns i_y)

续表

角钢型号	圆角 R	重心矩 Z_0	截面积 A	质量	惯性矩 I_x	截面模量 W_x^{max}	截面模量 W_x^{min}	回转半径 i_x	回转半径 i_{x0}	回转半径 i_{y0}	i_y，当 a 为下列数值 6mm	8mm	10mm	12mm	14mm
	mm	mm	cm^2	kg/m	cm^4	cm^3	cm^3	cm	cm	cm	cm	cm	cm	cm	cm
∟140×10	14	38.2	27.37	21.49	514.7	134.6	50.58	4.34	5.46	2.78	5.98	6.05	6.12	6.20	6.27
∟140×12	14	39.0	32.51	25.52	603.7	154.6	59.80	4.31	5.43	2.77	6.02	6.09	6.16	6.23	6.31
∟140×14	14	39.8	37.57	29.49	688.8	173.0	68.75	4.28	5.40	2.75	6.06	6.13	6.20	6.27	6.34
∟140×16	14	40.6	42.54	33.39	770.2	189.9	77.46	4.26	5.36	2.74	6.09	6.16	6.23	6.31	6.38
∟160×10	16	43.1	31.50	24.73	779.5	180.8	66.70	4.97	6.27	3.20	6.78	6.85	6.92	6.99	7.06
∟160×12	16	43.9	37.44	29.39	916.6	2086	78.98	4.95	6.24	3.18	6.82	6.89	6.96	7.03	7.10
∟160×14	16	44.7	43.30	33.99	1048	234.4	90.95	4.92	6.20	3.16	6.86	6.93	7.00	7.07	7.14
∟160×16	16	45.5	49.07	38.52	1175	258.3	102.6	4.89	6.17	3.14	6.89	6.96	7.03	7.10	7.18
∟180×12	16	48.9	42.24	33.17	1321	270.0	100.8	5.59	7.05	3.58	7.63	7.70	7.77	7.84	7.91
∟180×14	16	49.7	48.90	38.38	1514	304.6	116.3	5.57	7.02	3.57	7.67	7.74	7.81	7.88	7.95
∟180×16	16	50.5	55.47	43.54	1701	336.9	131.4	5.54	6.98	3.55	7.70	7.77	7.84	7.91	7.98
∟180×18	16	51.3	61.95	48.63	1881	367.1	146.1	5.51	6.94	3.53	7.73	7.80	7.87	7.95	8.02
∟200×14	18	54.6	54.64	42.89	2104	385.1	144.7	6.20	7.82	3.98	8.47	8.54	8.61	8.67	8.75
∟200×16	18	55.4	62.01	48.68	2366	427.0	163.7	6.18	7.79	3.96	8.50	8.57	8.64	8.71	8.78
∟200×18	18	56.2	69.30	54.40	2621	466.5	182.2	6.15	7.75	3.94	8.53	8.60	8.67	8.75	8.82
∟200×20	18	56.9	76.50	60.06	2867	503.6	200.4	6.12	7.72	3.93	8.57	8.64	8.71	8.78	8.85
∟200×24	18	58.4	90.66	71.17	3338	571.5	235.8	6.07	7.64	3.90	8.63	8.71	8.78	8.85	8.92

附表 11-6

不等边角钢

单角钢　　双角钢

角钢型号 ($B \times b \times t$)	圆角 R	重心矩 Z_x	重心矩 Z_y	截面积 A	质量	回转半径 i_x	回转半径 i_{x0}	回转半径 i_{y0}	i_{y1},当 a 为下列数值 6mm	8mm	10mm	12mm	i_{y2},当 a 为下列数值 6mm	8mm	10mm	12mm
		mm	mm	cm²	kg/m	cm	cm	cm	cm	cm	cm	cm	cm	cm	cm	cm
∟25×16×3	3.5	4.2	8.6	1.16	0.91	0.44	0.78	0.34	0.84	0.93	1.02	1.11	1.40	1.48	1.57	1.66
∟25×16×4	3.5	4.6	9.0	1.50	1.18	0.43	0.77	0.34	0.87	0.96	1.05	1.14	1.42	1.51	1.60	1.68
∟32×20×3	3.5	4.9	10.8	1.49	1.17	0.55	1.01	0.43	0.97	1.05	1.14	1.23	1.71	1.79	1.88	1.96
∟32×20×4	3.5	5.3	11.2	1.94	1.52	0.54	1.00	0.43	0.99	1.08	1.16	1.25	1.74	1.82	1.90	1.99
∟40×25×3	4	5.9	13.2	1.89	1.48	0.70	1.28	0.64	1.13	1.21	1.30	1.38	2.07	2.14	2.23	2.31
∟40×25×4	4	6.3	13.7	1.94	1.94	0.69	1.26	0.54	1.16	1.24	1.32	1.41	2.09	2.17	2.25	2.34
∟45×27×3	5	6.4	14.7	2.15	1.69	0.79	1.44	0.61	1.23	1.31	1.39	1.74	2.28	2.36	2.44	2.52
∟45×27×4	5	6.8	15.1	2.81	2.20	0.78	1.43	0.60	1.25	1.33	1.41	1.50	2.31	2.39	2.47	2.55
∟50×32×3	5.5	7.3	16.0	2.43	1.91	0.91	1.60	0.70	1.37	1.45	1.53	1.61	2.49	2.56	2.64	2.72
∟50×32×4	5.5	7.7	16.5	3.18	2.49	0.90	1.59	0.69	1.40	1.47	1.55	1.64	2.51	2.59	2.67	2.75
∟56×36×3	6	8.0	17.8	2.74	2.15	1.03	1.80	0.79	1.51	1.59	1.66	1.74	2.75	2.82	2.90	2.98
∟56×36×4	6	8.5	18.2	3.59	2.82	1.02	1.79	0.78	1.53	1.61	1.69	1.77	2.77	2.85	2.93	3.01
∟56×36×5	6	8.8	18.7	4.42	3.47	1.01	1.77	0.78	1.56	1.63	1.71	1.79	2.80	2.88	2.96	3.04
∟63×40×4	7	9.2	20.4	4.06	3.19	1.14	2.02	0.88	1.66	1.74	1.81	1.89	3.09	3.16	3.24	3.32
∟63×40×5	7	9.5	20.8	4.99	3.92	1.12	2.00	0.87	1.68	1.76	1.84	1.92	3.11	3.19	3.27	3.35
∟63×40×6	7	9.9	21.2	5.91	4.64	1.11	1.99	0.86	1.71	1.78	1.86	1.94	3.13	3.21	3.29	3.37
∟63×40×7	7	10.3	21.6	6.80	5.34	1.10	1.97	0.86	1.73	1.81	1.89	1.97	3.16	3.24	3.32	3.40

续表

角钢型号 (B×b×t)		圆角 R	重心矩 Z_x	重心矩 Z_y	截面积 A	质量	回转半径 i_x	回转半径 i_{x0}	回转半径 i_{y0}	i_{y1},当 a 为下列数值 6mm	8mm	10mm	12mm	i_{y2},当 a 为下列数值 6mm	8mm	10mm	12mm
		mm	mm	mm	cm^2	kg/m	cm	cm	cm	cm	cm	cm	cm	cm	cm	cm	cm
∟70×45×	4	7.5	10.2	22.3	4.55	3.57	1.29	2.25	0.99	1.84	1.91	1.99	2.07	3.39	3.46	3.54	3.62
	5		10.6	22.8	5.61	4.40	1.28	2.23	0.98	1.86	1.94	2.01	2.09	3.41	3.49	3.57	3.64
	6		11.0	23.2	6.64	5.22	1.26	2.22	0.97	1.88	1.96	2.04	2.11	3.44	3.51	3.59	3.67
	7		11.3	23.6	7.66	6.01	1.25	2.20	0.97	1.90	1.98	2.06	2.14	3.46	3.54	3.61	3.69
∟75×50×	4	8	11.7	24.0	6.13	4.81	1.43	2.39	1.09	2.06	2.13	2.20	2.28	3.60	3.68	3.76	3.83
	5		12.1	24.4	7.26	5.70	1.42	2.38	1.08	2.08	2.15	2.23	2.30	3.63	3.70	3.78	3.86
	8		12.9	25.2	9.47	7.43	1.40	2.35	1.07	2.12	2.19	2.27	2.35	3.67	3.75	3.83	3.91
	10		13.6	26.0	11.6	9.10	1.38	2.33	1.06	2.16	2.24	2.31	2.40	3.71	3.79	3.87	3.95
∟80×50×	5	8	11.4	26.0	6.38	5.00	1.42	2.57	1.10	2.02	2.09	2.17	2.24	3.88	3.95	4.03	4.10
	6		11.8	26.5	7.56	5.93	1.41	2.55	1.09	2.04	2.11	2.19	2.27	3.90	3.98	4.05	4.13
	7		12.1	26.9	8.72	6.85	1.39	2.54	1.08	2.06	2.13	2.21	2.29	3.92	4.00	4.08	4.16
	8		12.5	27.3	9.87	7.75	1.38	2.52	1.07	2.08	2.15	2.23	2.31	3.94	4.02	4.10	4.18
∟90×56×	5	9	12.5	29.1	7.21	5.66	1.59	2.90	1.23	2.22	2.29	2.36	2.44	4.32	4.39	4.47	4.55
	6		12.9	29.5	8.56	6.72	1.58	2.88	1.22	2.24	2.31	2.39	2.46	4.34	4.42	4.50	4.57
	7		13.3	30.0	9.88	7.76	1.57	2.87	1.22	2.26	2.33	2.41	2.49	4.37	4.44	4.52	4.60
	8		13.6	30.4	11.2	8.78	1.56	2.85	1.21	2.28	2.35	2.43	2.51	4.39	4.47	4.54	4.62
∟100×63×	6	10	14.3	32.4	9.62	7.55	1.79	3.21	1.38	2.49	2.56	2.63	2.71	4.77	4.85	4.92	5.00
	7		14.7	32.8	11.1	8.72	1.78	3.20	1.37	2.51	2.58	2.65	2.73	4.80	4.87	4.95	5.03
	8		15.0	33.2	12.6	9.88	1.77	3.18	1.37	2.53	2.60	2.67	2.75	4.82	4.90	4.97	5.05
	10		15.8	34.0	15.5	12.1	1.75	3.15	1.35	2.57	2.64	2.72	2.79	4.86	4.94	5.02	5.10

单角钢

双角钢

续表

角钢型号 (B×b×t)	圆角 R	重心矩 Z_x	重心矩 Z_y	截面积 A	质量	回转半径 i_x	回转半径 i_{x0}	回转半径 i_{y0}	i_{y1}，当 a 为下列数值 6mm	8mm	10mm	12mm	i_{y2}，当 a 为下列数值 6mm	8mm	10mm	12mm
		mm	mm	cm²	kg/m	cm	cm	cm	cm	cm	cm	cm	cm	cm	cm	cm
∟100×80×6	10	19.7	29.5	10.6	8.35	2.40	3.17	1.73	3.31	3.38	3.45	3.52	4.54	4.62	4.69	4.76
∟100×80×7	10	20.1	30.0	12.3	9.66	2.39	3.16	1.71	3.32	3.39	3.47	3.54	4.57	4.64	4.71	4.79
∟100×80×8	10	20.5	30.4	13.9	10.9	2.37	3.15	1.71	3.34	3.41	3.49	3.56	4.59	4.66	4.73	4.81
∟100×80×10	10	21.3	31.2	17.2	13.5	2.35	3.12	1.69	3.38	3.38	3.53	3.60	4.63	4.70	4.78	4.85
∟110×70×6	10	15.7	35.3	10.6	8.35	2.01	3.54	1.54	2.74	2.81	2.88	2,96	5.21	5.29	5.36	5.44
∟110×70×7	10	16.1	35.7	12.3	9.66	2.00	3.53	1.53	2.76	2.83	2.90	2.98	5.24	5.31	5.39	5.46
∟110×70×8	10	16.5	36.2	13.9	10.9	1.98	3.51	1.53	2.78	2.85	2.92	3.00	5.26	5.34	5.41	5.49
∟110×70×10	10	17.2	37.0	17.2	13.5	1.96	3.48	1.51	2.82	2.89	2.96	3.04	5.30	5.38	5.46	5.53
∟125×80×7	11	18.0	40.1	14.1	11.1	2.30	4.02	1.76	3.13	3.18	3.25	3.33	5.90	5.97	6.04	6.12
∟125×80×8	11	18.4	40.6	16.0	12.6	2.29	4.01	1.75	3.13	3.20	3.27	3.35	5.92	5.99	6.07	6.14
∟125×80×10	11	19.2	41.4	19.7	15.5	2.26	3.98	1.74	3.17	3.24	3.31	3.39	5.96	6.04	6.11	6.19
∟125×80×12	11	20.2	42.2	23.4	18.3	2.24	3.95	1.72	3.20	3.28	3.35	3.43	6.00	6.08	6.16	6.23
∟140×90×8	12	20.4	45.0	18.0	14.2	2.59	4.50	1.98	3.49	3.56	3.63	3.70	6.58	6.65	6.73	6.80
∟140×90×10	12	21.2	45.8	22.3	17.5	2.56	4.47	1.96	3.52	3.59	3.66	3.73	6.62	6.70	6.77	6.85
∟140×90×12	12	21.9	46.6	26.4	20.7	2.54	4.44	1.95	3.56	3.63	3.70	3.77	6.66	6.74	6.81	6.89
∟140×90×14	12	22.7	47.4	30.5	23.9	2.51	4.42	1.94	3.59	3.66	3.74	3.81	6.70	6.78	6.86	6.93

角钢型号 ($B \times b \times t$)	单角钢								双角钢							
	圆角 R	重心矩		截面积 A	质量	回转半径			i_{y1}，当 a 为下列数值				i_{y2}，当 a 为下列数值			
		Z_x	Z_y			i_x	i_{x0}	i_{y0}	6mm	8mm	10mm	12mm	6mm	8mm	10mm	12mm
	mm			cm^2	kg/m	cm			cm				cm			
∟160×100×10	13	22.8	52.4	25.3	19.9	2.85	5.14	2.19	3.84	3.91	3.98	4.05	7.55	7.63	7.70	7.78
∟160×100×12		33.6	53.2	30.1	23.6	2.82	5.11	2.18	3.87	3.94	4.01	4.09	7.60	7.67	7.75	7.82
∟160×100×14		24.3	54.0	34.7	27.2	2.80	5.08	2.16	3.91	3.98	4.05	4.12	7.64	7.71	7.79	7.86
∟160×100×16		25.1	54.8	39.3	30.8	2.77	5.05	2.15	3.94	4.02	4.09	4.16	7.68	7.75	7.83	7.90
∟180×110×10	14	24.4	58.9	28.4	22.3	3.13	5.81	2.42	4.16	4.23	4.30	4.36	8.49	8.56	8.63	8.71
∟180×110×12		25.2	59.8	33.7	26.5	3.10	5.78	2.40	4.19	4.26	4.33	4.40	8.53	8.60	8.68	8.75
∟180×110×14		25.9	60.6	39.0	30.6	3.08	5.75	2.39	4.23	4.30	4.37	4.44	8.57	8.64	8.72	8.79
∟180×110×16		26.7	61.4	44.1	34.6	3.05	5.72	2.37	4.26	4.33	4.40	4.47	8.61	8.68	8.76	8.84
∟200×125×12		28.3	65.4	37.9	29.8	3.57	6.44	2.75	4.75	4.82	4.88	4.95	9.39	9.47	9.54	9.62
∟200×125×14		29.1	66.2	43.9	34.4	3.54	6.41	2.73	4.78	4.85	4.92	4.99	9.43	9.51	9.58	9.66
∟200×125×16		29.9	67.0	49.7	39.0	3.52	6.38	2.71	4.81	4.88	4.95	5.02	9.47	9.55	9.62	9.70
∟200×125×18		30.6	67.8	55.5	43.6	3.49	6.35	2.70	4.85	4.92	4.99	5.06	9.51	9.59	9.66	9.74

注：一个角钢的惯性矩 $I_x=Ai_x^2$，$I_y=Ai_y^2$；一个角钢的截面模量 $W_x^{max}=I_x/Z_x$，$W_x^{min}=I_x/(b-Z_x)$；$W_y^{max}=I_y/Z_y$，$W_y^{min}=I_y/(B-Z_y)$。

热轧无缝钢管 附表 11-7

I—截面惯性矩；
W—截面模量；
i—截面回转半径

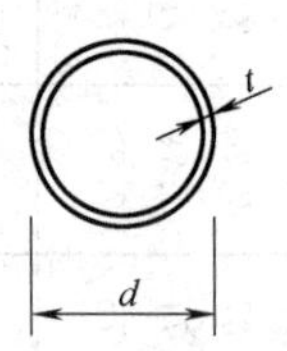

尺寸(mm)		截面面积 A	每米重量	截面特性		
d	t			I	W	i
		cm^2	kg/m	cm^4	cm^3	cm
32	2.5	2.32	1.82	2.54	1.59	1.05
	3.0	2.73	2.15	2.90	1.82	1.03
	3.5	3.13	2.46	3.23	2.02	1.02
	4.0	3.52	2.76	3.52	2.20	1.00
38	2.5	2.79	2.19	4.41	2.32	1.26
	3.0	3.30	2.59	5.09	2.68	1.24
	3.5	3.79	2.98	5.70	3.00	1.23
	4.0	4.27	3.35	6.26	3.29	1.21
42	2.5	3.10	2.44	6.07	2.89	1.40
	3.0	3.68	2.89	7.03	3.35	1.38
	3.5	4.23	3.32	7.91	3.77	1.37
	4.0	4.78	3.75	8.71	4.15	1.35
45	2.5	3.34	2.62	7.56	3.36	1.51
	3.0	3.96	3.11	8.77	3.90	1.49
	3.5	4.56	3.58	9.89	4.40	1.47
	4.0	5.15	4.04	10.93	4.86	1.46
50	2.5	3.73	2.93	10.55	4.22	1.68
	3.0	4.43	3.48	12.28	4.91	1.67
	3.5	5.11	4.01	13.90	4.56	1.65
	4.0	5.78	4.54	15.41	6.16	1.63
	4.5	6.43	5.05	16.81	6.72	1.62
	5.0	7.07	5.55	18.11	7.25	1.60
54	3.0	4.81	3.77	15.68	5.81	1.81
	3.5	5.55	4.36	17.79	6.59	1.79
	4.0	6.28	4.93	19.76	7.32	1.77
	4.5	7.00	5.49	21.61	8.00	1.76
	5.0	7.70	6.04	23.34	8.64	1.74
	5.5	8.38	6.58	24.96	9.24	1.73
	6.0	9.05	7.10	26.46	9.80	1.71
57	3.0	5.09	4.00	18.61	6.53	1.91
	3.5	5.88	4.62	21.14	7.42	1.90
	4.0	6.66	5.23	23.52	8.25	1.88
	4.5	7.42	5.83	25.76	9.04	1.86
	5.0	8.17	6.41	27.86	9.78	1.85
	5.5	8.90	6.99	29.84	10.47	1.83
	6.0	9.61	7.55	31.69	11.12	1.82
60	3.0	5.37	4.22	21.88	7.29	2.02
	3.5	6.21	4.88	24.88	8.29	2.00
	4.0	7.04	5.52	27.73	9.24	1.98
60	4.5	7.85	6.16	30.14	10.14	1.97
	5.0	8.64	6.78	32.94	10.98	1.95
	5.5	9.42	7.39	35.32	11.77	1.94
	6.0	10.18	7.99	37.56	12.52	1.92
63.5	3.0	5.70	4.48	26.15	8.24	2.14
	3.5	6.60	5.18	29.79	9.38	2.12
	4.0	7.48	5.87	33.24	10.47	2.11
	4.5	8.34	6.55	36.50	11.50	2.09
	5.0	9.19	7.21	39.60	12.47	2.08
	5.5	10.02	7.87	42.52	13.39	2.06
	6.0	10.84	8.51	45.28	14.26	2.04
68	3.0	6.13	4.81	32.42	9.54	2.30
	3.5	7.09	5.57	36.99	10.88	2.28
	4.0	8.04	6.31	41.34	12.16	2.27
	4.5	8.98	7.05	45.47	13.37	2.25
	5.0	9.90	7.77	49.41	14.53	2.23
	5.5	10.80	8.48	53.14	15.63	2.22
	6.0	11.69	9.17	56.68	16.67	2.20
70	3.0	6.31	4.96	35.50	10.14	2.37
	3.5	7.31	5.74	40.53	11.58	2.35
	4.0	8.29	6.51	45.33	12.95	2.34
	4.5	9.26	7.27	49.89	14.26	2.32
	5.0	10.21	8.01	54.24	15.50	2.30
	5.5	11.14	8.75	58.38	16.68	2.29
	6.0	12.06	9.47	62.31	17.80	2.27
73	3.0	6.60	5.18	40.48	11.09	2.48
	3.5	7.64	6.00	46.26	12.67	2.46
	4.0	8.67	6.81	51.78	14.19	2.44
	4.5	9.68	7.60	57.04	15.63	2.43
	5.0	10.68	8.38	62.07	17.01	2.41
	5.5	11.66	9.16	66.87	18.32	2.39
	6.0	12.63	9.91	71.43	19.57	2.38
76	3.0	6.88	5.40	45.91	12.08	2.58
	3.5	7.97	6.26	52.50	13.82	2.57
	4.0	9.05	7.10	58.81	15.48	2.55
	4.5	10.11	7.93	64.85	17.07	2.53
	5.0	11.15	8.75	70.62	18.59	2.52
	5.5	12.18	9.56	76.14	20.04	2.50
	6.0	13.19	10.36	81.41	21.42	2.48

I—截面惯性矩；
W—截面模量；
i—截面回转半径

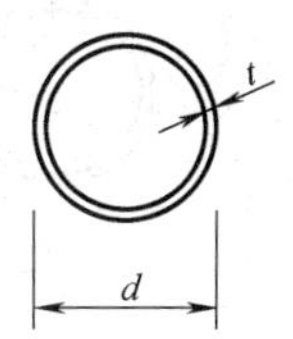

尺寸(mm)		截面面积A	每米重量	截面特性		
d	t			I	W	i
		cm²	kg/m	cm⁴	cm³	cm
83	3.5	8.74	6.86	69.19	16.67	2.81
	4.0	9.93	7.79	77.64	18.71	2.80
	4.5	11.10	8.71	85.76	20.67	2.78
	5.0	12.25	9.62	93.56	22.54	2.76
	5.5	13.39	10.51	101.04	24.35	2.75
	6.0	14.51	11.39	108.22	26.08	2.73
	6.5	15.62	12.26	115.10	27.74	2.71
	7.0	16.71	13.12	121.69	29.32	2.70
89	3.5	9.40	7.38	86.05	19.34	3.03
	4.0	10.68	8.38	96.68	21.73	3.01
	4.5	11.95	9.38	106.92	24.03	2.99
	5.0	13.19	10.36	116.79	26.24	2.98
	5.5	14.43	11.33	126.29	28.38	2.96
	6.0	15.75	12.28	135.43	30.43	2.94
	6.5	16.85	13.22	144.22	32.41	2.93
	7.0	18.03	14.16	152.67	34.31	2.91
95	3.5	10.06	7.90	105.45	22.20	3.24
	4.0	11.44	8.98	118.60	24.97	3.22
	4.5	12.79	10.04	131.31	27.64	3.20
	5.0	14.14	11.10	143.58	30.23	3.19
	5.5	15.46	12.14	155.43	32.72	3.17
	6.0	16.78	13.17	166.86	35.13	3.15
	6.5	18.07	14.19	177.89	37.45	3.14
	7.0	19.35	15.19	188.51	39.69	3.12
102	3.5	10.83	8.50	131.52	25.79	3.48
	4.0	12.32	9.67	148.09	29.04	3.47
	4.5	13.78	10.82	164.14	32.18	3.45
	5.0	15.24	11.96	179.68	35.23	3.43
	5.5	16.67	13.09	194.72	38.18	3.42
	6.0	18.10	14.21	209.28	41.03	3.40
	6.5	19.50	15.31	223.35	43.79	3.38
	7.0	20.89	16.40	236.96	46.46	3.37
114	4.0	13.82	10.85	209.35	36.73	3.89
	4.5	15.48	12.15	232.41	40.77	3.87
	5.0	17.12	13.44	254.81	44.70	3.86
	5.5	18.75	14.72	276.58	48.52	3.84
	6.0	20.36	15.98	297.73	52.23	3.82
	6.5	21.95	17.23	318.26	55.84	3.81
	7.0	23.53	18.47	338.19	59.33	3.79
	7.5	25.09	19.70	357.58	62.73	3.77
	8.0	26.64	20.91	376.30	66.02	3.76

尺寸(mm)		截面面积A	每米重量	截面特性		
d	t			I	W	i
		cm²	kg/m	cm⁴	cm³	cm
121	4.0	14.70	11.54	251.87	41.63	4.14
	4.5	16.47	12.93	279.83	46.25	4.12
	5.0	18.22	14.30	307.05	50.75	4.11
	5.5	19.96	15.67	333.54	55.13	4.09
	6.0	21.68	17.02	359.32	59.39	4.07
	6.5	23.38	18.35	384.40	63.54	4.05
	7.0	25.07	19.68	408.80	67.57	4.04
	7.5	26.74	20.99	432.51	71.49	4.02
	8.0	28.40	22.29	455.57	75.30	4.01
127	4.0	15.46	12.13	292.61	46.08	4.35
	4.5	17.32	13.59	325.29	51.23	4.33
	5.0	19.16	15.04	357.14	56.24	4.32
	5.5	20.99	16.48	388.19	61.13	4.30
	6.0	22.81	17.90	418.44	65.90	4.28
	6.5	24.61	19,32	447.92	70.54	4.27
	7.0	26.39	20,72	476.63	75.06	4.25
	7.5	28.16	22.10	504.58	79.46	4.23
	8.0	29.91	23.48	531.80	83.75	4.22
133	4.0	16.21	12,73	337.53	50.76	4.56
	4.5	18.17	14.26	375.42	56.45	4.55
	5.0	20.11	15.78	412.40	62.02	4.53
	5.5	22.03	17.29	448.50	67.44	4.51
	6.0	23.94	18.79	483.72	72.74	4.50
	6.5	25.83	20.28	518.07	77.91	4.48
	7.0	27.71	21.75	551.58	82.94	4.46
	7.5	29.57	23,21	584.25	87.86	4.45
	8.0	31.42	24.66	616.11	92.65	4.43
140	4.5	19.16	15.04	440.12	62.87	4.79
	5.0	21.21	16.65	483.76	69.11	4.78
	5.5	23.24	18.24	526.40	75.20	4.76
	6.0	25.26	19.83	568.06	81.15	4.74
	6.5	27.26	21.40	608.76	86.97	4,73
	7.0	29.25	22.96	648.51	92.64	4.71
	7.5	31.22	24.51	687.32	98.19	4.69
	8.0	33.18	26.04	725.21	103.60	4.68
	9.0	37.04	29.08	798.29	114.04	4.64
	10	40.84	32.06	867.86	123.98	4.61

续表

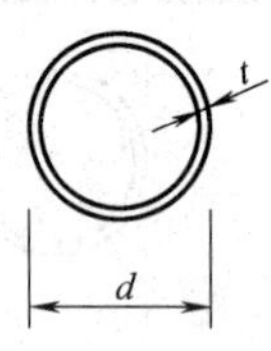

I—截面惯性矩；
W—截面模量；
i—截面回转半径

尺寸(mm)		截面面积A	每米重量	截面特性		
d	t			I	W	i
		cm^2	kg/m	cm^4	cm^3	cm
146	4.5	20.00	15.70	501.16	68.65	5.01
	5.0	22.15	17.39	551.10	75.49	4.99
	5.5	24.28	19.06	599.95	82.19	4.97
	6.0	26.39	20.72	647.73	88.73	4.95
	6.5	28.49	22.36	694.44	95.13	4.94
	7.0	30.57	24.00	740.12	101.39	4.92
	7.5	32.63	25.62	784.77	107.50	4.90
	8.0	34.68	27.23	828.41	113.48	4.89
	9.0	38.74	30.41	912.71	125.03	4.85
	10	42.73	33.54	993.16	136.05	4.82
152	4.5	20.85	16.37	567.61	74.69	5.22
	5.0	23.09	18.13	624.43	82.16	5.20
	5.5	25.31	19.87	680.06	89.48	5.18
	6.0	27.52	21.60	734.52	96.65	5.17
	6.5	29.71	23.32	787.82	103.66	5.15
	7.0	31.89	25.03	839.99	110.52	5.13
	7.5	34.05	26.73	891.03	117.24	5.12
	8.0	36.19	28.41	940.97	123.81	5.10
	9.0	40.43	31.74	1037.59	136.53	5.07
	10	44.61	35.02	1129.99	148.68	5.03
159	4.5	21.84	17.15	652.27	82.05	5.46
	5.0	24.19	18.99	717.88	90.30	5.45
	5.5	26.52	20.82	782.18	98.39	5.43
	6.0	28.84	22.64	845.19	106.31	5.41
	6.5	31.14	24.45	906.92	114.08	5.40
	7.0	33.43	26.24	967.41	121.69	5.38
	7.5	35.70	28.02	1026.65	129.14	5.36
	8.0	37.95	29.79	1084.67	136.44	5.35
	9.0	42.41	33.29	1197.12	150.58	5.31
	10	46.81	36.75	1304.88	164.14	5.28
168	4.5	23.11	18.14	772.96	92.02	5.78
	5.0	25.60	20.10	851.14	101.33	5.77
	5.5	28.08	22.04	927.85	110.46	5.75
	6.0	30.54	23.97	1003.12	119.42	5.73
	6.5	32.98	25.89	1076.95	128.21	5.71
	7.0	35.41	27.79	1149.36	136.83	5.70
	7.5	37.82	29.69	1220.38	145.28	5.68
	8.0	40.21	31.57	1290.01	153.57	5.66
	9.0	44.96	35.29	1425.22	169.67	5.63
	10	49.64	38.97	1555.13	185.13	5.60

尺寸(mm)		截面面积A	每米重量	截面特性		
d	t			I	W	i
		cm^2	kg/m	cm^4	cm^3	cm
180	5.0	27.49	21.58	1053.17	117.02	6.19
	5.5	30.15	23.67	1148.79	127.64	6.17
	6.0	32.80	25.75	1242.72	138.08	6.16
	6.5	35.43	27.81	1335.00	148.33	6.14
	7.0	38.04	29.87	1425.63	158.40	6.12
	7.5	40.64	31.91	1514.64	168.29	6.10
	8.0	43.23	33.93	1602.04	178.00	6.09
	9.0	48.35	37.95	1772.12	196.90	6.05
	10	53.41	41.92	1936.01	215.11	6.02
	12	63.33	49.72	2245.84	249.54	5.95
194	5.0	29.69	23.31	1326.54	136.76	6.68
	5.5	32.57	25.57	1447.86	149.26	6.67
	6.0	35.44	27.82	1567.21	161.57	6.65
	6.5	38.29	30.06	1684.61	173.67	6.63
	7.0	41.12	32.28	1800.08	185.57	6.62
	7.5	43.94	34.50	1913.64	197.28	6.60
	8.0	46.75	36.70	2025.31	208.79	6.58
	9.0	52.31	41.06	2243.08	231.25	6.55
	10	57.81	45.38	2453.55	252.94	6.51
	12	68.51	53.86	2853.25	294.15	6.45
203	6.0	37.13	29.15	1803.07	177.64	6.97
	6.5	40.13	31.50	1938.81	191.02	6.95
	7.0	43.10	33.84	2072.43	204.18	6.93
	7.5	46.06	36.16	2203.94	217.14	6.92
	8.0	49.01	38.47	2333.37	229.89	6.90
	9.0	54.85	43.06	2586.08	254.79	6.87
	10	60.63	47.60	2830.72	278.89	6.83
	12	72.01	56.52	3296.49	324.78	6.77
	14	83.13	65.25	3732.07	367.69	6.70
	16	94.00	73.79	4138.78	407.76	6.64
219	6.0	40.15	31.52	2278.74	208.10	7.53
	6.5	43.39	34.06	2451.64	223.89	7.52
	7.0	46.62	36.60	2622.04	239.46	7.50
	7.5	49.83	39.12	2789.96	254.79	7.48
	8.0	53.03	41.63	2955.43	269.90	7.47
	9.0	59.38	46.61	3279.12	299.46	7.43
	10	65.66	51.54	3593.29	328.15	7.40
	12	78.04	61.26	4193.81	383.00	7.33
	14	90.16	70.78	4758.50	434.57	7.26
	16	102.04	80.10	5288.81	483.00	7.20

I—截面惯性矩；
W—截面模量；
i—截面回转半径

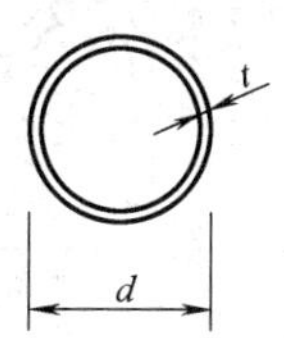

尺寸(mm)		截面面积 *A*	每米重量	截面特性		
d	*t*			*I*	*W*	*i*
		cm^2	kg/m	cm^4	cm^3	cm
245	6.5	48.70	38.23	3465.46	282.89	8.44
	7.0	52.34	41.08	3709.06	302.78	8.42
	7.5	55.96	43.93	3949.52	322.41	8.40
	8.0	59.56	46.76	4186.87	341.79	8.38
	9.0	66.73	52.38	4652.32	379.78	8.35
	10	73.83	57.95	5105.63	416.79	8.32
	12	87.84	68.95	5976.67	487.89	8.25
	14	101.60	79.76	6801.68	555.24	8.18
	16	115.11	90.36	7582.30	618.96	8.12
273	6.5	54.42	42.72	4834.18	354.15	9.42
	7.0	58.50	45.92	5177.30	379.29	9.41
	7.5	62.56	49.11	5516.47	404.14	9.39
	8.0	66.60	52.28	5851.71	428.70	9.37
	9.0	74.64	58.60	6510.56	476.96	9.34
	10	82.62	64.86	7154.09	524.11	9.31
	12	98.39	77.24	8396.14	615.10	9.24
	14	113.91	89.42	9579.75	701.81	9.17
	16	129.18	101.41	10706.79	784.38	9.10

尺寸(mm)		截面面积 *A*	每米重量	截面特性		
d	*t*			*I*	*W*	*i*
		cm^2	kg/m	cm^4	cm^3	cm
299	7.5	68.68	53.92	7300.02	488.30	10.31
	8.0	73.14	57.41	7747.42	518.22	10.29
	9.0	82.00	64.37	8628.09	577.13	10.26
	10	90.79	71.27	9490.15	634.79	10.22
	12	108.20	84.93	11159.52	746.46	10.16
	14	125.35	98.40	12757.61	853.35	10.09
	16	142.25	111.67	14286.48	955.62	10.02
325	7.5	74.81	58.73	9431.80	580.42	11.23
	8.0	79.67	62.54	10013.92	616.24	11.21
	9.0	89.35	70.14	11161.33	686.85	11.18
	10	98.96	77.68	12286.52	756.09	11.14
	12	118.00	92.63	14471.45	890.55	11.07
	14	136.78	107.38	16570.98	1019.75	11.01
	16	155.32	121.93	18587.38	1143.84	10.94
351	8.0	86.21	67.67	12684.36	722.76	12.13
	9.0	96.70	75.91	14147.55	806.13	12.10
	10	107.13	84.10	15584.62	888.01	12.06
	12	127.80	100.32	18381.63	1047.39	11.99
	14	148.22	116.35	21077.86	1201.02	11.93
	16	168.39	132.19	23675.75	1349.05	11.86

电焊钢管 **附表 11-8**

I—截面惯性矩；
W—截面模量；
i—截面回转半径

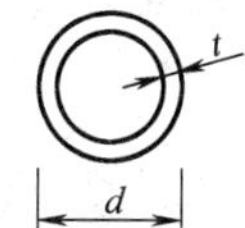

尺寸(mm)		截面面积 *A* (cm^2)	每米重量 (kg/m)	截面特性		
d	*t*			*I* (cm^4)	*W* (cm^3)	*i* (cm)
32	2.0	1.88	1.48	2.13	1.33	1.06
	2.5	2.32	1.82	2.54	1.59	1.05
38	2.0	2.26	1.78	3.68	1.93	1.27
	2.5	2.79	2.19	4.41	2.32	1.26
40	2.0	2.39	1.87	4.32	2.16	1.35
	2.5	2.95	2.31	5.20	2.60	1.33
42	2.0	2.51	1.97	5.04	2.40	1.42
	2.5	3.10	2.44	6.07	2.89	1.40
45	2.0	2.70	2.12	6.26	2.78	1.52
	2.5	3.34	2.62	7.56	3.36	1.51
	3.0	3.96	3.11	8.77	3.90	1.49

尺寸(mm)		截面面积 *A* (cm^2)	每米重量 (kg/m)	截面特性		
d	*t*			*I* (cm^4)	*W* (cm^3)	*i* (cm)
51	2.0	3.08	2.42	9.26	3.63	1.73
	2.5	3.81	2.99	11.23	4.40	1.72
	3.0	4.52	3.55	13.08	5.13	1.70
	3.5	5.22	4.10	14.81	5.81	1.68
53	2.0	3.20	2.52	10.43	3.94	1.80
	2.5	3.97	3.11	12.67	4.78	1.79
	3.0	4.71	3.70	14.78	5.58	1.77
	3.5	5.44	4.27	16.75	6.32	1.75
57	2.0	3.46	2.71	13.08	4.59	1.95
	2.5	4.28	3.36	15.93	5.59	1.93
	3.0	5.09	4.00	18.61	6.53	1.91
	3.5	5.88	4.62	21.14	7.42	1.90

I—截面惯性矩；
W—截面模量；
i—截面回转半径

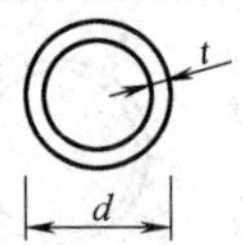

尺寸(mm)		截面面积 A (cm²)	每米重量 (kg/m)	截面特性		
d	t			I (cm⁴)	W (cm³)	i (cm)
60	2.0	3.64	2.86	15.34	5.11	2.05
	2.5	4.52	3.55	18.70	6.23	2.03
	3.0	5.37	4.22	21.88	7.29	2.02
	3.5	6.21	4.88	24.88	8.29	2.00
63.5	2.0	3.86	3.03	18.29	5.76	2.18
	2.5	4.79	3.76	22.32	7.03	2.16
	3.0	5.70	4.48	26.15	8.24	2.14
	3.5	6.60	5.18	29.79	9.38	2.12
70	2.0	4.27	3.35	24.72	7.06	2.41
	2.5	5.30	4.16	30.23	8.64	2.39
	3.0	6.31	4.96	35.50	10.14	2.37
	3.5	7.31	5.74	40.53	11.58	2.35
	4.5	9.26	7.27	49.89	14.26	2.32
76	2.0	4.65	3.65	31.85	8.38	2.62
	2.5	5.77	4.53	39.03	10.27	2.60
	3.0	6.88	5.40	45.91	12.08	2.58
	3.5	7.97	6.26	52.50	13.82	2.57
	4.0	9.05	7.10	58.81	15.48	2.55
	4.5	10.11	7.93	64.85	17.07	2.53
83	2.0	5.09	4.00	41.76	10.06	2.86
	2.5	6.32	4.96	51.26	12.35	2.85
	3.0	7.54	5.92	60.40	14.56	2.83
	3.5	8.74	6.86	69.19	16.67	2.81
	4.0	9.93	7.79	77.64	18.71	2.80
	4.5	11.10	8.71	85.76	20.67	2.78
89	2.0	5.47	4.29	51.75	11.63	3.08
	2.5	6.79	5.33	63.59	14.29	3.06
	3.0	8.11	6.36	75.02	16.86	3.04
	3.5	9.40	7.38	86.05	19.34	3.03
	4.0	10.68	8.38	96.68	21.73	3.01
	4.5	11.95	9.38	106.92	24.03	2.99
95	2.0	5.84	4.59	63.20	13.31	3.29
	2.5	7.26	5.70	77.76	16.37	3.27
	3.0	8.67	6.81	91.83	19.33	3.25
	3.5	10.06	7.90	105.45	22.20	3.24

尺寸(mm)		截面面积 A (cm²)	每米重量 (kg/m)	截面特性		
d	t			I (cm⁴)	W (cm³)	i (cm)
102	2.0	6.28	4.93	78.57	15.41	3.54
	2.5	7.81	6.13	96.77	18.97	3.52
	3.0	9.33	7.32	114.42	22.43	3.50
	3.5	10.83	8.50	131.52	25.79	3.48
	4.0	12.32	9.67	148.09	29.04	3.47
	4.5	13.78	10.82	164.14	32.18	3.45
	5.0	15.24	11.96	179.68	35.23	3.43
108	3.0	9.90	7.77	136.49	25.28	3.71
	3.5	11.49	9.02	157.02	29.08	3.70
	4.0	13.07	10.26	176.95	32.77	3.68
114	3.0	10.46	8.21	161.24	28.29	3.93
	3.5	12.15	9.54	185.63	32.57	3.91
	4.0	13.82	10.85	209.35	36.73	3.89
	4.5	15.48	12.15	232.41	40.77	3.87
	5.0	17.12	13.44	254.81	44.70	3.86
121	3.0	11.12	8.73	193.69	32.01	4.17
	3.5	12.92	10.14	223.17	36.89	4.16
	4.0	14.70	11.54	251.87	41.63	4.14
127	3.0	11.69	9.17	224.75	35.39	4.39
	3.5	13.58	10.66	259.11	40.80	4.37
	4.0	15.46	12.13	292.61	46.08	4.35
	4.5	17.32	13.59	325.29	51.23	4.33
	5.0	19.16	15.04	357.14	56.24	4.32
133	3.5	14.24	11.18	298.71	44.92	4.58
	4.0	16.21	12.73	337.53	50.76	4.56
	4.5	18.17	14.26	375.42	56.45	4.55
	5.0	20.11	15.78	412.40	62.02	4.53
140	3.5	15.01	11.78	349.79	49.97	4.83
	4.0	17.09	13.42	395.47	56.50	4.81
	4.5	19.16	15.04	440.12	62.87	4.79
	5.0	21.21	16.65	483.76	69.11	4.78
	5.5	23.24	18.24	526.40	75.20	4.76
152	3.5	16.33	12.82	450.35	59.26	5.25
	4.0	18.60	14.60	509.59	67.05	5.23
	4.5	20.85	16.37	567.61	74.69	5.22
	5.0	23.09	18.13	624.43	82.16	5.20
	5.5	25.31	19.87	680.06	89.48	5.18

附录 12　冷弯薄壁型钢表

卷边槽钢　　附表 12-1

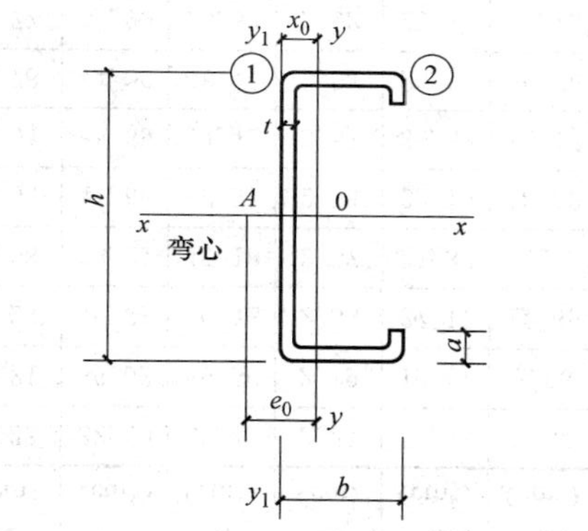

尺寸(mm)				截面面积 (cm²)	每米长质量 (kg/m)	x_0 (cm)	$x-x$			$y-y$				y_1-y_1	e_0 (cm)	I_t (cm⁴)	I_ω (cm⁶)	k (cm⁻¹)	$W_{\omega 1}$ (cm⁴)	$W_{\omega 2}$ (cm⁴)
h	b	a	t				I_x (cm⁴)	i_x (cm)	W_x (cm³)	I_y (cm⁴)	i_y (cm)	W_{ymax} (cm³)	W_{ymin} (cm³)	I_{y1} (cm⁴)						
80	40	15	2.0	3.47	2.72	1.452	34.16	3.14	8.54	7.79	1.50	5.36	3.06	15.10	3.36	0.0462	112.9	0.0126	16.03	15.74
100	50	15	2.5	5.23	4.11	1.706	81.34	3.94	16.27	17.19	1.81	10.08	5.22	32.41	3.94	0.1090	352.8	0.0109	34.47	29.41
120	50	20	2.5	5.98	4.70	1.706	129.40	4.65	21.57	20.96	1.87	12.28	6.36	38.36	4.03	0.1246	660.9	0.0085	51.04	48.36
120	60	20	3.0	7.65	6.01	2.106	170.68	4.72	28.45	37.36	2.21	17.74	9.59	71.31	4.87	0.2296	1153.2	0.0087	75.68	68.84
140	50	20	2.0	5.27	4.14	1.590	154.03	5.41	22.00	18.56	1.88	11.68	5.44	31.86	3.87	0.0703	794.79	0.0058	51.44	52.22
140	50	20	2.2	5.76	4.52	1.590	167.40	5.39	23.91	20.03	1.87	12.62	5.87	34.53	3.84	0.0929	852.46	0.0065	55.98	56.84
140	50	20	2.5	6.48	5.09	1.580	186.78	5.39	26.68	22.11	1.85	13.96	6.47	38.38	3.80	0.1351	931.89	0.0075	62.56	63.56
140	60	20	3.0	8.25	6.48	1.964	245.42	5.45	35.06	39.49	2.19	20.11	9.79	71.33	4.61	0.2476	1589.8	0.0078	92.69	79.00
160	60	20	2.0	6.07	4.76	1.850	236.59	6.24	29.57	29.99	2.22	16.19	7.23	50.83	4.52	0.0809	1596.28	0.0044	76.92	71.30

续表

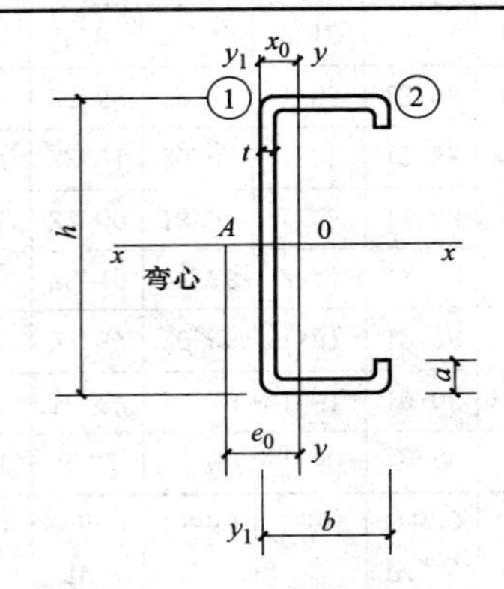

尺寸(mm)				截面面积 (cm²)	每米长质量 (kg/m)	x_0 (cm)	x—x			y—y				y_1—y_1	e_0 (cm)	I_t (cm⁴)	I_ω (cm⁶)	k (cm⁻¹)	$W_{\omega 1}$ (cm⁴)	$W_{\omega 2}$ (cm⁴)
h	b	a	t				I_x (cm⁴)	i_x (cm)	W_x (cm³)	I_y (cm⁴)	i_y (cm)	W_{ymax} (cm³)	W_{ymin} (cm³)	I_{y1} (cm⁴)						
160	60	20	2.2	6.64	5.21	1.850	257.57	6.23	32.20	32.45	2.21	17.53	7.82	55.19	4.50	0.1071	1717.82	0.0049	83.82	77.55
160	60	20	2.5	7.48	5.87	1.850	288.13	6.21	36.02	35.96	2.19	19.47	8.66	61.49	4.45	0.1559	1887.71	0.0056	93.87	86.63
160	70	20	3.0	9.45	7.42	2.224	373.64	6.29	46.71	60.42	2.53	27.17	12.65	107.20	5.25	0.2836	3070.5	0.0060	135.49	109.92
180	70	20	2.0	6.87	5.39	2.110	343.93	7.08	38.21	45.18	2.57	21.37	9.25	75.87	5.17	0.0916	2934.34	0.0035	109.50	95.22
180	70	20	2.2	7.52	5.90	2.110	374.90	7.06	41.66	48.97	2.55	23.19	10.02	82.49	5.14	0.1213	3165.62	0.0038	119.44	103.58
180	70	20	2.5	8.48	6.66	2.110	420.20	7.04	46.69	54.42	2.53	25.82	11.12	92.08	5.10	0.1767	3492.15	0.0044	133.99	115.73
200	70	20	2.0	7.27	5.71	2.000	440.04	7.78	44.00	46.71	2.54	23.32	9.35	75.88	4.96	0.0969	3672.33	0.0032	126.74	106.15
200	70	20	2.2	7.96	6.25	2.000	479.87	7.77	47.99	50.64	2.52	25.31	10.13	82.49	4.93	0.1284	3963.82	0.0035	138.26	115.74
200	70	20	2.5	8.98	7.05	2.000	538.21	7.74	53.82	56.27	2.50	28.18	11.25	92.09	4.89	0.1871	4376.18	0.0041	155.14	129.75
200	75	20	2.0	7.87	6.18	2.080	574.45	8.54	52.22	56.88	2.69	27.35	10.50	90.93	5.18	0.1049	5313.52	0.0028	158.43	127.32
220	75	20	2.2	8.62	6.77	2.080	626.85	8.53	56.99	61.71	2.68	29.70	11.38	98.91	5.15	0.1391	5742.07	0.0031	172.92	138.93
220	75	20	2.5	9.73	7.64	2.070	703.76	8.50	63.98	68.66	2.66	33.11	12.65	110.51	5.11	0.2028	6351.05	0.0035	194.18	155.94

卷边Z型钢　　附表 12-2

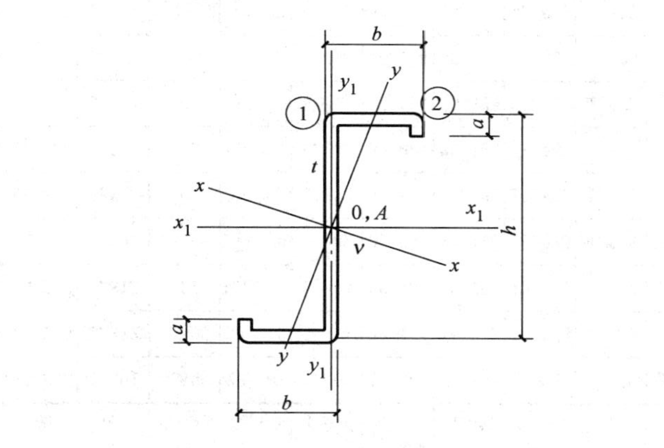

尺寸(mm)				截面面积	每米长质量	θ	x_1—x_1			y_1—y_1			x—x				y—y				I_{x1y1}	I_t	I_ω	k	$W_{\omega1}$	$W_{\omega2}$
h	b	a	t	(cm²)	(kg/m)		I_x (cm⁴)	i_x (cm)	W_{x1} (cm³)	I_{y1} (cm⁴)	i_{y1} (cm)	W_{y1} (cm³)	I_x (cm⁴)	i_x (cm)	W_{x1} (cm³)	W_{x2} (cm³)	I_y (cm⁴)	i_y (cm)	W_{y1} (cm³)	W_{y2} (cm³)	(cm⁴)	(cm⁴)	(cm⁶)	(cm⁻¹)	(cm⁴)	(cm⁴)
100	40	20	2.0	4.07	3.19	24°1′	60.04	3.84	12.01	17.02	2.05	4.36	70.70	4.17	15.93	11.94	6.36	1.25	3.36	4.42	13.93	0.0542	325.0	0.0081	49.97	29.16
100	40	20	2.5	4.98	3.91	23°46′	72.10	3.80	14.42	20.02	2.00	5.17	84.63	4.12	19.18	14.47	7.49	1.23	4.07	5.28	28.45	0.1038	381.9	0.0102	62.25	35.03
120	50	20	2.0	4.87	3.82	24°3′	106.97	4.69	17.83	30.23	2.49	6.17	126.06	5.09	23.55	17.40	11.14	1.51	4.83	5.74	42.77	0.0649	785.2	0.0057	84.05	43.96
120	50	20	2.5	5.98	4.70	23°50′	129.39	4.65	21.57	35.91	2.45	7.37	152.05	5.04	28.55	21.21	13.25	1.49	5.89	6.89	51.30	0.1246	930.9	0.0072	104.68	52.94
120	50	20	3.0	7.05	5.54	23°36′	150.14	4.61	25.02	40.88	2.41	8.43	175.92	4.99	33.18	24.80	15.11	1.46	6.89	7.92	58.99	0.2116	1058.9	0.0087	125.37	61.22
140	50	20	2.5	6.48	5.09	19°25′	186.77	5.37	26.68	35.91	2.35	7.37	209.19	5.67	32.55	26.34	14.48	1.49	6.69	6.78	60.75	0.1350	1289.0	0.0064	137.04	60.03
140	50	20	3.0	7.65	6.01	19°12′	217.26	5.33	31.04	40.83	2.31	8.43	241.62	5.62	37.76	30.70	16.52	1.47	7.84	7.81	69.93	0.2296	1468.2	0.0077	164.94	69.51
160	60	20	2.5	7.48	5.87	19°59′	288.12	6.21	36.01	58.15	2.79	9.90	323.13	6.57	44.00	34.95	23.14	1.76	9.00	8.71	96.32	0.1559	2634.3	0.0048	205.98	86.28
160	60	20	3.0	8.85	6.95	19°47′	336.66	6.17	42.08	66.66	2.74	11.39	376.76	6.52	51.48	41.08	26.56	1.73	10.58	10.07	111.51	0.2656	3019.4	0.0058	247.41	100.15
160	70	20	2.5	7.98	6.27	23°46′	319.13	6.32	39.89	87.74	3.32	12.76	374.76	6.85	52.35	38.23	32.11	2.01	10.53	10.86	126.37	0.1663	3793.3	0.0041	238.87	106.91
160	70	20	3.0	9.45	7.42	23°34′	373.64	6.29	46.71	101.10	3.27	14.76	437.72	6.80	61.33	45.01	37.03	1.98	12.39	12.58	146.86	0.2836	4365.0	0.0050	285.78	124.26
180	70	20	2.5	8.48	6.66	20°22′	420.18	7.04	46.69	87.74	3.22	12.76	473.34	7.47	57.27	44.88	34.58	2.02	11.66	10.86	143.18	0.1767	4907.9	0.0037	294.53	119.41
180	70	20	3.0	10.05	7.89	20°11′	492.61	7.00	54.73	101.11	3.17	14.76	553.83	7.42	67.22	52.89	39.89	1.99	13.72	12.59	166.47	0.3016	9652.2	0.0045	353.32	138.92

附表 12-3

斜卷边 Z 型钢

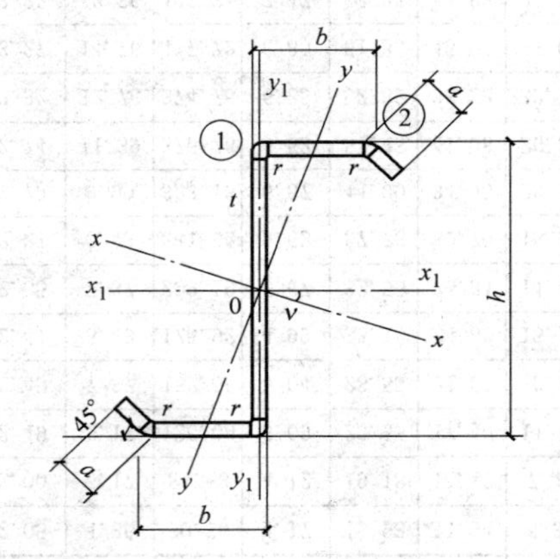

尺寸(mm)				截面面积	每米长质量	θ(°)	$x_1—x_1$			$y_1—y_1$			$x—x$				$y—y$				I_{x1y1}	I_t	I_ω	k	$W_{\omega1}$	$W_{\omega2}$
h	b	a	t	(cm^2)	(kg/m)		I_x (cm^4)	i_x (cm)	W_{x1} (cm^3)	I_{y1} (cm^4)	i_{y1} (cm)	W_{y1} (cm^3)	I_x (cm^4)	i_x (cm)	W_{x1} (cm^3)	W_{x2} (cm^3)	I_y (cm^4)	i_y (cm)	W_{y1} (cm^3)	W_{y2} (cm^3)	(cm^4)	(cm^4)	(cm^6)	(cm^{-1})	(cm^4)	(cm^4)
100	40	20	2.0	4.174	3.276	27.821	63.926	3.914	12.785	23.862	2.391	4.490	79.388	4.361	18.507	13.191	8.399	1.149	3.916	9.272	29.302	0.0556	294.293	0.0085	25.085	46.620
100	40	20	2.5	5.176	4.063	27.762	78.348	3.891	15.670	29.115	2.372	5.505	97.219	4.334	22.764	16.273	10.244	1.407	4.781	11.598	35.849	0.1078	354.576	0.0108	30.743	57.136
120	50	20	2.0	4.974	3.904	26.961	112.350	4.753	18.725	39.318	2.812	6.227	137.843	5.264	26.433	18.757	13.826	1.667	5.457	9.641	50.116	0.0663	683.901	0.0061	41.217	61.828
120	50	20	2.5	6.176	4.848	26.908	138.164	4.730	23.027	48.151	2.792	7.656	169.389	5.237	32.591	23.190	16.926	1.656	6.686	11.992	61.528	0.1287	828.987	0.0077	50.680	75.878
120	50	20	3.0	7.361	5.779	26.853	163.104	4.707	27.184	56.604	2.773	9.036	199.815	5.210	38.559	27.522	19.892	1.644	7.865	14.322	72.509	0.2208	964.410	0.0094	59.817	89.380
140	50	20	2.5	6.676	5.240	22.018	198.446	5.452	28.349	48.154	2.686	7.657	227.828	5.842	36.041	28.180	18.771	1.677	7.649	11.349	72.659	0.1391	1167.216	0.0068	65.679	82.597
140	50	20	3.0	7.961	6.250	21.954	234.636	5.429	33.519	56.608	2.667	9.037	269.173	5.815	42.681	33.468	22.071	1.665	9.004	13.540	85.682	0.2388	1360.113	0.0082	77.637	97.356
160	60	20	2.5	7.676	6.025	22.128	303.090	6.284	37.886	73.935	3.104	10.143	348.487	6.738	48.114	37.109	28.537	1.928	10.038	13.042	111.642	0.1599	2301.855	0.0052	91.157	110.91
160	60	20	3.0	9.161	7.192	22.072	359.069	6.261	44.884	87.151	8.084	11.997	412.577	6.711	57.079	44.133	33.643	1.916	11.846	15.544	131.958	0.2748	2692.859	0.0063	115.068	130.95
160	70	20	2.5	8.176	6.418	25.844	334.100	6.393	41.763	107.457	3.625	12.964	403.575	7.026	57.298	40.565	37.983	2.155	11.487	15.347	143.432	0.1703	3207.454	0.0045	112.489	134.46

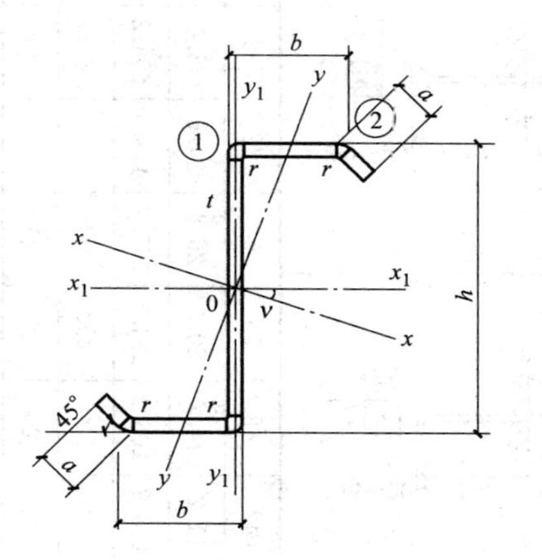

尺寸(mm)				截面面积	每米长质量	θ(°)	x_1—x_1			y_1—y_1			x—x				y—y				I_{x1y1}	I_t	I_ω	k	$W_{\omega1}$	$W_{\omega2}$
h	b	a	t	(cm^2)	(kg/m)		I_x (cm^4)	i_x (cm)	W_{x1} (cm^3)	I_{y1} (cm^4)	i_{y1} (cm)	W_{y1} (cm^3)	I_x (cm^4)	i_x (cm)	W_{x1} (cm^3)	W_{x2} (cm^3)	I_y (cm^4)	i_y (cm)	W_{y1} (cm^3)	W_{y2} (cm^3)	(cm^4)	(cm^4)	(cm^6)	(cm^{-1})	(cm^4)	(cm^4)
160	70	20	3.0	9.761	7.663	25.800	396.047	6.370	49.506	126.926	3.606	15.359	478.117	6.999	68.027	48.272	44.856	2.144	13.577	18.292	169.771	0.2928	3760.018	0.0055	133.314	158.91
180	70	20	2.5	8.676	6.810	22.205	438.835	7.112	48.759	107.460	3.519	12.964	505.087	7.630	61.860	47.215	41.208	2.179	12.756	15.130	162.307	0.1807	4179.821	0.0041	137.301	146.42
180	70	20	3.0	10.361	8.134	22.155	520.664	7.089	57.852	126.931	3.500	15.359	598.916	7.603	73.484	56.211	48.679	2.168	15.082	18.030	192.181	0.3108	4904.493	0.0049	162.856	173.14
200	70	20	2.5	9.176	7.203	19.314	560.921	7.819	56.092	107.462	3.422	12.964	624.421	8.249	67.423	54.343	43.962	2.189	13.976	15.011	181.182	0.1912	5293.329	0.0037	163.954	158.85
200	70	20	3.0	10.961	8.605	19.263	666.004	7.795	66.600	126.935	3.403	15.360	740.996	8.222	80.136	64.721	51.944	2.177	16.532	17.886	214.591	0.3288	6215.596	0.0045	194.606	187.90
230	75	25	2.5	10.426	8.184	18.355	825.235	8.951	72.629	147.151	3.757	16.095	920.347	9.396	85.723	70.683	62.039	2.439	17.918	19.866	256.531	0.2172	9882.968	0.0029	242.449	244.09
230	75	25	3.0	12.461	9.782	18.308	992.977	8.927	86.346	174.090	3.738	19.093	1093.65	9.368	102.00	84.255	73.421	2.427	21.227	23.699	304.255	0.3738	11634.034	0.0035	288.169	289.31
250	75	25	2.5	10.926	8.577	16.393	1016.17	9.644	81.294	147.153	3.670	16.095	1098.51	10.027	93.032	79.225	64.819	2.436	19.205	19.734	279.874	0.2276	11882.791	0.0027	278.269	260.19
250	75	25	3.0	13.061	10.253	16.346	1208.67	9.620	96.693	174.094	3.651	19.094	1306.04	10.000	110.74	94.462	76.719	2.424	22.757	23.540	332.000	0.3918	13994.480	0.0033	330.893	308.46

附录 13 螺栓和锚栓规格

螺栓螺纹处的有效截面面积 **附表 13-1**

公称直径	12	14	16	18	20	22	24	27	30
螺栓有效截面积 A_e(cm^2)	0.84	1.15	1.57	1.92	2.45	3.03	3.53	4.59	5.61
公称直径	33	36	39	42	45	48	52	56	60
螺栓有效截面积 A_e(cm^2)	6.94	8.17	9.76	11.2	13.1	14.7	17.6	20.3	23.6
公称直径	64	68	72	76	80	85	90	95	100
螺栓有效截面积 A_e(cm^2)	26.8	30.6	34.6	38.9	43.4	49.5	55.9	62.7	70.0

锚栓规格 **附表 13-2**

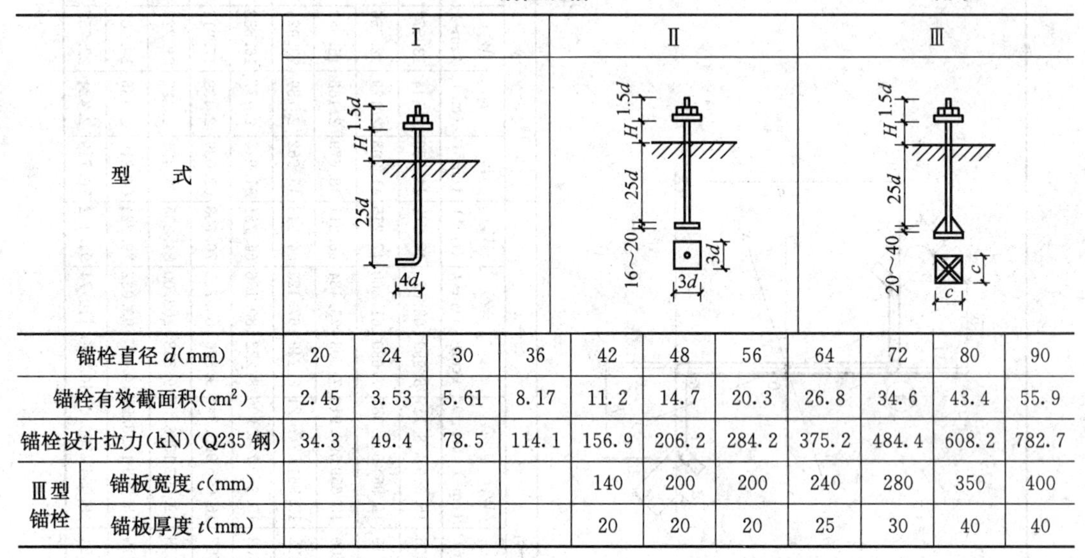

<table>
<tr><td colspan="2" rowspan="2">型式</td><td colspan="4">Ⅰ</td><td colspan="3">Ⅱ</td><td colspan="4">Ⅲ</td></tr>
<tr><td colspan="4"></td><td colspan="3"></td><td colspan="4"></td></tr>
<tr><td colspan="2">锚栓直径 d(mm)</td><td>20</td><td>24</td><td>30</td><td>36</td><td>42</td><td>48</td><td>56</td><td>64</td><td>72</td><td>80</td><td>90</td></tr>
<tr><td colspan="2">锚栓有效截面积(cm^2)</td><td>2.45</td><td>3.53</td><td>5.61</td><td>8.17</td><td>11.2</td><td>14.7</td><td>20.3</td><td>26.8</td><td>34.6</td><td>43.4</td><td>55.9</td></tr>
<tr><td colspan="2">锚栓设计拉力(kN)(Q235 钢)</td><td>34.3</td><td>49.4</td><td>78.5</td><td>114.1</td><td>156.9</td><td>206.2</td><td>284.2</td><td>375.2</td><td>484.4</td><td>608.2</td><td>782.7</td></tr>
<tr><td rowspan="2">Ⅲ型锚栓</td><td>锚板宽度 c(mm)</td><td></td><td></td><td></td><td></td><td>140</td><td>200</td><td>200</td><td>240</td><td>280</td><td>350</td><td>400</td></tr>
<tr><td>锚板厚度 t(mm)</td><td></td><td></td><td></td><td></td><td>20</td><td>20</td><td>20</td><td>25</td><td>30</td><td>40</td><td>40</td></tr>
</table>

参考文献

[1] 中华人民共和国国家标准．钢结构设计规范．GB 50017—2003．北京：中国计划出版社，2003.
[2] 中华人民共和国国家标准．建筑结构可靠度设计统一标准．GB 50068—2001．北京：中国建筑工业出版社，2001.
[3] 中华人民共和国国家标准．建筑结构荷载规范．GB 50009—2001．北京：中国建筑工业出版社，2001.
[4] 中华人民共和国国家标准．建筑抗震设计规范．GB 50011—2001．北京：中国建筑工业出版社，2008.
[5] 中华人民共和国国家标准．钢结构工程施工质量验收规范．GB 50205—2001．北京：中国计划出版社，2001.
[6] 中华人民共和国国家标准．冷弯薄壁型钢结构技术规范．GB 50018—2002．北京：中国计划出版社，2002.
[7] 中华人民共和国行业标准．建筑钢结构焊接技术规程．JGJ 81—2002．北京：中国建筑工业出版社，2002.
[8] 中华人民共和国行业标准．高层民用建筑钢结构技术规程．JGJ 99—98．北京：中国建筑工业出版社，1998.
[9] 崔佳，魏明钟，赵熙元，但泽义著．钢结构设计规范理解与应用．北京：中国建筑工业出版社，2004.
[10] 高小旺，龚思礼，苏经宇，易方民编．建筑抗震设计规范理解与应用．北京：中国建筑工业出版社，2002.
[11] 陈绍蕃著．钢结构设计原理（第二版）．北京：科学出版社，1998.
[12] 赵熙元等．建筑钢结构设计手册．北京：冶金工业出版社，1995.
[13] 魏明钟主编．钢结构（第二版）．武汉：武汉理工大学出版社，2002.
[14] 李开禧，肖允徽．逆算单元长度法计算单轴失稳时钢压杆的临界力．重庆建筑工程学院学报，1982（4）.
[15] 王国周，翟履谦等．钢结构原理与设计．北京：清华大学出版社，1993.
[16] 夏志斌，姚谏．钢结构．杭州：浙江大学出版社，1998.
[17] 王肇民主编．建筑钢结构．上海：同济大学出版社，2001.
[18]《钢结构设计规范》编制组．《钢结构设计规范》专题指南．北京：中国计划出版社，2003.
[19] 陈骥．钢结构稳定理论与设计．北京：科学出版社，2001.
[20] 尹德钰，刘善维，钱若军．网壳结构设计．北京：中国建筑工业出版社，1996.
[21] 沈祖炎等．空间网架结构．贵州：贵州人民出版社，1987.
[22] 哈尔滨建筑工程学院．大跨房屋钢结构．北京：中国建筑工业出版社，1985.

尊敬的读者：

感谢您选购我社图书！建工版图书按图书销售分类在卖场上架，共设22个一级分类及43个二级分类，根据图书销售分类选购建筑类图书会节省您的大量时间。现将建工版图书销售分类及与我社联系方式介绍给您，欢迎随时与我们联系。

★建工版图书销售分类表（详见下表）。

★欢迎登陆中国建筑工业出版社网站www.cabp.com.cn，本网站为您提供建工版图书信息查询，网上留言、购书服务，并邀请您加入网上读者俱乐部。

★中国建筑工业出版社总编室　电　话：010—58337016
　　　　　　　　　　　　　传　真：010—68321361

★中国建筑工业出版社发行部　电　话：010—58337346
　　　　　　　　　　　　　传　真：010—68325420
　　　　　　　　　　　　　E-mail：hbw@cabp.com.cn

建工版图书销售分类表

一级分类名称（代码）	二级分类名称（代码）	一级分类名称（代码）	二级分类名称（代码）
建筑学（A）	建筑历史与理论（A10）	园林景观（G）	园林史与园林景观理论（G10）
	建筑设计（A20）		园林景观规划与设计（G20）
	建筑技术（A30）		环境艺术设计（G30）
	建筑表现・建筑制图（A40）		园林景观施工（G40）
	建筑艺术（A50）		园林植物与应用（G50）
建筑设备・建筑材料（F）	暖通空调（F10）	城乡建设・市政工程・环境工程（B）	城镇与乡（村）建设（B10）
	建筑给水排水（F20）		道路桥梁工程（B20）
	建筑电气与建筑智能化技术（F30）		市政给水排水工程（B30）
	建筑节能・建筑防火（F40）		市政供热、供燃气工程（B40）
	建筑材料（F50）		环境工程（B50）
城市规划・城市设计（P）	城市史与城市规划理论（P10）	建筑结构与岩土工程（S）	建筑结构（S10）
	城市规划与城市设计（P20）		岩土工程（S20）
室内设计・装饰装修（D）	室内设计与表现（D10）	建筑施工・设备安装技术（C）	施工技术（C10）
	家具与装饰（D20）		设备安装技术（C20）
	装修材料与施工（D30）		工程质量与安全（C30）
建筑工程经济与管理（M）	施工管理（M10）	房地产开发管理（E）	房地产开发与经营（E10）
	工程管理（M20）		物业管理（E20）
	工程监理（M30）	辞典・连续出版物（Z）	辞典（Z10）
	工程经济与造价（M40）		连续出版物（Z20）
艺术・设计（K）	艺术（K10）	旅游・其他（Q）	旅游（Q10）
	工业设计（K20）		其他（Q20）
	平面设计（K30）	土木建筑计算机应用系列（J）	
执业资格考试用书（R）		法律法规与标准规范单行本（T）	
高校教材（V）		法律法规与标准规范汇编/大全（U）	
高职高专教材（X）		培训教材（Y）	
中职中专教材（W）		电子出版物（H）	

注：建工版图书销售分类已标注于图书封底。